ÉTUDES

SUR LA

FAMILLE DES VESPIDES.

3.

ÉTUDES

SUR

LA FAMILLE DES VESPIDES

TROISIÈME PARTIE

COMPRENANT

LA MONOGRAPHIE DES MASARIENS

ET UN SUPPLÉMENT A LA MONOGRAPHIE DES EUMÉNIENS;

PAR

HENRI de SAUSSURE,

Membre de la Société de Physique et d'Histoire naturelle de Genève.

PARIS,

VICTOR MASSON,

Place de l'École-de-Médecine.

GENÈVE,

J. KESSMANN,	J. CHERBULIEZ
rue du Rhône.	rue de la Cité.

1854-56.

TABLE DES MATIÈRES.

6

(1) Dans le texte on a mis par erreur : *Section* pour *Division.*

8

AVIS IMPORTANT.

***

Toutes les mesures de longueur des insectes décrits dans cet ouvrage sont prises depuis le front jusqu'à l'extrémité du deuxième segment abdominal. Nous avons trouvé, comme M. Spinola, cette manière de mesurer les insectes plus exacte que celle qui consiste à prendre leur longueur totale, parce qu'elle élude les chances d'erreur qui naissent de la rétractilité des derniers anneaux.

Les espèces dont le nom spécifique est suivi d'un point d'exclamation, ont été décrites sur les types étiquetés par les auteurs mêmes.

MONOGRAPHIE

DES

FAUSSES GUÊPES,

OU DE LA

TRIBU DES MASARIENS,

PAR

HENRI de SAUSSURE,

Membre de la Société de Physique et d'Histoire Naturelle de Genève.

Rara avis in terris, nigroque simillima cygno.

JUV.

GENÈVE,

J. KESSMANN,   J. CHERBULIEZ,
rue du Rhône.   rue de la Cité.

PARIS,

VICTOR MASSON,
PLACE DE L'ÉCOLE-DE-MÉDECINE.

1854.

INTRODUCTION.

Je me souviens d'avoir déjà, dans l'Introduction aux Euméniens, parlé contre une tendance trop constatée à exagérer
l'usage des journaux et des nomenclatures entomologiques;
maintenant c'est contre les nomenclatures des collectionneurs
et leurs allures par trop indépendantes que j'ai à insister un
moment : peut-être ne sera-ce que pour pousser un cri dans le
désert, mais il y a une espèce de devoir à s'élever contre des
abus qui entravent la marche de la science, et avec les épines
desquels l'entomologiste se trouve trop souvent en contact.

Les collections nombreuses d'insectes ne sont heureusement
pas rares ; mais la manière dont chaque particulier les orga-
nise est souvent bien regrettable ; la plupart du temps on déter-
mine les espèces vulgaires seules parce qu'elles sont suffisamment
connues, puis on pique sans discernement des noms de fabri-
cation nouvelle sous les autres. Cela fait, la collection est censée
bien et dûment étiquetée, les doubles servent à faire des échanges,
et l'on envoie des *types* dans toutes les directions.

C'est ainsi que, dans beaucoup de collections, il entre des
espèces par centaines, baptisées de noms inédits, par tel ou tel,
mais qui n'ont jamais été mises au jour par la voix officielle de la
presse scientifique, et n'ont ainsi reçu aucune sanction. L'entomologiste qui va fouiller ces collections dans le but de com-

pléter un travail, et qui se croit parfaitement au courant de
tout ce qui a paru, a la douleur de lire une malheureuse abondance de noms qui lui sont totalement inconnus, qui le jettent
dans les perplexités les plus poignantes, et le forcent à recom-
mencer la besogne bibliographique. Il soulève donc de nouveau
la poussière des bibliothèques, et, après force journées englouties
par de vaines recherches, il conclut, mais toujours avec un
résidu de doute fort embarrassant, que les espèces qui le pré-
occupent sont inédites. Il l'aurait trouvé du premier coup s'il
n'avait pas vu les étiquettes fort précises, couvertes de noms,
et, qui plus est, de noms sanctionnés par des auteurs.

Et ce n'est pas à une perte de temps que se bornent les
inconvénients de cette méthode : l'erreur n'en est que trop
souvent la suite; c'est ainsi (et dans cet article je pourrais
citer les exemples par vingtaines,), c'est ainsi que j'ai trouvé
dans la collection de M. le marquis Spinola une étonnante
abondance d'individus, ornés des noms les plus nouveaux, et
munis du brevet suivant : « *Klug, musée de Berlin;* » je n'ai pas
tardé à les reconnaître pour autant de variétés déguisées des
espèces déjà décrites par Fabricius !

L'entomologiste n'est pas seul à se conférer le privilége de
baptiser ainsi, jusqu'à plus ample informé, les espèces qui lui
tombent sous la main : le marchand lui-même, bien moins versé
dans les détails de la science, mille fois plus exposé par suite
aux erreurs involontaires, dénomme à tort et à travers, puis
envoie à droite et à gauche des individus munis du même titre
quoique appartenant à des espèces différentes; ils servent ensuite
de types et donnent lieu à de déplorables confusions.

Plus tard ces types une fois établis dans les collections, et les
noms adoptés sans que jamais l'insecte ait été décrit, il se forme
une petite science à part, basée uniquement sur la tradition, et qui
traîne à sa suite un contingent d'erreurs d'autant plus nuisibles
qu'il est difficile de remonter à leur source. Les auteurs anglais
tombent particulièrement sous le coup de cette observation :
ils écrivent trop souvent pour eux-mêmes et pour ceux qui,
autour d'eux, possèdent des collections typiques semblables, sans

songer qu'il existe ailleurs qu'à Londres des entomologistes qui ne peuvent les consulter, et pour qui leurs nomenclatures de désignations sont de véritables hiéroglyphes parce qu'elles ne sont suivies d'aucune description (1).

Enfin on a beaucoup trop l'habitude de placer à titre de nom d'auteur, non point celui du premier qui a décrit l'animal, mais celui du donateur ou du *communicateur* qui l'a fait passer dans la collection, après l'avoir baptisé à sa guise. (2) C'est une politesse que se rendent les entomologistes entre eux en reconnaissance de leur concours réciproque, mais qui cause souvent de grands embarras. Elle peut, dans certains cas, les conduire à des recherches tout aussi oiseuses et fatigantes que le baptême en grand de noms inédits.

Je crois donc, qu'il faudrait bannir de la science tous les noms de collections et se faire une règle de ne jamais les employer dans la description : ainsi du moins on n'encouragerait pas cette déplorable tendance qui tend à compliquer encore artificiellement une science que la nature a fait déjà bien assez difficile.

Quant à moi, quelque désireux que je sois de donner toujours au synonyme le plus ancien la préférence sur tous les autres, et de ne jamais m'approprier ce qui ne m'appartient pas, je ne reconnaîtrai le droit de nommer une espèce qu'à celui qui l'aura *établie* dans un ouvrage, et je ne citerai jamais comme nom d'auteur que le nom de celui qui en aura fait la description.

(1) Ainsi l'*Eumenes Saundersii* est défini comme suit : « d'une taille moyenne, de couleur brunâtre... » Des définitions de ce genre rentrent pour moi dans la catégorie des noms inédits.

Dans le voyage de Mitchell à la Nouvelle-Hollande on trouve une foule d'espèces zoologiques décrites pêle-mêle sous forme de notes ; et le genre *Abispa* y est établi comme suit : « genre Vespa, sous-genre Abispa » !!, et voilà tout ! Vient ensuite la description des couleurs de l'espèce. Quoique je me borne à ce seul exemple, je puis affirmer que le même livre est fertile en productions de ce genre.

(2) P. ex. Lepeletier de Saint-Fargeau place souvent le nom de M. de Haan à côté du nom donné à des espèces nouvelles qui lui ont été communiquées par lui, bien que M. de Haan n'ait décrit aucun Vespide. Voyez *Vespa velutina* de Haan. (n. sp.) I. p. 507. *Polistes tenebricosa*, de Haan. (n. sp.) I. p. 529. etc. etc.

Cette police de la science n'a rien que de très naturel : les avantages qu'elle aurait pour tous, si elle était rigoureusement exercée, sont trop grands et trop évidents pour que l'amour propre de quelques-uns puisse y faire une opposition digne de considération ; et malgré ce que le système contraire peut avoir de flatteur pour quelques vanités particulières, il faudrait bien qu'il finît par céder la place, au grand profit de l'entomologie.

HISTORIQUE.

L'histoire des Masariens n'est pas longue, grâce au petit nombre de leurs genres et à la rareté de leurs espèces, qui les ont soustraits aux investigations des auteurs anciens.

Le *Celonites apiformis* était cependant connu dès la fin du siècle passé, mais on avait mal interprété ses analogies : Olivier en avait fait un *Cimbex*, Rossius un *Chrysis* dont il a effectivement les formes extérieures. Fabricius cependant et Panzer se montrèrent plus judicieux en le rapprochant des guêpes. Ce fut aussi dans le courant du dernier siècle que Desfontaines rapporta de Barbarie un insecte rare, s'il en fut jamais ; il le communiqua à Fabricius, qui en fit le genre *Masaris*.

Chose singulière, depuis cette époque plus de soixante-dix ans se sont écoulés et il n'a été signalé aucun autre individu de cet insecte remarquable, qui figure encore au Musée de Paris avec l'étiquette que Bosc lui a donnée (1). C'est en vain que pendant ces dernières années, M. Lucas, durant le cours de l'exploration scientifique de l'Algérie, a consacré de longs et consciencieux efforts à ressusciter un être qui n'est plus depuis longtemps connu que par un cadavre désséché. L'illustre Savigny, dont le zèle infatigable est pour ainsi dire proverbial, ne semble pas avoir été plus heureux dans ses savantes explorations de l'Egypte (2).

(1) J'ai trouvé parmi les insectes du Muséum de Paris un deuxième individu du *Masaris vespiformis* qui avait jusqu'à présent échappé aux regards des entomologistes ; cet individu, très mutilé, paraît avoir été aussi rapporté par Desfontaines.

(2) Ou du moins il n'a trouvé que la femelle.

Il est certes bien singulier qu'un animal si rare et destiné à ne faire sur l'horizon de la science qu'une apparition dans un laps de temps de près d'un siècle, ait été surpris et mis au jour à une époque où l'entomologie, sortie à peine de son berceau, n'avait pas encore importé la publicité scientifique dans les pays étrangers à l'Europe savante.

Plusieurs figures de cet insecte ont été dessinées d'après l'individu dont nous avons parlé, et qui est du sexe mâle.

Or, dans ces dernières années une longue discussion s'est élevée entre divers entomologistes au sujet du *Masaris vespiformis* que l'un d'eux prétendait posséder : des difficultés sans nombre surgirent, et, après d'interminables débats, la Société entomologique de France nomma une commission dans le but d'arriver à une conclusion définitive ; elle fit un rapport, mais ce rapport fut loin de vider la question et de mettre tout le monde d'accord (1). Pendant le débat, M. Schaum fit connaître par une note à la Société que le Musée de Berlin possède des individus du *M. vespiformis*, et quoique la commission se soit refusée à ajouter foi à cette déclaration, je ne pense pas, comme nous le verrons plus bas, qu'elle doive être révoquée en doute (2).

En 1810, M. Klug publia un mémoire (3) sur un nouveau genre de guêpe qu'il nomme *Gnatho*, et dans la même année Latreille établit son genre *Ceramius* (4) sur l'inspection d'une espèce voisine de celle qui avait servi à Klug, mais qu'il ne décrivit pas. Depuis, ce genre a été reproduit dans divers ouvrages de Latreille, mais toujours l'auteur le rangeait dans le voisinage des Vespiens, méconnaissant ses affinités avec le groupe naturel des Masaris et des Célonites.

En 1824, M. Klug reprit le genre *Ceramius* et en publia une

---

(1) Voyez plus bas aux observations sur le genre Masaris.

(2) Pendant que ces pages étaient sous presse, M. Schaum a envoyé à la Soc. Entom. de France, un mémoire sur le *Masaris*, qui est également sous presse, et dont il sera rendu compte plus bas.

(3) Dans le *Magazin der Gesellschaft naturforschender Freunde.* IV.

(4) Dans les considérations générales sur l'ordre naturel des Crustacés, des Arachnides et des Insectes.

monographie détaillée (1) contenant trois espèces nouvelles
parmi lesquelles celle qui avait servi de type à Latreille. Le nom
de *Gnatho* faisant double emploi, M. Klug adopta celui que Latreille avait proposé et qui doit rester dans la science.

Enfin Shuckard fit connaître le genre *Paragia* (2), singulier représentant des Masariens sur le continent austral. Comme
Latreille, il méconnut les affinités de ce genre si particulier et
le rapprocha des Vespa. Très récemment M. Smith a fait connaître deux espèces nouvelles propres à ce genre.

Lepeletier de Saint-Fargeau est aussi incomplet, sur les
Masariens que sur les deux autres tribus; il ajoute bien deux
espèces aux listes entomologiques, mais en revanche il en omet
plusieurs anciennes et ne fait aucune mention des *Paragia*.

Je ne parlerai pas ici de tous les petits travaux qui parlent
en passant des Masaris et des Célonites; la liste des synonymes
de chaque espèce en fournit des citations qui forment tout le
commentaire qu'on en peut donner. Dans ce rapide exposé je
n'ai pas cité non plus les auteurs qui n'ont fait que copier leurs
devanciers, ou se sont bornés à donner quelques figures, comme
Coquebert et Jurine; cependant je dois une mention à la découverte d'un type transatlantique très voisin des Masaris et que je
fus le premier à faire connaître. C'est le seul de cette tribu qui
ait encore été fourni par le continent américain.

Tel fut l'état des connaissances jusqu'à ce jour pour ce qui
concerne la tribu qui fait l'objet de ce mémoire :

Deux genres très voisins constituaient d'abord seuls le
groupe des Masariens (*Masaris* et *Celonites.*) Jurine n'en faisait
même qu'un seul genre. Ainsi constituée la tribu offrait une
parfaite homogénéité et rien n'empêchait de la considérer
comme une famille indépendante, mais comme je le montrerai
plus bas, les découvertes postérieures la relièrent si intimement
aux VESPIDES qu'il fut dès lors impossible de ne pas la faire ca-
drer dans ce groupe.

(1) Voyez : Entomologische monographien.
(2) Transact. of the Entom. Soc. of London.

PREMIÈRE PARTIE.

CONSIDÉRATIONS GÉNÉRALES

SUR LA

TRIBU DES MASARIENS.

CHAPITRE PREMIER.

DES MODIFICATIONS DES ORGANES APPENDICULAIRES ET DES PIÈCES TÉGUMENTAIRES.

Art. I. *DU SYSTÈME TÉGUMENTAIRE.*

Les parties tégumentaires des insectes offrent des caractères d'un ordre supérieur à ceux tirés des appendices, par une fixité de formes plus persistante en général dans une famille tout entière, ou du moins dans toute une section de famille. Le principe de subordination des caractères, si l'on veut éviter de tomber dans les caractéristiques artificielles, doit donc les faire passer en première ligne.

Ces pièces sont assez fixes dans toute la famille des Vespides ; leur nombre et leur disposition ne varient point. Le prothorax apparent (1) s'étend toujours jusqu'aux ailes en encadrant le mésothorax ; le nombre des anneaux de l'abdomen est toujours de six dans les femelles fécondes ou infécondes, de sept dans les mâles, etc. (2).

Les petites variations de forme dont elles sont susceptibles offrent d'excellents caractères de classification ; à peine sensibles dans les Vespiens et les Euméniens, elles sont beaucoup plus accentuées dans les Masariens.

Pour suivre un ordre méthodique dans l'exposé de ces différences, je vais envisager successivement la tête, le thorax et l'abdomen.

I. LA TÊTE ne présente rien de bien remarquable si ce n'est ce qui tient au système appendiculaire qui fait l'objet de l'article suivant. Elle est entièrement semblable à celle des autres tribus de la famille, avec cette seule différence que l'échancrure des

(1) Qui n'est qu'une partie du véritable prothorax.
(2) Voyez la Monographie des guêpes solitaires.

yeux tend à disparaître, et disparaît même complètement dans quelques *Ceramius*.

II. **L**e **T**horax offre en revanche le meilleur caractère, et je vais entrer à cet égard dans quelques détails parce qu'ils me serviront plus bas à établir l'analogie des genres que je réunis dans cette tribu à l'exclusion des autres.

Les seules pièces qui présentent une modification bien apparente sont les écussons, mais cette modification est constante dans les Masariens, c'est-à-dire dans tous les genres dont je compose cette tribu, et elle ne se retrouve pas dans les autres.

L'*Ecusson* affecte toujours plus ou moins la forme d'un triangle dont le côté antérieur transversal s'étend entre les deux ailes postérieures, et dont les autres, partant de la base de ces dernières, convergent en un angle plus ou moins arrondi et dirigé en arrière (Pl. I, fig. 12). Le milieu de ce triangle est élevé et forme un trapèze saillant (*E*), à droite et à gauche duquel se voit un espace enfoncé et couvert de stries transversales (*e*) ; le bord latéral de l'écusson apparaît comme un petit cordon qui gagne d'un côté la pointe du trapèze saillant, tandis qu'en avant il se prolonge obliquement et finit par prendre une forme voûtée pour former l'écaille de l'aile postérieure (*s*). Aux angles antérieurs du trapèze se trouvent deux légères écailles articulaires qui figurent en petit les écailles des ailes antérieures.

A première vue on pourrait prendre le trapèze saillant pour l'écusson tout entier et les bords latéraux pour le post-écusson ; mais un examen plus attentif montre qu'il n'en est point ainsi : le post-écusson apparaît *sous* l'écusson sous la forme d'une lame très mince, entièrement dissimulée par ce dernier ; ne laissant voir que sa tranche qui suit les bords de l'écusson, taillée absolument sur la même coupe, et ne s'en distinguant souvent qu'avec peine (*b*).

Cette disposition et ces formes sont générales chez tous les Masariens et rien que chez les Masariens. Une structure analogue des parties correspondantes, se voit il est vrai dans le genre *Nec-*

tarinia (1), en ce sens que les écussons sont aussi superposés, mais leur disposition dans les *Nectarinia* est bien différente : l'écusson présente la forme d'un carré large, dont le bord postérieur est droit et tronqué de façon à ce que l'on puisse voir de l'écusson une face supérieure et une face postérieure ; le post-écusson est placé sous la face postérieure et continue la troncature de l'écusson ; on dirait que, n'ayant pu se loger derrière l'écusson à cause de la brièveté du thorax, il s'est placé dessous. Dans les Masariens l'écusson n'est pas terminé postérieurement par un bord droit tel qu'il le faudrait pour permettre au post-écusson de se loger à la suite ; il est prolongé en arrière, son extrémité recouvre ce dernier, il chevauche sur lui, pour ainsi dire.

III. L'ABDOMEN est assez variable dans sa forme, mais on peut dire en général que les segments sont moins inégaux entre eux que dans les autres tribus des Vespides. Le deuxième n'est pas ordinairement plus grand que le troisième (1), il ne suffirait pas à lui seul pour emboîter les suivants comme cela a lieu chez les Euméniens et dans la majorité des Vespiens. Mais ce n'est pas à sa petitesse seulement qu'est due cette impossibilité, un autre fait est évident qui donne aux anneaux une fixité très grande, et ce fait tient à la forme de chacun d'eux.

Dans bien des espèces (*Masaris vespiformis, Ceramius cerceri formis,* etc.), les segments qui sont en général rétractiles, c'est-a-dire le troisième et les suivants peuvent être considérés comme formés de deux moitiés dont l'antérieure emboîtée, plus petite, et la postérieure emboîtante, plus large. Au point de séparation de ces deux moitiés se trouve un renflement qui ne permet pas à l'anneau de rentrer au-delà de cette limite dans celui qui le précède et qui en emboîte la base.

Cette organisation est loin d'être parfaitement apparente dans toutes les espèces, mais quoique faiblement développée et souvent insaisissable à l'extérieur, elle n'en fixe pas moins les

(1) Voyez la Monographie des Vespiens.
(2) Excepté le genre *Paragia.*

segments dans bien des cas. Dans d'autres cependant, dans plusieurs Ceramius par exemple, et dans le genre *Paragia* en particulier, elle manque totalement ; l'abdomen est tout semblable à celui des Odynerus.

Une chose singulière et qu'il est bon de noter aussi, c'est la tendance qu'ont les Masariens à replier l'abdomen sous le ventre ; je dis la *tendance* parce que tous ne présentent pas non plus ce caractère ; cette faculté est l'apanage des espèces dont les anneaux ne sont pas rétractiles, et l'on pourrait peut-être l'expliquer ainsi. L'abdomen étant convexe en dessus et plat ou même concave en dessous, il ne lui sera pas possible de se replier en dessus, mais la simple contraction des muscles inférieurs de l'abdomen rapprochera les segments en dessous, tandis qu'ils s'écarteront en dessus dans la latitude qui leur est laissée pour se mouvoir. L'abdomen se recourbera ainsi voûtant sa partie supérieure, et le mouvement est souvent si prononcé que l'anus, ramené en avant, vient se placer sous le sternum (Pl. V. fig. 1), comme cela a lieu dans les Célonites. Cette faculté de l'abdomen qui ressemble assez à celle que possèdent les Chrysides a suggéré à M. Spinola les bases d'une nouvelle classification très ingénieuse, mais malheureusement d'une application trop peu générale, comme nous le montrerons plus bas.

Le segment anal prend parfois des formes assez singulières ; souvent il est bituberculé ; dans les Célonites de la première division, il est même découpé et dentelé. Cette section des Célonites ressemble du reste d'une manière frappante aux Chrysides pour l'ensemble des formes ; et il est curieux de retrouver cette analogie jusque dans les dentelures du segment anal (1).

Enfin, comme caractère négatif, n'omettons pas que chez aucun Masarien on ne trouve l'abdomen porté au bout d'un

---

(1) Observons ici que dans bien des cas un examen superficiel pourrait faire croire à l'existence de dentelures à l'anus là où il ne s'en présente réellement point : cela a lieu lorsque les organes sexuels font un peu saillie ; alors on aperçoit deux tubercules qui peuvent facilement induire en erreur si on les prend pour une partie intrinsèque des téguments.

pédicule comme on le voit dans les Vespiens et les Euméniens. Des découvertes futures viendront peut-être montrer l'inexactitude de cette assertion, mais je suis porté à croire qu'il n'en existe pas, à moins cependant qu'ils n'avoisinent les Paragia, et par cela même les Euméniens.

Art. II. *DU SYSTÈME APPENDICULAIRE.*

Parmi les modifications de ce système les unes sont générales et uniformes dans toute la tribu, tandis que les autres sont variables et deviennent d'excellents caractères génériques. Les premiers concernent les organes locomoteurs, c'est-à-dire les ailes et les pattes : les secondes, les antennes et les organes buccaux.

Je vais donc traiter successivement et à part de ces deux classes d'organes.

I. DES ORGANES LOCOMOTEURS.

Les AILES diffèrent essentiellement de celles des autres Vespides en ce qu'elles n'ont que trois cellules cubitales. Ce caractère est d'un choix excellent pour servir de diagnose à la tribu, puisque d'un côté il ne souffre aucune exception dans les Masariens, et que de l'autre, tous les autres Vespides offrent quatre cellules.

L'importance de ce caractère est d'autant moins à dédaigner qu'il concorde admirablement avec plusieurs autres, en particulier avec celui de la forme des écussons, et celui de l'armure des pattes dont je vais parler tout-à-l'heure ; néanmoins, au point de vue anatomique, cette importance est infiniment moins notable, parce qu'il consiste non dans l'absence d'un organe, mais dans la seule disparition de la nervure d'intersection des deuxième et troisième cellules cubitales, qui, par suite de cette suppression, se trouvent fondues en une seule. En effet, il y a des motifs suffisants pour interpréter ainsi ce défaut d'une des cellules cubitales ; on voit assez souvent dans les Euméniens des individus anormaux dans lesquels cette nervure a disparu soit sur une aile, soit sur toutes deux : j'ai signalé ce fait à propos de la *Synagris minuta* (1) et de quelques autres espèces ; on doit donc conclure que cette nervure disparaît de préférence à d'autres. Mais on peut de plus remarquer que dans tous les Vespiens et dans l'immense majorité des Euméniens, les deux nervures récurrentes viennent s'insérer sur la deuxième cellule cubitale ; or, si l'on examine l'insertion de ces mêmes nervures sur la deuxième cubitale dans les Masariens, on trouvera que presque toujours elle se fait sur la première moitié de la cellule, c'est-à-dire sur la partie qui correspondrait à la deuxième cubitale, si la cellule était réellement partagée en deux par la nervure que nous supposons manquer.

On avait cru d'abord que la duplicature longitudinale des ailes, si distincte dans les autres Vespides, faisait défaut dans les *Ceramius* (2) ; il n'en est rien cependant. MM. Klug et Lepeletier de Saint-Fargeau l'ont observée sur diverses espèces, et je l'ai également constatée de la manière la plus évidente sur le *Ceramius cerceriformis* ; j'estime par conséquent que sous ce rapport, les Masariens ne font nullement exception parmi les Vespides ; la duplicature existe réellement chez eux, bien qu'elle ne soit pas aussi nette que dans les autres tribus. Il est du reste fréquent de rencontrer des Euméniens où cette duplicature est presque nulle, par exemple, le genre *Gayella*, que pour cette raison M. Spinola avait placé dans les Crabronides. Ce caractère, jadis considéré comme de première importance, est devenu pour moi des plus secondaires.

Les pattes offrent deux particularités notables :

D'abord les tibias sont armés comme dans les Vespiens ; c'est-à-dire que ceux de la première paire portent à leur extrémité inférieure et interne une épine styloïde, ceux de la seconde en offrent deux (3), et ceux de la troisième en comptent deux aussi, dont l'une en forme de stylet, l'autre recourbée en sabre.

---

(1) Voyez la Monographie des guêpes solitaires.

(2) Je l'ai même affirmé, je crois, dans la Monogr. des guêpes solitaires.

(3) Comme on le sait, les Euméniens n'offrent qu'une seule épine aux pattes intermédiaires.

Ces organes styloïdes ne sont pas toujours faciles à bien observer ; souvent on serait tenté de les croire bifides à leur extrémité, mais cette apparence résulte d'une erreur d'optique lorsque deux épines se recouvrent mutuellement et qu'elles ne laissent voir séparément que leurs pointes. (1).

Un autre fait plus important parce qu'il est en relation directe avec les mœurs des insectes, c'est la présence des poils roides qui hérissent les pattes antérieures de presque tous les Masariens : ils sont souvent assez développés pour former des brosses analogues à celles des fouisseurs, mais les pattes médianes et postérieures en sont presque entièrement dépourvues : du reste il est impossible de leur assigner des fonctions bien positives, on peut seulement présumer qu'elles n'ont pas d'autre but que de faciliter l'action de fouir.

Comme on le sait, M. Wesmaël a montré que les Euméniens ont les crochets de tous les tarses unidentés, tandis que les Vespiens les ont simples (2). Les Masariens semblent sous ce rapport se rapprocher des caractères des deux tribus : ils offrent en effet des crochets tantôt fortement armés, tantôt presque aussi simples que ceux des Vespiens, et cela souvent dans un même genre, ainsi les Ceramius (Pl. II, fig. 2 *b* et 5). Cependant je crois qu'on peut les considérer comme dentés dans tous les cas, en admettant seulement que leur dent peut devenir très petite et se restreindre même jusqu'à se confondre avec leur angle basilaire.

Les organes locomoteurs présentent, comme on le voit, en même temps, des caractères constants dans toute la tribu, mais différens de ceux de ces mêmes organes dans les autres tribus ; ils peuvent donc offrir d'excellents caractères de classification de tribu. Il n'en est pas de même des autres appendices ; ceux-ci diffèrent suivant les espèces : là où les premiers offrent une grande

---

(1) C'est ainsi que sur les planches de l'Egypte, du reste exécutées avec une si admirable exactitude, une patte du *Masaris* est représentée avec une épine tridentée.

(2) Sauf dans le genre *Ischnogaster* où j'ai remarqué des crochets dentés comme dans les Euméniens.

fixité, ils auront un autre rôle à jouer, et sur eux devront s'établir les coupes secondaires.

II. DES ORGANES APPENDICULAIRES DE LA TÊTE.

1. *Des Antennes.*

La question des antennes n'est pas aussi simple que le reste; depuis deux ans elle sert de champ de bataille aux entomologistes et elle a absorbé à elle seule plus de pages qu'il n'en faudrait pour décrire tous les organes. Après tant de discussions appuyées de part et d'autre des observations de célèbres naturalistes, peut-être y a-t-il quelque témérité à moi à venir aussi apporter mon opinion et à prétendre trancher ce nœud de difficultés; ce n'est donc qu'avec la plus grande réserve que je m'aventure sur ce terrain, tout prêt à le céder à de plus savants.

Dans les *Euméniens* et dans les *Vespiens*, les antennes sont filiformes ou en massue allongée, composées de treize articles dans les mâles, de douze dans les femelles, articles tous distincts. Dans les *Masariens* l'observation est loin d'être aussi facile, et les recherches les plus minutieuses ne sont pas de trop : il ne s'agit plus de constater des faits évidents, il faut poursuivre et saisir la vérité sous les voiles dont elle s'enveloppe.

Un examen général révèlera dès l'abord à tout observateur que le nombre des articles antennaires dans les Masariens n'est pas toujours distinct, parce qu'il existe une tendance de ces articles, tendance plus ou moins palpable selon les genres, à se souder, à se confondre entre eux. C'est même là un fait qui peut être considéré comme un caractère général de la tribu.

La forme de l'antenne est très variable; elle offre tous les dégrés intermédiaires entre le fil le plus cylindrique et la massue la plus renflée. Une fois arrivé sur ce terrain, il n'est plus guère possible d'avancer quelque généralité et il devient indispensable de procéder avec le soin le plus scrupuleux à l'examen des types que peut fournir la tribu.

Je vais commencer par le plus simple, c'est-à-dire par celui qui se rapproche le plus des formes affectées par les Euméniens et les Vespiens.

1°. Genre PARAGIA (Pl. I, fig. 1). Dans ce type, l'antenne ne diffère pas essentiellement de celle des Euméniens; les articles sont tous assez distincts; on les compte sans peine; il en existe douze dans les deux sexes.

2°. Genre CERAMIUS. Les antennes de la majeure partie des mâles (1) sont parfaitement articulées, même plus clairement encore que dans les Euméniens. (Pl. I, fig. 2). On compte douze articles très distincts. Les femelles et les mâles de certaines espèces ont cependant les derniers un peu confondus, le bout de la massue présentant un commencement de soudure.

3°. Genre TRIMERIA (Pl. I, fig. 3). La soudure entre les articles du flagellum continue en cheminant de l'extrémité à la base; les derniers ne peuvent plus être distingués.

4°. Genre JUGURTIA. Dans le mâle les antennes sont en massue, fortement renflées au bout, tous les articles sont assez distincts; on en compte douze : mais dans la femelle, quoique la forme soit la même, la massue est plus courte et les cinq derniers articles sont indistincts (Pl. I, fig. 4).

5° Genre CELONITES. Il offre dans les deux sexes une antenne composée d'une massue sphérique, courte et très renflée (Pl. I, fig. 5). Les sept premiers articles sont très distincts; le premier ne forme pas un scape allongé, mais il est très petit, globuleux; le second, qui en général n'atteint qu'une proportion exiguë est ici aussi grand que le premier. Les autres articles sont intimement soudés en une seule masse ovalaire dont les éléments ne sont plus appréciables.

(1) Je ne parle dans cet exposé que des antennes des mâles, celles des femelles étant presque semblables dans presque tous les genres.

6°. Genre MASARIS. (Pl. 1, fig. 6.) Les antennes offrent, comme dans les Celonites, sept articles fortement accentués, puis un huitième formant un petit ovale, équivalent de la massue des Celonites, et dans lequel les derniers articles se sont si entièrement confondus, qu'on en découvre à peine les traces au côté inférieur (1).

En suivant sur les planches ce rapide examen, le lecteur aura pu se convaincre que c'est par une gradation continue et très évidente dans les formes, que de l'antenne des Euméniens, on arrive à celle du Masaris, qui offre au premier abord une si complète dissemblance. C'est là ce qui fait de cette différence un motif tout à fait insuffisant pour ériger en famille indépendante la tribu des Masariens.

Après nous être occupé de la question de la soudure des articles, reste à débattre celle de leur nombre.

Dans les deux premiers genres on compte facilement douze articles dans les deux sexes. (Pl. I, fig. 1, 2). Ce fait est remarquable parce qu'il établit dès l'abord une différence marquée avec les Euméniens et les Vespiens, qui présentent toujours treize articles dans les mâles. Chez les Masariens, lorsque l'antenne se termine par une spirale, c'est alors le douzième article qui change de forme et se comporte comme le fait le treizième dans les autres tribus.

A partir du genre *Ceramius* tout devient nébuleux. Les *Trimeria* ont les cinq derniers articles indistincts, mais avec beaucoup d'attention on parvient à en compter douze en tout. (Pl. I, fig. 3) (2) Le genre *Jugurtia* laisse aussi distinguer douze articles; ce nombre est même très distinct dans les mâles, où ils sont bien mieux séparés. En revanche le genre *Celonites*

---

(1) Cet article est, comme je viens de le dire, évidemment l'analogue de la massue des Célonites; seulement il est proportionnellement plus petit, et les éléments en sont bien plus intimement soudés. Si l'on suppose les sept premiers articles des Célonites légèrement allongés, le bouton qui les termine amoindri, et les éléments qui forment ce dernier plus confondus au côté dorsal, on a une antenne de Masaris.

(2) On ne connaît que des femelles.

est désespérant ; les sept premiers articles de l'antenne sont bien distincts, mais ceux qui forment la massue échappent à l'investigation, et il n'est pas deux auteurs qui soient d'accord sur ce point (1).

J'ai soumis à l'examen le plus scrupuleux les antennes des *C. afer* et *apiformis* (2), et je suis arrivé à me convaincre autant que cela peut se dire en pareille matière, que la massue est composée de cinq éléments dans l'un comme dans l'autre sexe ; le dernier, il est vrai, est assez long et parfois on serait tenté de voir à l'extrémité un rudiment du treizième article, mais rien n'est moins distinct que cette apparence, et je la crois le résultat d'une illusion (3). Je regarde donc l'antenne comme formée de douze articles pour les deux sexes dans les Célonites, de même que dans les genres précédents.

Reste le genre MASARIS ; je n'ai vu que le mâle, ce n'est donc que de celui-ci que je puis parler. Les anciens auteurs, souvent peu soucieux d'examiner avec une attention scrupuleuse des détails dans lesquels la nature semble avoir pris plaisir à voiler son ouvrage, s'étaient bornés, dans l'appréciation des faits, à énoncer ce qu'un premier coup d'œil leur avait révélé : aussi ceux qui les ont suivis n'ont-ils pas tardé à découvrir des erreurs, et la question des antennes des Masaris, une fois mise sur le tapis, est-elle devenue l'objet d'une discussion, qui après

(1) M. de Romand dit (Annal. Soc. Ent. Fr. 2ᵉ ser. T. IX, bullet. p. LI), qu'il a compté dans les antennnes du mâle du *Masaris vespiformis* treize articles et douze dans celles de la femelle. Ce soi disant *Masaris vespiformis* n'est autre que sa femelle ; quand au prétendu mâle c'est le *Trimeria americana* femelle.

Il y a donc évidemment eu erreur d'observation, erreur du reste bien pardonnable sur des faits aussi délicats. Une femelle ne peut avoir offert treize articles puisque le nombre douze est le maximum de ce qu'elles en peuvent posséder. Cette *même* antenne observée par M. de Romand, m'a été communiquée par lui ; c'est celle que j'ai figurée Pl. I, fig. 3). Elle ne possède bien que douze articles ; encore les derniers sont-ils fort peu appréciables.

(2) Pour se livrer à cet examen avec succès, il convient de placer dans le champ du microscope l'antenne noyée dans une goutte d'eau ; les contours gagnent ainsi en précision, et les éléments sont alors plus visibles. Il faut aussi se garder d'avoir recours à de forts grossissements.

(3) Voyez au chapitre V l'article CÉLONITES.

avoir duré deux années, n'a pas même encore l'air de tirer à
sa fin. (1).

Je dois pour le moment m'arrêter à la composition de l'antenne
du *Masaris vespiformis* qui rentre seule dans l'objet de cet article.

Fabricius, qui le premier a connu cet insecte, n'a pas abordé
cette description. — Coquebert qui en donna une figure, représente sept articles à l'une des antennes et huit à l'autre (2). —
M. Blanchard en a figuré huit à chaque antenne.

Un examen attentif montrera : (Pl. I, fig. 6).

1° Un article gros et court (le scape).

2° Un très petit article, comme dans les Vespides en général.

3° Un troisième article aussi long que le premier.

4° Un quatrième plus long que le troisième.

5° Un cinquième un peu moins long que ce dernier.

6° Un sixième de même dimension que le premier.

7° Un septième plus court et plus gros.

Ces sept articles sont fortement articulés et correspondent aux
sept premiers parfaitement distincts aussi qu'offre l'antenne du
Celonites apiformis.

8° Enfin, une massue ovale, qui bien que moins grande en
proportion, correspond à celle qui dans les Celonites suit le septième article. Ce bouton, lorsqu'il est humecté d'alcool, laisse
voir en dessous les vestiges de cinq éléments, mais si intimement soudés qu'en dessus l'on n'en aperçoit aucune trace (3).

(1) Voyez plus bas les observations sur le genre Masaris où ces mémorables
débats sont résumés.

(2) Cette différence provient de l'omission dans l'une des deux du deuxième
article qui est effectivement très petit; néanmoins l'insecte est très reconnaissable ;
Latreille n'a fait que copier cette figure dans l'encyclopédie.

(3) Pour cette observation, il faut se servir d'une loupe de grossissement peu
considérable ; les forts grossissements causent une trop grande diffusion des
rayons lumineux ; je suppose qu'il faut expliquer ainsi que la commission nommée
par la Société entomologique de France pour examiner la question du Masaris ait
pu affirmer qu'aucune trace de sutures n'était visible : elles sont si évidentes
que je les ai fait découvrir à plusieurs personnes à la première inspection à la
loupe.

On voit donc que dans ce genre encore, théoriquement parlant du moins, puisque les cinq derniers articles sont soudés en un seul, l'antenne persiste à offrir douze articles. J'ai été obligé d'entrer dans ces détails qui paraîtront peut-être un peu trop circonstanciés, par les contestations et les complications dont ce sujet en réalité fort simple, est devenu le texte pour nombre d'entomologistes.

Conclusion générale : il suit de tout ce qui précède que dans les Masariens les antennes ont douze articles dans les deux sexes, tandis que chez les Vespiens et les Euméniens les mâles en offrent toujours un treizième, ainsi que je l'ai déjà fait observer plus haut.

2. *Des Organes buccaux.*

Dans ces organes l'observateur retrouvera la même transformation graduelle qu'il aura déjà constatée dans les antennes, c'est-à-dire que : d'un type très voisin des Euméniens, par une chaîne de transitions presque insensibles, il arrivera à un autre type extrême qui réalise à son plus grand développement le *caractère Masaris*; les mêmes genres auxquels les places extrêmes seraient assignées d'après la constitution des antennes, s'y retrouveraient dans une classification basée sur celle des organes buccaux ; les deux termes de l'échelle, les deux bornes de la tribu à ces deux points de vue, seront également occupés d'un côté par le genre *Paragia*, de l'autre par le genre *Masaris*; de plus, les jalons intermédiaires se retrouvent dans le même ordre, et cette admirable concordance, en démontrant l'excellence des caractères, facilite le travail de la classification.

a. LÈVRE. Je vais procéder d'abord à sa description dans les deux extrêmes; ensuite je montrerai par quelle série de modifications les deux formes se rattachent l'une à l'autre.

La première se rencontre dans le genre *Paragia*, et comme elle se calque sur celle dont la description a été déjà donnée pour les Euméniens, je serai bref à son égard.

Elle est formée : 1° *du menton*, pièce coriacée, contenant une abondance de muscles qui servent à faire mouvoir les palpes;

2° *des palpes* ; 3° de la *languette*, prolongement membraneux, formé d'un lobe médian bifide à son extrémité et de deux lanières latérales (*paraglossæ*); elle se fixe par sa base à la face supérieure du menton, et n'est point rétractile autant que j'en ai pu juger, mais se replie seulement et se couche contre le le menton.

L'autre forme, qui caractérise le deuxième type en question, et qui se rencontre chez les Masaris et les insectes voisins, est tout à fait différente : son organisation et sa construction si complexes dans un si petit espace, sont vraiment admirables ; en voici la description qu'il est indispensable de suivre sur la figure. (Pl. 1, fig. 7.)

La lèvre prend ici un développement très extraordinaire, et semble perdre tout rapport de formes avec celle des autres Vespides. On voit d'abord à l'extérieur de la bouche, placée en dessous et en arrière du menton, une lame verticale et membraneuse faisant une forte saillie ; lorsque la bouche a été disséquée avec soin et que l'on observe au microscope la lèvre placée à cet effet sur une lame de verre, voici ce que l'on remarque :

D'abord on découvre comme dans tous les autres Vespides : 1° Un menton coriacé *(m)* dont la partie antérieure *(m')* est assez distincte de la partie postérieure ; 2° les palpes *(p)* ; 3° la languette *(u)* qui apparaît sous la forme de deux petits cordons très finement annelés. — Les mêmes parties sont représentées vues en dessous, c'est-à-dire du côté *a n* et désignées par les mêmes lettres (Pl. I, fig 9).

Puis entre ces parties on distingue la grande lame membraneuse qui dans l'état naturel fait saillie hors de la bouche *(L)* et qui a une apparence demi-transparente ; cette lame pénètre dans le menton de manière à ce que ce dernier soit à cheval sur sa partie antérieure et l'embrasse des deux côtés par sa base devenue bifide *(m)*. Vu non plus de profil, mais en dessous, le menton (fig. 9, *m*) offre une longue échancrure *(x)* dans laquelle se loge la lame *(L)*.

Maintenant, cherchons quel est le but de cette organisation spéciale.

Lorsqu'on examine par transparence la lame membraneuse, on la voit bordée d'un cordon semi-hyalin qui comme elle en fait le tour et semble être double au bord supérieur. Si ensuite, après avoir fait ramollir la pièce, on dissèque délicatement la lame de façon à la dépouiller en partie de son enveloppe, on voit qu'elle est composée de deux feuillets membraneux accolés; en dedans du pourtour du sac ainsi formé, se trouve logé un cordon transparent, qui, partant du point *(a)* contourne le bout de lame *(e)* et vient se terminer dans son bord supérieur *(b)* (1). Ce cordon m'a paru composé d'un tissu élastique.

Le long du bord supérieur de la lèvre (2) se trouve accolé au cordon élastique une longue lanière bifide à son extrémité, et finement annelée sur toute sa longueur (fig. 8, *u*). Cette lanière n'est autre que la languette dont on ne voit que les bouts en (*u*, fig. 7 et 9). La membrane de la lame enveloppe la languette jusqu'en *(t)* et la retient serrée contre le menton dans lequel elle s'emboîte et glisse comme dans une coulisse. Cette membrane enveloppante, vue au microscope, offre des stries très distinctes dans lesquelles on reconnaît le tissu musculaire; c'est donc de plus une membrane musculaire (3). Cela posé, si l'on suppose maintenant que la membrane de la lame qui prend son point d'appui sur le menton vienne à se contracter fortement de façon à rapprocher l'extrémité *(e)* du bout du menton, il en résultera que la base de la langue sera

(1) Ici il est inférieur; mais dans la position naturelle, c'est ce bord qui regarde en haut.

(2) La fig. 8 représente la lèvre en partie dépouillée de l'enveloppe de la lame; la partie *(t)* en est encore garnie, mais l'antérieure en est dépourvue : *(o)* est un lambeau de la membrane enveloppante renversé en arrière.

(3) Cette lame faisant saillie en dessous de la tête, on pourrait trouver extraordinaire qu'elle offrît un muscle extérieur aux téguments; il est probable que la membrane musculaire est elle-même recouverte par une très fine membrane cutanée. On peut du reste comparer la nature de cette lame à celle de la languette des Euméniens, qui tout en étant membraneuse et musculaire, fait aussi saillie hors de la bouche.

amenée, de *(e)* en *(r)*, que par conséquent le reste de son étendue, qui est entièrement libre, glissera d'autant dans la coulisse du menton, et enfin que son extrémité (*u*, fig. 9), se projettera longuement en avant, comme on peut le voir sur la figure (fig. 10).

Cette observation peut jusqu'à un certain point prêter aux objections parce qu'elle n'a pas été faite sur des individus vivants, et que les pièces desséchées des collections, toujours mal conservées, exposent à de nombreuses erreurs ; mais je n'ai jusqu'à présent trouvé aucune autre explication plausible de cet allongement extraordinaire de la langue ; celle-ci n'a rien d'improbable, et la lame membraneuse que portent les insectes qui jouissent de cette faculté, autorise à étendre à ce cas la relation qui existe entre elle et cet allongement de la languette.

Si l'on a bien compris ce qui précède, c'est-à-dire, la conformation de la lèvre dans les Vespiens et les Euméniens d'un côté, de l'autre sa construction si différente en apparence dans les Masaris, il me sera facile de faire passer en revue au lecteur les termes intermédiaires de cette modification.

Dans ce but, revenons en arrière, et des Masaris passons aux Célonites ; chez ceux-ci la structure de la lèvre est presque identique à celle que nous venons d'examiner. La lame membraneuse est seulement plus étroite, par conséquent moins saillante à l'extérieur, et la base de la languette se présente enveloppée d'une espèce de tube sur lequel je reviendrai plus tard, tube qui n'est du reste autre chose qu'un prolongement des parties membranulaires qui terminent le menton en avant.

Dès ici nous distinguons deux types qui nous permettent de de partager les Masariens en deux groupes, suivant qu'ils ont la langue rétractile ou non rétractile (1).

Poursuivons la modification graduelle.

Dans le genre *Ceramius*, plus de lame membraneuse ; la bouche

---

(1) Au second, c'est-à-dire à celui chez lequel la languette est construite comme chez les Euméniens, appartiennent les genres *Paragia*, *Ceramius*, *Trimeria*. Dans les autres genres la langue est rétractile.

se présente, comme dans les Vespiens, sans aucune saillie ; néanmoins vue en dessous (Pl. III , fig. 6 c, 7) elle est toujours terminée par deux lanières peu saillantes, peu extensibles à cause de l'absence de l'appareil lamellaire ; mais une dissection attentive révèle bientôt l'existence de deux lobes latéraux terminés par des points coriacés (fig. 6 e, 7), et dans lesquels il est impossible de méconnaître l'analogue des lanières latérales (paraglosses) si développées dans les Euméniens.

Voilà donc autant de rapprochements indiqués vers ce dernier type : plus de lame membraneuse, et apparition des rudiments de lanières latérales à la languette.

Si maintenant nous envisageons le genre *Paragia*, nous trouverons la transition complète. Ici (Pl. II), la lame membraneuse a également disparu ; les lanières latérales ont pris un grand développement ; la languette, ou lobe médian, n'est plus rétractile ; elle a quitté la forme d'une double lanière pour prendre celle d'un lobe bifide comme dans les Euméniens.

Il existe cependant une différence qui pourrait faire croire à une séparation entre les premiers et les derniers termes de la série ; c'est l'absence des lobes latéraux de la lèvre dans les Celonites et les Masaris, qui sont pourvus d'une lame membraneuse : je suis loin de croire au manque absolu de ces lobules, mais leur recherche est dans tous les cas si difficile que je n'ai pu les découvrir ; les insectes sur lesquels porte ce doute sont si rares et si petits qu'il ne m'a pas été permis de les soumettre à des expériences convaincantes. Notons cependant que dans les *Paragia*, où ces organes sont certes très distincts, ils se trouvent, dans l'état de repos, disposés parallèlement et sur un plan antérieur à celui du lobe médian, le recouvrant presque entièrement. (Pl. II, fig. *A*). Il en est de même dans les *Ceramius* ; or si ces lobes venaient à se souder sur la ligne médiane, ils formeraient une lame antérieure à la languette *(u)* ; une lame semblable se trouve chez les Celonites (Pl. V, fig. 1, *b t*) elle forme le tube d'où sort la languette, et c'est peut-être elle qui représente les lanières latérales ; on pourrait aussi voir l'équivalent de ces dernières dans les bords membraneux *(f)* de la lèvre ; ces lobes sont effectivement toujours bordés d'une ligne coriacée dont on pourrait supposer l'analogue dans les points coriacés du bout des paraglosses.

En parlant de la lèvre je n'ai jusqu'ici attaqué que les faits directement en rapport avec la démonstration que je me proposais d'établir ; mais il en est encore quelques-uns à éclaircir.

Le menton vu en dessous (Pl. I, fig. 9 et 10), n'est pas visible en entier ; toute sa partie antérieure, depuis les palpes, est sur un plan vertical ; pour l'analyser complètement, il faut forcer la nature et l'étaler en le collant sur une plaque de verre ; on distingue alors qu'il est fendu en avant et offre deux moitiés *(k)*, entre lesquelles s'étend une membrane qui forme le plancher de la coulisse ou du tube par où passe la languette et dont le plafond est formé par la languette elle-même *(u)*. On voit donc que, même dans les organes aussi ténus, et qui ne peuvent être étudiés qu'au microscope, il est encore des parties articulées ensemble, d'une extrême complication et sur lesquelles on ne peut rien savoir. C'est un champ ouvert à l'imagination plus qu'au scalpel de l'observateur le plus patient et le plus habile.

La languette elle-même a la forme d'un cordon annelé et couvert de stries circulaires qui dénoteraient presque l'existence d'un fil spiral, mais je pencherais à y voir plutôt un muscle penné : ceci est surtout appréciable lorsqu'on examine la langue en dessus ; elle offre alors une zone centrale, finement striée en travers et deux cordons labiaux à stries pennées (Pl. V, fig. 1 *a*).

b. Machoires. Dans ces organes il n'y a guère que le palpe de remarquable ; ce dernier a dans les Masariens une tendance manifeste à l'avortement, tendance sans doute liée aux mœurs très singulières de ces insectes ; à son égard on peut observer de plus la progression que nous ont offerte tous les autres caractères, c'est-à-dire que c'est dans les genres Masaris et voisins que le type Masarien est le plus prononcé.

Ces genres offrent des rudiments palpaires à peine appréciables (1); dans le genre *Masaris*, le palpe à peine visible est formé de trois articles rudimentaires (Pl. IV, fig. 3, *a*); dans le genre *Celonites*, ces articles sont un peu moins exigus (Pl. V, fig. 1, *c*); chez les *Ceramius*, ils sont quadriarticulés (Pl. III, fig. 1, *a*); dans les *Paragia* enfin, ils s'allongent et prennent six articles, comme ceux de la plupart des Euméniens et des Vespiens (Pl. II, fig. *B*).

Le galea suit la même règle; très court dans les premiers genres, il est assez long dans les Paragia.

c. MANDIBULES. Celles-ci présentent deux formes différentes, mais assez irrégulièrement distribuées dans la série. La première est celle des mandibules de la section des Euméniens, qui les a courtes, non prolongées en bec (2). La seconde est arquée, terminée par une pointe très aiguë, semblable à celle que présentent certains fouisseurs.

La première de ces formes appartient aux mâles et aux femelles des Paragia, et de plusieurs espèces des autres genres; la seconde est l'apanage exclusif des mâles de certains *Ceramius*.

En terminant l'examen des caractères zoologiques des Masariens, je ne dois pas négliger de rappeler cette concordance parfaite dans les modifications simultanées de tous les organes, et cette série de transitions successives qui établit entre les différents genres des rapports naturels en les rattachant aux Euméniens par un de leurs extrêmes.

CHAPITRE II.

DES AFFINITÉS DES MASARIENS ENTRE EUX ET AVEC LES AUTRES HYMÉNOPTÈRES.

L'objet de ce chapitre est, comme son titre l'indique, une double recherche : la première étudiera les droits des genres dont nous avons composé cette tribu à former un tout à part et naturel; la deuxième examinera si les Masariens méritent ou non de constituer une famille.

(1) Je n'en ai même trouvé nulle trace dans les *Trimeria*.
(2) Les *Zethites* (Voyez M. G. Solit.).

Art. I. *La tribu des Masariens est-elle naturelle?*

Cette discussion n'est point oiseuse, comme il pourrait le sembler à première vue. Ni le genre Ceramius ni le genre Paragia n'ont été primitivement rapprochés des Masaris; Latreille plaçait le premier dans les guêpes sociales, et ce n'est que plus tard qu'on lui a assigné sa véritable place. Quand aux Paragia, indiqués par Shuckard comme intimement liés aux Vespiens, personne après cet auteur n'est revenu sur son affirmation : je trouve donc déjà dans l'incertitude des ouvrages publiés, une raison pour m'arrêter sur ce point; j'en ai encore une autre dans les doutes que j'ai fréquemment entendu émettre sur l'affinité des genres que je réunis : d'ailleurs il ne faut pas trop accepter sur parole tout ce qui peut avoir été posé par les anciens, surtout lorsque des faits nouveaux ont apparu, dont la portée corrobore ou infirme beaucoup d'idées reçues.

Certainement si l'on compare les deux termes extrêmes de la série des Masariens, on les trouvera fort différents, mais comme je l'ai déjà montré, ces différences s'atténuent par les transitions insensibles qui les enchaînent. Je ne compte pas discuter ici les affinités de chaque genre; ce chapitre ne présente pas assez d'intérêt pour chercher à l'allonger à plaisir; mon objet n'en sera pas moins rempli, si je me borne à démontrer que les types extrêmes peuvent et doivent même rentrer dans la même coupe; *a fortiori* la chose sera prouvée pour les termes moyens.

Je choisirai donc pour cet examen les genres Paragia et Masaris ou Celonites.

Passant successivement en revue les caractères qui portent à réunir ces différents genres, puis ceux qui les séparent, quelques rapides considérations suffiront pour établir l'importance relative bien plus grande des premiers.

Les caractères qui tendent à fondre les genres dans une même tribu sont au nombre de quatre principaux.

1° La conformation identique des ailes, leur nervation semblable, et leur plicature indistincte.

2° La conformation identique du thorax, et particulièrement des écussons, telle que je l'ai décrite plus haut.

3° Le fait que les mâles n'ont que douze articles aux antennes.

4° La présence de deux épines tibiales à la patte moyenne. on pourrait encore ajouter : la tendance des articles antennaires à se souder.

Les caractères qui séparent les genres extrêmes sont les suivants :

1° La forme des antennes.

Dans l'article qui traite de la forme de ces organes, on aura lu que les variations ne sont pas d'une importance bien grande puisqu'on passe de l'un à l'autre par des transitions très douces.

2° La forme de la lèvre.

Ici l'on rencontre effectivement des différences notables au premier aspect, mais nous avons vu également que les deux types se ramenant au fond à la même forme, il n'existe pas entre eux de barrière constitutive à cet égard.

3° La longueur des palpes maxillaires.

Elle est certainement très variable; mais les caractères que fournissent ces organes sont tout au plus *génériques* et ne peuvent jamais donner une base suffisante à l'établissement de *tribus.*

4° La forme de l'abdomen.

Elle est très variable aussi, mais le nombre des segments est toujours le même, en sorte que les variations sont si peu importantes qu'elles ne pourraient pas même permettre d'établir des coupes génériques.

Je ne crois pas nécessaire de parler des mandibules, parce que ces organes peuvent présenter dans une même tribu les variations les plus grandes; les Euméniens en sont la meilleure preuve.

Les premiers caractères étant bien plus importants, et reliant les divers genres d'une manière incontestable, tout en offrant de notables différences avec les Vespiens et les Euméniens, nous en devons tirer une double conclusion ; c'est qu'il y a lieu à les réunir en un seul groupe, et qu'il est impossible d'en séparer quelques-uns pour les ranger dans une des deux autres tribus.

Passons maintenant à l'examen des affinités de la tribu tout entière et de la place qu'elle doit occuper dans l'ordre des Hyménoptères.

Art. II. *Les Masariens constituent-ils une tribu des Vespides ou une famille à part?*

Posée en d'autres termes, la question est celle-ci : les Masariens ressemblent-ils plus aux Euméniens et aux Vespiens qu'ils ne ressemblent au autres familles des Hyménoptères ou s'en écartent-ils autant?

En effet, à moins de vouloir rendre la science impossible, on ne doit pas créer des groupes partout où l'on peut (1), mais là seulement où les exigences de la méthode le rendent indispensable. Nous ne rechercherons donc pas en conscience si les Masariens *pourraient* former une famille à part, mais bien s'ils peuvent rentrer dans une famille sans faire violence à la méthode : un résultat négatif donné par cette recherche serait en même temps la confirmation du fait qu'ils ont réellement droit à figurer à part.

Quelles sont donc les différences qui distinguent les Masariens des deux autres tribus?

Nous n'en découvrons que deux essentielles et générales.

1° Ils présentent une cellule cubitale de moins.

2° L'écusson chevauche sur le post-écusson.

Or dans aucune famille, il ne serait permis d'opérer une scission fondée sur d'aussi minimes différences, qui dans tel autre cas donné ne s'offrent que comme génériques.

A côté de ces deux différences zoologiques, toutes les autres sont d'une valeur relativement si faible, se rattachent aux formes des Vespiens et des Euméniens par des transitions si

(1) Les entomologistes anglais se distinguent malheureusement à cet égard ; ils ne sont pas du reste les seuls à manifester cette tendance.

constatées et si insensibles, que quel que soit le caractère que l'on consulte, on sera toujours frappé de voir quels liens intimes enchaînent le reste de la tribu aux Vespides par l'anneau des *Paragia*.

Il est vrai, que les Masariens ne sont pas affiliés aux Vespiens et aux Euméniens par le même degré de parenté que ces deux tribus le sont entre elles ; mais un simple défaut de symétrie dans un arrangement de la nature ne peut être un obstacle au rapprochement des trois tribus. Effectivement des rapports de ressemblance si visibles que personne ne les a méconnus, se lisent dans tout l'ensemble du corps ; et la constitution de la tête du corselet et de l'abdomen en sont une preuve palpable.

Si nous passons à une autre considération, celle des mœurs, le résultat n'en sera pas changé.

Les mœurs des Masariens ne sont pas connues par le fait ; mais certaines observations pourraient les faire ranger parmi les parasites. Or, de même que précédemment nous n'avons pas jugé à propos de faire deux familles des guêpes sociales et des guêpes solitaires malgré la différence totale du genre de vie, phytophage dans les premières, zoophage dans les secondes, nous ne pensons pas pouvoir maintenant séparer les Masariens des autres tribus.

La famille des Vespides se partage pour nous en trois tribus : les Vespiens, les Euméniens et les Masariens, ou en d'autres termes, les sociales phytophages, les solitaires zoophages, et les solitaires parasites (1) ; elle renferme donc dans son sein les trois types moraux que dans les autres familles on ne rencontre en général qu'à l'exclusion les uns des autres, et c'est à ce titre la plus riche, la plus complète de toutes. On pourrait presque dire que les *Vespiens* représentent les abeilles des Vespides, que les *Euméniens* sont leurs Crabronides et que les *Masariens* enfin, sont leurs Chrysides.

Cette dernière assimilation est d'autant plus plausible

_____

(1) Ou plutôt à mœurs mixtes, car les *Ceramius* paraissent avoir à peu près le même genre de vie que les Euméniens.

qu'outre l'analogie des mœurs, elle est fondée sur certaines affinités dans les formes. Il est presque impossible de ne pas être frappé des rapports qu'offrent le facies des *Celonites* et celui des *Stilbes*; l'abdomen de même forme, denté au bout, déprimé en dessous est frappant à cet égard, et dans les deux genres en question , cette partie du corps jouit également d'une faculté très particulière ; je veux parler de la manière dont elle se ramène en dessous de manière à diriger l'anus en avant, ce qui permet à l'insecte de se replier en boule pendant le vol : cette ressemblance est même si évidente qu'elle avait conduit Rossius à classer les Celonites dans les Chrysides, bien qu'aucun caractère ne puisse justifier cette assimilation.

Cette même analogie avait aussi conduit dans ces dernières années M. le marquis Spinola à un ingénieux rapprochement entre les Chrysides et les Vespides (1) formulé dans la division suivante.

I. Insecte ayant la faculté de renverser l'abdomen sur le dos du corselet, et de l'infléchir en dessous : *Euméniens. Vespiens.*

II. Insecte ayant en outre la faculté de recourber l'abdomen en dessous et de l'amener à toucher la tête : *Masariens.*

III. Insecte ayant cette dernière faculté, mais privé de la première : *Chrysides.*

Ce rapprochement n'est plus juste depuis que la tribu des Masariens s'est accrue de plusieurs genres qui la décaractérisent considérablement : les Paragia ainsi qu'une partie notable des Ceramius ne jouissent point de la propriété en question ; en sorte qu'au lieu d'être un caractère de la tribu tout entière , elle n'est plus que le privilège d'un ou deux de ses genres. C'est là un exemple de plus de la nécessité si fréquente d'abandonner une certaine symétrie qui aux débuts de l'étude séduit d'abord l'esprit, lorsqu'on ne lui fait embrasser que la faune presque toujours homogène d'un seul continent.

(1) Dans un mémoire intitulé : Osservazioni sopre caratteri naturali di tre famiglie d'insetti imenotteri, ciò è le *Vesperide*, le *Masaride* et le *Crisidide*.

CHAPITRE III.

CLASSIFICATION DES MASARIENS.

Le nombre des genres est ici trop peu considérable pour qu'il soit nécessaire d'en faire un analyse qui ressort déjà suffisamment du simple énoncé des diagnoses de ces genres.

Il est cependant important d'attirer l'attention des entomologistes sur la difficulté qu'on éprouve à former des genres naturels dans cette tribu où tous les types s'enchaînent si étroitement dans leurs passages des uns aux autres. On est conduit presque forcément à en établir trop, ou trop peu ; *trop*, parce qu'il faut que le saut d'un genre à l'autre soit plus grand que d'une espèce à l'autre dans un même genre ; *trop peu*, parce que si au contraire on en vient à essayer de fondre ensemble deux ou trois de ces genres, il y aurait autant de raison pour en fondre un plus grand nombre.

On rencontre perpétuellement devant soi ce problème insoluble ; ou faire peu de divisions, qui sont très artificielles parce que les espèces d'un même genre pourront souvent se ressembler beaucoup moins entre elles que les extrêmes de tels ou tels genres ne ressembleront aux extrêmes de ceux qui les avoisinent ; — ou en faire beaucoup qui seront naturelles, mais en même temps sans valeur, parce qu'elles seront basées sur des caractères d'une importance beaucoup trop secondaire.

Placé dans cette alternative, j'ai choisi un terme moyen. Sans doute, je le sais fort bien, je risque ainsi de ne contenter personne ; les uns trouveront que j'ai fait trop de genres, tandis que les autres ne manqueront pas d'affirmer que j'en ai fait trop peu ; tous auront également raison à leur point de vue. Mais, tout en acceptant une censure que je prévois sans peine, je les prierai de vouloir bien faire grâce à mon système et de ne le pas rejeter sans avoir fait, comme moi, une étude longue et consciencieuse de la famille des Vespides. En effet, j'ai toujours remarqué que les divisions introduites en passant, sur la seule inspection de quelques espèces, sont défectueuses ; c'est au monographe que doit être réservé le droit de faire des changements dans la classification, et c'est la tendance contraire qui a plongé tout particulièrement l'entomologie dans l'état de confusion, dont à l'heure qu'il est elle a encore tant de peine à sortir.

Pour ce qui concerne chaque genre particulier, je renvoie, après cette courte discussion générale, aux détails historiques et aux faits à l'appui qui se trouvent consignés dans le chapitre cinquième.

CHAPITRE IV.

DES MŒURS DES MASARIENS.

La plupart des Masariens sont si rares et habitent des contrées encore si peu explorées, qu'on ne connaît à peu près rien sur les habitudes de cette tribu.

Boyer de Fonscolombe a fait connaître les détails suivants sur le *Ceramius Fonscolombii* :

« Cet insecte est rare. Je l'ai trouvé autour des mares d'eau, où il venait prendre de la terre délayée, ou bien entrait dans des trous cylindriques creusés par lui dans une rive peu élevée. Ces trous, où l'insecte va déposer ses œufs et pratiquer un nid pour ses petits, sont précédés d'une galerie recourbée en bas, qui entoure l'orifice du trou. Cette galerie, qui les fait aisément remarquer, est formée irrégulièrement, et en partie presque à claires voies, des parcelles de terre que l'insecte détache du nid en le creusant, ou qu'il apporte du dehors. La rareté de l'insecte, l'éloignement de mon domicile et le manque d'instruments, m'ont empêché d'ouvrir les nids et d'en examiner le contenu. La ponte finie, la galerie est détruite promptement et sans doute par la mère elle-même; car peu de temps après on ne la retrouve plus, et rien n'indique alors la place des nids sur le terrain. »

Après ces indications assez vagues, les seuls détails positifs que nous possédions sur la tribu des Masariens nous ont été transmis par notre ami, M. Dours, chirurgien militaire à l'armée d'Afrique, qui a consacré plusieurs années à de consciencieuses recherches entomologiques dans les riches contrées qu'il a parcourues à la suite des armées guerroyantes.

Voici les renseignements qu'il a bien voulu nous communiquer sur les deux espèces qui suivent :

« Le *Celonites Fischerii* et le *C. oraniensis* (1) se plaisent dans les localités exposées au soleil, sur les collines rocailleuses, sur les falaises brûlées du sol algérien ; leur vol est rapide et très soutenu ; on les voit vibrer au soleil, suspendus dans les airs pendant des espaces de temps très considérables, sans qu'ils reviennent prendre terre : c'est avec peine qu'on les aperçoit de loin en loin se poser sur les fleurs des Synanthérées qui composent presque exclusivement la flore des régions qu'ils affectionnent. On les prend néanmoins quelquefois sur les fleurs de plusieurs plantes, et en particulier du *Buphthalmum maritimum* (ou d'une espèce voisine). Dans le voisinage on découvre alors ordinairement l'*Eryngium capitatum*, dont les feuilles desséchées masquent et ombragent les nids que la *Scolia bifasciata* élève sur le sol.

« Maintes fois, m'écrit M. Dours, j'ai vu le *Celonites Fischerii* se jouer autour des orifices extérieurs de ces nids, y entrer et en sortir tour à tour. Dans une circonstance, le *Celonites oraniensis* s'est précipité dans l'un d'eux, peu après l'introduction du *C. Fischerii*, et tous les deux en sont sortis immédiatement, se poursuivant dans les airs, où mes yeux n'ont pu les suivre. Je me suis emparé plusieurs fois des deux espèces de *Celonites*, au moment où ces insectes quittaient les repaires de la *Scolia* ; vainement j'avais cherché sur la larve de cette dernière les œufs que je soupçonnais devoir y être déposés par le *Celonites*, lorsque je fus enfin assez heureux pour constater un fait de nature à dissiper tous mes doutes à cet égard.

« Dans le mois de septembre 1851, j'avais rapporté dans mon cabinet une certaine quantité de grosses coques prises dans les nids de la *Scolia bifasciata*, et que je savais contenir la

(1) *Jugurtia oraniensis.*

nymphe de cet hyménoptère plus ou moins prête à se transfor-
mer en insecte parfait. L'éclosion eut lieu dans la condition
 ormale, pour quelques unes d'elles, vers les derniers jours de
mai ou la première quinzaine de juin. Mais quelle ne fut pas
ma surprise, en voyant un jour la cloche qui recouvrait une de
ces coques, habitée par trois *Celonites Fischerii*, nés évidemment
dans l'intérieur de la larve de la *Scolia*, avant que celle-ci eût
filé sa dernière enveloppe! »

Tels sont les faits très intéressants, mais malheureusement
uniques, qui soient arrivés à ma connaissance. On voit donc
quelle est l'étendue du champ à parcourir et des moissons à
récolter qui attendent l'entomologiste de ce côté; mais c'est
dans les mêmes régions qu'a explorées M. Dours, c'est dans les
plaines brûlantes de l'Algérie qu'il faudra les conquérir. Cependant, malgré le peu de fécondité qu'offre notre continent dans
ces espèces réservées à des climats plus chauds, les naturalistes
du midi ne sont pas hors d'état d'avancer nos connaissances
sur les Masariens; il est certain que devant des recherches
scrupuleuses et actives, le *Celonites abbreviatus* et plusieurs *Ceramius* seront contraints à révéler les mystères de leur genre de
vie, quoiqu'ils aient jusqu'ici réussi à les soustraire presque
entièrement aux regards des curieux.

CHAPITRE V.

OBSERVATIONS PARTICULIÈRES SUR LES DIFFÉRENTS GENRES DE LA TRIBU DES MASARIENS.

Il s'en faut de beaucoup que ces genres soient tous bien
connus et bien définis. Depuis qu'ils ont été établis, ils ont déjà
subi des modifications et sont en voie d'en subir de nouvelles encore; de plus, chaque genre ayant une histoire particulière trop
à part pour qu'elle pût trouver place dans les limites assignées
à l'historique du sujet en général, et cette histoire n'en étant
pas moins importante à connaître pour mettre à même d'apprécier la classification, j'ai dû faire un chapitre que voici, des

détails que je ne pouvais ni faire rentrer dans l'introduction,
ni sacrifier dans cet ouvrage.

Art. I. *DU GENRE PARAGIA.*

Lors de l'établissement de ce genre qui, nous l'avons déjà
dit, est d'une création récente, il ne lui fut assigné aucune place
dans l'ordre naturel ; on laissait seulement entrevoir ses affinités
avec les Vespiens et les Euméniens; or, ce rapprochement est
inadmissible, selon nous, et nous n'hésitons pas à lui restituer
sa véritable place à côté des autres Masariens.

Ce genre, il est vrai, n'a pas le facies de ceux-ci ; il ressemble
au contraire exactement, soit aux Vespa (*P. decipiens*), soit aux
Odynerus (*P. australis, odyneroïdes*).

Shukard ne lui assigne aucune place ; il se borne à dire que
ce genre se rapproche des Masariens par la forme de ses yeux
et la nervation de ses ailes, tout en voyant dans la forme des
mandibules un caractère essentiel qui le relie aux Vespiens; il
finit même par supposer que l'espèce est sociale.

Voici les objections qu'on peut faire à ces assertions :

D'abord, la forme des mandibules, nous l'avons déjà dit,
n'est pas un caractère de tribu ; les guêpes solitaires présentent,
en effet, l'une et l'autre, l'allongée et la courte. D'ailleurs, les
Masariens ont, eux aussi, des mandibules courtes aussi bien que
les *Vespiens :* c'est donc un argument sans aucune signification.
Ensuite, si dans la forme des mandibules des *Paragia*, on voulait
chercher quelque analogie, ce ne serait pas avec celles des
Vespa qu'on la rencontrerait, mais avec celles des *Discœlius* et des
Zethus, c'est-à-dire des guêpes solitaires à mandibules courtes.
Enfin, quant au caractère tiré des mœurs, il est évident qu'il n'a
pas plus de valeur puisqu'aucune observation n'a été rapportée
à l'appui. La forme de l'insecte est entièrement celle d'un Odynerus, et conjecture pour conjecture, je n'hésiterais pas à pré-
férer celle qui en fait une espèce solitaire ; mais de plus, la forme
du chaperon est décisive pour moi; dans tous les Vespiens il est
ovoïde, subcordiforme, et terminé par une dent, à part le genre

Vespa où il affecte une forme polygonale ; dans le genre Paragia il est de figure longue, prolongé devant les mandibules, et tronqué droit au bout comme dans les Odynères ; cette troncature qui ne se rencontre jamais dans les guêpes sociales est de na-ture à ne laisser aucun doute.

Remarquons encore qu'aucun des caractères des Paragia n'est en opposition avec ceux des Masariens, car ni les mandibules, ni aucun autre organe important, ne diffèrent de formes d'une manière essentielle avec leurs analogues dans ceux-ci. Jusqu'ici donc, le genre Paragia paraît pouvoir, à droit également fondé, figurer dans chacune des trois tribus qui constituent la famille. Maintenant, je vais donner les raisons qui le mettent forcément dans celle des Masariens, en l'écartant des deux autres, et ces raisons sont de nature à être appréciées facilement si l'on a lu le chapitre I avec quelque attention.

1° La nervation des ailes est exactement la même que dans les Masariens, avec trois cellules cubitales seulement ;

2° Le thorax (spécialement quant aux écussons) est identiquement construit comme dans les Masariens (voy. chap. I, art. 1, § 2), et point du tout comme dans les Vespiens ou dans les Euméniens ;

3° Les antennes ne comptent que 12 articles dans les deux sexes (voy. chap. I, art. 2, § 1).

Ces raisons sont péremptoires et emportent la conviction.

Je ne méconnais pas cependant les caractères *secondaires* qui, en revanche, rattachent les Paragia aux Euméniens, mais cette analogie n'infirme en rien les conclusions précédentes ; en démontrant sans réplique la liaison des Masariens avec les autres tribus de la même famille, elle parle avec éloquence contre l'idée de séparer ce groupe des Vespides pour l'élever au rang d'une famille à part.

Art. II. *DU GENRE CERAMIUS.*

Ce genre fut établi en 1840, par M. Klug, dans le *Magaz. der Naturforsch. Freunde*, sous le nom de Gnatho ; dans le cours

de la même année, parut en France l'ouvrage intitulé : « Con-
« sidérations générales sur l'ordre naturel des Crustacés, des
« Arachnides et des Insectes, » de Latreille, où l'illustre entomologiste établissait le même genre sous le nom de *Ceramius*,
basé du reste sur une autre espèce propre à l'Europe.

En 1824, le docteur Klug publia ses « *Entomologische mo-
« nographien*, » dans lesquelles il renonce au nom de Gnatho,
plus anciennement employé déjà par Illiger (1), pour un groupe
d'insectes coléoptères, et adopte le nom de Ceramius.

Dans son mémoire de 1810, M. Klug avait décrit les organes
manducaux de son insecte d'une manière très défectueuse,
d'après les pièces mutilées qu'il a considérées et dessinées
comme intactes ; il ne faut donc en tenir compte que pour la
date et s'en rapporter entièrement à celui de 1824, dans lequel
l'auteur a rectifié ses premières erreurs et décrit à nouveau le
genre Ceramius en y ajoutant plusieurs espèces nouvelles (2).
Il donne une description détaillée de la bouche et en particulier de la langue dans les *C. Lichtensteini, Fonscolombii, lusitanicus*
et *linearis ;* malheureusement ce mémoire n'est accompagné
d'aucune planche explicative, et les minutieux détails dans
lesquels entre l'auteur, ne sauraient être saisis clairement sans
le secours de bonnes figures. Un point que nous noterons ici
en passant, parce qu'il a son importance, c'est le fait qu'il a
remarqué des individus dont les ailes étaient pliées comme
dans les autres Vespides, et je ne doute pas que ce caractère
ne puisse être généralisé par l'inspection attentive des autres
espèces.

Les espèces de ce genre sont du reste d'une étude très difficile. Elles semblent être, à la fois, nombreuses et très voisines ;
cependant la rareté des individus trouvés jusqu'ici n'a permis
d'en comparer qu'une quantité fort restreinte. Je ne suis donc
pas fixé sur les espèces aussi bien que je le désirerais.

J'insisterai aussi sur un fait dont j'ai déjà parlé plus haut ;

---

(1) Magaz. der Insektenkunde. VI. 348. (*Megacephala*, Latr.)
(2) Entomologische Monographien. p. 217.

on s'étonnera, peut-être, en voyant les différences si marquées
qu'offrent souvent les mâles, que je n'aie pas introduit un plus
grand nombre de sections génériques ; je répète que je n'ai pas
cru devoir en profiter pour grossir la liste des genres, parce que
ces différences, quelque frappantes qu'elles puissent être, ne
possèdent pas un caractère indispensable pour en motiver l'usage
dans ce sens, puisqu'elles sont le partage des mâles seuls.

Art. III. *DES GENRES JUGURTIA ET CELONITES.*

Le genre Celonites, tel qu'il existait, était moins nettement
délimité qu'on ne s'était plu à le croire, et avait besoin d'un
remaniement complet, d'un nouvel examen scrupuleux de ses
espèces malheureusement trop rares, et par là trop difficiles à
comparer *ipsâ in personâ*.

Les antennes de toutes les espèces étaient loin de se ressembler parfaitement : dans l'*abbreviatus*, elles figurent une massue
sphérique, tandis que dans la *Jugurtia numidica* elles s'allongent
et se séparent presque comme chez les Ceramius. Quant à leur
composition, j'ai déjà dit plus haut combien il avait fallu de
temps et de travail, aux entomologistes, pour s'en faire une
idée nette.

On avait cru d'abord qu'un des caractères de la tribu des
Masariens était d'avoir moins d'articles aux antennes que les
autres Vespides, et chacun décrivit ou figura ce qu'il crut avoir
sous les yeux ; mais il est temps que l'on revienne maintenant
de ces assertions erronées qui ne sont qu'une accumulation
successive de variantes et d'inexactitudes.

Jurine figure 14 articles dans le mâle, et n'en admet que 13.
— M. Guérin-Méneville n'a fait que reproduire une figure de
Savigny. — M. Blanchard en figure 11. — M. Lucas, 12. —
M. L. Dufour en compte aussi 12 dans les deux sexes. Dans les
planches de la *Description de l'Egypte*, chef-d'œuvre d'exactitude,
Savigny donne 12 articles pour la femelle et 13 pour le mâle.

J'ai voulu faire aussi cette recherche par moi-même, et apprendre par mes propres yeux ce que les autres ne révélaient qu'à travers mille contradictions, et j'en ai consigné plus haut le résultat ; je n'y reviens que pour répéter que j'ai trouvé 12 articles dans les deux sexes.

Une différence importante règne dans la forme de ces organes, entre le genre *Celonites* proprement dit, et le genre *Jugurtia* que j'ai cru devoir séparer du premier.

Dans ce dernier (*J. oraniensis*, etc.), le premier article ou scape est le plus grand de tous, comme dans le reste de la famille des Vespides ; chez le premier, au contraire (*C. abbreviatus*, etc.), le premier article est toujours gros, globuleux, quoique très court ; mais le deuxième, en général si petit, reproduit ici la forme et les dimensions du premier ; c'est là un fait unique dans toute la famille, qui, combiné avec d'autres différences, autorise amplement la scission en deux genres.

Les formes du corps présentent également d'assez notables dissemblances.

Dans les *Celonites*, l'abdomen est déprimé, élargi surtout à sa base. Sa face supérieure est convexe et l'inférieure concave ; de la rencontre de ces deux faces, résulte de chaque côté une ligne tranchante (Pl. V ,fig. 1).

Chez les *Jugurtia*, la face inférieure est au contraire convexe, et l'adomen devient plus ou moins cylindrique. Dans les premiers, l'abdomen est presque triangulaire, parce que le premier segment est le plus large ; dans les derniers, le premier segment est petit et l'abdomen ovale. Enfin, et c'est ici une différence très notable, dans les premiers, le corselet est très large en arrière, le métathorax déprimé se trouve taillé en biseau transversal, dont le tranchant dirigé en arrière coïncide avec un tranchant analogue formé par le bord antérieur du premier segment de l'abdomen, créant ainsi une espèce d'axe de charnière autour duquel l'abdomen est mobile ; de cette disposition il résulte que l'abdomen ne peut se relever beaucoup du côté du dos, parce qu'alors les deux biseaux, en se rencontrant, présentent au-dessus de l'articulation un point de résistance, tandis que l'inflexion en dessous n'offre aucune difficulté ; de

plus, la forme concave de la face inférieure de l'abdomen lui
permet de se recourber en dessous, et grâce à cette double
conformation, l'anus peut venir se loger contre le sternum ou le
menton. Rien de tout cela ne se voit dans le genre *Jugurtia*;
les insectes qu'il renferme ont le métathorax et l'extrémité
antérieure de l'abdomen convexes, ne coïncidant nullement,
et l'abdomen est presque incapable de se replier en dessous.

Art. IV. *DU GENRE MASARIS.*

La conformation particulière des antennes, dans ce genre et
dans celui qui précède, a conduit à des erreurs et à des discussions nombreuses, favorisées par la manière superficielle dont
les premiers auteurs avaient fait leurs observations.

M. Léon Dufour adressa un appel aux entomologistes (1),
pour les engager à de nouvelles observations, désirant, comme
il le dit plaisamment, ne point être *vox clamans in deserto*, et
certes il ne le fut pas, car on lui répondit par une discussion
qui dura deux années entières!

M. de Romand répondait à M. Dufour (2), qu'il possédait les
deux sexes du *Masaris vespiformis*, et qu'il avait trouvé 13 articles aux antennes du mâle, 12 à celles de la femelle. Or,
M. de Romand, je l'ai déjà dit, se trompait sur l'espèce; j'ai
visité la collection de ce savant, j'en ai manié tous les insectes,
et j'ai vu que ses deux individus qui proviennent de la collection de Latreille, n'appartiennent nullement à la même espèce.

Dans le même volume du même ouvrage (3), M Lucas dé-
clarait avoir examiné le vrai Masaris, et ne lui avoir trouvé que
8 articles, de même que M. Blanchard, qui a figuré ce curieux
insecte dans le règne animal illustré, où il est considéré comme
une femelle.

(1) Ann. Soc. entom. de France, 2ᵉ série, IX, 61.
(2) Même volume, Bulletin, p. LI.
(3) Bulletin, p. LXLIX.

Là dessus, dans le tome X du même recueil (1), M. Dufour exprimait toute sa satisfaction de cette heureuse solution de la question.

Malheureusement il n'est guère possible de voir de solution là dedans.

D'abord on s'est si peu entendu sur le point de départ, que l'on a raisonné sur un Masaris unique, sans se douter que cette prétendue espèce *unique* comptait deux genres et trois êtres bien distincts. Les études spéciales que j'ai faites sur les Vespides, me permettent de parler ici avec plus de sûreté qu'un autre, et pour commencer par ce qui tient au sexe, je dirai que le Masaris de Paris, celui étudié par MM. Blanchard et Lucas, le type de Fabricius et de Coquebert, est un mâle et non point une femelle ; la preuve péremptoire en est que l'abdomen se compose de 7 anneaux, tandis que les femelles de tous les Vespides, sans aucune exception, n'en ont que 6. Ce qui a pu induire en erreur Fabricius, le premier, ce sont deux soies sortant de l'anus, qui sont l'armure génitale du mâle, que ce savant aura sans doute pris pour l'aiguillon, et que dans le cours de la discussion l'on a taxés d'aiguillon bifide !

Quant à la question des antennes, j'ai déjà exposé que les soudures entre les articles propres à cette tribu, sont une source féconde d'obscurités ou d'erreurs. J'ai déjà décrit l'antenne du *M. vespiformis*, mais la persistance que l'on a mise à ramener cette question sur le tapis, m'oblige à revenir sur quelques faits récents. M. Schaum avait adressé, de Berlin, à la Société Entomologique, une note qui fut insérée dans le Bulletin (2), et dans laquelle il décrit les antennes du Masaris comme nous les avons fait connaître. Il annonçait en même temps que le Musée de Berlin possède plusieurs Masaris.

De guerre lasse, la Société nomma une Commission, et celle-ci, dans un rapport, conclut :

1° Que l'insecte de M. de Romand, n'est point un Masaris ;

(1) Encore Masaris et Celonites, p. 448.
(2) Ann. Soc. ent. de France, 2ᵉ série, X. Bull., p. 87.

— 2° Que les antennes du Masaris ont 8 articles, ni plus, ni moins ; — 3° Que le Musée de Berlin ne possède pas de Masaris !

En présence d'assertions aussi extraordinaires, je crus devoir lire à la Société une note sur cette question ; elle ne put être insérée à cause de sa longueur, et je me bornai à publier, à la suite du rapport (1), un résumé des faits, par lequel je cherchais à établir que les antennes du Masaris ont bien 12 articles, et que les individus cités par M. Schaum sont bien des Masaris ; j'ai suffisamment expliqué plus haut le premier point ; quant au second, M. Schaum dit que ses insectes ont aux antennes 8 articles distincts, le dernier formant un bouton, à la surface inférieure duquel on remarque les éléments de 5 rudiments ; or, comme aucun autre Vespide que le Masaris n'offre cette structure, il faut bien en conclure que celui qui le présente est le *Masaris vespiformis*, ou tout au moins une nouvelle espèce du même genre (2).

J'ai tenu à constater cette négation d'un fait évident, afin de prémunir pour l'avenir contre une nouvelle source d'erreurs qui pourrait résulter de ce rapport.

Du reste, j'observerai en terminant, que si, au point de vue anatomique, cette discussion numérique a quelqu'intérêt, il n'en est pas de même au point de vue zoologique : dans quelques genres, les antennes sont conformées comme dans les Vespiens et les Euméniens ; dans d'autres se remarque la tendance des éléments à se souder, tendance qui augmente par des transitions successives, et qui pourra toujours être envisagée comme la cause de la diminution du nombre des articles, là où les antennes se présenteront comme incomplètes à cet

(1) Ann. Soc. ent. de France, 3ᵉ série, I. Bull., p. 17.

(2) Depuis cette époque, et au grand étonnement des membres de la commission susmentionnée, M. Schaum est venu convaincre la Société Entomologique de France, de l'erreur à laquelle elle s'était cramponnée avec tant de force. Il lu adressa une nouvelle note accompagnée de bonnes figures. Ces dernières, qui représentent l'un et l'autre sexe du *Masaris vespiformis*, sont de nature à ne laisser aucun doute sur l'identité générique et même spécifique des *Masaris* de Berlin et de ceux de Paris. (Voyez. Ann. Soc. Ent. Fr. 1853. Le mémoire de M. Schaum est encore sous presse).

égard. Cette différence, en regard de la concordance de tous les autres caractères et des transitions qui l'amènent d'une espèce à l'autre, ne pourra pas être une raison suffisante pour séparer des genres, et la seule conclusion que l'on en puisse tirer, est qu'il faut laisser de côté ce caractère antennaire, parce qu'il nous échappe. On pourra dire d'une manière générale, et comme diagnose de la tribu tout entière que les articles offrent une propension à se souder, mais on n'en pourra rien inférer pour la diagnose des genres, qui doit être basée sur des faits positifs et non sur des détails dont l'appréciation diffère dans tous les auteurs. Si l'on persistait à chercher des caractères dans le nombre des articles antennaires, les différences individuelles dans les soudures seraient bien de nature à embarrasser les observateurs, et à mettre sur le tapis de nouvelles discussions.

Il me reste à parler de la femelle du *Masaris vespiformis*, que la Commission entomologique s'est refusée à reconnaître comme un *Masaris*.

Cet insecte fut déjà figuré par Savigny dans la *Description de l'Égypte*; il tomba ensuite dans un oubli complet, jusqu'au moment où M. de Romand publia diverses notes sur la nature de ses antennes. Selon lui, ces organes compteraient 12 articles; c'est bien ce que j'ai vu aussi, mais les antennes du mâle en auraient 13. Or, ce prétendu mâle, n'étant autre que la *Trimeria americana* femelle (1), n'en compte assurément que 12; encore sont-ils bien difficiles à distinguer (2). (Voy. Pl. I, fig. 3, dessin fait d'après la préparation de M. de Romand.)

Dans les débats qui ont donné tant de retentissement au nom du *Masaris*, les erreurs de sexe n'ont pas été commises à propos

(1) J'ai eu les types entre les mains. Cet individu n'ayant que six anneaux à l'abdomen, est bien une femelle.

(2) Certes, je ne prétends point dire que M. de Romand n'ait point vu ce qu'il affirme, bien loin de là ; on comprendra que la plus parfaite sincérité, le zèle le plus consciencieux peuvent être bien souvent trahis par les instruments d'optique, dans des recherches si délicates, qu'il semble que l'œil veuille découvrir l'invisible.

du mâle seulement, M. Schaum s'était trompé sur le sexe de la femelle, mais depuis il s'est rangé à mon opinion.

Quant à moi, j'avais fait de cette femelle le genre *Erynnis* (1), jusqu'à ce qu'un nouvel examen m'ait conduit à reconnaître ses affinités et son identité spécifique avec le *Masaris vespiformis* dont il diffère si extraordinairement.

(1) Ann. Soc. ent. de France, 3e série. I. Bulletin, p. 19.

SECONDE PARTIE.

PARTIE SPÉCIALE.

DESCRIPTION

DES

GENRES ET DES ESPÈCES.

TRIBU DES MASARIENS.

MASARII.

Car. *Ailes* à duplicature indistincte ou nulle ; cellules cubitales *au nombre de trois*.

Antennes très variables, de douze articles plus ou moins distincts, dont les cinq derniers ont une tendance à se souder pour former une massue; celles des mâles souvent très distinctement articulées.

Lèvre variable, souvent extensible ; palpes labiaux composés de quatre articles.

Mâchoires variables ; leur palpe ayant dans plusieurs genres une tendance à s'atrophier.

Mandibules variables : mousses, tronquées obliquement à l'extrémité, ou arquées, très aiguës.

Yeux peu ou pas échancrés.

Thorax variable (1) ; écusson recouvrant le post-écusson.

Abdomen sessile, variable ; ses segments souvent étranglés à la base.

Pattes souvent garnies de cils et de poils raides, surtout les antérieures; crochets des tarses en général dentés ; tibias moyens armés au bout de deux épines mobiles, comme chez les Euméniens.

(1) Voyez plus haut, p. 10.

ANALYSE DES GENRES.

I. *Lèvre non extensible.*

Palpes labiaux de 4 articles.
Palpes maxillaires de 6 articles.

Paragia.

Palpes maxillaires de 4 articles.

Ceramius.

Palpes labiaux de 3 articles.

Trimeria.

II. *Lèvre extensible.*

Les deux premiers articles des antennes gros, globuleux.

Celonites.

Scape allongé, cylindrique ; 2e article petit.

Masaris. — Jugurtia.

———————

Tableau pour servir à la détermination.

1	Articles 1, 2 des antennes gros, globuleux	*Celonites.*
	Scape cylindrique, le 2e article petit.	2.
2	Antennes de 8 articles distincts.	*Masaris* ♂.
	Antennes de 8 à 12 articles distincts.	3.
3	renflées et globuleuses au bout.	*Jugurtia.*
	en massue allongée	4.
4	Articles tous distincts.	5.
	Articles 8 à 12 soudés ensemble	*Masaris* ♀. *Trimeria.*
5	Palpes maxillaires de 6 articles	*Paragia.*
	Idem de 4 articles	*Ceramius.*

Genre PARAGIA, Shuck.

(Pl. I, fig. 1, 11, 12. Pl. II, fig. A, B, C, D.)

Syn. *Paragia,* Shuck, Smith., Sauss.

Car. *Lèvre* assez allongée, quadrifide, portant quatre points coriacés au bout de ses divisions; palpes labiaux, courts, de quatre articles, un peu poilus; le premier article le plus long, renflé au bout.

Mâchoires velues; galéa de moitié plus court que la partie basilaire, large, garni sur son pourtour de poils spiniformes, et couvert de ponctuations. Palpe un peu plus long que le galéa, grêle, de six articles; son premier article gros et court, le deuxième très long, les autres diminuant de longueur du quatrième au sixième.

Mandibules courtes, arquées, armées au bout de trois dents arrondies, peu saillantes.

Antennes filiformes, de douze articles dans les deux sexes, simples dans les mâles.

Tête un peu concave en arrière. Yeux nullement échancrés; ocelles disposées en triangle large.

Corselet large au prothorax.

Abdomen cylindrique ou déprimé; conique comme dans les *Vespa,* ou en ovale comme dans les *Odynerus;* ses segments sans étranglements à la base, rentrant les uns dans les autres; le deuxième, le plus grand, comme dans les Odynères, n'étant pas deux fois aussi large que long.

Facies des Odynerus. — Insectes propres à l'Australie.

Aucun détail ne nous est parvenu sur les mœurs de ce genre; la longueur des palpes ne me laisse pas penser que leurs instincts soient aussi parasites que ceux des *Celonites.*

I. DIVISION.

Premier segment de l'abdomen aussi large que le deuxième, tronqué en avant comme dans les **Vespa**.

1. P. Decipiens, Shuck.

Nigra, opaca; abdomine sordide ochraceo.

Syn. Shuck. *Paragia decipiens*. Trans. Ent. Soc. Lond., 1ʳᵉ sér., ii, 82, pl. 8, fig. 3.

Fem. Facies d'une *Vespa ;* le premier segment de l'abdomen aussi large que le deuxième ; l'abdomen de forme conique, d'un noir opaque ; tête et thorax finement chagrinés ; deux petits points entre la base des antennes ; une ligne étroite, jaune, de chaque côté du bord antérieur du prothorax, et une autre tache de la même couleur sous les ailes ; ces dernières, enfumées, avec un nuage noir sur le bout. Pattes noires, les postérieures surtout couvertes d'un duvet soyeux et luisant. Abdomen d'un jaune sale ; la base du premier segment noire, le noir s'étendant sur le milieu du segment jusqu'à son bord.

Nota. La figure assez imparfaite indique encore deux taches blanches à la base du premier segment de l'abdomen, et les tarses et tibias jaunâtres comme l'abdomen, lequel sur cette même figure, est brun.

Shuckard se trompe en supposant par analogie que cet insecte a des mœurs sociales, car s'il ressemble aux Vespa par son facies, il en diffère par ses véritables caractères zoologiques.

2. P. Tricolor, Smith.

Magna ; capite et thorace nigris ; mesothorace sulcato ; prothorace flavo limbato ; abdomine cæruleo, segmentis anguste flavo marginatis ; primo maculis duabus marginalibus flavis ; alis nigris.

Syn. Smith. *Paragia tricolor.*! Trans. Ent. Soc. Lond., 2ᵉ sér.,
  ɪ, p. 41, pl. 5, fig. 1 *e.* ♀ (1).

♀. Long. 14 mill.; env. 37 mill.

Fᴇᴍ. Noir. Chaperon entier, ayant à son extrémité quelques
profondes ponctuations; mandibules fortes, tridentées. Sur le
mésothorax un sillon médian qui atteint le prothorax; deux
autres plus latéraux, arqués, et à côté de chaque écaille une
dépression lisse. Bord antérieur du prothorax orné d'un étroit
cordon jaune. Écusson très saillant, presque carré, jaune; ailes
d'un brun foncé, plus pâles vers le bout. Crochets tarsiens ferrugineux. Abdomen d'un bleu violet, finement et densément
ponctué, portant une tache jaune angulaire sur la partie latérale du bord du premier segment; les quatre segments suivants
ornés d'une étroite bordure jaune, et l'anus d'une tache jaune.
En dessous, les deuxième, troisième et quatrième segments ont
une large bordure jaune.

Habite : L'Australie Occidentale. Perth. (Musée de Londres.)

3. P. Sᴍɪᴛʜɪɪ.

(P. II, fig. 1, 1 *a*).

Magna ; capite et thorace nigris ; prothorace et scutello flavo ornatis; abdomine cœruleo,
segmentis 1-3 maculis duabus flavis ; alis obscuris.

Syn. Smith. *Paragia tricolor.*! Trans. Ent. Sec. 2ᵉ sér., ɪ,
p. 41, pl. 5, fig. 1 *a*, 1 *c.* ♂.

Fᴇᴍ. Taille et formes du *P. tricolor.* Noir, une ligne jaune
interrompue sur le bord du prothorax, et sur l'écusson une
tache trilobée de cette couleur. Abdomen d'un beau bleu d'a-
cier; les trois premiers segments portant de chaque côté une
tache triangulaire jaune qui atteint leur bord. Pattes noires;
ailes noires.

(1) Le mâle est celui du *P. Smithii,* il n'appartient pas à cette espèce.

MALE. Chaperon et devant du premier article des antennes, jaunes-blanchâtres; écusson noir; dessous du deuxième segment de l'abdomen, armé d'un grand tubercule pointu.

Habite : L'Australie Occidentale. (Musée de Londres, collection de M. Smith et la mienne.)

IIᵉ DIVISION.

Abdomen ovale, le premier segment petit ; un étranglement entre lui et le deuxième. Crochet des tarses, portant au milieu une forte dent crochue.

4. P. ODYNEROÏDES, Smith.

Media, nigra, punctata; clypeo, prothorace maculis duabus, abdominis segmentorum 1, 2, 4 marginibus, flavo-rufis; alis costa obscura.

SYN. Smith. *Paragia odyneroïdes.* Trans. Ent. Soc. Lond., 2ᵉ sér., ɪ, p. 42, pl. 5, fig. 2. ☿.

Long. totale, 5 lignes.

MALE. Noir. Tête profondément ponctuée. Chaperon, une ligne étroite le long du bord interne des yeux ; une tache entre les antennes et une courte ligne étroite au bord postérieur des yeux vers leur sommet, jaunes. Corselet rugueusement ponctué ; deux taches anguleuses sur le prothorax, écailles, et une petite tache sous les ailes, jaunes ; tibias, tarses et bout des cuisses, ferrugineux ; tibias antérieurs tachés de jaune. Abdomen finement ponctué ; bord des premier, deuxième et quatrième segments, orangé ; la bordure du deuxième, la plus large ; cinquième et sixième segments bordés d'un cordon ferrugineux ; en dessous les deuxième et troisième segments ayant chacun une bordure jaune, festonnée. Ailes enfumées le long de la côte (1).

Habite : La Nouvelle-Hollande. Hunter-River. (Musée de Londres.)

(1) Sur la figure, le corselet est carré et le métathorax biépineux.

4. P. AUSTRALIS, Sauss.

(Pl. II, fig. 2, 2 *b*).

Nigra, aurantiaco multipicta; abdominis tertio segmento aurantiaco; alis subhyalinis.

SYN. Sauss. *Paragia australis* Ann. Soc. Ent. Fr. 3e sér. I. Bull. p. 21.

♀. Long. 10 mill.; env. 21 mill.

FEM. Chaperon un peu arrondi à son bord antérieur. Ocelles en triangle large; corselet large et carré en avant, un peu convexe à son bord antérieur; métathorax plat et lisse. Abdomen ovale; le premier segment un peu aplati en avant; un petit étranglement entre lui et le deuxième, ce dernier un peu moins long que large. Tête et corselet finement rugueux ou ponctués, et un peu velus; abdomen soyeux. Insecte noir. Mandibules noires avec une tache rousse tout près du bout. Chaperon brun, son sommet orangé ainsi qu'une grande tache sur le front, une autre en arrière de chaque œil et un petit point sur l'orbite, à l'endroit où devrait être l'échancrure des yeux. Antennes noires, ferrugineuses en dessous, au bout; le premier article orangé à sa base et à l'extrémité. Prothorax portant une bordure orangée, interrompue au milieu et rétrécie sur les côtés; un point sous l'aile, une petite ligne à côté de l'écaille, et sur le milieu du mésothorax une plus grande qui s'étend depuis l'écusson jusqu'à son milieu, orangés; écusson orangé avec une tache bilobée noire à son bord antérieur; écaille orangée avec un point ferrugineux; métathorax portant de chaque côté une tache orangée. Premier segment de l'abdomen largement bordé d'orangé; le deuxième, noir; le troisième, orangé avec sa base noire; le quatrième, noir, bordé d'orangé; le cinquième, noir, avec son bord postérieur un peu ferrugineux. Anus ferrugineux. Pattes orangées ou ferrugineuses; hanches et base des cuisses noires, tachées de ferrugineux, ailes transparentes, brunes le long de la côte. Deuxième cubitale dépassant la radiale; sensiblement plus large que longue, son bord externe fortement convexe; la deuxième récurrente s'insérant en dedans du milieu du bord postérieur de la deuxième cubitale ; nervure externe de la troisième discoïdale, convexe en dehors.

MALE. Mandibules présentant une tache jaune à leur base. Chaperon un peu prolongé en avant et tronqué droit, de couleur jaune, son bord antérieur et les deux latéraux liserés de noir. Orbites intérieurement un peu bordées de jaune ; premier article des antennes portant une ligne jaune sur son devant. Tache médiane du mésothorax très petite ; écusson noir, sa moitié postérieure, jaune. (Les parties orangées sont presque jaunes.) Ailes enfumées.

Habite : La Tasmanie. (Musée de Paris, ma collection.)

5. P. BICOLOR, Sauss.

(Pl. II, fig. 3).

Thorace nigro ; abdomine aurantiaco ; segmentis 1-2 nigris ; secundi laterum macula marginali aurantiaca ; alis fuscis ; pedibus rufis, basi nigris.

SYN. Sauss. *Paragia bicolor,* Ann. Soc. Ent. Fr. 3ᵉ sér. I. Bull. p. 21.

Long. 28 mill.; env. 21 mill.

MALE. (Tête incomplète.) Insecte couvert d'un duvet tomenteux de poils gris-ferrugineux, assez longs. Corselet ponctué ; métathorax plat, portant des stries transversales, assez tranchant sur ses bords, armé de chaque côté d'un angle spiniforme, et vers le bas d'un autre angle très petit. Abdomen comme dans le *P. australis,* ovoïde, le premier segment beaucoup moins large que le deuxième, séparé de celui-ci par un étranglement, mais le deuxième segment plus large que long.

Corselet et les deux premiers segments de l'abdomen, noirs ; le premier liseré de roux, le deuxième offrant de chaque côté, à son bord postérieur, une tache carrée orangée ; le reste de l'abdomen d'un rouge orangé en dessus, noir ou obscur en dessous. Pattes noires ; genoux, jambes et tarses orangés. Ailes

brunes, radius roux ; troisième cubitale très large, presque
ovoïde (sa pointe tournée vers la base de l'aile), recevant les deux
nervures récurrentes avant son milieu.

FEM. Anus un peu tronqué, terminé par deux petits tubercules spiniformes.

Habite : La Nouvelle-Hollande, rapporté par M. Verreaux.
(Musée de Paris.)

6. P. BIDENS, n. sp.

Nigra ; abdominis primi segmenti margine rubro, tertio quartoque totis rubris ; prothorace
rufo marginato ; alis secundum costam infuscatis.

♂. Long. 10 mill. ; env. 10 mill.

MALE. Taille et formes du *P. odyneroïdes*, ayant comme lui au
métathorax deux angles spiniformes. Chaperon aussi un peu
plus long que large, arrondi au bout. Insecte velu, noir. Antennes noires avec le dessous ferrugineux. Bord du prothorax
et un petit point au-dessous et en avant de l'écaille, orangés ;
écaille brune, avec une tache blanchâtre. Epines du métathorax
orangées. Premier segment de l'abdomen orné d'une large bordure rouge-orangée souvent bordée de jaune soufre ; le deuxième
noir ; les troisième et quatrième rouge-orangés ; les autres noirs,
liserés de ferrugineux. Pattes noires, genoux, tarses et tibias
ferrugineux. Ailes transparentes, brunes le long de la côte dans
leurs deux tiers externes comme chez le *P. odyneroïdes*.

♂ Chaperon, une tache sur le front, deux points en l'endroit
où devrait être le sinus des yeux et un derrière le sommet de
chaque œil, blancs. Mandibules tachées d'orangé.

Habite : L'Adélaïde, Nouvelle-Hollande. (Musée de Londres).

7. P. PRAEDATOR, n. sp.

P. bidenti similis ; nigra, aurantiaeo variegata alboque maculata.

FEM. Comme le *P. bidens*, mais deux taches orangées sur
l'écusson, et une sur le mésothorax ; écaille variée de blanchâtre ;
sous l'aile une tache blanche ou orangée ; mandibules orangées

au bout. Chaperon blanc avec sa moitié inférieure noire.
Antennes ferrugineuses en dessous, noires en dessus; les deux
ou trois premiers articles bruns.

Habite : Le sud de la Nouvelle-Hollande. (Collection de M.
Baly.)

Genre CERAMIUS.

Syn. *Gnatho*, Klug. *Ceramius*, Latr., Klug., Lepel. Sauss.

(Pl. I, fig. 2. Pl. III).

Antennes de la longueur de la tête dans la femelle, en massue très allongée, presque filiformes, les derniers articles parfois peu distincts (Pl. 1, fig. 2); variables dans les mâles, souvent semblables à celles de la femelle, souvent longues, à articles tous très distincts, mais toujours moins longues que la tête et le corselet pris ensemble (1) et n'ayant jamais alors la forme de massue (Pl. III, fig. 5, 6 *b*.) le deuxième article déprimé.

Lèvre très courte; menton gros, n'étant pas échancré à sa base par une lame membraneuse; languette très courte, composée de deux lanières centrales, et de deux lobes latéraux difficilement visibles, portant tous au bout des points cornés. Palpes labiaux de quatre articles (Pl. III, fig. 1, 7.)

Mâchoires courtes; palpes maxillaires très courts, rudimentaires, quadriarticulés (fig. 1 *a*.)

Mandibules variables; ou tronquées obliquement à l'extrémité, et munies de dents mousses terminales, ou terminées en pointe et portant des dents le long de leur bord interne.

(1) La diagnose donnée par Lep. St-Farg. II, p. 589, est absolument mauvaise. D'abord il dit : « *Antennes plus longues que la tête et le corselet pris ensemble.* » Ceci est d'autant plus exagéré que l'auteur n'a connu que le *C. oraniensis* dont les antennes sont également courtes dans les deux sexes, et d'ailleurs cette phrase ne conviendrait qu'aux mâles. Ensuite : « *Leurs articles plus distincts que dans les genres précédents, les derniers l'étant cependant moins que les premiers et formant une massue allongée.* » Ceci ne convient qu'aux femelles et n'a lieu que lorsque les antennes sont courtes; lorsqu'elles sont longues comme on les voit définies dans la première phrase, les articles sont plus distincts que dans aucun autre genre des Vespides, les derniers surtout. Pour ne pas trouver dans cette diagnose une forte contradiction, il faut ajouter après la première phrase : « *dans les mâles,* » et après la seconde : « *dans les femelles.* » Autrement, si l'on admet la première, la seconde est entièrement fausse; et si l'on admet la seconde, la première doit être rejetée.

Tête grosse, postérieurement·concave; *yeux* peu cu pas échancrés.

Chaperon variable, mais offrant toujours dans les mâles, de chaque côté une pièce allongée et aiguë qui correspond à la base des mandibules.

Corselet variable, prothorax arrondi, convexe en avant; *écusson* comme dans les *Celonites*, recouvrant le post-écusson, offrant au milieu un trapèze 'saillant, se prolongeant latéralement en une lame qui va former l'écaille de l'aile postérieure.

Pattes : tibias de la première paire garnis de poils serrés formant des brosses presque comme dans les fouisseurs. Crochets des tarses simples ou dentés (1).

Abdomen déprimé, de forme variable, les segments en général fixes, non rétractiles, le troisième le plus large.

Ailes : La radiale parfois écartée du bord de l'aile.

Ire DIVISION (2).

Antennes du mâle arquées, semblables à celles de la femelle; les derniers articles peu distincts. Chaperon du mâle transversal, plus large que long. Mandibules du mâle terminées par des dents longues et crochues, et armées d'une petite dent basilaire. Premier segment de l'abdomen petit dans les deux sexes, abdomen ovale. (Pl. I. fig. 2. Pl. II. fig. 4, 9 a.)

1. C. Fonscolombii, Klug.

(Pl. II, fig. 4).

Niger, flavo variegatus; ♂ antennis filiformibus brevibus, supra nigris; squamis pedibusque ferrugineis; thorace margine flavo; abdominis segmentis marginibus sinuatis, primo punctis duobus, flavis.

(1) Ces crochets n'ont pas encore été figurés dans un assez grand nombre d'espèces pour que l'on puisse s'en servir comme d'un caractère de section.
(2) Voyez aussi la IVe division.

SYN. Klug. *Ceramius Fonscolombii.* Ent. Monogr. 229. 3. ♂.
   Boyer de Fonsc. *Ceramius Fonscolombii.* ! Ann. Soc. Ent.
      Fr. 1ʳᵉ sér., IV, 421. pl. 10, fig. A. ♂ (1).
   Lep.St-Farg. *Ceramius Fonscolombii.* Hymen. II. 590. 1.

♂. Long. tot. 13 mill.; long. 9 mill.; env. 23 mill.

Mâle. Tête concave en arrière. Mandibules terminées par deux très longues dents, très aiguës, presque bifides au bout, portant en outre près de leur base une dent saillante; entre celle-ci et la pénultième on remarque encore une dent mousse. Labre formant une petite lanière. Chaperon transversal, pentagone, son bord antérieur tronqué droit; ses angles latéraux se prolongeant en deux pointes. Corselet très court, le plus large au prothorax; écusson convexe en dessus; métathorax étroit, convexe. Abdomen en ovale allongé, plat en dessous; son premier segment petit, de moitié moins large que le second; un étranglement entre les deux premiers segments; segment anal tronqué droit au bout et arrondi. Tête, corselet, et premier segment de l'abdomen finement ponctués, et couverts d'un duvet de poils ferrugineux. Tête noire. Mandibules, chaperon, bordure interne des yeux, une tache derrière chaque œil, jaunes; antennes ferrugineuses en dessous, noires en dessus; le premier article jaune en devant; le troisième et la base du quatrième souvent entièrement ferrugineux. Corselet noir. Ecailles ferrugineuses ou jaunes; bord antérieur du prothorax, une tache sous l'aile, une petite ligne sur le bout de l'écusson, un petit point sur le post-écusson et une tache en avant de l'é-cusson, jaunes; à côté de chaque écaille une ligne jaune, de chaque côté du métathorax un petit point jaune (2). De chaque côté du premier segment de l'abdomen une tache jaune; les autres segments tous ornés d'une bordure jaune biéchancrée, très festonnée, souvent échancrée au milieu; les premières bor-

(1) La variété dont parle l'auteur à la fin de son mémoire n'est autre que le *C. lusitanicus.* Je l'ai vue dans la collection de M. Sichel.
(2) Ces très petites taches manquent souvent.

dures moins larges que les suivantes. Anus avec une grande tache jaune. Dessous du deuxième segment ayant du roux. Pattes jaunes en dessus, ferrugineuses en dessous ; hanches et base des cuisses noires. Ailes transparentes, nervures ferrugineuses, le bout gris.

FEM. Mandibules noires, bordées de jaune. Chaperon noir avec une tache jaune au sommet ou quelquefois avec sa moitié supérieure jaune. Les deux ou trois premiers articles des antennes ferrugineux. Ornements jaunes du corps plus étendus ; les taches bien plus grandes ; deux points sur les angles antérieurs de l'écusson et une tache de chaque côté de cette pièce vers l'aile postérieure, jaunes. Taches jaunes du métathorax souvent très grandes. Le premier segment de l'abdomen souvent bordé de jaune ; les échancrures noires de la bordure des autres formant souvent des points pédicellés.

Var. A. Pas de taches jaunes au métathorax, ni au mésothorax.

? *Var. B.* Antennes ferrugineuses, à peine grises en dessus, orangées en dessous. ♂

Nota. Le type de cette espèce est conservé dans la collection de M. le docteur Sichel. Ce dernier a, pour le plus grand bien de la science, réuni la collection de feu M. Boyer de Fonscolombe à la sienne où les types sont conservés avec un soin religieux et mis à la disposition des entomologistes avec une libéralité qu'il est juste de rappeler souvent.

Rapp. et diff. Cette espèce a exactement les mêmes formes que le *C. Oraniensis*, et je ne vois réellement ce qui l'en distingue, ni d'après la description qu'en donne St-Fargeau, ni même par l'inspection des individus que j'ai reçus d'Algérie et que je rapporte au *C. oraniensis.* Je n'ai cependant pas sous la main les matériaux nécessaires pour oser fondre les deux espèces en une seule.

Habite : L'Europe méridionale.

2. C. ORANIENSIS (1), Lep.

Niger, flavo variegatus; ♂ antennis basi ferrugineis, flagello supra nigro; metathorace flavo maculato; abdominis segmentorum marginibus flavis, sinuatis; alis ferrugineis.

SYN. Lep. St-Farg. *Ceramius oraniensis*, Hymen. II. 591.

♀ ♂. Long. tot. 15 mill. Long. 10 mill.; env. 24 mill.

Je décris entièrement les deux sexes, car cette espèce me paraît être des plus embarrassantes. D'abord la ♀ pourrait bien n'être qu'une var. du *C. Fonscolombii*. Ensuite le ♂ est peut-être très éloigné du *C. Oraniensis* Lepel. qui lui donne des antennes plus longues que la tête et le thorax.

MALE. Forme et ponctuation du *C. Fonscolombii*, chaperon également tronqué droit, ses angles antérieurs un peu saillants. Il n'en diffère que par les caractères suivants : mandibules terminées par une pointe acérée et crochue, non bifides au bout, armées vers la base d'une forte dent dirigée en dedans, et entre celle-là et la pointe de deux autres dents mousses; le bout de la mandibule est échancré et comme bidentelé intérieurement. Antennes noires en dessus, ferrugineuses en dessous; les trois premiers articles entièrement ferrugineux; le premier jaune en devant. Ornements jaunes du thorax plus développés; une petite tache en avant de l'écusson, une ligne sur ce dernier, son extrémité et le post-écusson ainsi que deux taches sur le méta-thorax et les écailles, jaunes. Anus à peine échancré au milieu. Ailes très rousses, nervures ferrugineuses; la deuxième cubitale

---

(1) Lepeletier a défini le genre *Ceramius* d'après l'inspection de cette espèce, la seule qu'il ait vue, mais qui ne se trouve plus dans sa collection. Comme sa diagnose porte : « Antennes plus longues que la tête et le corselet pris ensemble, » ce qui ne peut se rapporter qu'au mâle, il semble évident que le mâle du *C. oraniensis* a les antennes longues, et que l'espèce n'appartient pas à cette division. Nous n'osons cependant y croire, vu que plus bas Lepel. St-Farg. se contredit en disant au haut de la page 593 : « Le reste comme dans la femelle. » La description de l'auteur convient du reste exactement à nos individus. Il est plus naturel de supposer que l'auteur a fait une confusion avec le *C. lusitanicus* ou toute autre espèce de la 2e division. (Dans sa description en français, Lepel. ou-blie de parler des taches du métathorax.)

sensiblement ouverte vers la radiale, sa nervure externe fortement arquée vers le bas, plus convexe en dehors.

Fem. Chaperon tronqué droit, son bord relevé, un peu rebordé. Corselet large en avant. Ecusson portant une ligne saillante longitudinale indistincte. Crochets des tarses simples. Insecte noir. Mandibules au milieu, ou le long de leur bord antérieur, haut du chaperon, deux points sur le front, bordure interne des orbites ; une grande tache derrière l'œil, et un très petit point de chaque côté au bord postérieur de la tête, jaunes. Bord antérieur du prothorax et une tache sous l'aile, jaunes ; écaille jaune avec un point roux ; à côté de chaque écaille une ligne jaune ; une tache jaune en avant du milieu de l'écusson, placée entre deux sillons arqués, une tache de même couleur entre l'aile postérieure et l'écusson ; post-écusson, bout de l'écusson et un petit point sur chacun de ses angles antérieurs, ainsi que deux grandes taches sur les côtés du métathorax, jaunes. Tous les segments de l'abdomen largement bordés de jaune, les deux ou trois premières bordures portant deux taches pédonculées ou libres, noires, sauf le premier qui porte une échancrure noire élargie en arrière ; les bordures élargies sur les côtés. Anus jaune. Pattes jaunes, hanches noires tachées de jaune, cuisses noires en partie. Souvent du roux sur les deux premiers segments de l'abdomen, en avant du jaune. Antennes noires en dessus, ferrugineuses en dessous ; les trois premiers articles roux. Ailes lavées de ferrugineux, le bout enfumé.

Rapp. et diff. Voyez les affinités du *C. Fonscolombii.*

Habite : L'Algérie. Pris par M. Dours qui m'en a généreusement fait cadeau.

3. C. CAPENSIS, n. sp.

Oraniensi simillimus ; ochraceo signatus.

(Pl. III, fig. 3, 3 *a*.)

Long. 10 1/2 mill. ; longueur totale, 15 mill. ; aile 11 mill.

Fem. Taille et formes exactement comme chez le *C. oraniensis,* si ce n'est que la tête est plus forte, le prothorax plus large, le post-écusson n'ayant pas de carène bien distincte. Pattes et thorax un peu plus fortement chagrinés; abdomen plus gros, non luisant, plus mat; le premier segment plus fort, mieux séparé du deuxième. Distribution des couleurs exactement la même que chez le *C. oraniensis*, mais sans roux, et le jaune n'étant pas couleur de soufre, mais d'un jaune d'ocre un peu pâle; le prothorax est bordé de jaune selon toute sa largeur. La tête, le thorax et la base de l'abdomen sont revêtus d'un duvet de poils fauves plus prononcés, et le bord externe de la deuxième cubitale paraît être un peu plus convexe.

Rapp. et diff. Cette espèce est certainement distincte de l'*O. oraniensis*, ce qui se reconnaît surtout à la plus grande largeur du prothorax, mais elle en est si voisine que j'ai longtemps hésité à les séparer. On la reconnaît surtout à la teinte différente de ses ornements jaunes.

Habite : Le cap de Bonne-Espérance (Collect. de M. Guérin-Méneville).

II° DIVISION, PARACERAMIUS.

Antennes du mâle longues, atteignant presque jusqu'à l'écussson, composées de douze articles très distincts, et enroulées en spirale à l'extrémité.

Chaperon du mâle avancé, plus long que large, largement tronqué droit au bout (1).

Mandibules tronquées obliquement à l'extrémité, terminée par trois ou quatre dents courtes.

Premier segment de l'abdomen presque aussi large que le deuxième Abdomen des mâles se repliant en dessous.

4. C. SPIRICORNIS, n. sp.
(Pl. III, fig. 5.)

Niger; abdomine cingulis repandis flavis; thorace toto nigro, margine antico flavo; antennis subtus et apice ferrugineis.

♂. Long. 12 mill.; env. 24 mill.; longueur totale : 16 mill.

(1) Du moins dans tous les mâles que j'ai examinés. Je n'ai pas vu celui du *C. nigripennis.*

MALE. Mandibules terminées par quatre dents ; la dernière presque nulle, la première large, tronquée presque droite au bout. Chaperon tronqué carrément. Ecusson sans tubercule. Premier segment de l'abdomen en cupule moins large que le deuxième, portant sur sa face antérieure un sillon longitudinal. Segment anal un peu creux en dessous vers le bout ; ce dernier arrondi au bout ; mais lorque les organes génitaux font un peu saillie, il a l'air d'être bilobé. Antennes du mâle terminées par une spirale serrée ; le premier article gros, le dernier très distinct, arrondi. Tête, corselet et premier segment de l'abdomen finement ponctués, et couverts d'un duvet grisâtre. Crochets des tarses portant une dent médiane. Tête noire. Chaperon jaune, finement liseré de noir le long de ses bords libres ; mandibules jaunes, noires au bout ; deux taches sur le front. Bordure interne des orbites et un très petit point aux angles postérieurs de la tête, jaunes. Antennes d'un jaune ferrugineux ; le premier article noir, jaune en devant, les deux suivants noirs, les quatre ou cinq suivants, bruns en dessus. Sur le bord du prothorax une ligne jaune à peine interrompue au milieu ; écaille rousse ; le reste du corselet entièrement noir. Abdomen noir ; le premier segment orné de chaque côté d'une tache jaune marginale ; les autres tous ornés d'une bordure jaune ; ces bordures biéchancrées ; leur portion médiane placée entre les échancrures étroites, les latérales en général plus larges. Anus portant deux points jaunes. Pattes jaunes ; cuisses en dessus noires ; hanches antérieures noires, les autres jaunes en devant. Ailes transparentes, à nervures ferrugineuses, brunes vers le bout ; bout de l'aile portant une bande grise ; radiale courte ; deuxième cubitale presqu'aussi longue que large, sa nervure externe convexe en dehors, son bord radial égal à plus d'un tiers du cubital ; deuxième nervure récurrente s'insérant avant le milieu de la cellule.

Rapp. et diff. Voyez la description du *C. lusitanicus.*

Habite : L'Europe méridionale, la France, l'Espagne. (Musée de Paris).

5. C. Lusitanicus (1), Klug.

(Pl. III, fig. 6-6 d.)

Præcedenti simillimus ; thorace flavo variegato, scutello tuberculato.

Syn. Klug. *Ceramius lusitanicus.* Entom. Monogr. p. 230. ♂.

Male. Crochets des tarses unidentés. Taille, formes, et ponctuations comme dans le *C. spiricornis*. En diffèrent comme suit : mandibules terminées par des dents toutes aiguës surtout la première. Chaperon liseré de noir sur les côtés seulement ; une tache de chaque côté, à l'angle postérieur de la tête ; une autre grande sous l'aile et une oblongue à côté de chaque écaille ; écusson jaune dans sa moitié postérieure, et *portant en dessus un tubercule* en forme d'une petite carène ; de chaque côté du métathorax un petit point jaune. Anus avec une grande tache jaune. Deuxième nervure récurrente s'insérant au delà du milieu de la cellule cubitale.

Fem. Chaperon ayant la même forme que dans le mâle ; noir, orné au sommet d'une tache jaune. Mandibules noires, avec le bout roux et à la base une tache jaune. Une ligne le long des orbites, et une tache à l'angle de la tête, jaune. Antennes noires. Bord du prothorax, une tache sous l'aile, une ligne à côté de chaque écaille, moitié postérieure de l'écusson, et deux grandes taches au métathorax, jaunes. Ecailles rousses. Abdomen et le reste comme dans le mâle.

Var. ♂. Métathorax noir.

Habite : L'Espagne, le midi de la France. (Collect. de M. Guérin-Méneville et de M. Sichel (2).)

6. C. Nigripennis, n. sp.

(Pl. III, fig. 4-4, c.)

Niger, flavo pictus ; mandibulis nigris, apice rufis ; abdominis segmentis flavo limbatis ; metathorace fascia horizontali flava ; alis fuscis, cœrulescentibus.

♀. Long. 11 mill. ; longueur totale, 16 mill. ; env. 27 mill.

(1) Sur la planche il porte le nom de *C. tuberculifer.*
(2) Type de la var. que cite M. de Fonscolombe dans son mémoire.

Fem. Labre semi-circulaire, cilié. Chaperon aussi large que long, hexagone, portant vers le haut de petites saillies; son bord inférieur tronqué, un peu concave. Corselet en carré long, nullement rétréci en arrière; écusson plat; métathorax plat, tronqué droit. Abdomen allongé, également large partout, fortement déprimé; le premier segment très court, presque aussi large que le deuxième, un peu concave en avant; pas d'étranglement sensible entre les segments. Tête et corselet ponctués; tout l'insecte revêtu d'un duvet de petits poils. Crochets des tarses simples. Corps noir : mandibules ferrugineuses au bout; labre jaunâtre; antennes ferrugineuses en dessous; orbites liserées de jaune jusque dans le sinus des yeux ; un point derrière le sommet des yeux, une ligne le long du bord antérieur du prothorax, une tache sous l'aile, une ligne à côté de l'écaille, sur le mésothorax, une tache de chaque côté de l'écusson entre sa partie élevée et l'écaille, et son extrémité postérieure, jaunes, ainsi que le post-écusson. Métathorax noir avec une bande transversale jaune qui couvre sa plaque postérieure (c'est-à-dire que son extrémité inférieure à l'insertion de l'abdomen est noire, et que l'on voit encore une bande noire horizontale qui passe sous l'écusson). Écaille brune. Tous les segments de l'abdomen régulièrement bordés de jaune; ces bordures un peu rétrécies au milieu. Anus noir ou brun, avec deux points jaunes. Pattes rousses; un peu variées de jaune; bases des cuisses et hanches noires ou noirâtres. Ailes brunes à reflets violets; deuxième cubitale grande, son bord radial égal à un tiers du postérieur; son bord interne oblique, l'externe convexe en dehors, deuxième récurrente s'insérant avant le milieu de la cellule.

Rapp. et diff. Cette espèce est distincte de toutes les autres par ses ailes brunes à reflets violets, ses mandibules rousses au bout, et la bande jaune transversale qui passe sous l'écusson.

Habite : Le cap de Bonne-Espérance (Collection de M. le marquis Spinola, et celle de M. Guérin-Méneville.)

Nota. Ne connaissant pas le mâle, je ne suis pas parfaitement certain que cette espèce rentre dans cette division.

7. C. LINEARIS, Klug.

Elongatus, niger; thorace maculis, abdomine fasciis sex anoque, flavis.

SYN. Klug. *Ceramius linearis* Entom. Monographien. p. 227. 2.

♂. Longueur totale, 7 lignes.

Voici la description qu'en donne Klug :

♂ Corpus elongatum, angustissimum, nigrum. Caput punctatum, linea utrinque ante oculos flexuosa, semicirculari frontali, ad clypei basim intermedia, punctoque utrinque in medio genarum flavis. Clypeus flavus, utrinque ad basim niger. Labrum flavum. Mandibulæ flavæ, apice nigræ. Antennæ thorace fere duplo longiores, filiformes, apice incurvatæ, luteæ; articulo primo flavo, dorso nigro. Rostrum lineare flavum. Thorax elongatus, lobo antico, apice valde sinuato, flavo, macula utrinque triangulari nigra, intermedio lineola dorsali abbreviata, lineolis lateralibus obliquis, punctisque duobus versus marginem anteriorem flavis, squamæ luteæ, flavo marginatæ. Pleuræ macula triangulari flava. Scutellum flavum, basi nigrum, puncto utrinque flavo. Métathorax utrinque flavo-maculatus. Abdomen apice bidentatum nigrum, segmentis quinque prioribus margine postico lato, sexto fascia bisinuata, ultimo apice, flavis. Venter in ultimo segmento dentatus, dente brevi recurvo, medio flavo maculatus, macula transversa biloba. Alæ hyalinæ, apice obscuriores, nervis stigmatique ferrugineis. Pedes flavi coxis pallidis.

Habite : Le Cap de Bonne-Espérance.

Cette espèce allie à des formes très grêles un allongement considérable des organes buccaux. Je ne sais si elle doit rester dans le genre ou servir de type à une coupe nouvelle.

IIIe DIVISION. CERAMIOIDES.

(Pl. IV, fig. 1 *a*, 1 *c*.)

Antennes des mâles longues, atteignant jusqu'à l'écusson, à articles tous distincts ; le douxième article formant un grand crochet. Chaperon et mandibules des mâles comme dans la division II. Abdomen comme dans la division Ire, mais les segments étranglés à leur base, presque comme dans les Cerceris. Celui du mâle portant en dessous des saillies tuberculeuses.

8. C. Cerceriformis (1), n. sp.

(Pl. IV, fig. 1-1,c.)

♂. Niger, cingulis flavis; antennis ferrugineis; abdominis segmentorum basi valde coarctatis marginibus subtus emarginatis; segmentis tertio septimoque subtus tuberculatis; metathoraci angulis duobus.

Long. 11 mill. ; long. tot. 17 mill. ; env. 26 mill.

MALE. Chaperon tronqué droit à son bord inférieur. Yeux peu ou pas échancrés. Ecusson très saillant, ses côtés rugueusement striés, son milieu portant une petite carène longitudinale. Mésothorax traversé par deux très forts sillons arqués. Métathorax plat ou un peu concave, portant deux angles spiniformes. Segments de l'abdomen fortement rétrécis à la base, s'emboîtant grossièrement, mais nullement rétractiles les uns dans les autres à cause de l'extrême épaississement du bord postérieur; en dessous du troisième segment, un gros et long tubercule à trois angles, en dessous du sixième un autre, moins grand et comprimé longitudinalement. Le quatrième portant une ride transversale; en dessous le bord des segments deux à six, est échancré en demi-cercle, ou du moins concave au milieu. Crochets des tarses simples. Insecte noir. Chaperon, mandibules, une tache entre les antennes, une autre en arrière des yeux; et bordure des orbites jusqu'au point où devrait être le sinus, jaunes. Antennes ferrugineuses; le premier et le deuxième articles jaunes en devant. Prothorax jaune en dessus, avec de chaque côté une tache noire (ou bord antérieur jaune, bord postérieur liseré de jaune); un trait jaune partant de l'angle postérieur du prothorax, descend obliquement vers une grande tache

(1) Voyez aussi la description du C. vespiformis.

jaune, qui, est située sous l'aile. Ecaille ferrugineuse ou jaune. De chaque côté au mésothorax, un point en arrière de l'écaille; angles antérieurs de l'écusson offrant deux taches jaunes; extrémité postérieure de l'écusson, post-écusson, ainsi qu'une tache de chaque côté du métathorax, jaunes. Premier segment de l'abdomen orné de chaque côté d'une tache jaune arquée, et au milieu de son bord postérieur d'un point jaune. Tous les autres segments portent en dessous une bordure jaune rétrécie au milieu; anus noir, souvent liseré de jaune. Dessous de l'abdomen roux, avec une tache jaune plus ou moins étendue sur chaque anneau. Pattes et hanches jaunes; dernier article des tarses, noir. Ailes ferrugineuses, un peu enfumées avec un point brun au bout de la radiale, huitième cubitale grande, son bord postérieur égal à trois fois son bord antérieur; deuxième nervure récurrente s'insérant un peu en dedans du milieu du bord postérieur de la deuxième cubitale; nervure interne de cette dernière très oblique formant avec la postérieure un angle aigu (douzième article des antennes formant un long appendice arqué; recourbé en crochet).

Var. Brun entre le noir de l'abdomen et ses bordures jaunes.

Rapp. et diff. Trop distinct par ses formes pour être confondu avec les autres espèces connues, mais assez voisin du *C. vespiformis.*

Habite : Le cap de Bonne-Espérance (Collect. de M. Guérin.)

IV.

Espèces que je ne puis rapporter avec certitude à leur division.

9. C. Lichtensteinii. ! Klug. (1).

Niger, flavopictus ; metathorace flavo ; abdomine flavo, segmentis macula basi nigra aut fusca.

(1) L'individu qui m'a servi de type a été envoyé par M. Klug, sous le nom de *C. Lichtensteinii,* mais la description de cet auteur ne lui convient pas parfaitement.

Syn. Klug. *Gnatho Lichtensteinii*, Magaz. d. Gesellsch. Naturf. Freund. IV. p. 38. Fab. I. Fig. 3, *a*, f.—*Ceramius Lichtensteinii*. Entomol. Monogr. 225. 1.

♀. Long. 14 mill. ; long. tot. 17 mill.; env. 30 mill.

Fem. Tête très grosse. Chaperon large, hexagone, tronqué droit à son bord antérieur. Ecusson plat en dessus, abdomen ovale, sessile ; un fort étranglement entre les deux premiers segments, un plus faible entre le second et le troisième. Tête et corselet ponctués, noirs. Mandibules jaunes, noires au bout ; chaperon, une grande tache au-dessus de l'insertion de chaque antenne, bordure interne des orbites jusqu'au sommet, deux grandes taches en arrière des yeux qui se prolongent en pointe vers le milieu du bord postérieur du vertex, jaunes. Antennes d'un jaune ferrugineux. Le prothorax en dessus, jaune, cette couleur se prolongeant jusque sous l'aile, pour y former une tache jaune qui s'en sépare souvent ; écaille jaune ; de chaque côté du mésothorax en dessus, une ligne et sur l'écaille un point, roux. Post-écusson et moitié postérieure de l'écusson, jaunes ; deux saillies jaunes aux angles antérieurs de l'écusson ; métathorax, et l'espace entre l'écusson et l'aile postérieure, jaunes. Abdomen noir, ou d'un noir brunâtre ; le premier segment jaune en dessus avec une tache noire trilobée ; les deux suivants ornés d'une bordure jaune fortement et régulièrement élargie sur les côtés ; le quatrième brun, avec une semblable bordure jaune, et souvent un peu de noir au milieu ; les autres d'un jaune ferrugineux. Pattes jaunes, cuisses un peu ferrugineuses, hanches antérieures rousses. Ailes transparentes, lavées de jaunâtre et de gris, avec un nuage dans la radiale ; bord radial de la deuxième cubitale égal à un tiers du postérieur ; son bord externe fortement convexe, la deuxième récurrente s'insérant avant le milieu.

Var. Front jaune.

Var. L'individu décrit par M. Klug a seulement deux taches jaunes au prothorax, et le mésothorax entièrement noir.

Rapp. et diff. Le métathorax entièrement jaune de cette

espèce la rapproche du *Ceramius rex*, dont elle se distingue par la couleur brune du quatrième segment de l'abdomen, etc. (Voyez les affinités de cette espèce).

Cette espèce appartient à la première division.

Habite : Le cap de Bonne-Espérance. (Collect. de M. Spinola.)

10. C. Rex, n. sp.

Niger, fulvo variegatus; capite villosissimo ; metathorace flavo ; abdomine velutino.

♀ Long. 15 mill. ; env. 34 mill. ; long. tot. 24 mill.

Fem. C'est la plus grande espèce connue. Chaperon grand, hexagone, aussi large que long, tronqué droit ; une petite carène sur l'écusson ; un étranglement sensible entre les deux premiers segments de l'abdomen , le premier large ; tête et corselet ponctués, velus, surtout la tête. Insecte noir : chaperon, une grande tache entre les antennes , une très petite au fond des sinus des yeux , une autre derrière leur sommet , jaunes ; mandibules jaunes, noires à la base ; antennes jaunes ; les trois premiers et les derniers articles, noirs en dessus. Prothorax jaune avec de chaque côté une tache triangulaire noire ; une tache sous l'aile, écaille, bout de l'écusson, post-écusson, méta- thorax et un point entre l'écusson et l'aile postérieure, jaunes, ainsi qu'une petite ligne à côté de l'écaille. Au bas du métathorax, à l'insertion de l'abdomen , deux ou quatre points noirs. Abdomen velouté ; tous les segments ornés d'une bordure jaune presque orangée, s'élargissant régulièrement sur les côtés ; anus jaune. Dessous de l'abdomen (accidentellement) jaune. Pattes jaunes, hanches noires, tachées de jaune. Ailes transparentes, comme enduites d'un vernis gris ; bord radial de la deuxième cubitale égal à un quart de son bord postérieur, la nervure interne très oblique ; la deuxième récurrente insérée avant le milieu de la cellule.

Rapp. et diff. Le métathorax entièrement jaune de cette espèce la fait ressembler au *C. Lichtensteinii*. Elle s'en distingue par son abdomen sans brun, par son chaperon aussi long que

large, par ses antennes ayant du noir en dessus, par son corselet beaucoup plus carré en avant, et moins rétréci, par sa tête
velue, etc. etc.

Appartient probablement à la deuxième division.

Habite : Le Cap de Bonne-Espérance. (Collection de M. le
marquis Spinola.)

11. C. CAFFER, n. sp.

Niger, flavo variegatus ; capite villoso ; abdomine velutino ; antennis supra nigris.

Taille du *C. rex*, même forme ; la tête également velue, et
l'abdomen velouté, mais en différant par ces caractères qui ne
suffisent peut-être pas pour constituer une espèce :

Chaperon jaune, moins large, plus distinctement ponctué,
bordé de noir à ses bords inférieurs et latéraux ; mandibules
noires avec une tache jaune au haut, deux points jaunes en dessus
du chaperon ; antennes entièrement noires en dessus ; un très
petit point derrière le sommet des yeux. Prothorax seulement
bordé de jaune ; moitié postérieure de l'écusson jaune ; à droite
et à gauche de l'écusson, un point jaune ; métathorax noir
avec ses angles et au milieu une ligne, jaunes ; les trois premières bordures de l'abdomen sensiblement biéchancrées ; anus
noir avec deux taches jaunes ; base des anneaux noire en
dessous. Le reste comme dans le *Ceramius rex*.

Comme on le voit, les différences résident surtout dans la
couleur noire des mandibules, *du dessus des antennes* et du métathorax.

Cette espèce se distingue surtout des autres par son abdomen
velouté et ses bandes presque orangées.

Habite : Le Cap de Bonne-Espérance. (Collection de M. le
marquis Spinola.)

12. C. MACROCEPHALUS, n. sp.
(Pl. III, fig. 2.)

Niger, capite maximo ; clypeo late truncato ; corpore rufo variegato ; antennis rufis ; cellulæ
radialis remoto costa apice.

♀. Long. 14 mill. ; env. 29 mill. ; long. tot. 18 mill.

Fem. Premier article des antennes gros; tous les articles très
distincts. Tête très grosse, échancrée en arrière. Chaperon plat,
plus large que long, son bord antérieur largement tronqué
droit. Tout le corps ponctué. Corselet court, large en avant;
l'écusson presque ovale en dessus, rebordé tout autour de
sa partie saillante. Abdomen ovale; le premier segment petit,
plat en dessus, avec un sillon longitudinal, son bord postérieur
saillant, tronqué verticalement. Un fort étranglement entre les
deux premiers segments. Crochets tarsiens portant au milieu une
très forte dent crochue. Tête noire, ses angles postérieurs,
mandibules, chaperon, sinus des yeux, une bande transversale
sur le front et les antennes, roux. Corselet noir: prothorax, une
tache sous l'aile, écaille, roux ; angles antérieurs de l'écusson,
son extrémité postérieure, milieu et côtés du post-écusson, sur
les côtés de l'écusson un petit point, angles du métathorax, et
vers le bas deux points, jaunes. Les trois premiers segments
de l'abdomen portant une étroite bordure rousse, fortement
élargie sur les côtés; les autres entièrement roux, le quatrième
ayant une échancrure noire au milieu. Pattes rousses. Ailes
enfumées, le bout bordé de brun. Bord postérieur de la
deuxième cubitale trois fois aussi long que le bord radial; la
deuxième récurrente insérée avant le milieu de la cellule; bout
de la radiale écarté du bord, portant un appendice incomplet;
la radiale s'étendant moins loin que le bout de la deuxième
cubitale. Pattes antérieures comme d'ordinaire, munies de fortes
brosses.

Rapp. et diff. Cette espèce doit être très voisine du *C. rex*,
mais elle me semble cependant être bien distincte. (1).

Appartient probablement à la première division.

Habite : Le Cap de Bonne-Espérance. (Musée de Paris.)

13. C. Consobrinus.

Niger, flavo variegatus; clypeo longiori quam latiori; metathorace maculis duabus; alis ferrugineis.

♀. Long. 12 mill. ; env. 30 mill. ; long. tot. 16 1/2 mill.

(1) N'ayant pu comparer ces espèces, je n'ose indiquer les différences qui
pourraient les séparer.

Fem. Tête et corselet gros. Chaperon plus long que large,
presque carré, avancé, tronqué droit à son bord antérieur, finement rebordé, un peu enfoncé au milieu. Métathorax arrondi;
abdomen ovale, sans étranglements, si ce n'est un petit après le
premier segment, lequel est presque aussi large que le deuxième.
Tête et corselet finement ponctués, veloutés et couverts de
poils gris. Insecte noir ; chaperon jaune, bordé de noir tout
autour, la jaune portant de chaque côté au milieu une échancrure noire. Au-dessus du chaperon un carré transversal jaune,
festonné au sommet et orné au milieu d'un point noir; une
petite ligne dans le sinus des yeux et un point à l'angle postérieur de la tête, jaunes; mandibules noires à la base, avec une
tache jaune, puis rousses avec le bout noir; antennes ferrugineuses, un peu obscures en dessous vers le bout; les trois
premiers articles noirs en dessus; le premier jaune en devant ;
une bande jaune en demi-cercle sur le prothorax; une tache
sous l'aile, de chaque côté une ligne en dedans de l'écaille ; une
autre petite ligne qui part de l'aile postérieure ; moitié postérieure de l'écusson, une tache sur le milieu du post-écusson et deux
points ronds sur les angles du métathorax, jaunes. Les segments
de l'abdomen tous ornés d'une bordure jaune presque interrompue au milieu, et fortement élargie sur les côtés, atteignant
presque le segment précédent, mais sans points ou petites
échancrures noires. Anus jaune. Pattes jaunes, base des cuisses
et hanches noires. Ailes ferrugineuses; deuxième cubitale : son
bord radial égal à un tiers du postérieur ou un peu plus ; sa
nervure externe sinuée en S; la deuxième récurrente s'insérant
avant le milieu de la cellule.

Rapp. et diff. Distinct des *C. rex, vespiformis, Lichtensteinii* et
nigripennis par son métathorax noir avec deux taches jaunes; il
ressemble au *C. caffer* par la forme de [son chaperon et par la
distribution des couleurs, mais il s'en écarte par sa plus petite
taille, par la forme de la deuxième cubitale moins rétrécie vers
la radiale, par le jaune vif de son abdomen, non roux comme
dans le *C. caffer*, et par son aspect moins velouté, etc. Il diffère
des espèces européennes et barbaresques par les bordures de

l'abomen sans échancrures noires, par son chaperon allongé, etc., mais il en est bien voisin.

Je ne saurais dire à quelle division il appartient, mais il a les formes de la deuxième.

Habite : Le Cap de Bonne-Espérance. (Collection de M. le marquis Spinola.)

14. C. Vespiformis, n. sp.

Statura magna ; niger, flavo variegatus ; clypeo producto ; oculorum margine toto flavo, in vertice non interrupto ; metathorace flavo ; abdominis segmentis coarctatis, flavis, basi nigris.

♀. Long. 11 mill.; env. 30 mill.; long. tot. 18 1/2 mill.

Fem. Cette espèce n'est peut-être que la femelle du *C. cerceriformis*, en effet l'abdomen offre les mêmes étranglements, quoique moins sensibles, le métathorax est également bidenté, ou porte du moins deux angles spiniformes, mais la deuxième cubitale et les couleurs sont toutes différentes.

Chaperon avancé, plus long que large, arrondi au bout, jaune. Tête noire; une grande tache au-dessus du chaperon, mandibules et tout le tour des orbites, jaunes; cette bordure très étroite au vertex, large en arrière des yeux, et au sinus. Antennes d'un jaune ferrugineux, le flagellum obscur en dessous. Corselet noir; prothorax, métathorax, une tache sous l'aile et écusson, jaunes; bord antérieur de l'écusson noir; à droite et à gauche de ses angles antérieurs, une tache jaune, et depuis ce point jusqu'aux angles postérieurs du prothorax s'étend une ligne jaune qui cotoie l'écaille, laquelle est jaune avec un point roux; espace entre l'écusson et l'aile postérieure, noir. Abdomen étranglé entre les segments, jaune; le tiers antérieur des segments et la face métathoracique du premier, noirs; le jaune en général un peu échancré au milieu. Anus et pattes jaunes; en dessus de la hanche du milieu sur les flancs une tache jaune. Ailes ferrugineuses, un peu enfumées; deuxième cubitale grande, son bord radial presque égal à la moitié du postérieur, sa nervure interne droite, presque perpen-

diculaire à la côte; la deuxième récurrente insérée presque au
milieu du bord postérieur de la cellule.

Rapp. et diff. Cette espèce se distingue de plusieurs autres
par son métathorax jaune, elle ressemble par là aux *C. rex et
Lichtensteinii* dont elle diffère par son chaperon plus long que
large, et arrondi au bout, par son métathorax anguleux, par
les étranglements très sensibles des derniers segments de l'abdomen, par la couleur jaune qui domine dans cette partie du
corps, etc. Elle semble au contraire avoisiner de près le *C. cerceriformis.*

Appartient probablement à la troisième division.

Habite: Le Cap de Bonne-Espérance. (Collect. de M. le marquis Spinola.)

Genre TRIMERIA (1) Mihi.

(Pl. I, fig. 3 ; Pl. IV, fig. 2 *b*.)

Car. *Antennes* ♀ en massue allongée, arquées; les derniers articles très indistincts.

Lèvre sans lame membraneuse, le menton gros; languette courte, bifide. Palpes labiaux composés de trois articles assez longs, très velus. (2).

Mâchoires courtes; palpes maxillaires nuls. (3).

Mandibules assez aiguës au bout.

Crochets tarsiens ne paraissant pas dentés. Le reste comme chez les femelles du genre Masaris. Segments abdominaux étranglés à leur base.

Ce genre se rattache d'un côté au genre *Ceramius*, ayant comme lui la langue fixe, non extensible; de l'autre aux Masaris par le reste de ses caractères, en particulier par sa lèvre bifide sans lobes latéraux.

T. Americana. (4). n. sp.

(Pl. IV, fig. 2, 2 *a*, 2 *b*.)

Nigra ; prothoracis margine et abdominis fasciis aut maculis, flavis; alis fuscis.

Syn. Sauss. *Erynnis americana.* Ann. Soc. Ent. 3ᵉ sér. 1. bull. p. xx.

♀. Long. 7 mill. ; env. 17 mill. ; long. tot. 11 mill.

Fem. Chaperon largement échancré au milieu ; labre arrondi, cilié. Corselet carré; son bord antérieur finement rebordé;

(1) Aucun individu mâle de ce genre n'est encore connu. Cette coupe est donc très provisoire, et sera peut-être détruite par la suite. (Τρία, μέρος)

(2) Voyez l'explication de la planche.

(3) Je n'ai pu les découvrir, mais il est bien possible qu'ils existent à un état très rudimentaire.

(4) Cette espèce a été prise à tort par M. de Romand pour le mâle du *Masaris vespiformis.* Voyez ann. Soc. Entom. 2ᵉ sér. IX bullet. p. 52.

écusson en demi-cercle, un peu rebordé sur ses bords. Métathorax concave, offrant de chaque côté un angle spiniforme ;
cet angle un peu déprimé, avec un tranchant latéral. Abdomen
allongé, offrant de petits étranglements ; les segments pour le
moins deux fois aussi larges que longs. Premier segment de
l'abdomen insensiblement concave en avant ; aussi large que le
deuxième ; tous les autres offrant un sillon transversal indistinct
sur leur milieu ; en arrière de ce sillon ils sont un peu dilatés
pour emboîter le segment suivant ; dans leur première moitié ils
sont au contraire un peu rétrécis pour être emboîtés par le précédent ; de cette disposition et de la brièveté des anneaux il résulte qu'ils ne peuvent rentrer les uns dans les autres, mais
qu'ils sont arrêtés au col ou sillon qui les partage. Tête et corselet rugueux ; premier segment de l'abdomen et la partie
postérieure des autres, fortement ponctués. (Antennes noires).
Prothorax bordé par un étroit cordon jaune ; écaille noire avec
deux points jaunes, ou entièrement noire. Premier segment de
l'abdomen souvent orné de chaque côté d'un petit point irré-
gulier, jaune ; les trois suivants portant chacun en dessous une
bande jaune transversale un peu rétrécie en deux points. Les
deux derniers noirs, portant en dessous une teinte grise ou
ferrugineuse. Pattes noires ; genoux et tarses jaunes ou ferrugineux. Ailes uniformément enfumées, brunes ; la radiale grosse
et courte, son bord antérieur s'écartant beaucoup du bord de
l'aile ; pas d'appendice ; deuxième cubitale très grande, son bord
radial plus long que la moitié du postérieur.

Var. Le deuxième segment ayant seulement deux taches jaunes ; les deux suivants chacun trois taches, figurant des bandes
interrompues ; les autres noirs ; anus ferrugineux. (Fig. 2.)

Male. Inconnu.

Habite : Le Brésil. Campos-Geraes, partie mérid. Collect.
de M. de Romand et Musée de Paris.)

Genre JUGURTIA (1).

(Pl. I, fig. 4.)

Celonites. Lep. Dufour. Sauss.

Antennes des femelles courtes, offrant sept articles distincts ; les cinq autres soudés en une massue ovale ; le premier article plus long que le troisième, cylindrique. Antennes des mâles plus longues, en massue ; leurs derniers articles plus distincts ne formant pas une masse globuleuse, et ne portant pas en dessous d'organes cupuliformes.

Organes buccaux comme dans le genre *Celonites*.

Corselet plus large au prothorax qu'au métathorax ; écusson formant au milieu un trapèze ou un triangle un peu saillant ; métathorax un peu concave, sans tranchant horizontal. Abdomen cylindrique, nullement concave en dessous, mais un peu convexe ; sans aucun tranchant latéral ; anus des mâles sans dentelures ; segments insensiblement rétrécis à leur base, non rétractiles ; les deuxième et troisième plus larges que le premier.

Ce genre se rapproche beaucoup des Ceramius, et des Celonites. Il leur est parfaitement intermédiaire, car on l'associe à première vue pour ses formes au genre Ceramius (2) tandis que vu la composition des antennes de la femelle et celle de sa langue extensible, il devrait plutôt être incorporé dans le groupe des Celonites, comme l'avait pensé de St-Fargeau. J'ai cependant cru devoir le séparer de l'un et de l'autre :

1° A cause du premier article de ses antennes qui est conformé comme dans tous les autres Vespides, tandis que chez les Celonites il a une forme *entièrement exceptionnelle.*

2° A cause de la forme toute différente du thorax et de l'abdomen, qui est également très anomale dans les Celonites.

(1) De *Jugurtha,* roi de Numidie.
(2) C'est pourquoi M. Schaum a fait un Ceramius du *Celonites dispar* de M. Dufour.

On ne pourra pas à plus juste titre réunir les Jugurtia aux Ceramius, car leurs organes buccaux totalement différents dénotent chez les premiers des mœurs tout aussi parasites que celles des Celonites.

1. J. Oraniensis.

Nigra, flavo variegata; antennis suprà nigris; abdominis segmentorum marginibus undatis, flavis; alis fuscescentibus.

Syn. Lepel. de St-Farg. *Celonites oraniensis.*! Hymen. II. 586.
Lucas. *Celonites oraniensis.* ! Expl. sc. de l'Alg. Ins. III.
Dufour. *Celonites dispar.*! Ann. Soc. Ent. France. 2ᵉ ser.
ix.p. 58. pl. 3. fig. I. ♀ ♂.

Long. 6 1/2 mill. ; env. 13 1/2 mill.; long. tot. 9 1/2 mill.

Fem. Antennes en massue, renflées au bout, arquées. Chaperon plus large que long, largement et profondément échancré; les angles de l'échancrure prolongés en deux longues dents. Ocelles disposées sur une ligne arquée. Corselet plus large en avant qu'au milieu. Ecusson faiblement bituberculé, tronqué droit en arrière; métathorax plat, un peu concave. Abdomen allongé, presque cylindrique, en dessous un peu convexe, les segments à peine rétrécis à leur base; le premier segment en forme de cupule. Tête et corselet rugueux.

Insecte noir. Chaperon avec trois grandes taches jaunes qui le couvrent presque entièrement; labre noir couvert de poils gris; mandibules jaunes. Une tache dans le sinus des yeux, une allongée derrière chaque œil, jaunes. Antennes ferrugineuses, noires en dessus avec les articles trois et quatre entièrement ferrugineux. Prothorax largement bordé de jaune le long de son bord antérieur, et souvent finement liseré le long de son bord postérieur. Une grande tache jaune sous l'aile atteignant la bande du prothorax, post-écusson et l'extrémité postérieure de l'écusson, jaunes, ainsi que les angles du métathorax. Ecaille jaune avec un point roux. Souvent une tache jaune en avant de l'écusson. Tous les segments abdominaux bordés de jaune; la bordure du premier étroite et droite au milieu, fortement élargie sur les côtés ; celles des autres également étroites au milieu et subitement élargies sur les côtés, mais biéchancrées au milieu ; les dernières bordures souvent presque régulières et plus larges ; segment anal jaune. Pattes jaunes ; hanches et base des cuisses noires. Ailes un peu enfumées ; nervures brunes ; radiale arrondie au bout, se prolongeant à peine aussi loin que la deuxième cubitale.

Male. Selon Lepeletier : Antennes jaunes avec le premier article et la massue, noirs en dessus ; chaperon et labre jaunes. Antennes, longues, distinctement articulées. Le premier segment de l'abdomen moins cupuliforme, plus tronqué en devant. Ornements jaunes du corselet et de l'abdomen plus dominants. Septième segment jaune. Anus arrondi au bout.

Rapp. et diff. Par sa forme, cette espèce ne peut se confondre qu'avec la *J. numida* dont le mâle seul est connu, dont les antennes sont entièrement jaunes, et les segments un peu plus rétrécis à leur base, etc.

Habite : l'Algérie ; Oran. (Musée de Paris).

2. J. Numida, n. sp.

(Pl. V, fig. 3.)

Nigra, flavo variegata ; antennis longioribus, flavis ; abdomine flavo ; segmentis basi anguste nigris ; ano emarginato ; alis hyalinis, nervis ferrugineis.

Taille et forme de la *J. oraniensis.*

Male. Tête plus large que longue ; chaperon large et angulairement échancré ; les angles de l'échancrure prolongés en deux dents larges et aiguës. Ocelles disposées en triangle large. Abdomen long et grêle. Antennes presque aussi longues que la tête et le corselet réunis ; le premier article court et gros ; jusqu'au sixième l'antenne est grêle, le reste forme une grosse massue arquée ; les articles 3-8 ou 9 distincts, les derniers entièrement confondus ; le bout de l'antenne offrant en dessous deux mamelons. (1). Anus arrondi au bout et un peu échancré au milieu.

Chaperon, labre, mandibules, une tache dans le sinus des yeux, et bordures postérieures des orbites, jaunes ; sur le front une grande tache bilobée jaune ; antennes jaunes; la massue orangée, avec en dessus un imperceptible nuage gris. Corselet comme dans la *J. oraniensis.* Abdomen jaune : face antérieure du premier segment et une très petite échancrure en dessous, brunes; tous les segments ayant la base d'un brun noirâtre ; cette couleur occupant leur tiers antérieur ; le jaune formant de larges bandes très régulières sauf la deuxième qui est un peu échancrée au milieu. Pattes jaunes; ailes hyalines, nervures ferrugineuses.

Habite : L'Algérie. (Musée de Paris).

(1) Le dernier de ces mamelons forme comme un très petit crochet replié contre l'antenne et intimement soudé avec elle; la base de ce crochet étant un peu saillante, le bout de l'antenne est comme faiblement échancré ; cette échancrure représente selon moi, les restes rudimentaires de l'articulation du crochet terminal qui se trouve dans les antennes des mâles des Euméniens. Je compte avec beaucoup de peine douze articles à l'antenne, et ce crochet formerait le treizième. Ces faits minutieux ne peuvent être vus et saisis que par un œil très exercé, et *parfaitement familiarisé* avec l'étude de la famille des Vespides, on ne doit donc pas les prendre comme caractères spécifiques ou autres, mais seulement les constater comme des faits intéressants qui montrent l'unité de la composition dans les antennes de tous les Vespides.

Genre CELONITES.

(Pl. V, fig. 1 *a*, 1 *e*.)

Syn. *Vespa,* Villers. — *Masaris,* Panz. Jur. -- *Cimbex,* Oliv. — *Chrysis,* Rossi. — *Celonites,* Latr. Fabr. Lepel.

Car. *Antennes* en massues globuleuses dans les deux sexes; composées de sept articles distincts et d'un renflement globuleux qui résulte de la soudure de cinq articles; le premier article globuleux gros, aussi large que long (1); le deuxième globuleux presque aussi gros que le premier; le troisième long et cylindrique. La massue des mâles portant en dessous des organes cupuliformes.

Lèvre portant une grande lame membraneuse; menton échancré par cette lame; languette extensible, longue et composée de deux lanières; palpes labiaux très courts quadriarticulés. (Fig. 1 *a,* 1 *b.* Pl. I. Fig. 7.)

Mâchoires à galéa court; palpe maxillaire rudimentaire, de trois articles.

Mandibules assez courtes, assez aiguës.

Labre grand, semi-circulaire, fortement cilié.

Chaperon transversal, discoïdal échancré en demi-cercle à son bord antérieur.

Corselet déprimé; plus large au métathorax qu'au prothorax; métathorax comprimé en un biseau transversal qui se termine de chaque côté par un angle tranchant.

Abdomen convexe en dessus, concave en dessous; ses bords latéraux très tranchants. Le premier segment de l'abdomen le plus large; le dernier denté dans les mâles.

Crochets des tarses unidentés.

Radiale courte ayant un petit appendice.

Le genre Celonites forme une section tellement nette, et tellement différente de forme de tous les autres genres, qu'on ne peut le confondre avec aucun d'eux.

(1) Cette forme est une exception unique dans la famille des Vespides où le scape est toujours cylindrique et allongé, et le deuxième article très petit.

1. C. Abbreviatus (1).

(Pl. V, fig. 1.)

Niger, flavo variegatus; alis fuscescentibus, iridescentibus.

Syn. Villers. *Vespa abbreviata.* Entom. iii. 281. 38. (1789).
Rossi. *Chrysis dubia.* Faun. Etr. ii. 77. tab. 7. fig. 10.
11 (1790).
Oliv. *Cimbex vespiformis.* Enc. Meth. v. 772. 16. (1790).
Panz. *Masaris apiformis.* Faun. Germ. 79. fig. 19.
Jurine. *Masaris apiformis.* Meth. Hym. Pl. 10 fig. 17.
Spinol. *Celonites apiformis.* Ins. Lig. i. 90.
Latr. *C. apiformis.* Genera. iv. 144. — Hist. Crust. et
Ins. xiii. 354.
Blanch. *C. apiformis.* Règn. An. Illustr. Ins. pl. 123.
fig. 9.
Guér. *C. apiformis.* Icon. Règn. An. pl. 72. fig. 1.
Lep. St-Farg. *C. apiformis.* Hymen. ii. 587.

Fem. Insecte trapu, large. Tête plus longue que large.
Chaperon échancré en demi-cercle, ses angles aigus; labre circulaire, grand, bordé de poils. Corselet carré, son bord antérieur
tronqué droit, son bord postérieur anguleux. Ecusson plus
large que long, arrondi en arrière, ne dépassant pas le postécusson; métathorax déprimé transversalement, un peu échancré au milieu, formant de chaque côté un angle droit; son bord
postérieur formant une ligne transversale parfaitement droite,
qui correspond exactement au bord antérieur du premier
segment de l'abdomen. Abdomen fortement recourbé en
dessous; déprimé; beaucoup plus large que haut, convexe en
dessus; un peu concave en dessous. Anus arrondi à son bord
postérieur. Ailes petites; radiale courte, comme tronquée au
bout, ne dépassant pas la deuxième cubitale, et un peu appen-
diculée; 2e cubitale arrondie, son bord radial égal à plus de
la moitié de son bord postérieur; son bord externe convexe en

____

(1) Dans cet ouvrage il est souvent indiqué sous le nom d'*apiformis*, mais ce
dernier doit être abandonné comme le plus récent.

dehors, n'est pas sinué en S. Insecte finement rugueux, noir. Une ligne sur le milieu du chaperon, et un petit point de chaque côté, ainsi qu'une tache dans le sinus des yeux, jaunes. Labre ferrugineux avec un point brun ; mandibules ciliées, rousses , avec la base noire. Antennes ferrugineuses, leur premier article noir. Prothorax jaune, portant de chaque côté une tache noire arquée. Un point sous l'aile, écaille, moitié postérieure de l'écusson et angles du métathorax, jaunes. Tous les segments de l'abdomen, bordés de jaune; bordure du premier élargie sur les côtés; celles des autres un peu festonnées. Anus noir. Dessous de l'abdomen noir ou jaunâtre. Pattes d'un jaune ferrugineux, hanches et base des cuisses noires. Ailes enfumées.

Male. Chaperon peu échancré, jaune, ainsi que le labre ; antennes obscures en dessus. Anus quadridenté ; dessous de l'abdomen jaune. Antennes aussi longues que la tête est haute.

Var. ♂. Taches noires du prothorax grandes. Chaperon portant seulement un point jaune.

Var. A. ♂ et ♀. Les deux dernières bordures de l'abdomen incomplètes, raccourcies sur les côtés , une ou deux fois interrompues ; un point jaune sur le mésothorax ; chaperon noir.

Var. B. Chaperon noir avec quatre taches jaunes; pas de tache sous l'aile ; toutes les bordures des segments de l'abdomen, sauf la première, deux fois interrompues; écusson noir.

Habite : L'Europe méridionale, la France, la Suisse, l'Allemagne, et même l'Algérie où il a été trouvé par M. Lucas. (Musée de Paris, et toutes les collections).

2. C. Fischeri, Spin.

Niger, rufo pallidoque variegatus ; alis cœrulescentibus.

Syn. Spinol. *Celonites Fischerii*. Ann. Soc. Ent. Fr. 1ʳᵉ sér. vii.
      p. 505. (1838).
     Lep. St-Farg. *Celonites afer*. Hymen. ii. 585. 1. (1841).
     Lucas. *Celonites afer*.! Expl. Sc. de l'Alg. Ins. ii. p. pl.
      fig. 11.

Long. 8 1/2 mill. ; env. 15 mill. ; long. tot. 11 mill.

Fem. Chaperon discoïdal, échancré en demi-cercle ; labre grand, formant un demi-cercle, fortement cilié. Corselet carré, grand, ses angles postérieurs très tranchants transversalement. Segments terminés latéralement par une très courte dent qui fait partie des tranchants latéraux de l'abdomen. Corselet et abdomen également chagrinés ; la tête plus finement ponctuée. Insecte noir. Bord du labre roux, couvert de poils gris, roides ; mandibules au bout et palpes, roux ; au haut du sinus des yeux de chaque côté une tache rousse triangulaire ; yeux liserés de roux postérieurement. Antennes rousses ; les trois premiers articles noirs ; la massue obscure en dessus. Angles antérieurs du prothorax roux, souvent variés de jaune-pâle. Milieu du prothorax roux, varié de jaune-pâle ; de cette tache médiane partent deux lignes qui gagnent les écailles en longeant le mésothorax ; ces lignes rousses extérieurement, jaune-pâle intérieurement ; écailles rousses ; sous l'aile une tache rousse ; sur le mésothorax en avant de l'écusson une tache rousse triangulaire ; cette tache souvent nulle. Bout de l'écusson orné d'une marque triangulaire rousse et passant au roux blanchâtre. Bout du postécusson roux ; en dessous de ce roux, une tache rousse sur le métathorax. Premier segment de l'abdomen ayant sur le milieu de son bord antérieur une tache rousse ou pâle, correspondant à celle du post-écusson ; tous les segments bordés de roux-blanchâtre ; les bordures de chaque côté interrompues par du roux, et le blanchâtre du milieu se prolongeant plus ou moins vers la base du segment, l'atteignant parfois. Les parties latérales des dernières bordures, souvent rousses, et leurs interruptions, noires ; segment anal, et parfois le pénultième portant seulement une tache rousse variée de couleur pâle. Pattes rousses ; hanches et cuisses noires. Ailes fortement enfumées avec un reflet violet. Le roux est rouge-orangé, et borde en général la couleur pâle.

Male. Chaperon et labre blancs ; au-dessus de chaque antenne un V renversé blanc ou roux, dont une partie remplit les sinus des yeux ; parfois seulement quatre taches blanches. La partie rousse des antennes, blanchâtre. (Les ornements roux sont plus ou moins variés de couleur pâle.) Segment anal tridenté, avec la dent du milieu à peine bifide.

Rapp. et diff. Cette espèce est très voisine du *C. abbreviatus*
auquel elle ressemble entièrement, et pour les formes et pour la
disposition des couleurs , mais dont elle se distingue par ses ornements qui ne sont pas jaunes, mais roux-orangés, variés de
blanc-orangé, et par ses ailes violettes.

Les autres différences qui peuvent confirmer la séparation de
ces deux espèces sont : ponctuation plus forte que dans le
C. abbreviatus ; taille plus grande; dentelures du segment anal
différentes ; dans le *C. Fischeri*, le lobe médian est bituber-
culeux, l'échancrure intermédiaire est très obtuse; dans l'autre
espèce le même lobe est biépineux.

Voyez aussi l'espèce suivante.

Habite : L'Algérie, l'Egypte. (Musée de Paris.)

3. C. Savignyi , n. sp. ?

Description de l'Egypte. Hymen. Pl. IX, fig. 19. ♀ ♂.

Cette espèce pourrait être prise pour le *C. Fischeri*, et je ne
sais si elle en est bien spécifiquement différente. Ce qui me
conduit à le croire, sont les trois organes cupuliformes placés
sous la massue antennaire du mâle, fig. 8 ♂. L'examen d'un
grand nombre d'individus des autres espèces ne m'ont jamais
montré que deux de ces organes, à savoir un sur le neuvième et
un sur le dixième article, soit dans le *C. Fischerii* soit dans le *C.
abbreviatus*, et l'admirable exactitude des planches de l'Egypte ne
permettent pas de croire qu'il y ait là une erreur. La couleur
blanchâtre semble être plus étendue dans les ornements du
corps ; le mâle a quatre taches sur le front. (La figure qui représente la tête (A ♂) est vue en raccourci en dessus , ce qui lui
donne une forme beaucoup trop large, et ce qui cache l'échancrure du chaperon).

Genre MASARIS.

(Pl. I, fig. 6, 7. Pl. IV et V.)

Syn. *Masaris.* Fabr. Latr. Coqueb. Lepel. Blanch. Schaum.

Car. *Antennes* plus longues que la tête et le corselet pris ensemble, dans les mâles ; composées de huit articles distincts, le huitième grand, en forme de bouton elliptique (1); courtes dans les femelles, en massue arquée à articles indistincts, surtout vers le bout.

Lèvre comme dans le genre *Celonites,* la languette bifide; le menton fortement échancré par la lame membraneuse. Palpes labiaux très courts, de quatre articles.

Mâchoires à galéa court; palpes maxillaires tout à fait rudimentaires ayant la forme d'un tubercule; triarticulés.

Mandibules courtes, mousses, à peine dentées.

Labre semicirculaire, cilié.

Chaperon largement échancré.

Corselet en carré long; métathorax plat ou concave.

Abdomen déprimé, fortement articulé, la base de tous les segments rétrécie, les anneaux ne pouvant pour cette raison rentrer les uns dans les autres.

Ailes : Le bout de la radiale fortement écarté de la côte; la deuxième cubitale très large.

1. M. Vespiformis, Fabr.

(Pl. IV, fig. 3, 3 *a*, 3 *d*, 3 *e.* Pl. V, fig. 4.)

Niger, punctatus; metathorace bispinoso ; prothorace, squamis, metathorace abdominisque segmentorum fasciis, ♂ flavis, ♀ ferrugineis.

Syn. Fabr. *Masaris vespiformis.*! Ent. Syst. ii. 253. — Syst. Piez. 292.

(1) Résultant de la soudure de cinq articles.

Coqueb. *Masaris vespiformis.* Illustr. Icon. tab. xv.
fig. 4. ♂.

Latr. *M. vespiformis.* Ins. iii. 368. — Hist. Crust. et
Ins. xiii. pl. 102, fig. 8.—Encycl. x. pl. 383. fig. 7,
8 ♂.

Blanch. *M. vespiformis.*! Règne an. Illustr.

Savigny. Descript. de l'Egypte, Hymen. pl. ix. fig.
18 ♀.

Lepel. de St-Farg. *Masaris vespiformis.*! Hymen. ii. 589.

Sauss. *Erynnis Romandi.!* Ann. Soc. Ent. Fr. 2ᵉ série
x. bull. p. xix. ♀. (1).

Schaum. *Masaris vespiformis.* Ann. Soc. Ent. Fr. 3ᵉ sér.
i. 653. pl. 20. fig. i. ♂ ♀.

♂. Long. 10 1/2 mill.; env. 26 mill.

♀. Long. 9 1|2 mill.; env. 20 mill.

MALE. Chaperon bombé, concave à son bord antérieur. Corselet lisse; mésothorax ovale en avant; écusson circulaire ou ovalaire, un peu échancré en arrière; métathorax assez plat, portant deux épines latérales, nullement dirigées en arrière. Abdomen allongé, le premier segment le plus large, plus large que le corselet, très court et un peu concave à sa face antérieure; les segments diminuant graduellement de largeur jusqu'au dernier, et un peu excavés transversalement sur leur milieu. Ocelles en triangle équilatéral. Insecte noir; chaperon, bordure des yeux et une tache quadridentée sur le front, jaunes; le devant des antennes portant selon toute leur longueur une ligne jaune interrompue en quatre points. Prothorax, une tache irrégulière sur l'aile, écaille, un point à côté d'elle, angles supérieurs du métathorax, moitié postérieure de l'écusson et au

(1) La raison qui m'avait d'abord porté à considérer cette femelle comme spécifiquement différente du *Masaris vespiformis* mâle est d'abord la grande différence dans la forme des antennes, puis dans la couleur de ces insectes. La première de ces divergences s'explique bien par la différence des sexes, mais la seconde laisse encore quelques doutes dans mon esprit, car je n'ai jamais vu comme on le remarque ici, le mâle porter des ornements blanchâtres et la femelle des ornements ferrugineux.

milieu du mésothorax une tache bifide en avant, jaunes. Tous les segments de l'abdomen ornés à leur bord postérieur d'une bande jaune; de ces bandes, les quatre premières sont un peu interrompues au milieu, et bordées à leur tour d'une ligne noire marginale qui occupe le milieu seulement du bord de l'anneau; anus noir avec une tache jaune; le cinquième segment orné en dessous de deux taches jaunes; le deuxième armé en dessous d'un petit tubercule, et le troisième d'une forte saillie. Pattes jaunes avec les hanches et la base des cuisses noires. Les parties jaunes, d'un jaune pâle. Ailes transparentes, les nervures seules un peu ferrugineuses.

Fem. Chaperon arrondi, fortement échancré dans toute la largeur de son bord antérieur, l'échancrure en demi-cercle, encadrant le labre, qui est également arrondi et bordé de poils fauves. Corselet en carré long, mésothorax à peu près hexagone; métathorax vertical, armé de chaque côté d'une épine; épines du métathorax presque dirigées en arrière. Abdomen assez allongé, arqué, également large partout; le premier segment presque aussi large que les autres, très court; les autres fortement rétrécis à leur base. Abdomen convexe en dessus, presque plat en dessous.

Insecte noir, labre brun; une tache carrée au haut du chaperon, un point à l'angle supérieur des yeux, une tache en arrière de leur sommet, prothorax tant en dessus que sur les côtés, écaille, bord postérieur de l'écusson et métathorax, sauf sa partie inférieure, d'un roux ferrugineux. Premier segment de l'abdomen d'un jaune un peu roussâtre; sa base noire. Tous les autres segments ornés d'une bordure jaune régulière, interrompue au milieu. Anus et dessous de l'abdomen noirs. Pattes d'un jaune ferrugineux; hanches noires. Ailes enfumées.

Nota. Dans les planches de l'Egypte une des épines tibiales de la seconde patte est représentée trifide. Cette apparence résulte d'une illusion d'optique, les trois pointes sont celles des épines ou poils voisins qui se superposent dans l'image. Les excellentes figures qui sont données de l'insecte, dans le même ouvrage, ne montrent pas les étranglements de l'abdomen, ils sont respectivement reçus et cachés par le segment précédent. L'abdomen de cet intéressant insecte se recourbe en dessous, comme chez les Celonites, de façon à ramener l'anus en avant.

Habite : La Barbarie (Musée de Paris, ♂ ; collection de M. de Romand (1), et de M. le marquis Spinola ♀.)

APPENDICE AU GENRE MASARIS.

Je range provisoirement dans ce genre l'insecte suivant dont je ne connais malheureusement que la femelle, mais qui offre la plus grande analogie avec celle du *M. vespiformis.*

2. M. Spinolæ, n. sp.

Parvus; clypeo nigro, margine bilobo, ciliato; corpore nigro, rufo alboque vario; segmentorum cingulis rufis, margine albis.

♀. Long. 7 1/2 mill. ; env. 18 mill.

Fem. Petit. Chaperon plus large que long, bombé, offrant une forte échancrure carrée ; de chaque côté de cette échancrure un lobe arrondi très saillant, fortement cilié, ainsi que le labre qui en se plaçant dans l'échancrure, forme un troisième lobe médian. Antennes très courtes, fortement renflées en massues, les articles terminaux assez indistincts. Métathorax plat. Abdomen court, ovale, peu ou pas étranglé entre les segments, le premier presque aussi large que le deuxième. Tête et corselet chagrinés, un peu velus ; noirs. Chaperon ponctué, noir, ses cils ferrugineux. Antennes noires en dessus, ferrugineuses en dessous. Au dessus du chaperon deux points d'un jaune blanchâtre ; en arrière du sommet de l'œil, un très fin liseré, sous l'aile un point de chaque côté du bord du prothorax, mais presque sur les flancs une ligne oblique jaune blanchâtre ; bord postérieur du prothorax, écaille, et bord postérieur de l'écusson,

____

(1) M. de Romand tient l'individu qu'il possède de cette remarquable espèce, de la collection de Latreille.

roux ; métathorax fortement ponctué, couvert de poils roux, et
orné de chaque côté d'une très petite ligne blanchâtre. Abdomen
noir ; tous les segments portant une assez large bordure rousse,
et sur l'extrême bord une ligne d'un jaune blanchâtre, un peu
élargie sur les côtés, ou comme fendue avec une tache transversale sur les trois premiers segments seulement ; anus noir.
Pattes rousses ; hanches noires avec le bout roux. Ailes enfumées ;
deuxième cubitale très grande, son bord radial égal à plus de
la moitié de la longueur de son bord postérieur.

Habite : Le Cap de Bonne-Espérance (Collection de M. le
marquis Spinola).

FIN DE LA MONOGRAPHIE DES MASARIENS.

LISTE DES MÉMOIRES

CITÉS DANS LA

MONOGRAPHIE DES MASARIENS (1).

BLANCHARD (Emile). Note sur le *Masaris vespiformis*. (Ann. Soc. Ent. Fr., 3e sér. I. bull. p. 6.) 1853.

BOYER DE FONSCOLOMBE. Description du *Ceramius Fonscolombii*. (Ann. de la Soc. Entom. de Fr. 1re sér. t. IV.) 1835.

DUFOUR (Léon). Sur une nouvelle espèce de *Celonites*. (Ann. Soc. Ent. Fr. 2e sér. IX. p. 58.) 1851.

Id. Remarques sur la famille des Masarides. (Ann. Soc. Ent. Fr. 2e sér. IX. p. 61.) 1851.

Id. Encore *Masaris* et *Celonites*. (Id. X. p. 448.) 1852.

FAIRMAIRE (Léon). Rapport relatif au *Masaris vespiformis*. (Ann. Soc. Ent. Fr. 3e sér. I. bullet. p. 16.) 1853.

KLUG (Dr. Fr.). Entomologische monographien. Berlin. 1824. 1 vol. 8o.

LUCAS (H.). Observations sur le nombre des articles qui composent les antennes du *Masaris vespiformis* et des *Celonites*. (Ann. Soc. Ent. Fr. 2e sér. IX. bullet. p. 94.) 1851.

ROMAND (de). Lettre à M. Dufour, sur le *Masaris* et les *Celonites*. (Ann. Soc. Ent. Fr. 2e sér. IX. bullet. p. 51.) 1851.

Id. Note sur le *Celonites dispar*. (Id. bullet. p. 82.) 1852.

SAUSSURE (H. F. de). Note sur la tribu des Masariens. (Ann. Soc. Ent. Fr. 3e sér. I. bullet. p. 18.) 1853.

SCHAUM. Note sur le *Masaris vespiformis* et *Celonites dispar*. (Bullet. de la Soc. Entom. de France. 2e sér. t. X. p. 86.) 1852.

Id. Encore un mot sur le genre *Masaris*. (Ann. Soc. entom. de Fr. 3e sér. I. 653.) 1853. 8o.

SMITH (Fréd.). Descriptions of two new species of exotic Hymenoptera. (Trans. Entom. Soc. of London. 2e sér. t. I. p. 41.). 1850.

SHUCKARD. Descriptions of New Exotic Aculeate Hymenoptera. (Trans. Entomol. Soc. of London. 1re sér. II. p. 68.) 1837.

---

(1) La plupart de ces mémoires étant très connus, et leur rappel n'ayant pour but que de permettre de vérifier sans peine les dates de publication des espèces et l'ordre chronologique des synonymes, on ne cite pas à nouveau les ouvrages qui le furent déjà dans la Monographie des Guêpes solitaires.

TABLE ALPHABÉTIQUE

DES GENRES, DES ESPÈCES,

ET DE LEURS SYNONYMES.

SUPPLÉMENT

A LA MONOGRAPHIE

DES GUÊPES SOLITAIRES

OU DE LA

TRIBU DES EUMÉNIENS,

OUVRAGE QUI A REMPORTÉ LE PRIX DAVY FONDÉ A GENÈVE,
POUR ENCOURAGER L'ÉTUDE DES SCIENCES PHYSIQUES
ET NATURELLES ;

PAR

HENRI de SAUSSURE,

Membre de la Société de Physique et d'Histoire naturelle de Genève.

GENÈVE,

J. KESSMANN,   J. CHERBULIEZ,
rue du Rhône.   rue de la Cité.

PARIS,

VICTOR MASSON,
Place de l'École-de-Médecine.

1854.

AVANT-PROPOS.

Depuis la publication de la *Monographie des Guêpes solitaires*, une grande abondance de matériaux nouveaux m'est tombée sous la main et m'a montré l'utilité d'une addition à ce travail. Mais la possession de ces faits nouveaux, quelque nombreux qu'ils soient, ne m'aurait pas déterminé à publier si tôt un supplément, si les nombreux défauts de l'ouvrage ne me faisaient un devoir de l'amender au plus vite. Ces défauts sont si nombreux et si patents, qu'ils n'ont échappé ni au lecteur ni à moi, et quoiqu'on ne les ait pas jugés avec toute la sévérité qu'ils méritent, il est nécessaire, pour ne point abuser de l'indulgence publique, que j'y porte sans retard mon attention.

Que l'on ne s'étonne pas si je fais déjà des changements capitaux, si je défais des genres, si j'altère des diagnoses, si je réduis le nombre des espèces et si je change leurs noms. Ces modifications sont nombreuses en raison de l'abondance des matériaux nouveaux que j'ai pu recueillir. D'ailleurs on ne peut arriver du premier coup à trouver la méthode naturelle, les genres ne peuvent se définir *à priori*; ce n'est qu'en tâtonnant qu'on arrive à découvrir les caractères qui les distinguent; c'est de l'étude des espèces qu'on parvient à les déduire; souvent, lorsque leur nombre s'accroît, il faut reculer les limites des coupes ou retrancher des caractères génériques ceux qui ne sont pas échus en partage aux nouvelles espèces.

Il est des livres très mauvais qui passent cependant pour bons, parce qu'on eut l'art d'en cacher les défauts. On voit aussi des auteurs qui, après avoir reconnu leurs erreurs, y persistent et les défendent pour n'avoir pas l'air de s'être trompés. Amateur sans prétentions, j'estime qu'il est plus méritoire de mettre ses fautes au grand jour et de les corriger.

Avant d'entrer en matière, je ne veux pas faillir au devoir de la reconnaissance, je tiens à faire savoir que j'apprécie hautement les services qui m'ont été rendus. Les Entomologistes ont répondu avec une louable complaisance aux appels que je leur ai adressés. J'ai reçu de plusieurs d'entre eux de nombreuses et intéressantes communications. Deux voyages me mirent à même de visiter avec fruit le Musée Britannique dont M. Gray m'ouvrit les portes avec une grande bienveillance ; celui de Turin, où M. Ghiliani me fit connaître plusieurs espèces nouvelles et me communiqua sur ses voyages d'intéressantes observations ; la magnifique collection de M. le marquis Spinola ; celle très riche aussi de M. Smith, de Londres, qui en dispose avec une générosité qu'on ne saurait trop louer. Dans les salles de la société Linnéenne de Londres, j'eus le bonheur de visiter les restes de la collection entomologique de Linné et celle de Banks, où Fabricius a puisé à pleines mains (1). C'est dans ce même établissement que je vis une collection typique des insectes recueillis dans l'Amérique du Sud, par le capitaine King, et décrits par Haliday. Enfin M. Herrich-Schæffer m'a dernièrement communiqué les Vespides de la collection qui lui a servi pour l'établissement de sa *Fauna germanica*. Grâce à ces nombreux matériaux, j'ai pu me fixer sur un très grand nombre de types, comme on peut le voir en parcourant les Etudes sur la famille des Vespides.

Mais ce dont je me souviens, avec la reconnaissance la plus

(1) Voyez plus bas : *Visite à la Société Linnéenne de Londres.*

vive, c'est l'extrème bienveillance avec laquelle M. le marquis Spinola et M. le docteur Sichel m'ont fait profiter de leur expérience et des connaissances générales que leurs études approfondies leur ont acquises. Il y aurait de l'ingratitude à ne point parler aussi des excellentes observations dont M. Chevrier, de Genève, a bien voulu me faire part, observations empreintes de la sagacité dont cet entomologiste à toujours fait preuve.

Je remercie sincèrement tous ces collaborateurs de mon ouvrage.

Collections typiques qui m'ont servi pour la Monographie des Guépes solitaires.

1° Celle de Linné.
2° Celle de Banks.
3° Celle des insectes recueillis par King, décrits par Curtis, Walker et Haliday (in Trans. Linn., Soc. of Lond.)
}
Conservées à la Société Linnéenne de Londres.

4° Celle de Jurine. — Conservée au Musée de Genève.

5° Celle de Bosc, souvent citée par Fabricius.
6° Celle formée par Brullé, dans l'expédition scientifique de Morée et celle qui fut décrite par lui dans l'Hist. nat. des Iles Canaries.
7° Celle de Lepeletier de Saint-Fargeau.
8° Celle de M. Lucas, formée durant l'exploration scientifique de l'Algérie.
9° Quelques types de Fabricius, Latreille, Blanchard, etc.
}
Conservées au Muséum de Paris.

10° Celle de M. le marquis Spinola. — Gênes.
11° Celle de M. Guérin-Méneville. — Paris.
12° Celle du Musée Britannique contenant plusieurs types décrits par des auteurs anglais : Leach, Saunders, White, Curtis, Smith, etc.
13° Celle de M. Herrich-Schæffer, communiquée par l'auteur.

Visite a la Société Linnéenne de Londres.

Tout le monde sait que la collection typique de Linné est la propriété de la Société Linnéenne de Londres. Les insectes qu'elle renferme portent des étiquettes écrites de la main du père de la Zoologie moderne, et cette particularité lui donne un prix inappréciable.

Malheureusement le temps ne lui a pas épargné l'action de ses lois immuables, et les soins les plus assidus qu'on ne cesse de lui prodiguer, ne peuvent qu'en retarder l'effet. Déjà bien des pertes sont à regretter.

Mais ce n'est pas à cette collection seule que se borne la richesse de la Société Linnéenne de Londres ; on y conserve avec un soin égal les exemplaires même du Systema Naturæ que son auteur avait fait interfolier et qu'il a annotés de sa main.

A côté de la collection Linnéenne l'on en rencontre une autre, c'est celle de Banks, si souvent citée par Fabricius, et dans laquelle cet auteur a trouvé des types qui depuis sont restés inconnus.

Enfin, outre ces deux collections, on voit encore celle qui, bien plus récente, fut rapportée du Brésil par le capitaine King, et publiée par MM. Curtis, Walker et Haliday, dans le tome XVII des *Transactions de la Société Linnéenne*. Ces collections m'ont paru assez importantes pour que j'en fasse une mention particulière. On en appréciera l'intérêt en parcourant les listes qui font l'objet des pages suivantes.

I. Collection de Linné.

Evidemment cette collection n'est pas intacte, des types ont disparu, d'autres ont été transposés, car il n'est pas rare de trouver sous la même étiquette des espèces de différentes familles, espèces que Linné connaissait fort bien. Enfin, plusieurs étiquettes ne sont pas de la main de l'auteur, ne remontent même pas à son époque, et sont attribuées à un certain Smith de ses amis ou de ses disciples. On ne peut accorder aucune confiance aux noms qu'il a laissés ; il est bon que les Entomologistes en soient avertis pour ne pas tomber dans de graves erreurs. Voici maintenant la liste des types que renferme la collection Linnéenne avec les observations que j'ai pu faire à leur sujet (1).

ESPÈCES ÉTIQUETÉES PAR LINNÉ.	OBSERVATIONS.
Vespa coarctata.	Eumenes coarctatus. *m.*
— calida	Synagris calida. *m.*
— cornuta	Synagris cornuta. *m.*
— parietum.	Odynerus parietum. *m.*
— muraria	— murarius. *m.*
— spinipes	— spinipes. *m.*
— bifasciata.	— bifasciatus. *m.*
— carolina.	est un Polistes, non la *V. Carolina*, Fab. (2).
— maculata.	Vespa maculata. *m.*
— cincta.	— cincta. *m.*
— affinis	— affinis. m.
— orientalis.	— orientalis, *m.*
— crabro.	— crabro. *m.*
— vulgaris.	— vulgaris. *m.*
— rufa.	— rufa. *m.*
— gallica.	*Polistes gallicus. m.*
— biglumis.	ne paraît pas être l'espèce que j'ai nommée ainsi ; ses ornements sont blancs, non jaunes comme dans le *P. diadema*, Latr., que j'avais rangé sous cette espèce (3).
— arvensis	
— campestris.	
— uniglumis.	non Vespidæ.
— ruspatrix.	
— mystacea.	
— minuta.	non Vespida. Chalcidide.
— dorsigera.	non Vespida. Leucospis.
— signata.	non Vespida. Bembicite.

(1) Les noms suivis de la lettre *m* sont ceux que j'ai adoptés dans les Etudes sur la famille des Vespides.

(2) Voyez dans la *Monographie des Guêpes sociales* le *Polistes carolinus*, Linn.

(3) Voyez la *Monographie des Guêpes sociales*, p. 242.

ESPÈCES ÉTIQUETÉES PAR SMITH.	OBSERVATIONS.
Polistes flavescens. Fabr.	C'est le P. stigma. *m.*
— carnifex.	C'est l'Icaria ferruginea. *m.* Cette espèce est de plus placée parmi les Sphex.
Vespa argillacea.	Nom inédit ? L'espèce qui le porte est l'Eumenes canaliculatus, *m.*, et l'on a placé sous la même étiquette un Belonogaster junceus. *m.*
— ryby.	Nom inédit ? C'est un Cerceris.

Outre ces espèces, on voit dans la collection les suivantes sans noms :

Zethus cyanipennis. — *Eumenes conicus.* — *Eumenes flavopictus.* — *Odynerus ovalis.* — *Polistes pallipes*, var. foncée. — *Polistes versicolor.* — *Polistes Schach.* — *Apoïca lineolata.*

II. Collection de Banks.

Dans cette collection, Fabricius n'a fait que décrire certains types uniques ; il ne paraît pas avoir étiqueté la totalité des insectes, et l'on y remarque plusieurs erreurs qu'il est important de signaler, de crainte qu'on n'accorde trop de confiance aux étiquettes de Banks.

NOMS DES ESPÈCES.	OBSERVATIONS.
Vespa coarctata ! ! !.	à tort. C'est le Zethus pyriformis. *m.*
— arcuata.	Eumenes arcuatus. *m.*
— campaniformis.	— esuriens. *m.*
— petiolata.	— petiolatus. *m.*
— calida..	à tort. C'est la Synagris minuta. *m.* Cette confusion est très explicable.
— parietum.	Odynerus parietum. *m.*
— spinipes	à tort. C'est une petite variété du précédent.
— bidens.	à tort. Odynère voisin du *parietum.*
— bicincta	Odynerus bizonatus. *m.*
— uncinata.	Monobia quadridens. *m.*
— rufipes.	Rhynchium rufipes. *m.*

NOMS DES ESPÈCES.	OBSERVATIONS.
— lateralis	Rhynchium lateralis (africanum).
— hœmorrhoïdale.	— hæmorrhoïdale. *m.*
Polistes lanio	Polistes canadensis. *m.*
— Schach.	à tort. C'est le P. humilis. *m.*
— annularis.	Polistes annularis. *m.*
— humilis.	— tasmaniensis. *m.*
— tepida.	— tepidus. *m.*
— macaensis.	— hebræus (var. macaensis). *m.*
— carnifex.	— carnifex. *m.*
— marginalis.	— marginalis. *m.*
— arenaria	Vespa arenaria ? *m.*
— cyanea.	Synœca cyanea. *m.*
— macilenta.	Belonogaster rufipennis. *m.*
— grisea.	— — *m.*
— *serripes*.	C'est un Cerceris.
— *concinna*.	C'est l'Hyleoïdes concinna, Smith, Catal. Brit. Mus. I. Andrenidæ et Apidæ, p. 32.
— *tricincta*.	serait un Stizus?

III. Collection rapportée par le capitaine King.

Il est inutile que je fasse pour cette collection le même travail que pour les autres, vu qu'elle n'est ni classique, ni mal déterminée ; on trouvera les espèces qu'elle contient, décrites dans cet ouvrage et citées avec soin.

Sur les Organes buccaux.

Dans l'introduction à la *Monographie des Euméniens*, je disais, p. XLI, que les lanières latérales de la lèvre ou paraglosses, n'étaient peut-être que les parties analogues d'une portion du galéa des mâchoires qui s'en serait détachée. Cette opinion est complètement confirmée par la découverte que je fis d'une espèce, l'*Eumenes quadrispinosus*, dont les mâchoires présentent cette scission des galéas, de la manière la plus nette. Voy. pl. VII, fig. 2 *b*. On conçoit sans peine que si deux mâchoires de ce genre venaient à se souder, de façon à ce que les deux galéas concourussent à la formation de la languette, ces lobes latéraux représenteraient naturellement les paraglosses.

Puisque j'en suis sur le chapitre des appendices buccaux, je profiterai de cette occasion pour rappeler encore que le seul moyen d'arriver à une bonne fixation des genres dans la famille des Vespides, c'est de disséquer avec soin la bouche des insectes. Des classifications faites d'après le facies, comme je les ai vu pratiquer dans bien des collections, ne peuvent avoir d'autre résultat que la consécration d'un grand nombre d'erreurs (1).

Je recommanderai aussi de ne pas se fier pour cette étude de la bouche, à un simple examen fait à la loupe, et sur l'insecte même dont on aura simplement désarticulé les organes buccaux pour les faire saillir hors de leur cadre. La loupe est tout à fait insuffisante pour des recherches aussi délicates, et l'on ne saurait trop se tenir en garde contre cette manière de procéder.

La seule voie qu'il soit permis de suivre avec succès, consiste à arracher, après les avoir fait ramollir, la lèvre et une mâchoire au moins, et à les coller sur une plaque de verre que l'on soumet au microscope. On arrive ainsi à apprécier avec la plus grande netteté, et le nombre et la forme des articles des palpes, sans torturer ses yeux à chercher des détails imperceptibles.

Sur la Faune du Nord.

Lorsque je publiai la *Monographie des Guêpes solitaires*, je con-

---

(1) Fabricius, Latreille et bien d'autres auteurs doivent à ce procédé trop commode l'introduction d'un grand nombre d'erreurs dans leurs ouvrages. Latreille, en particulier, n'a jamais bien connu des guêpes que quelques types de genres, faciles à distinguer; mais il n'a jamais su ce qu'était un Odynerus, un Synagris, un Eumenes, comme on peut en juger par les insectes qu'il a étiquetés. On sait, du reste, qu'il admettait la distinction spécieuse entre les Odynères et les Rhygchium, tandis qu'il n'a jamais pu trouver d'autre différence entre les Eumenes et les Zethus, que celle qui résulte de la forme du chaperon. L'étude de la bouche lui aurait révélé de bien autres différences que celles qui séparent les Odynères et les Eumenes des Rhygchium !

naissais à peine quelques espèces de la Faune hyménoptérolo-
gique circumpolaire, et je n'avais aucune idée de celle qui
peuple la Scandinavie. Mais lorsque M. le professeur Boheman
m'eut communiqué un grand nombre de Vespides de ces régions froides, je m'aperçus, non sans surprise, que presque
tous ces Vespides étaient différents de ceux que l'on recueille
dans l'Europe moyenne. Un certain nombre d'entre eux paraissent, il est vrai, s'étendre sur toute la surface de ce continent,
mais les autres, et ils sont en majorité, sont confinés dans des
limites bien plus restreintes. Les Hyménoptères de l'Ecosse et
ceux de la Scandinavie, offrent des espèces très voisines, mais
spécifiquement différentes de celles de la France, de la Suisse
et de l'Allemagne, qui présentent à leur tour bien des différences avec celles du midi de l'Europe. Mais dans chacune de
ces latitudes on trouve également représentés un certain nombre
de types correspondants, qu'il est souvent difficile de distinguer
d'après une description succinte. C'est ainsi que chacune de
ces régions possède son Odynère à trois bandes jaunes à l'abdomen, son Odynère à formes allongées (O. crassicornis), etc.
Il en est résulté que les Entomologistes de chaque pays ont ap-
pliqué aux espèces de leur patrie les descriptions de Linné ou
de Fabricius, qui n'ont trait qu'aux espèces du Nord. C'est
ainsi que Lepeletier a pris l'*O. triphaleratus* pour l'*O. trifasciatus*,
que j'ai pris l'*O. crassicornis* pour l'*O. murarius*, l'*O. sinuatus* pour
l'*O. bifasciatus*, etc. Effectivement, chaque zone de l'Europe a
son *Odynerus trifasciatus*, son *O. murarius*, etc., à elle propre,
mais il est important de savoir que *les espèces indigènes de Linné
se trouvent en Scandinavie, non dans l'Europe moyenne, à l'exception
d'un petit nombre d'entre elles qui paraissent être universelles.*
(Ex. : *O. parietum, O. spinipes, O. reniformis*.)

L'Amérique septentrionale fournit exactement la même observation ; ses Vespides offrent avec les nôtres des traits de
ressemblance si frappants qu'on est souvent tenté de les croire
identiques. La Faune du Canada et de l'extrême nord avoisine
de bien près la Faune scandinave, tandis que les Vespides de la
Caroline offrent la plus intime ressemblance avec ceux du Midi

de l'Europe. On peut, dans l'un et l'autre continents, constater cette règle, que les espèces les plus reculées vers le Nord sont celles envers lesquelles la nature a été la moins prodigue d'ornements, celles dont les bandes se réduisent à de simples lignes et dont la sculpture est la plus fine. A mesure qu'on s'avance vers le Midi, on voit les ornements jaunes s'élargir, les taches augmenter en nombre, la surface du corps se rider et se chagriner profondément.

CORRECTIONS,

CHANGEMENTS ET ADDITIONS

A LA

MONOGRAPHIE [1].

Dans les pages qui suivent, je reprends genre par genre, page par page, toute la Monographie, et pour chaque genre ou section de genre, j'indique : 1° les changements à faire ; 2° les nouvelles espèces à ajouter. En conséquence, les chiffres placés en marge indiquent les pages de la Monographie auxquelles se rapportent les observations annexées. Les espèces nouvelles sont simplement rangées dans un ordre méthodique correspondant à celui qui est adopté dans la Monographie.

(1) Il serait bon de faire interfolier la *Monographie des Guêpes solitaires,* en tout ou en partie, pour y introduire les changements adoptés.

TRIBU DES EUMÉNIENS.

Ajoutez aux caractères de la tribu :

Yeux s'étendant toujours jusqu'à la base des mandibules.

Armure des tibias intermédiaires composée d'une seule épine.

Chaperon n'étant jamais terminé par une dent.

Page 2.   LES ANOMALOPTÈRES.

La section des *Anomaloptères* doit être conservée intacte. Dans l'introduction à la *Monographie des Guêpes solitaires* (1), je signalais le fait de la non duplicature des ailes des *Gayella*, et j'exprimais un doute relativement à la place qu'ils doivent occuper. Ce doute est actuellement dissipé. J'ai vu des individus ayant une duplicature obscure des ailes, et d'ailleurs le caractère principal, celui de la structure du thorax, qui dans ces insectes est parfaitement identique à celle que l'on peut remarquer chez les Vespides, est bien plus parlant encore. En effet, les angles du prothorax se prolongent en arrière jusqu'aux écailles alaires, ce qui ne se voit point chez les Crabronides. Enfin, leurs organes buccaux sont ceux d'insectes peu carnivores ; les mandibules en particulier ne ressemblent en rien à celles des Crabronides. Elles ne sont pas armées de dents acérées, elles ne sont pas recourbées de façon à offrir deux pointes redoutables qui se croisent durant la mastication en formant une redoutable tenaille susceptible de broyer entre ses branches la proie la plus vigoureuse, mais elles n'offrent que deux pièces verticales qui figurent un bec, dont les bords seulement sont opposables mais non les pointes. En d'autres termes, elles sont bien faites comme celles des Eumenes, pour saisir, non comme celles des Crabonides, pour broyer. Les Gayella peuvent donc s'emparer des larves sans défense, dont elles approvisionnent leurs nids, mais non d'insectes parfaits susceptibles de quelque résistance. J'ose même affirmer, pour la même raison, que comme les Eumenes, ces insectes doivent construire leurs nids de toutes pièces, mais non les creuser dans des corps durs, comme le font les Odynères et les Crabronides.

Page 5. — RAPHIGLOSSA FILIFORMIS , ♂. Comme je l'ai indiqué dans l'explication de la pl. 8ᵉ, ce prétendu mâle est une femelle

(1) Page xxiv.

et appartient à une autre espèce que nous avons nommée R. **Sym-MORPHA**. Voyez pl. VIII, fig. 2, de la Monographie.

Page 5.   Genre GAYELLA.

Ce genre s'augmente de l'espèce suivante :

1. GAYELLA MUTILLOÏDES, n. sp.

Nigra, villosissima ; clypeo, antennis pedibusque, rufis ; abdominis secundi segmenti fasciis duabus albidis ; alis rufis, apice violaceis.

FEM. Formes exactement les mêmes que dans la *G. eumenoïdes*, mais la taille deux fois plus grande. Chaperon terminé par un angle obtus. Petiole terminé antérieurement par un court pédicelle. Insecte noir, très velu, entièrement couvert de longs poils noirs. Coloration la même que celle de la *G. eumenoïdes*, sauf les différences suivantes : le bout de l'écusson seul, blanchâtre ; pétiole noir, très velu ; deuxième segment orné sur sa base d'une large bande blanche ; ailes rousses avec le bout violet.

Habite : Le Chili. (Musée de Londres.)

Page 7.   **LES EUPTÈRES.**

De la diagnose, rayez :

« Cette dernière n'étant pas pédonculée, » car nous avons reconnu que la section des *Mischoptères* doit faire partie de celle des *Euptères.*

Ire COUPE. *Mandibules courtes,* etc. (p. 7.)

Ce groupe bien caractérisé mérite d'être distingué par un nom. Je propose pour le désigner celui de **ZETHITES**.

Page 8.   Genre ZETHUS.

Je dois ajouter à ce genre deux nouvelles divisions qui seront cons-tituées par mon genre *Calligaster.* Ces divisions figureront en tête du genre. (Voyez plus bas les observations relatives aux Calligaster.)
En suite de cette addition il faut modifier la diagnose, en mettant au lieu de : « Insectes américains. » *Insectes asiatiques et américains.*

Et au lieu de : « Pétiole linéaire, etc., » mettez : Pétiole offrant en général un renflement globuleux, mais parfois déprimé, plat, ayant la forme d'un ruban.

Le genre Zethus se divisera comme suit :

Ire DIVISION. CALLIGASTER.

Chaperon aussi large que long, plus large à son sommet qu'au milieu. Pétiole droit, déprimé, sans renflement sphérique, ayant la forme d'un ruban.

Insecte asiatique.

Zethus cyanopterus, Lepel. (*Calligaster cyanoptera*, Monog. des Guêp. sol., p. 23.)

IIe DIVISION. HEROS.

Chaperon plus large que long, ses bords latéraux formant de chaque côté un angle aigu. Pétiole portant un renflement ovoïde allongé.

ZETHUS GIGAS.

SYN. Spinol., *Zethus gigas!* Ann. Soc. Ent. de Fr.
    Sauss., *Z. gigas*, Monog. des G. soc., p. 12, fig. 7. — *Calligaster Hero*, p. 23, pl. IX, fig. 6.
Habite : L'Amérique du Sud (1), Cayenne. (Collection de M. Spinola.)

IIIe DIVISION. ZETHUS (2).

(Ire Divis. de la Monog., p. 9). (3).

Section A (p. 9).

Page 10. — ZETHUS BRASILIENSIS. Le mâle comme la femelle ; le

(1) Non *Java* comme je l'ai indiqué dans la Monographie.

(2) Je me vois dans l'obligation de donner des noms à mes divisions, afin d'éviter la confusion qui naîtrait de la transposition des numéros d'ordre rendue nécessaire par l'intercalation de nouvelles divisions qui s'ajoutent aux anciennes.

(3) Dans la diagnose de cette coupe, je dis que le deuxième segment de l'abdomen est sessile. L'on m'a fait observer qu'il présente aussi un petit col qui continue le pétiole. Mais ce col n'est que le prolongement indispensable pour l'articulation, qui doit pénétrer dans le pétiole et être emboîté par ce dernier ; lorsque l'abdomen n'est pas forcé, on n'aperçoit point ce prolongement et le deuxième segment est réellement sessile.

chaperon, comme dans tous les mâles, en carré large, échancré au milieu et un peu bidenté. Ailes moins obscures que chez la femelle.

Page 12. — ZETHUS CYANIPENNIS. Changez ce nom en Z. MEXICANUS, et ajoutez aux synonymes :

Linn. *Vespa mexicana*, Syst. nat., p. 953, fig. 6.
De Geer. *V. recurv rostris*, Mém. Ins., III, 579, pl. XXIX, fig. 4-6.
Tigny. *V. mexicana*, Hist. Inst., III, 66.

Il est plus que probable que cette espèce ne doit former qu'une var. du *Z. cæruleopennis*, comme plusieurs passages semblent l'indiquer.

ZETHUS GIGAS, Spin.! Cette espèce que j'ai vue dans la collection de M. le marquis Spinola, doit être changée de place, elle forme actuellement la division *Heros*. (Voyez plus haut, p. 115.)

Page 18.   *Section B.*

Ajoutez aux espèces déjà décrites :

2 ZETHUS LOBULATUS, n. sp.

(Pl. VI, fig. 4, 4 a.)

Parvulus, niger, punctatissimus ; prothorace longe bispinoso ; metathorace striato, quadricarinulato ; petiolo cylindrice clavato ; capite aurato ; prothoracis marginibus flavo-limbatis ; abdominis segmentis flavo marginatis ; alis albidis.

Long. 12 1/2 mill. ; env. 22 mill.

FEM. Chaperon large, son bord inférieur droit. Corselet carré ; prothorax fortement rebordé, *ses angles longuement épineux.* Tête couverte de grossières ponctuations ; corselet criblé de gros points enfoncés qui sont comme de véritables trous. Postécusson tronqué postérieurement ; ses bords latéraux portant chacun une crête crénelée ; métathorax concave au milieu ; les bords de la concavité élevés et très tranchants. De chaque côté du métathorax se voit en outre une crête horizontale, tout à fait latéralement placée.

Pétiole allongé, ressemblant à celui des *Discœlius*, son tiers antérieur seul linéaire ; les deux tiers postérieurs formant un renflement cylindrique grossièrement ponctué, tandis que l'antérieur est lisse en dessus. Le reste de l'abdomen assez lisse ; deuxième segment offrant à son bord postérieur un très fort dédoublement des téguments ; la lame inférieure du bord dépassant de beaucoup la supérieure, luisante et figurant comme un segment distinct ; troisième segment offrant aussi un fort dédoublement ; la lame supérieure liserée de jaune, portant vers le milieu de son bord un enfoncement qui rend en ce point le bord un peu convexe en arrière ; de cet enfoncement partent deux sillons divergents qui se perdent sous le deuxième segment et qui forment un V : ces sillons peu marqués ; le bout du V et l'espace situé à droite et à gauche, ponctués ; la lame inférieure saillante, TRILOBÉE ; le lobe médian large, son bord arqué ; les deux latéraux plus petits, séparés du médian par une fissure (1). Les autres segments garnis de poils gris.

Tête entièrement couverte d'un duvet doré ; mandibules rousses ; antennes rousses, ferrugineuses en dessous, jaunes en devant du premier article, noirâtres en dessus, depuis le milieu. Corselet et abdomen noirs, couverts d'un duvet gris ; angles du prothorax, et ses deux bords d'un jaune varié de roux ; deux petits points jaunes au post-écusson ; métathorax garni d'un duvet argenté, écaille rousse ; les trois premiers segments de l'abdomen très finement liserés de jaune. Pattes jaunes, variées de roux, la dernière paire noire. Ailes hyalines, la côte et la radiale enfumées ; deuxième cubitale triangulaire entièrement rétrécie vers la radiale.

Rapp. et diff. Cette espèce est très-distincte par sa tête couverte d'un velouté doré, par les angles *très-épineux* du thorax, par la forme du métathorax, par les trous très gros dont le dos est criblé, par la forme allongée et cylindrique du renflement pétiolaire, et surtout par la singularité de son troisième segment.

Habite : Les Amazones au Brésil. (Collect. de M. Smith.)

3. ZETHUS CINERASCENS, n. sp.

Niger ; abdomine fusco vittato ; alis secundum costam fuscis.

Taille du *Z. pyriformis* ou un peu plus petit. Chaperon deux fois aussi large que long, strié longitudinalement ; ses angles latéraux aigus ; son bord antérieur offrant deux très petites dents écartées. Tête rugueuse, les rugosités formant des stries longitudinales. Corselet grossièrement ponctué ; prothorax fortement rebordé. Abdomen sans le pétiole, un peu soyeux, offrant des reflets argentés mats, grâce aux poils très fins dont il est revêtu. Insecte noir ; segments abdominaux très insensiblement liserés de brun. Genoux et tarses brunâtres. Ailes

____

(1) C'est la première fois que je rencontre un Vespide dont les anneaux de l'abdomen n'ont pas leur bord entier, encore n'est-ce ici que la lame inférieure (invisible ou nulle dans les autres genres) qui offre cette anomalie. (Voyez la fig. 4, *a.*)

transparentes au bout, noires le long de la côte, brunes en arrière; troisième cubitale assez fortement élargie vers la radiale.

Habite : Le Brésil. (Collect. de M. Spinola.)

Page 15. — Au lieu de IIe DIVISION, mettez :

DIVISION ZETHUSCULUS.

C'est dans eette coupe qu'il faut placer le *Z. biglumis*, que par ignorance j'avais primitivement placé dans la division *Didymogastra.* Voyez *Monog. des Guêpes sol.*, p. 19. — (Le chaperon dans la femelle est plus large que long. N'ayant trouvé que ce sexe dans la collection de M. Spinola, je ne puis dire si cette espèce rentre dans la section *α* ou dans la section *β*.)

Page 15. ZETHUS JURINEI.

FEM. Chaperon circulaire, strié, noir. Renflement du pétiole très déprimé.

Page 16. — Z. WESTWOODII. Pour donner un point de repère au milieu de ces espèces assez voisines entre elles, j'ai fait figurer ce Zethus : Pl. VI, fig. 2.

Page 17. — *Errata :* Au bas de la page, au lieu de *Zethus*, lisez *Discœlius*.

Nouvelles espèces appartenant à la division ZETHUSCULUS.

1° *A la section α*. (Page 15).

4. ZETHUS RUFINODUS.

(Pl. VI, fig. 3).

Niger; thorace flavo ornato; petiolo rufo; abdomine apice fusco; alis cœruleis.

SYN. Latr. *Eumenes rufinoda.* Gen. Crust. et Ins. IV, p. 137, pl. XIV, fig. 5.
Sauss. M. G. Sol., p. 42. 19.
N°s 40 et 41 du Catal. manuscr. de Latr.)

♀. Long. 17 mill. ; env. 30 mill.
♂. Long. 15 mill. ; env. 27 mill.

FEM. Tête grande; chaperon plus large que long. Pétiole renflé dans presque toute sa longueur; sa partie linéaire très courte ; son renflement ovale. Deuxième segment un peu pédicellé, déprimé. Tête presque rugueuse ; corselet couvert de points enfoncés, distants ; abdomen lisse. Insecte noir. Antennes un peu ferrugineuses en dessous vers le bout ; bord antérieur du corselet, une tache sous l'aile, deux points sur l'écusson, deux sur le post-écusson et deux grandes taches sur le métathorax, jaunes ou un peu orangés ; écaille rousse avec sa base noire. Pétiole roux, bordé d'un cordon jaune. Deuxième segment de l'abdomen noir ; les suivants bruns. Pattes rousses, hanches tachées de noir. Ailes brunes avec des reflets violets ; deuxième cubitale subtriangulaire.

MALE. Chaperon en carré large, un peu échancré au milieu ; d'un orangé pâle, portant à son sommet une bande noire transversale et couvert de poils soyeux. Antennes enroulées à l'extrémité ; le dernier article presque en forme de crochet ; la spirale ferrugineuse. Abdomen noirâtre au bout. Deuxième cubitale en trapèze.

Habite : Les Antilles. (Musée de Paris.)

2º *A la section* β. (Page 17.)

5. ZETHUS PARVULUS, n. sp.

(Pl. VI, fig. 1.)

Parvulus, niger, punctatus ; prothoracis bispinosi angulis rufis ; metathorace quadricarinato ; postscutello carena transversa arcuata ; tibiis, tarsis antennarumque articulis primis, rufis ; alis in costa fuscescentibus.

♀. Long. 9 1/2 mill., env. 17 mill.

FEM. Petit ; noir. Chaperon très faiblement échancré. Tête ponctuée, couverte d'un duvet argenté peu dense. Antennes noires ; les deux ou trois premiers articles roux ; le premier avec une ligne noire en dessus. Corselet densément ponctué ; prothorax rebordé, ses angles épineux et roux ; écussons saillants, post-écusson portant une crête arquée assez saillante ; métathorax strié en travers, tomenteux et offrant quatre carènes longitudinales ; les médianes courtes, partant des angles du post-écusson ; les latérales tranchantes. Pétiole grossièrement ponctué, son renflement elliptique ; deuxième segment brièvement pédicellé, plus long que large, son bord postérieur double ; les trois derniers segments bruns. Pattes noires ; tibias et tarses roux. Ailes enfumées le long de la côte.

Cette espèce semble être voisine du *Z. discœlioïdes,* et vient se placer à côté de ce dernier.

Habite : Le Brésil. Les Missions. (Musée de Paris.)

Page 18.   Vᵉ Division. DIDYMOGASTRA.

Page 19. — Zethus fuscus.! Ailes un peu ferrugineuses. Troisième cubitale beaucoup plus large que longue.
Male. Chaperon bordé de jaune.
(Collection de M. le marquis Spinola).

Page 19. — Zethus biglumis. M. Spinola m'écrit que cette espèce rentre dans la division *Zethusculus* (voyez plus haut, p. 118), mais je ne saurais dire à laquelle des sections α ou β il appartient.

Page 22. — Appendice.—J'ai vu le *Zethus geniculatus* dans la collection Spinola. Sa description suit :

Espèces nouvelles à ajouter à la division DIDYMOGASTRA.

6. Zethus Geniculatus, Spin. !

Fem. Très voisin du *Z. niger ;* même taille. Chaperon plus large que long, fortement ponctué, arrondi, offrant en haut une carène médiane élevée. Entre les antennes, un espace élevé transversalement. Tête et corselet fortement ponctués ; métathorax offrant quatre petites carènes longitudinales. Abdomen soyeux. Insecte noir ; dessous des antennes ferrugineux ; au prothorax une très petite bordure jaune interrompue au milieu et raccourcie sur les côtés ; les trois premiers segments liserés de jaune ; le liseré du pétiole interrompu au milieu, et de chaque côté en avant de la bordure, une tache jaune ; les derniers segments d'un noir ferrugineux, indistinctement bordés de ferrugineux. Pattes noires, tarses et genoux ferrugineux. Ailes transparentes un peu enfumées, les nervures brunes.

Male. Chaperon largement bordé de jaune ; mandibules ferrugineuses au bout ; deux points au-dessus de l'insertion des antennes, deux en arrière des yeux et deux dans leur sinus, jaunes ; bout des antennes ferrugineux. Une tache en avant de l'aile, jaune.

Habite : Le Para. (Collect. de M. Spinola.)

7. Zethus Hilarianus, n. sp.
(Pl. VI, fig. 6.)

Niger, rufo varius ; clypeo mandibulisque sæpe rufis ; antennarum articulis 1-3 rufis ; thorace rufo, mesothorace nigro vario ; petiolo subtus pedibusque, rufis ; alis fuscescentibus. .

♀. Long. 16 mill. ; env. 27 mill.

Fem. Tête densément ponctuée ; chaperon très faiblement échancré.

Corselet ponctué; prothorax rebordé ; mésothorax portant deux carènes saillantes ; métathorax fortement strié en travers, avec un sillon médian; ses bords rugueux. Renflement du pétiole, grand, elliptique; deuxième segment assez longuement pédicellé. Insecte noir; mandibules, chaperon, front, les trois premiers articles des antennes, roux ; sinus des yeux roux ou jaunes, ou seulement bordés de ces couleurs ; en arrière du sommet des yeux deux grandes taches rousses ; corselet roux, varié de noir sur les côtés; bords du prothorax parfois jaunes ; souvent deux points sur l'écusson, post-écusson, et les bords du sillon du métathorax, jaunes; mésothorax noir, varié de roux ; une tache jaune sous l'aile ; écaille rousse ou orangée. Abdomen noir; pétiole roux en dessous et liseré de jaune; pédicule du deuxième segment roux ou jaune sur les côtés ; deuxième segment liseré de roux et de jaune; les autres indistinctement bordés de roux. Pattes rousses. Ailes enfumées; la côte noire.

Var. Le noir dominant; mandibules noires, chaperon noir avec deux taches rousses sur les côtés; dessus des premiers articles des antennes, front et mésothorax, noirs.

Habite : Le Brésil. Capitainerie de Goyaz. Rapporté par M. Auguste de Saint-Hilaire, auquel je le dédie. (Musée de Paris.)

8. ZETHUS AURULENS, n. sp.

(Pl. VI, fig. 5.)

Niger, flavopictus; metathorace striato, quadricarinulato ; prothorace anguloso; antennis apice ferrugineis.

♂. Long. 12 mill.; env. 19 mill.

MALE. Tête densément ponctuée, revêtue d'un duvet doré. Chaperon bien plus large que long, tronqué droit et faiblement bituberculé à son bord antérieur. Corselet criblé de ponctuations ; prothorax très anguleux, portant un rebord très saillant le long de son bord antérieur, ce rebord se prolongeant un peu sur les côtés. Métathorax grossièrement strié en travers, offrant de chaque côté une carène tranchante oblique, et en outre deux autres moins longues qui descendent des angles du post-écusson. Espaces situés sous les carènes latérales, lisses. Ecusson élevé, partagé par un sillon. Pétiole grêle, son renflement elliptique, lisse et très luisant. Le deuxième segment longuement pédicellé, son bord terminé par une ligne enfoncée et offrant un dédoublement dont la lame inférieure fait peu saillie en arrière de la supérieure.

Insecte noir; chaperon et devant des mandibules (♂) jaunes. Antennes noires; dessous du flagellum et le bout de la spirale ferrugineux; devant du premier article des antennes (♂) jaune. Prothorax et mésothorax couverts de poils roux, métathorax en ayant de gris; bord du prothorax, deux points sur l'écusson, deux sur le post-écusson, et deux lignes au métathorax, jaunes; écailles rousses. De chaque côté du bout du pétiole une ligne festonnée, jaune; une autre ligne de chaque côté du pédicelle du deuxième segment; ce dernier, ainsi que le troisième et le quatrième ornés d'un fin liseré jaune. Pattes noires et jaunes. Ailes transparentes; la deuxième cubitale n'étant pas entièrement rétrécie vers la radiale.

Habite : Le Brésil. (Collection de M. Smith.)

9. ZETHUS SMITHII, n. sp.

Magnus, niger; tibiis rufis; alis cœruleis.

♀. Long. 20 mill.; env. 38 mill.

FEM. Grand. Chaperon en ovale transversal, à peine bituberculé à son bord; fortement ponctué. Prothorax rebordé, mais non épineux. Tête fortement ponctuée; corselet déprimé, couvert de ponctuations; métathorax un peu rugueux, strié en travers, couvert d'un duvet gris. Abdomen lisse, pétiole finement ponctué. Insecte noir, couvert d'un duvet gris-roux. Pattes rousses, hanches et pattes postérieures noires, ainsi que les tarses en dessus. Ailes brunes avec des reflets violets.

Rapp. et diff. Cette espèce est la plus grande de la division *Didymogastra.* Elle se distingue des autres espèces par sa taille bien supérieure, par son corps entièrement noir et par ses ailes violettes.

Habite :......? L'Amérique du Sud (1).

Species non visa.

L'espèce qui suit appartient à la division *Zethusculus* ou *Didymogastra,* mais il serait impossible de décider à laquelle des deux.

10. ZETHUS SPINIPES, Say.

Niger; abdominis petiolo flavo limbato; alis cœruleis.

SYN. Say. *Zethus spinipes,* North. Amér., Hymen., 387.

Long. totale 21 mill.

Cette espèce me paraît être bien voisine du *Z. Romandinus* ou du

(1) Etiqueté de Java, mais ce doit être par erreur.

Z. fraternus, mais il est fort possible qu'elle en soit distincte (1).

Corps noir, ponctué ; chaperon beaucoup plus large que long ; ailes violettes ; abdomen finement ponctué en dessus ; pétiole assez grêle, un peu gibbeux, orné en dessus, près du bout, d'une tache dentelée ; son bord portant une bande brune dentée ; deuxième segment ayant à sa base un pétiole distinct ; son bord postérieur offrant une dépression subite et lisse ; les autres segments noirs. Tibias postérieurs épineux sur leur bord postérieur (2).

Habite : Les États-Unis. Indiana.

Page 22.   *Species dubia.*

Le *Z. globicollis* n'est effectivement pas un Zethus. Voyez plus bas l'*Eumenes globicollis.*

Page 22.   Genre CALLIGASTER.

Ce genre est à supprimer, comme je l'ai indiqué plus haut ; il forme deux divisions dans le genre Zethus. Voyez p. 114 et 115.

Page 23. — Calligaster Hero. Changez son nom en *Zethus gigas,* Spin.!

Cette espèce habite l'Amérique du Sud. L'étiquette du musée de Leyde était erronée.

Calligaster cyanoptera. Changez son nom en *Zethus cyanopterus,* et ajoutez à sa description :

Male. Chaperon aussi large que long, échancré, un peu bidenté ; mandibules bordées de jaune antérieurement.

Var. ♀. Bas du chaperon et mandibules, roux.

(1) Say en comparant cette espèce au *Z. cyanipennis* ne fait qu'un grossier rapprochement qui ne peut plus servir de guide dans l'état actuel de la science. Les deux espèces se ressemblent en ce qu'elles font partie du même genre, pas autrement ; il ne faut donc pas prendre ses expressions à la lettre. Il me semble au contraire que sa phrase : « Second segment with a distinct neck at the base » prouve bien que le *Z. spinipes* n'appartient pas à la division *Zethus.*

(2) Cette phrase est très embarrassante : s'agirait-il ici de l'armure biépineuse des tibias qui se trouve dans tous les Euméniens et qui n'est par conséquent point un caractère spécifique, ou s'agit-il d'épines proprement dites comme dans les fouisseurs ? Alors l'espèce serait très tranchée , et fournirait un exemple unique dans la famille des Vespides. — Cette dernière alternative me semble être peu admissible.

Genre DISCOELIUS.

Iʳᵉ *SECTION* (p. 24).

Page 25. — DISCOELIUS SPINOLÆ. Changez le nom de cette espèce en :

DISC. MERULA, Curtis.

SYN. *Discœlius merula*, Transact. Linn. Soc., XVII, 325.

C'est une variété sans liseré jaune au deuxième segment de l'abdomen. — Au sujet de cette espèce je me rends en partie aux arguments que M. Spinola a bien voulu me faire parvenir; il serait possible qu'elle fût identique au *D. chilensis* (n° 1).

11. DISCOELIUS ELONGATUS, n. sp.
(Pl. VI, fig. 7.)

Niger, elongatus; abdomine fasciis duabus flavis; clypeo integro.

♀. Long. 12 mill. ; env. 20 mill.

Les formes de cet insecte font qu'il avoisine de très près le genre *Elimus*. Je le laisse cependant dans le genre *Discœlius*, parce que ses mandibules sont encore assez longues pour former un bec obtus. Il rentre dans la première division à condition cependant qu'on étende la diagnose de cette dernière et que l'on dise : « *Pétiole très allongé.* »

FEM. Insecte très grêle, ayant le facies d'un *Elimus*. Chaperon circulaire arrondi au bout. Mandibules courtes, cannelées. Prothorax un peu rétréci, mais offrant deux angles distincts; pétiole aussi long que le thorax, très étroit, en poire très allongée; à son extrémité il offre un point enfoncé. Deuxième segment de l'abdomen rétréci à sa base en un pétiole très court. Tête et corselet chagrinés; métathorax strié. Abdomen lisse, mais le pétiole couvert de petites ponctuations qui n'en altèrent pas le luisant.

Corps noir; chaperon portant vers le haut deux points jaunes et couvert de poils gris; devant du premier article des antennes, jaune; prothorax orné d'une bordure jaune interrompue au milieu; écaille brune avec une tache obscure à sa base; sur le bas du métathorax, de chaque côté du sillon, une petite ligne jaune; le pétiole et le deuxième segment de l'abdomen bordés de jaune; la bordure de celui-ci interrompue au milieu. Pattes noires; genoux, tibias et tarses jaunes. Ailes faiblement enfumées.

Rapp. et diff. Ce n'est pas dans le genre *Elimus* seulement qu'on pourrait à tort placer cet insecte; on en ferait facilement aussi un *Eu-*

menes dont il a bien les formes. Mais pour l'en distinguer on n'a qu'à jeter un coup d'œil sur ses mandibules qui sont tronquées obliquement à l'extrémité, et sur son chaperon circulaire. Les *Eumenes* offrent toujours un chaperon pyriforme tronqué à l'extrémité.

Habite : L'Australie Méridionale [Saustralia]. (Collect. de M. Westwood.)

IIe *SECTION* (p. 26).

Page 26.   DISCOELIUS VERREAUXII.

MALE. Chaperon insensiblement tronqué et bilobé à son bord antérieur, jaune, ainsi que les mandibules. Premier article des antennes roux ; le crochet de ces dernières, petit, roux, avec le bout noir.

12. DISCOELIUS SPINOSUS, n. sp.

Niger, rugosus, aurantiaco variegatus; prothorace et postscutello bispinosis; alis subcœruleis.

♀. Long. 13 mill. ; env. 26 mill.

FEM. Formes et grandeur exactement semblables à celles du *D. Verreauxii*. Chaperon plus large que long avec une échancrure très large et très obtuse. Ponctuation comme dans l'espèce citée, mais la couleur assez différente. Insecte noir; dessous du premier article des antennes et haut du chaperon, orangés; bord du prothorax, une tache sous l'aile, angles postérieurs de l'écusson et épines du post-écusson, orangés ; écaille bordée de roux; abdomen comme dans l'espèce citée, mais le pétiole n'ayant que l'extrémité orangée. Pattes noires, tibias et tarses ferrugineux. Ailes enfumées, à reflets violets; deuxième cubitale ayant un bord radial très distinct, égal à plus du cinquième de son bord postérieur.

Rapp. et diff. Cette espèce est si voisine du *D. Verreauxii* que je l'aurais prise pour une variété de ce dernier si ses ailes ne l'en distinguaient nettement, car le *D. Verreauxii* a les ailes un peu ferrugineuses, non brunes et violettes, et sa deuxième cubitale est triangulaire, son bord radial étant nul.

Habite : La Nouvelle Galles du Sud. (Collection de M. Baly, de Londres.)

13. DISCOELIUS EPHIPPIUM, n. sp.

(Pl. VI, fig. 8.)

Niger ; prothorace anguloso, fascia aurantiaca interrupta ; postscutello bituberculato, au-

rantiaco bipunctato ; abdominis segmentis 1-2 aurantiaco limbatis, secundo subtus bituberculato ; coxis spinosis.

♂. Long. 16 mill. ; env. 31 mill. ; aile 14 mill.

Male. Chaperon plus large que long, carré, son bord antérieur tridenté. Tête et corselet ponctués, velus. Ce dernier rétréci au prothorax, mais son bord antérieur tranchant et anguleux. Post-écusson faiblement bidenté. Pétiole campanulé au milieu, renflé en bosse en
dessus, offrant près de son bord une gouttière transversale. Le deuxième
très grand, en cloche, bituberculé, presque bidenté en dessous.

Insecte noir ; mandibules, labre, chaperon d'un jaune sombre ou
orangé ; antennes ferrugineuses ; articles 2-10, noirâtres en dessus.
Bord du prothorax orné d'une ligne deux ou trois fois interrompue,
orangée ; une tache sous l'aile ; angles du post-écusson, bordures du
pétiole et du deuxième segment de l'abdomen, orangés. Ecaille orangée, avec un point noir ou brun. Pattes noires ; genoux, tibias et tarses
ferrugineux ; hanches multiépineuses.

Habite : La Nouvelle-Hollande. (Musée de Paris.)

14. Discoelius Insignis, n. sp.

Niger, sanguineo pictus ; antennis, pedibus, prothorace, scutellis, abdominis segmentorum
margine petioloque, rubris ; alis subhyalinis.

Long. 18 mill. ; env. 38 mill.

Très voisin du *D. Verreauxii*, dont il a exactement les formes et
presque la coloration, mais de plus du double plus grand.

Fem. Tête noire ; chaperon, mandibules, antennes, une tache derrière chaque œil, et sur le vertex deux lignes obliques en un demi
cercle, orangés. Corselet noir ; prothorax, écaille, une tache sous l'aile,
post-écusson, moitié postérieure de l'écusson, rouge-orangés. Abdomen
noir ; tous les segments largement bordés de rouge-orangé ; anus
orangé ; pétiole orangé avec sa base noire. Pattes orangées. Ailes à
peine enfumées, portant un reflet violet, la côte orangée.

Habite : La Nouvelle Hollande. (Musée de Londres.)

IIIe SECTION (p. 26).

Page 26. — Disc. Zonalis. Ajoutez aux synonymes :

Blanch. *Discœlius zonalis*, Règne Anim., Ill. Ins., pl. 124, fig. 4, ♀.
Cette espèce s'étend jusqu'en Suède. Un individu venant de ce pays
était remarquablement petit.

Page 27. — Disc. Dufourii. Cette espèce est bien distincte du *D. zonalis*, son pétiole et le deuxième segment de l'abdomen sont rugueux.

Male. Long. 10 mill., env. 20 mill. Corselet rebordé. Chaperon jaune, avec son sommet noir. Mandibules jaunes en devant. Antennes noires, enroulées en spirale à l'extrémité; le devant du premier article portant une ligne jaune. Corselet entièrement noir. Pétiole bordé d'un cordon jaune; deuxième segment de l'abdomen portant une large bordure jaune un peu échancrée au milieu, et le troisième un liseré jaune. Le reste noir.

15. Discoelius pulchellus, n. sp.

Parvus; prothorace bidentato; petiolo brevissimo, campanulato, rugoso; niger, flavo multipictus; metathorace flavo, abdominis segmentis duobus primis flavo marginatis, secundo maculis duabus flavis; alis fusco marginatis, cellula radiali nigra.

Fem. Petite; chaperon pyriforme, tronqué. Angles du prothorax épineux; écussons plats; métathorax arrondi. Ces parties ponctuées. Pétiole court, campanulé, presque comme dans le sous-genre *Protodynerus* (1). et très grossièrement ponctué, offrant en dessus un point enfoncé. Deuxième segment lisse, luisant, portant en dessus (surtout chez le mâle) une espèce de renflement tuberculeux. Insecte noir; mandibules brunes au bout, ornées à leur base d'une tache jaune. Chaperon jaune avec un point noir vers le bas; une ligne sur le front, une tache derrière chaque œil, devant du premier article des antennes, d'un jaune vif; dessus du flagellum ferrugineux. Moitié antérieure du prothorax, écaille, écussons et métathorax, jaunes; un point sur l'écaille, une ligne noire entre les deux écussons, et le milieu du métathorax, noirs. Les deux premiers segments -de l'abdomen assez largement bordés de jaune, le deuxième orné en outre, à sa base, de deux taches de cette couleur. Pattes jaunes; dessus des cuisses postérieures et des tarses, bruns. Ailes transparentes bordées de brun, avec le point et la radiale d'un brun foncé. Les parties jaunes sont d'un jaune-soufre vif.

Male. Chaperon bituberculé, jaune, ainsi que les mandibules. Crochet des antennes très petit, ferrugineux.

Habite : Le Mexique, la Jamaïque, etc. (Musée de Londres.)

Page 27.   IIe Coupe. *Langue droite,* etc.

Cette coupe pourrait porter le nom d'**EUMÉNITES**, par opposition à celui de Zethites.

(1) Genre Odynerus, sous-genre *Symmorphus* de la monographie.

Le nom d'*Euménites* est préférable à celui d'*Odynérites*, adopté par Saint-Fargeau, car le genre Eumenes est plus ancien que le genre Odynerus et doit par conséquent donner le nom au groupe qui les renferme.

Page 27.   Genre EUMENES.

Ce genre s'augmente de deux coupes de la plus grande importance dont la première (*Pareumenes*) pourrait peut-être, sans faillir à la méthode, constituer un genre, car la forme des mandibules est bien caractéristique dans les insectes qui la composent.

Quoique Fabricius ait fait du mot *Eumenes* un féminin, il est plus correct de le considérer comme masculin, de même que *Polistes*. C'est donc ainsi que nous nous en servirons désormais.

I. Corrections et Additions à faire aux espèces décrites dans la Monographie.

Page 28. — Au lieu de Ire DIVISION, mettez : DIVISION ALPHA.

Page 29. — EUMENES POMIFORMIS. Cette espèce me paraît bien être différente de l'*E. coarctatus*. Cette dernière se distingue surtout par les ponctuations plus fines de l'abdomen qui lui donnent un aspect plus lisse et luisant ; par les antennes et le chaperon, en général noirs dans la femelle ; par ses ornements jaunes bien plus réduits. Mais la synonymie de ces deux espèces doit être changée :

EUM. POMIFORMIS, Fabr.

Avec les synonymes comme dans la *Monographie*, moins :

Scop., *V. pomiformis* ; Curtis, *E. atricornis* et Zetterst, *E. coarctata.*
Plus :

Gmel. *Vespa pomiformis*, Ed. Linn., Ins. I, 2753, 51.

Walken. *V. coarctata*, Faun., Paris, II, 90.

Tigny. *V. coarctata*, Hist. Ins., III, 65.

Spin. *Eum. pomiformis*, Ins. Lig., II, 189. — *Eum. coarctata*, I, 83.

Villers. *V. histrio*, Ent., III, 282, pl. VIII, fig. 20 (1). — *V. lunulata*, id., 285, 48. — *V. pomiformis*, id., 276, 26.

Frisch., Scop., Poda, Schrank, Geoffr., Brullé, comme à la p. 31 de la *Monographie*.

Savigny. Descr. de l'Egypte. Hym. pl. VIII, fig. 7.

Habite : L'Europe moyenne, la Barbarie, etc.

(1) Par conséquent aussi Olivier ; biffez le point de doute.

Eum. Coarctatus, Linn.

Comme à la page **31** de la *Monographie*, moins les synonymes de Scopol., Poda, Schrank, Geoffr., Brullé.

Plus :

Muell. *Vespa coarctata*, Ed. Linn., Ins., II, 883, 11.

Gmel. *V. coarctata*, Ed. Linn., I, 2753, 11.

Fabr. *V. coarctata*, Faun., Fridr., n° 639.

Habite : Le Nord de l'Europe.

Page 52. — Eum. Dubius. Doit probablement aussi être réunie à l'*Eum. pomiformis*. Elle a bien plus d'ornements jaunes, comme on le remarque toujours dans les individus qui viennent du Midi, tandis que chez ceux du Nord, le noir domine.

Page 33. — Eum. Huberti. N'est qu'une très jolie variété ♂ de l'*E. unguiculus*, sans roux au prothorax, au pétiole et au métathorax. Les deux taches de la base du deuxième segment sont très petites, très rousses et les parties jaunes très claires.

Page 34. — Eum. Amedei. Il faut changer le nom de cette espèce en :

Eum. Dimidiatus, Brullé.!

Et ajouter aux synonymes :

Brullé. *Eum. dimidiata!* Expéd. scient. de Morée, 361.

Panz. *Eum. pomiformis*, Fn. Germ.

L'*Eum. dimidiatus*, Brull., est une variété de Grèce qui diffère de celle d'Algérie par ses parties jaunes qui sont toutes rousses ou orangées. Les ailes sont aussi plus jaunes. Le jaune du pétiole est plus étendu, et les bordures des autres segments sont raccourcies sur les côtés.

J'ai retrouvé le type de Brullé, il fait partie de la collection du Muséum de Paris. — La variété décrite par Lepel. a aussi été prise à Genève.

Cette espèce a son caractère dans l'arrondissement du bout du chaperon, car du reste elle varie beaucoup ; les mâles, toutefois, l'ont presque tronqué droit.

Var. de Grèce. Antennes ferrugineuses avec le bout seulement noir en dessus ; ornements du thorax, du pétiole, pattes et les deux taches du deuxième segment, en général, ferrugineux. Segments sans bordure en dessous. Moitié postérieure du pétiole ferrugineuse ; cette couleur échancrée de noir en avant.

Var. d'Algérie. Tous les ornements jaunes ; dessus du premier article des antennes, noir ; ♂ , crochet des antennes noir ; souvent le noir envahissant le dessous de l'antenne. Dessous des segments bordé de jaune.

Var. du Midi de l'Europe occidentale. Ornements jaunes peu développés, le thorax souvent simplement bordé de jaune ; pétiole orné de deux points jaunes ; tout le dessus des antennes noir ; ♂ , souvent écusson noir ; crochet des antennes ferrugineux.

Var. ♂ . Métathorax noir. Guinée? (Collect. de M. le marquis Spinola.)

Page 34. — EUM. COANGUSTATUS (1). Changez le nom de cette espèce en :

E. UNGUICULUS.

Ajoutez aux synonymes :

Villers. *Vespa unguicula*, Ent., 40.
Sulzer. *Eumenes coangustata*, Kennzeich. d. Insect., tabl. 19, fig. *a*.
Rossi. *Eum. conica* (à tort). Mant. Ins., p. 135, 299. (L'auteur
    prend cette espèce pour une var. de l'*Eum. conica*.)
Spinol. *Eum. coangustata*, Ins. Lig., I, 82.

Rayez des synonymes :

Brullé. *Eum. dimidiata*. (Voyez p. 129).

Page 39.   *Section B.*

Il y aura à faire sur ces espèces de l'Amérique du Nord les mêmes réductions que sur celles de l'Europe, mais c'est aux entomologistes américains qu'est dévolue cette tâche, car eux seuls peuvent réunir assez d'individus pour se fixer parfaitement sur les espèces.

Page 40. — EUM. FERVENS. Cette espèce n'est qu'une variété de l'*Eum. fraternus*, Say, comme j'ai pu m'en convaincre par l'examen d'un sujet envoyé par M. Haldeman à M. Guérin-Méneville.

Page 42. — EUM. RUFINODA. N'est pas un Eumenes mais un Zethus. Il faut donc le retrancher de ce genre. Voyez plus haut, *Zethus rufinodus*, page 118.

Page 44. — Au lieu de IIe DIVISION, mettez : DIVISION DELTA.

Page 45. — EUM. LEPELETERII. A cette espèce on doit réunir l'*Eum.*

---

(1) Dans les synonymes, au lieu de : *Schœff.*, lisez : *Herrich-Schœff.*

formosa, n° 39 de la *Monographie,* qui n'en est qu'une variété (1).

Var. Prothorax et écusson seulement bordés de jaune ; toute la base du deuxième segment de l'abdomen rousse ; la croix noire de l'abdomen incomplète en avant. (Congo.) Le jaune souvent peu dominant ; bande noire du métathorax, large.

Placez comme synonyme :

Sauss. *Eum. formosa,* Monog. des G. sol., 55, 39.

Page 45. — EUM. CAFFER. Ajoutez aux synonymes :

Muell. *V. caffra,* Edit. Linn., Ins., II, 885, 21.

Gmel. *V. caffra,* Edit. Linn., I, 2758, 21.

Weber. *V. cornigera,* Obs. entomol., 101, 3.

Page 47. — EUM. PETIOLATUS. Ajoutez aux synonymes :

Gmel. *V. petiolata,* Edit. Linn. 2753. 51.

Westwood. *Eum. petiolata,* Ins. of. India, 90, tabl. 5, fig. 2.

Page 49. — EUM. TINCTOR. Rayez des synonymes :

Fabr. *Vespa* et *Zethus Guineensis,* etc.

Ce nom s'applique à une guêpe sociale assez voisine de l'*Eum. tinctor,* soit pour les couleurs, soit pour les formes allongées. Voyez *Monog. des G. soc.,* p. 14 (2).

Page 50. — EUM. DYSCHERUS. Cette espèce ne peut rester dans cette division ; il faut la transporter dans la division ZETA. Voyez plus bas, p. 132, ce qui est dit. à propos de la page 71.

Page 55. — EUM. CAMPANIFORMIS. N'est probablement qu'une variété de l'*Eum. esuriens.*

EUM. FORMOSUS. N'est qu'une variété de l'*Eum. Lepeleterii.* Voyez plus haut ce que je dis de cette espèce.

Page 56. — EUM. ESURIENS. Cette espèce est très nombreuse en variétés ; elle doit envelopper les *Eum. gracilis, campaniformis,* et peut-être l'*Eum. Urvillei.* Elle s'étend donc depuis le Sénégal jusqu'en Chine, et aux îles de la Sonde.

---

(1) Je me suis convaincu de l'identité de ces deux espèces pendant ma dernière visite à Londres.

(2) Je me suis laissé induire en erreur en prenant pour de l'argent comptant une assertion fautive d'Erichson, lequel dit à tort dans son rapport annuel (Arch. de Wiegmann) que l'*E. Savignyi* figurée par M. Guérin n'est autre que le *Zethus Guineensis* très anciennement décrit par Fabricius.

Ajoutez aux synonymes :

Eum. Boscii, Catal. manuscrit du Muséum de Paris.

Sauss. *Eum. gracilis,* Monog. des G. sol., 57, 41. — *Eum. campaniformis,* id., 55.

Page 57. — Eum. GRACILIS. N'est certainement qu'une variété de l'*Eum. esuriens.*

Eum. URVILLEI. Peut-être n'est-elle qu'une variété de l'*Eum. esuriens?*

Page 60. — La IIIe DIVISION comprend des Eumenes qui ont aussi les trois derniers articles des palpes maxillaires très petits. On peut donc bien la réunir à la division précédente.

Page 63. — Au lieu de IVe DIVISION, mettez : DIVISION PHI.

Page 65. — Eum. FLAVOPICTUS. Ajoutez aux synonymes (1) :

Westwood. *Eum. arcuata,* Ins. of Ind., 90, tab. 57, fig. 3.

MALE. Plus petit; antennes noires, renflées au bout; le dessus du flagellum ferrugineux ; le crochet long, noir comme chez les insectes de la deuxième division. Chaperon jaune un peu échancré.

Il n'y a rien d'impossible à ce que les *Eum. praslinius* et *flavopictus* ne soient de simples variétés de l'*Eum. arcuatus.*

Page 67. — Au lieu de Ve DIVISION, mettez : DIVISION ZETA.

Page 68. — Eum. CANALICULATUS, Ajoutez aux synonymes :

Deger. Mém. Ins., III, 579, pl. 29, fig. 3.

Page 69. — Eum. ORBIGNII. Je le considère maintenant comme une variété de l'*Eum. canaliculatus.*

Placez après l'*Eum. canaliculatus,* le :

Page 71. — Eum. VERSICOLOR, qui en est très voisin.

♂. Chaperon jaune; orbites bordés de jaune ; mésothorax jaune avec une échancrure noire à son bord antérieur. (Prob. une var.) Antennes un peu enroulées en spirale à l'extrémité. — Ajoutez à la ♀ : Corselet carré en avant. Pétiole allongé, plus long que le corselet, et ne commençant à se renfler qu'à son tiers antérieur ou presque à son milieu.

Placez à la fin de cette division l'*Eum. dyscherus* (n° 31 de la *Mono-*

(1) *Eumenes Callerii,* Catalogue manuscrit du Muséum de Paris.

graphie.) Ajoutez à sa description : Mandibules rousses; tarses antérieurs ferrugineux. (Musée de Paris.)

Au lieu de VIe DIVISION, mettez DIVISION OMICRON.

Page 73.　　SPECIES NON VISÆ AUT DUBIÆ.

Rayez de la liste des espèces douteuses, les suivantes :

1. *Sphex tripunctata*, Christ. Voyez plus bas *Eum. tripunctatus.*

2. *Eum. grisea*, Fabr. N'est pas un Eumenes mais appartient aux Guêpes sociales. Voy. dans la *Monographie des Guêpes sociales : Belonogaster rufipennis* p. 15.

3. *Eum. Ghilianii.* Voyez plus bas.

4. L'Eumenes figuré par Savigny, pl. VIII, fig. 7, qui est évidemment l'*Eum. pomiformis.*

5. *Eum. nigriceps.* Voyez plus bas : *Montezumia nigriceps.*

Observations relatives aux autres espèces.

L'*Eum. pyriformis* continue à me jeter dans le plus grand doute, et je suis de plus en plus porté à le réunir à l'*Eum. petiolatus.*

Eum. atrata : Fabricius le compare à l'*Eum. arcuatus*, « *cujus forte mera varietas.* » Mais, comment est-il possible qu'une espèce américaine soit si voisine de l'*Eum. arcuatus* qui fait partie d'un groupe bien distinct de formes, et confiné dans l'Asie et les îles voisines? Je crois que Fabricius, lorsqu'il écrivait ces mots, avait en vue une autre espèce, et que plus tard, par une inattention bien explicable il aura interverti l'ordre de ses notes. S'il en était ainsi, l'*Eum. atrata* ne serait plus reconnaissable.

Eum. spinosa, il ne s'agit évidemment pas d'un Eumenes. Aucun insecte de ce genre n'a les angles du prothorax épineux. Peut-être un *Leptochilus?*

Ajoutez aux *species dubiæ :*

Eum. Saundersii, Trans., Ent. Soc. of Lond., I, 63. — Westwood, Intr. Mod. Classif., II, p. 242. Cette espèce est si mal décrite qu'il faut la considérer comme nulle et non avenue.

II. Espèces nouvelles du genre EUMENES.

DIVISION PAREUMENES.
(Pl. VII, fig. 1-2).

Cette nouvelle division vient se placer en tête du genre, car elle offre encore une certaine analogie avec les Zethus, ayant les mandibules courtes et mousses.

Lèvre longue, grêle. Mâchoires longues, les trois derniers articles du palpe, petits. Mandibules grosses, courtes, fortement dentées, formant par leur réunion un bec gros et court, nullement pointu au bout. Crochet des antennes des mâles très petits.

Tête grosse. Corselet fortement déprimé, plus large que haut; métathorax large, plat, très oblique, un peu convexe, sauf au milieu où il existe un sillon large et peu profond; de chaque côté du métathorax se trouve une arête tranchante très latérale, résultant de la rencontre de la face supérieure et des faces latérales ou inférieures du métathorax (1). Pétiole long, fortement déprimé, s'élargissant régulièrement et insensiblement de la base à l'extrémité.

Insectes indiens.

16. EUM. QUADRISPINOSUS (2), n. sp.
(Pl. VII, fig. 2-2 *g*.)

Magnus, niger, flavo pictus; mesothoracis fasciis duabus flavis; mandibulis obtusis; alis flavescentibus.

♀. Long. 21 mill.; env. 43 mill.

FEM. Tête grosse, discoïdale. Chaperon ovoïde, terminé par deux très petits tubercules. Mandibules très grosses, très fortes, formant un bec arrondi au bout (fig. 2 *d*).

Corselet presque ovoïde, plat, les écussons déprimés, ne faisant nullement saillie. Tête et corselet lisses, luisants, portant des points distants et peu profonds; sillon métathoracique assez fortement strié en

(1) Dans les autres Eumenes le métathorax est vertical, bombé, avec un sillon qui n'est pas creusé en gouttière comme ici, mais en canal triangulaire, formé par la rencontre de deux plans. — Cette forme-ci ressemble exactement à celle du métathorax de la *Montezumia indica*, originaire des mêmes pays que les insectes de cette division. C'est un exemple frappant de ce que j'appelle l'*air de famille* propre aux insectes d'une même contrée, dû à un cachet commun qui laisse son empreinte sur des genres très différents et qui semble en rapprocher certaines espèces.

(2) La mâchoire de cette espèce est constituée d'une manière toute particulière. Le galea se scinde en deux parties, dont l'externe, plus petite, forme une languette articulée avec la partie principale. Ce fait n'est pas sans importance, il confirme ce que j'ai dit dans l'Introduction, que les lanières latérales de la lèvre sont formées par un dédoublement du galea. (Fig. 2, *b*). — Cet Eumenes est le seul chez qui j'aie observé ce fait; il n'en est point ainsi dans sa plus proche voisine, l'*E. brevirostratus.*

travers, le bas du métathorax quadridenté, les dents médianes emboîtant le pétiole. Pétiole plat, assez large, s'élargissant en arrière, sans
aucun renflement subit, à peine bituberculé au milieu sur les côtés.
Abdomen déprimé, le deuxième segment aussi large que long.

Insecte noir : tête jaune ; mandibules d'un noir brunâtre ; sur le
vertex une ligne noire s'étendant d'un œil à l'autre ; sphères articulaires des antennes, noires ; leur premier article jaune avec un point
noir au bout ; flagellum noir, ferrugineux en dessous. Prothorax jaune,
noir à ses angles postérieurs ; une tache sous l'aile, bordure de l'écaille,
deux lignes sur le mésothorax et une bande interrompue sur l'écusson,
jaunes ; sur le métathorax quatre taches jaunes, deux aux angles supérieurs, deux aux inférieurs. Pétiole ferrugineux, son extrémité noire,
bordée d'une bande jaune interrompue par un petit sillon noir. Deuxième
segment noir dans sa moitié antérieure, jaune dans la postérieure, le
jaune un peu échancré au milieu ; en dessous noir avec la base jaune.
Les autres segments ferrugineux (ou jaunes), noirs en dessous. Pattes
jaunes, hanches et cuisses postérieures, noires ; tarses bruns. Ailes
d'un jaune d'ambre, bordées au bout d'un peu de brun.

MALE. Chaperon ovale, échancré au milieu, jaune. Devant du premier article des antennes et sur le front un losange, jaunes.

Rapp. et diff. Cette espèce est très distincte. Pour la couleur elle
ressemble à l'*Eum. flavopictus*, mais ses formes déprimées, ses mandibules courtes, son métathorax quadridenté, etc., l'en distinguent amplement.

Habite : Les Indes Orientales. (Musées de Londres, de Leyde, et
Collection de M. Smith, lequel a bien voulu me communiquer cette
intéressante espèce.)

17. EUM. DEPRESSUS, n. sp.

Niger, fulvo variegatus ; mesothoracis fasciis duabus flavis ; abdominis petiolo medio flavo
bimaculato ; segmentis flavo marginatis, secundi maculis duabus magnis flavis ; alis fulvo-
brunneis.

FEM. Formes exactement semblables à celles de l'*Eum. brevirostratus*,
mais le pétiole plus long que le thorax, bien plus grêle, et à peine bituberculé. Chaperon pyriforme, bituberculé au bout. Corselet et pétiole
très finement ponctués, mais luisants. Mandibules moins amincies au
bout. Coloration comme dans l'*Eum. brevirostratus*, mais avec ces différences : antennes noires, ferrugineuses en dessus ; post-écusson noir ;
écusson noir avec deux points jaunes ; côtés du métathorax jaunes avec
chacun une tache circulaire noire. Pétiole orné en arrière de son milieu
de deux taches jaunes, et bordé de jaune, la bordure prolongée sur les
côtés. Deuxième segment largement bordé de jaune, la bordure un peu

rétrécie au milieu, et vers la base du segment deux grandes taches jaunes latérales ; les autres segments tous largement bordés de jaune ; dessous de l'abdomen noir. Deuxième cubitale moins rétrécie vers la radiale.

Habite : Les Indes Orientales. (Musée de Paris.)

18. EUM. BREVIROSTRATUS, n. sp.

(Pl. VII, fig. 1.)

Ferrugineus, flavo varius ; maculis flavis duabus in metathorace ; abdominis segmentis omnibus flavo limbatis.

♀. Long. 20 mill. ; env. 42 mill.

FEM. Formes exactement les mêmes que celles de l'*Eum. brevirostratus*, mais les mandibules plus aiguës, crochues au bout. Le corps plus lisse ; tubercules spiniformes du pétiole plus longs, et son sillon dorsal assez distinct. Chaperon polygonal, mésothorax portant deux sillons. Insectes ferrugineux ; tête jaune ; vertex entre les yeux, noir, cette couleur envoyant deux prolongements sur le front ; mandibules rousses avec un point jaune à la base ; antennes ferrugineuses un peu obscures en dessus ; le premier article jaune, la sphère articulaire, noire. Prothorax, sauf ses angles postérieurs, jaune ; une tache sous l'aile et deux sur l'écusson, jaunes. Deuxième segment très largement bordé de jaune, la bordure un peu rétrécie sur les côtés. Les autres segments jaunes (leur base invisible, noire) ; anus et souvent le sixième segment ferrugineux ; tibias jaunes ou portant une ligne jaune ; ailes d'un gris ferrugineux, la côte couleur d'ambre.

MALE. Treizième article des antennes en forme de crochet. Chapeon et angles inférieurs du métathorax, jaunes.

Var. Pétiole bordé de jaune. — Il est évident que dans cette espèce le jaune et le ferrugineux doivent fréquemment passer de l'un à l'autre.

Rapp. et diff. Pour les couleurs, assez voisin de l'*Eum. esuriens*, mais très distinct par sa forme, par son métathorax quadridenté, par son pétiole en entonnoir très allongé, etc.

Habite : Les Indes Orientales. — Communiqué par M. Smith.

19. EUM. INDIANUS, n. sp.

(P. VII, fig. 3).

Niger, punctatus ; metathorace inermi ; petioli et abdominis secundi segmenti, marginibus interruptis flavis ; alis cœruleis.

♀. Long. 14 1/2 mill. ; env. 28 lignes.

Fem. Chaperon pyriforme, échancré. Corselet fortement déprimé, ovale; écusson plat, métathorax convexe, déprimé, offrant de chaque côté un tranchant latéral, ce tranchant formant en bas une courbe semi-circulaire et n'offrant pas d'épines comme dans l'*Eum. 4-spinosus.* Pétiole moins long que le corselet, en entonnoir très allongé, c'est-à-dire très étroit à sa base, très élargi en arrière; son bord postérieur de moitié moins large que le deuxième segment; ce dernier en cloche régulière. Insecte noir; bout des antennes en dessous, bout des mandibules et écailles, roux; un point sur le front; un autre au haut des mandibules, et devant du premier article des antennes, jaunes. Bord postérieur du pétiole orné d'un liseré jaune, interrompu au milieu : ce liseré s'infléchissant en avant sur les côtés et formant en ce point un angle. Le deuxième segment orné d'un liseré jaune, interrompu en deux points. Tête, corselet, pétiole et abdomen, ponctués. Pattes noires, genoux et tarses un peu ferrugineux. Ailes brunes avec des reflets violets; deuxième cubitale en trapèze, son bord radial égal à presque la moitié du cubital; troisième cubitale beaucoup plus longue que large, un peu élargie vers le limbe.

Rapp. et diff. Cette espèce pourrait être confondue avec les *Eum. melanosoma, dyscherus* et *compressus,* mais elle est distincte par la forme de son métathorax et de son pétiole.

Habite :.......? Probablement les Indes ou l'Afrique. (Musée de Paris.)

Division ALPHA.

(Ire *Division de la Monographie*).

20. Eum. Tauricus, n. sp.

J'ai trouvé ce dernier dans la collection de **M.** Spinola; il pourrait peut-être se rapporter à l'*Eum. dimidiatus?* Voici cependant comment il en diffère :

Chaperon un peu moins arrondi, tronqué droit. Ecusson noir avec deux petits points jaunes. Les trois premiers segments de l'abdomen, seuls, bordés de jaune; les autres noirs en dessus, tachés de jaune en dessous.

Habite : La Crimée.

21. Eum. Tripunctatus.

Fulvo et nigra varius; mesothorace nigro, antice maculis lateralibus flavis; scutello flavo; abdominis petiole segmentoque secundo fulvis, basi nigris; ♂ punctis in secundo tribus, ♀ fascia tridentata, nigris.

SYN. Christ. *Sphex tripunctata*, Hymen, 317, tab. 32, fig. 3 (1791).
Weber. *Vespa trimaculata*, Observ. entom., 102, 6.
Fisch. *Eum. venusta*, Magas. de Zool., 1843. Observat., etc.,
    p. 1, pl. 122, fig. 1, 2, ♂.
N⁰ 31 du Catalogue manuscrit de Latreille.

Long. 15 mill.; env. 27 mill.

FEM. Insecte gros. Tête petite; chaperon bidenté. Corselet globuleux, écusson bombé. Pétiole assez long, un peu rebordé; deuxième segment de l'abdomen très grand, en cloche arrondie, presqu'en grelot, offrant à son bord postérieur un fort dédoublement des téguments. Tête et corselet assez finement chagrinés; pétiole finement ponctué; abdomen presque lisse. Tête noire; chaperon, mandibules, un point entre les antennes, orbites, et devant du premier article des antennes, jaunes. Corselet jaune, noir en dessous; mésothorax noir, avec de chaque côté de son bord antérieur, une tache jaune triangulaire un peu arquée, et une troisième sur la ligne médiane, en avant de l'écusson. Abdomen d'un jaune un peu orangé; pétiole noir à sa base et liseré de jaune; deuxième segment noir à sa base et orné sur son milieu de trois points noirs, rangés selon une ligne transversale, et dont le moyen est le plus grand; les autres segments, noirs, portant une bordure festonnée jaune; anus jaunâtre. Pattes jaunes, hanches jaunes et noires. Ailes transparentes, un peu ferrugineuses.

Habite : La Russie, les bords de l'Oural. (Collect. de M. le marquis Spinola et Musée de Paris.)

22. EUM. DECORATUS, Smith.

Niger; aurantiaco variegatus; abdominis segmentis aurantiaco marginatis; alis subhyalinis.

SYN. Smith. *Eum. decoratus.*! Trans. Ent. Soc. of Lond., New Ser., vol. II, part. II, p. 36.

♀. Long. tot. 12 lignes. — ♂ 9 lignes.

Noire. Tête et thorax grossièrement et densément ponctués; chaperon, une tache entre les antennes et les deux tiers inférieurs du devant du scape, jaunes, ainsi que le dessus des deux derniers articles de ces organes. Une étroite ligne jaune borde les orbites jusqu'au fond de leur sinus, et une autre ligne courte de cette couleur se voit derrière le sommet des yeux. Bout des mandibules, ferrugineux. Prothorax, écailles, deux lignes derrière ces dernières, une tache indistincte de chaque côté du métathorax et moitié postérieure du post-écusson,

orangés. Ailes subhyalines. Bords des hanches et dessous des trochanters, genoux, tibias et crochets tarsiens, ferrugineux. Les pattes sont
en outre revêtues d'un duvet de poils dorés. Pétiole densément ponctué, orné ainsi que le deuxième segment, d'une large bordure orangée ;
les autres segments étroitement bordés d'orangé. Tout l'abdomen
chatoyant.

Habite : La Chine, Tein-Tung. (Musée de Londres.)

Obs. Selon M. Smith, les deux sexes sont identiques.

23. EUM. GLOBULOSUS, n. sp.

Niger, flavopictus ; thorace rotundato ; clypeo emarginato ; antennis metathoraceque nigris.

♀. Long. 12 mill. ; env. 24 mill.

Formes trapues. Mandibules fortement dentées. Chaperon échancré,
bidenté ; corselet globuleux ; pétiole court, fortement campanulé, avec
une dépression dorsale à son bord postérieur, et portant deux tubercules au milieu. Tête et corselet finement ponctués, couverts de poils
ferrugineux et denses. Insecte noir ; chaperon portant à son sommet
un croissant jaune ; un point entre les antennes, un autre petit en arrière de chaque œil, jaunes ; antennes noires ; bord antérieur du corselet orné d'une bordure régulière jaune ; un petit point sous l'aile,
une ligne interrompue au milieu sur le post-écusson, jaunes ; écaille
jaune avec un point noir au milieu ; bord postérieur de tous les segments de l'abdomen orné d'une bordure jaune régulière et étroite ; le
second offrant en outre deux taches jaunes allongées. Pattes ferrugineuses ; hanches et cuisses noires ; dessus des tibias jaune, leur dessous
noir ou noirâtre. Ailes transparentes un peu ferrugineuses, le long de
la côte.

Habite : L'Amérique du Nord. Communiqué par M. Smith.

24. EUM. URUGUYENSIS, n. sp.

(Pl. VII fig. 6.)

Niger ; antennis, prothorace, squamis pedumque apicibus, rufis ; postscutello abdominisque
segmentorum marginibus 2 aut 3 primis, flavis.

♀. Long. 9 1/2 mill. ; env. 17 mill.

FEM. Chaperon terminé par deux petites dents aiguës ; corselet très
large en avant et coupé carrément. Pétiole comme dans l'*Eum. coarctatus*, renflé en dessus et un peu débordé. Le reste de l'abdomen ovale,
un peu déprimé ; le deuxième segment en cloche régulièrement arrondie. Insecte noir ; antennes rousses, noirâtres en dessus vers le

bout. Un point sur le front, un autre en arrière de chaque œil, prothorax et écaille, roux. Post-écusson jaune. Pétiole liseré de jaune, le deuxième segment orné d'une bordure assez large et presque régulière, jaune; le troisième portant une ligne jaune marginale sur son milieu seulement; le reste noir. Pattes rousses, hanches et base des cuisses ou même les cuisses tout entières, noires. Ailes transparentes, un peu enfumées et légèrement roussâtres le long de la côte.

Habite : Monte-Video. (Musée de Paris.)

25. Eum. Consobrinus, n. sp.

Niger, flavo pictus ; squamis, tibiis tarsisque rufis ; abdominis secundo segmento compresso, supra inflato, margine flavo canaliculato.

MALE. Chaperon fortement échancré, bidenté. Corselet très court, ponctué et couvert de poils gris, ainsi que la tête ; abdomen fortement comprimé ; le deuxième segment bombé, offrant en dessus une base saillante ; son bord postérieur retroussé offrant un dédoublement. Insecte noir ; crochet des antennes roux ; un point entre les antennes, un autre très petit derrière chaque œil et une tache au bout du chaperon, jaunes ; milieu du bord postérieur du prothorax, et un point sur chaque épaule ainsi que le post-écusson, jaunes. Les cinq premiers segments tous bordés d'un cordon jaune. Pattes noires, tarses et tibias ferrugineux ; ailes enfumées. Ecaille rousse.

Rapp. et diff. Très voisin de l'*Eum. macrops*, mais distinct par son chaperon fortement échancré et par le bord retroussé du deuxième segment de l'abdomen.

Habite : Le Brésil. (Collect. de M. le marquis Spinola.)

26. Eum. Ghilianii (1), Spin.

Capite thoraceque flavo et nigro variegatis ; abdomine rufo-testaceo ; petiolo nigro annulato.

Syn. Spinol. *Eum. Ghilianii*, Compte-rendu des Hym. recueill. par M. Ghiliani, n° 61.

Long. totale 15 mill.

Mas. Antennæ nigræ apice rufo-brunneæ, articulo ultimo uncinato. Caput læve glabrum nitidum, nigrum ; spatio frontis inter antennas maculis duabus pone ipsarum originem orbitisque ocularibus a margine clypeali ad centrum sinus ocularis, flavis. Clypeum flavum, dense albo

(1) Je ne connais pas cette espèce, et je ne fais que reproduire la description donnée par M. le marquis Spinola.

sericeum, plus longiùs quàm latiùs, hexagonale, lateribus oppositis, idest anteriore et posteriore, arcuatim emarginatis, reliquis rectilineis, angulis anterioribus acutis. Thorax elevatus dorso uniformiter convexo, anticè rectâ truncatus, angulis anterioribus rectis, scutello post-scutelloque deplanatis, illo majore in rectangulo transversale, hoc transversim sublineare posticè angulato, metathorace abruptè declive longitudinaliter unisulcato utrinque elevato fere bigibboso. Mesothoracis discus niger, strigis duabus mediis rectis subparallelis maculisque duabus lateralibus parvis flavis. Scutellum flavum sulculis duobus nigris utrinque exaratum. Post-scutellum flavum. Metathoracis dorsum pectus pleuraque rufescentia, illius sulco longitudinali nigro, pleurarum maculâ mediâ pallidè flavâ. Abdomen rufo-brunneum, petiolo dilutiore prope originem nigro annulato : segmento primo postpetiolum et paulo ante medium sensim elevato-dilatato, parte posticâ oblongoovatâ, rectâ truncatâ : segmento secundo maximo, fere ab origine rotundato-dilatato cupuliformi. Pedes rufo-brunnei, femoribus primi paris nigro lineatis. Alæ abdomine breviores, infuscatæ nervis nigrescentibus, superiorum regione basilari flavescente, nervis rufo-testaceis.

Habite : Le Para.

27. EUM. FLAVICORNIS, n. sp.

(Pl. VII, fig. 4.)

Niger ; clypeo antennisque aurantiacis ; alis cœruleis.

SYN.? De Geer. *Vespa maxillosa*. Mém. Ins. 577. pl. **29**, fig. **1**.?

♂. Long. 20 mill. ; env. 44 mill.

MALE. D'un beau noir luisant. Chaperon coupé droit, à peine concave à son bord antérieur. Corselet offrant des ponctuations distantes et irrégulières ; métathorax très finement strié en travers ; corselet couvert de poils courts. Pétiole aussi long que le corselet, sa première moitié linéaire, sa seconde élargie, également large dans toute sa longueur, déprimée et portant un sillon dorsal ; deux très petits tubercules latéraux. Deuxième segment de l'abdomen en cloche arrondie, très peu rétrécie en arrière, offrant en dessous deux petits tubercules près de sa base ; en dessus, le bord postérieur offre une bande lisse marginale, un peu saillante, et en avant de cette dernière une zone de ponctuations fixes.

Insecte noir ; le chaperon, un triangle entre les antennes, la bordure des orbites et les mandibules, d'un jaune orangé ; ces dernières noirâtres vers la base. Antennes orangées aussi, brunâtres en dessus vers l'extrémité. Ailes noires avec de beaux reflets violets.

Habite : Vénézuéla. (Collection de M. de Romand.)

Obs. Cette espèce, par la forme de son pétiole, tient le milieu entre les Eumenes de la première et de la cinquième division. Mais ce qui la rend plus remarquable encore, c'est qu'elle est la seule espèce connue dont le mâle ne présente pas de crochet terminal au bout des antennes Je n'ai pu compter que douze articles à ces organes, quoique l'abdomen fût bien composé de sept segments. Y aurait-il peut-être là un cas d'hermaphrodisme? l'abdomen serait-il mâle et la tête femelle? Cette supposition me paraît plus que probable, c'est elle qui m'empêche de créer pour cette espèce une division basée sur le fait de l'absence de crochet terminal aux antennes du mâle.

28. EUM. COMPRESSUS, n. sp.

(Pl. VII, fig. 5-5 *a*.)

Parvulus, niger; abdominis secundo segmento compresso et inflato, primi secundique, marginibus flavis; alis fuscescentibus.

Cette espèce a pour le pétiole une forme intermédiaire entre celles de ma division *alpha* et celles de la division *delta*, et pour le reste de l'abdomen elle ressemble à ceux de la division *phi*.

Tête très plate; yeux bombés; chaperon pentagone, allongé, échancré et ponctué. Corselet globuleux, ponctué, métathorax bombé. Pétiole plus long que le corselet, déprimé, élargi au milieu, ayant la forme qu'on obtiendrait en allongeant celui de l'*Eum. coarctatus*. Le deuxième segment fortement comprimé, très bombé en dessus, comme celui de l'*Eum. Picteti*. L'abdomen densément ponctué, comme le corselet. Insecte noir; mandibules très longues, rousses au bout; une marque entre les antennes, deux points au haut du chaperon, deux autres très petits en arrière des yeux, milieu du bord postérieur du prothorax, post-écusson, et un cordon bordant les deux premiers segments de l'abdomen, jaunes. Pattes noires; genoux et bout des tibias, roux. Ailes enfumées, avec quelques reflets violets.

MALE. Haut du chapeau jaune; cette pièce tout entière couverte de poils argentés.

Rapp. et diff. On peut confondre cette espèce avec l'*Eum. melanosoma*. Elle en diffère par la forme de son pétiole qui est élargi au milieu, par le deuxième segment de l'abdomen qui est comprimé et ponctué, non déprimé et lisse, etc. Il faut bien la distinguer aussi des *Eum. dysckerus* et *impressus*, dont l'abdomen est déprimé, etc.

Habite : ....? Probablement l'Amérique. (Musée de Paris.)

Division DELTA.

(IIe *et* IIIe *Divisions de la Monographie*, p. 44).

Nous n'avons à ajouter ici que des espèces rentrant dans la section qui correspond à la IIIe Div. de la *Monographie* (p. 60).

29. Eum. Distinctus, n. sp.

Niger; antennis subtus ferrugineis; prothorace scutellis, mesothoracis lateribus, metathorace toto fere, petioli margine, flavis; secundo segmento flavo bipunctato; limbo flavo maculato.

♂. Long. 13 1/2 mill.; env. 25 mill.

Male. Mandibules très longues, formant un bec très aigu. Chaperon allongé, étroit et arrondi au bout. Pétiole allongé, à peine bidenté au milieu, et portant un sillon longitudinal.

Tête noire; chaperon (1), front, sinus des yeux et une ligne en arrière de ces derniers, jaunes. Mandibules ferrugineuses, ornées d'une ligne jaune qui en couvre le bord interne. Antennes ferrugineuses, obscures en dessus, jaunes en devant du premier article. Prothorax jaune; mésothorax noir; écaille ferrugineuse; écusson jaune, son bord postérieur noir; post-écusson jaune; métathorax jaune, avec une ligne noire au milieu; flancs jaunes, portant une bande oblique rousse, qui part de l'aile, et qui peut être noire dans certains individus.

Pétiole ferrugineux; noir en dessus, sauf au bord postérieur lequel porte une large bordure rousse, échancrée au milieu; deux taches allongées au milieu et un liseré au bord postérieur, jaunes; le reste de l'abdomen noir; bord postérieur des segments, surtout en dessous, un peu ferrugineux; le deuxième, roux à sa base, portant de chaque côté un grand point roux, et immédiatement au-dessous de ce dernier, de chaque côté, un grand point jaune, le bord postérieur de ce segment orné de taches jaunes irrégulières.

Pattes ferrugineuses; tibias ornés d'une ligne jaune; la première paire presque entièrement jaune. Ailes transparentes, un peu dorées; nervures d'un brun noirâtre.

Habite : L'Afrique. Communiquée par M. Smith.

Cette espèce est la plus petite de cette division, elle ressemble à l'*Eum. esuriens*, mais elle en est distincte.

---

(1) La ♀ a probablement le chaperon et les mandibules ferrugineux.

30. EUM. CONCINNUS, n. sp.

Ferrugineo fuscus ; vertice, mesothorace, abdomine suprà et secundi segmenti cruce, nigris ; alis hyalinis, apice fusco maculatis.

♂. Long. 13 mill. ; env. 26 mill.

Tête et corselet noirs ; antennes rousses, obscures en dessus ; mandibules rousses ; chaperon et bordure des orbites, jaunes ; prothorax, écaille, une tache sous l'aile, écussons et métathorax roux, ce dernier ayant son sillon noir. Abdomen roux, noir en dessus, au milieu ; le deuxième segment portant une croix noire ; base des autres et anus noirs. Pattes rousses, base des cuisses, noire. Ailes transparentes, nervures de la côte, ferrugineuses ; un nuage brun dans la radiale.

Habite : La Nubie. (Collection de M. le marquis Spinola.)

31. EUM. QUADRATUS, Smith.

Niger ; prothoracis margine, postscutello, abdominisque segmentorum 1-2 margine, flavis ; alis fuscis.

SYN. Smith. *Eum. quadratus.!* Trans. Ent. Soc. of Lond., New Ser., vol. II, part. II, p. 37.

Long. tolale 7 1/2 lignes.

FEM. Noir. Tête et thorax rugueusement ponctués. Une tache jaune entre les antennes. Bordure des orbites jusqu'au fond du sinus et dessous des articles troisième, quatrième et cinquième, rougeâtres. Bord du prothorax, jaune. Genoux bruns-ferrugineux. Ailes brunes. Pétiole et deuxième segment ayant leur bord orné de jaune au milieu. Ponctuations profondes mais écartées sur le pétiole, plus rapprochées sur le deuxième segment et devenant grossières vers le bord de ce dernier. Abdomen très comprimé.

MALE. Chaperon, face au-dessous des antennes, devant du scape et dernier article du flagellum, jaunes. Les deux bords du prothorax, écailles, post-écusson, devant des tibias des deux premières paires, la base seulement de la troisième et genoux, jaunes. Bout du pétiole, deux taches à la base du deuxième segment, et une tache arquée à son bord, jaunes ; tout ce segment couvert de reflets luisants et ponctué comme dans la femelle. Ailes moins obscures.

Cette espèce n'est voisine de l'*Eum. punctatus* (1) que par ses fortes ponctuations.

Habite : La Chine, Ning-po-Foo. (Musée de Londres.)

____

(1) « Ressembles the *punctata* of Sausseur ! »

DIVISION PHI.

(IVᵉ Division de la Monographie, p. 63.)

32. EUM. CURVATUS, n. sp.

(Pl. VIII, fig. 1.)

Aterrimus, alis nigro-violaceis ; petiolo perlongo, filiformi, cylindrico, arcuato ; secundo segmento basi coarctato.

♀. Long. 26 mill. ; env. 48 mill.

FEM. Grandeur et formes de l'*Eum. arcuatus.* Chaperon tronqué, à peine concave à son bord antérieur. Tout l'insecte d'un noir profond, lisse et luisant. Tête et corselet très finement ponctués, couverts de poils gris très courts. Pattes noires ; leurs griffes noires aussi. Ailes d'un noir foncé, avec un fort reflet violet un peu verdâtre. Bout des antennes ferrugineux en dessous.

Rapp. et diff. (1). Cette espèce ressemble à toutes les autres entièrement noires, et peut être confondue avec elles ; c'est sa forme qui la distingue ; son pétiole beaucoup plus long que le corselet, entièrement filiforme et arqué, son abdomen comprimé, le deuxième segment un peu étranglé à sa base ; en un mot tous les caractères de la division des *Eum. arcuatus, flavopictus,* etc. Elle est donc bien distincte des *Eum. niger,* etc., mais elle ressemble extraordinairement :

1º A l'*Eum. tinctor,* laquelle en diffère par son pétiole fortement bidenté, élargi en arrière ; par sa couleur moins noire, etc. ;

2º A l'*Eum. dyscherus,* dont l'un écarte toujours son pétiole grêle, cylindrique, non plat et assez large ;

3º A l'*Eum. hottentottus ;* elle en diffère par ses formes plus comprimées, par ses antennes noires, non ferrugineuses avec le premier et les derniers articles noirs, etc. ; mais c'est bien avec cette espèce qu'elle a le plus d'analogie, et elle en est difficile à différencier.

Habite : Les Philippines. Collection de M. Smith, lequel a bien voulu me le communiquer.

33. EUM. INFLEXUS, n. sp.

Totus niger ; alis fuscis, irideo nitentibus ; unguibus rufis.

♀. Long. 20 mill. ; env. 44 mill.

FEM. Taille et formes identiques à celles de la précédente, dont elle

(1) Voyez la description de l'*E. inflexus,* n. 33.

n'est peut-être qu'une variété. Le corselet, surtout le métathorax, plus distinctement ponctués ; le pétiole invisiblement élargi au milieu ; le chaperon plus échancré ; les ailes bien moins noires, brunes avec un reflet doré, changeant un peu en vert et en rose ; pattes portant des poils dorés ; crochets des tarses roux et ayant une autre forme que ceux de l'espèce précédente ; leur dent étant plus médiane, leur bout plus pointu.

Ne pas confondre cette espèce avec l'*Eum. Guerini*, qui a les ailes entièrement transparentes.

Habite : Selon l'étiquette, Cayenne (?). Communiquée par M. Smith. (Je la crois, au contraire, asiatique.)

Division ZETA.

(Ve *Division de la Monographie*, p. 67.)

34. Eum. Filiformis, n. sp.

Niger ; prothoracis petiolique margine posteriore flavo limbato ; petiolo perlongo ; abdomine punctato ; alis fuscis apice subhyalinis.

Long. 18 mill. ; env. 27 mill.

Fem. Formes de l'*Eum. canaliculatus*, mais plus grêle. Chaperon un peu bidenté, ses dents écartées. Corselet très court, globuleux ; pétiole une fois et demie aussi long que le corselet, étranglé en arrière du milieu, son premier renflement, moins large que le postérieur. Abdomen comprimé, le deuxième segment nullement rétréci en arrière et son bord offrant un dédoublement des téguments. Tête, corselet, pétiole et abdomen, tous distinctement ponctués, les ponctuations, à la rigueur, visibles à l'œil nu. Insecte noir ; labre bordé de jaune ; chaperon bordé de jaune de chaque côté, avec deux points jaunes au bout. Flagellum des antennes ferrugineux en dessous. Bord postérieur du prothorax et du pétiole, liserés de jaune ; deux points jaunes sur les écailles ; bord du deuxième segment souvent jaune, les autres anneaux roux ou noirs, bordés de roux. Pattes noires, genoux, devant des tibias antérieurs, et milieu des autres, roux. Ailes transparentes au bout, très enfumées ailleurs, brunes le long de la côte.

Rapp. et diff. On pourrait prendre cette espèce pour une variété de l'*Eum. canaliculatus*, si son pétiole n'était pas plus long, ses ponctuations beaucoup plus fortes, ses ailes plus transparentes au bout, etc.

Habite : Le Brésil. (Collect. de M. le marquis Spinola.)

35. Eum. Ornatus, n. sp.

(Pl. VIII, fig. 3.)

Niger; clypeo bidentato; mandibulis, antennis, prothorace, scutellis, petioli et segmentorum marginibus latis, flavis; alis ferrugineis.

(N⁰ 38 du catalogue manuscrit de Latreille.)

♀. Long. 20 mill.; env. 35 mill.

Fem. Formes et grandeur de l'*Eum. colonus*, dont il ne diffère que par les caractères suivants : Pétiole, surtout son renflement, plus court. Chaperon un peu échancré, ses angles aigus et non un peu arrondis, haut du chaperon portant une ligne noire verticale. Mésothorax noir : écaille jaune; flancs noirs avec une grande tache jaune sous l'aile; métathorax noir avec de chaque côté un petit point jaune. Bordure jaune du pétiole très large, fortement échancrée au milieu. Deuxième segment de l'abdomen jaune, mais sa moitié antérieure, noire. Le reste jaune ou ferrugineux. Antennes orangées, grises en dessus vers le bout; cuisses noires à la base.

Var. Antennes jaunes ou avec le bout noir en dessus.

Habite : Les Antilles. (Musée de Paris.)

36. Eum. Acuminatus, n. sp.

(Pl. VIII, fig. 2.)

Niger, punctatus, ferrugineo variegatus; postscutello abdominisque segmentis 1-2 flavo limbatis; alis infuscatis.

♂. Long. 11 mill.; env. 18 mill.

Male. Tête noire. Mandibules ayant une ligne rousse; une ligne jaune derrière les yeux; antennes rousses; tout leur dessus noirâtre; le crochet roux; chaperon (♂) jaune. Corselet noir, globuleux, très large au prothorax, entièrement couvert de ponctuations densément disposées. Prothorax roux; ses angles postérieurs noirs; son bord postérieur roux ou jaune; écusson ayant une bande rousse interrompue au milieu; post-écussson bordé de jaune; écailles; une tache sous l'aile et angles du métathorax, roux. Pétiole un peu plus long que le corselet, ponctué, bidenté à son tiers antérieur; noir, avec sa face ventrale et ses côtés roux; son extrémité bordée d'un cordon jaune. Abdomen comprimé, plus finement ponctué, noir; le deuxième segment liseré de jaune et portant de chaque côté une tache irrégulière rousse;

les autres segments bordés de ferrugineux, parfois de jaune ; les derniers, ferrugineux. Pattes ferrugineuses, avec leur face dorsale noirâtre. Ailes très enfumées, avec un léger reflet violet, la côte lavée d'un peu de jaunâtre.

Rapp. et diff. Très voisin de l'*Eum. Lucasius*, mais en différant cependant par quelques caractères :

La troisième cubitale presque aussi large que longue et dilatée vers la radiale. Le Pétiole un peu plus court, un peu plus comprimé, distinctement bidenté à son tiers antérieur. Abdomen un peu moins comprimé, un peu plus ponctué.

Habite : Le Cap de Bonne-Espérance. (Musée de Stockholm.)

DIVISION OMICRON.

(VIe *Division de la Monographie.* p. 71.)

Tête très plate, discoïdale, plus large que longue ; yeux renflés ; mandibules crochues. Corselet très gros, globuleux, aussi large que long ; en général beaucoup plus gros que l'abdomen, surtout large au bord antérieur du prothorax où il est tronqué droit ; disque du mésothorax aussi large que long ; écussons placés sur la pente du thorax ; métathorax vertical, ne dépassant pas le post-écusson, sa partie inférieure se recourbant en avant. Pattes très grêles et très rapprochées à leurs insertions. Pétiole long, linéaire à sa base, s'élargissant en arrière, et renflé en ce point, mais en dessus seulement, s'insérant presque sous le corselet. Deuxième segment court, large, déprimé, presque en grelot (1).

On peut remarquer la gradation suivante :

1. *Eum. Callimorpha.*

Cette espèce rentrerait presqu'aussi bien dans la première division, si ce n'est pour la forme des mandibules qui se rapproche beaucoup de celle des *Pachymenes*.

Le corselet est encore assez petit, par rapport à la grandeur de l'abdomen.

2. *Eum. Microscopicus.*

L'abdomen diminue sensiblement de grandeur.

3. *Eum. Parvulus.* (Fig. 5, *a*.)

Le corselet atteint une grosseur disproportionnée.

(1) L'abdomen a la même forme que chez le genre *Tatua* (voyez la Monographie des Guêpes sociales) ; mais on distingue toujours ces Eumenes à leur tête plate, à la longueur des mandibules, etc.

4. *Eum. Globicollis.* (Fig. 6, *a.*)

Le corselet augmente encore, le deuxième segment de l'abdomen est
en grelot déprimé, la tête est plus large que le corselet.

37. EUM. PARVULUS, n. sp.

(Pl. VIII, fig. 5, 5 *a.*)

Niger; thorace inflato, rugoso; margine posteriore prothoracis et scutelli, postscutello, maculis duabus in prothorace quatuorque in metathorace, flavis; segmentis 1-2 flavo limbatis,
alis fuscis.

♀. Long. 7 1/2 mill. ; env. 14 mill.

Très semblable à l'*Eum. microscopicus,* même taille, mais ses formes
un peu différentes. Tête et corselet beaucoup plus gros (2), ce dernier
plus globuleux ; tronqué droit en avant ; tête et corselet plus grossièrement ponctués, le pétiole inséré plus en dessous du corselet, et plus
sensiblement renflé au bout (3). Le deuxième segment de l'abdomen
plus grand, tronqué, à peu près droit à son bord postérieur, tandis que
dans l'*Eum. microscopicus* il est tronqué d'avant en arrière (4). Un point
au fond du sinus des yeux, et bord postérieur des orbites jaune. Thorax
plus orné de jaune : une tache de chaque côté du prothorax, un liseré
sur le bord postérieur de ce dernier, jaunes ; un point sous l'aile, et
comme dans l'*Eum. microscopicus,* derrière l'écaille un appendice, jaunes ; une bande sur le bord antérieur de l'écusson, et post-écusson,
ainsi que quatre taches sur le métathorax, jaunes : de ces dernières,
deux petites presqu'à côté du post-écusson, et deux sur les côtés au
bas du métathorax. Pattes brunes, tibias et tarses antérieurs, ferrugineux. Le reste comme dans l'*Eum. microscopicus.*

Habite : Le Brésil ? (Musée de Paris.)

38. EUM. PUSILLUS, n. sp.

Minimus, niger ; thorace ferrugineo ornato ; abdominis segmentis 1-4 flavo marginatis ; petiolo longo ; secundo segmento brevissimo, oblique truncato.

Taille très petite et formes de l'*Eum. microscopicus.* Tête plate, chaperon entier ; corselet court, globuleux ; pétiole presque une fois et
demie aussi long que lui, linéaire dans ses 2/3 antérieurs, ensuite renflé ; abdomen déprimé, le deuxième segment tronqué de haut en bas et
d'avant en arrière, en sorte que son bord inférieur dépasse le supé-

(2) Voyez les deux figures comparatives qui en sont données.
(3-4) Voyez la figure des deux profils.

rieur. Corselet ponctué ; métathorax convexe, sans sillon ; abdomen satiné. Insecte noir. Un point entre les antennes, jaune ; ces dernières rousses, noires en dessus. Les deux bords du prothorax, une tache sous l'aile, l'écaille, deux taches au métathorax, post-écusson et bord antérieur de l'écusson, roux. Segments 1-4 de l'abdomen liserés de jaune. Pattes noires ; tibias roux. Ailes enfumées.

Habite : Le Brésil. (Collection de M. le marquis Spinola.)

39. EUM. EXIGUUS, n. sp.

(Pl. VIII, fig. 4, 4 *a*.)

Parvulus ; prothorace subspinoso ; prothoracis et abdominis segmentorum 1-2 marginibus, flavis ; squamis ferrugineis.

Long. 7 mill. ; env. 13 mill.

MALE. Mandibules aiguës, dentées, fortement crochues au bout, les dents très aiguës. Tête un peu concave en arrière ; chaperon ovale, plus large que long, sans échancrure. Corselet court, très large et rebordé en avant, fortement anguleux et même un peu épineux de chaque côté. Pétiole sans renflement, s'élargissant un peu d'avant en arrière, puis tronqué droit à son articulation, et portant deux tubercules insensibles en avant de son milieu. Deuxième segment en forme de cloche, mais très court, sensiblement plus large que long, fortement renflé en dessus et en dessous, et offrant à son bord postérieur un fort dédoublement des téguments. Deuxième cellule cubitale fortement rétrécie vers la radiale et prolongée à son angle interne, la deuxième nervure récurrente ne s'insérant pas à son bord postérieur, mais *à son angle externe*. Crochet des antennes très petit. Tête et corselet granuleux et un peu velus ; pétiole rugueusement ponctué.

Insecte noir : chaperon jaune, un peu argenté ; bout des mandibules ferrugineuses. Antennes noires, avec le premier article jaune en devant. Bord antérieur du corselet orné d'une bande jaune, étroite, parfaitement régulière et interrompue au milieu. Ecaille rousse. Pétiole et deuxième segment liserés de jaune. Pattes ferrugineuses, avec les hanches, les cuisses et le milieu des tibias, noirs. Ailes transparentes, un peu enfumées le long de la côte.

Nota. La très basse insertion des antennes de cette espèce et la figure de son chaperon forment une exception très embarassante à ce qu'on remarque chez les autres Euméniens.

Habite : Les Indes-Orientales. (Collect. de M. Westwood.)

40. EUM. GLOBICOLLIS.

(Pl. VIII, fig. 6, 6 *a*.)

Niger; thorace globuloso; abdominis secundo segmento brevissimo, lato; alis infuscatis.

♀. Long. 8 mill.; env. 14 mill.

Syn. Spinol. *Zethus globicollis !* Ann. Soc. Ent. Fr. 1841. x, 150. Pl. III. fig. 6.

Chaperon presque pentagone, un peu prolongé en avant et faiblement échancré. Tête plate, plus large que longue, ocelles sur une même ligne droite. Corselet très gros, globuleux, aussi large que long, large en avant. Pétiole plus long que le corselet, linéaire à sa base, s'élargissant d'arrière en avant; deuxième segment de l'abdomen en grelot, fortement rétréci en arrière, plus large que long, un peu déprimé. Tête et corselet, même le métathorax, ponctués. Abdomen lisse. Insecte entièrement noir. Un cordon jaune le long du bord postérieur du pétiole, et les segments de l'abdomen parfois indistinctement liserés de ferrugineux. Ailes un peu enfumées; deuxième cubitale plus longue que large, en trapèze; troisième cubitale carrée.

Var. Insecte entièrement noir, ou ayant à l'abdomen des liserés jaunes.

Rapp. et diff. Il ressemble à l'*Eum. microscopicus*, mais le deuxième segment de l'abdomen n'est pas tronqué obliquement comme dans cette dernière. Il a exactement le fascies du *Tatua morio* (1), si ce n'est que son corselet est beaucoup plus court; mais ses mandibules longues, sa tête plate, ses yeux bombés, couvrant entièrement les côtés de la tête et atteignant la base des mandibules, en un mot les caractères de la tribu, servent à l'en distinguer.

Habite : Le Para. La Guyane. (Collect. Spinola et musée de Paris.)

41. EUM. CINGULATUS, Fabr.

Niger; thorace brevi; prothorace et segmentis 1-2 flavo limbatis; alis secundum costam fuscis.

Long. 11 mill.; env. 21 mill.

Syn. Fabr. *Eum. cingulata.* Syst. Piez. 287. 13.

Taille de l'*Eum. coarctatus.* Très voisin de l'*Eum. macrops* (p. 41) dont il n'est peut-être qu'une variété. Chaperon pyrifor.. ....

(1) Voyez la Monographie des Guêpes sociales.

bidenté. Antennes en dessous et au bout, ferrugineuses ; prothorax liseré de jaune, ainsi que les deux premiers segments de l'abdomen ; un petit point jaune sous chaque aile. Pattes noires ; genoux ferrugineux ; cuisses antérieures et moyennes, jaunes antérieurement, et sur les postérieures une tache jaune ; tarses ferrugineux. Ailes enfumées.

Rapp. et diff. Tout en ressemblant aux espèces de la division ALPHA, celle-ci a bien les formes de l'*Eum. microscopicus* et voisins. Le corselet est gros, carré, très haut ; le métathorax vertical, le pétiole a l'air de sortir de dessous le corselet.

Habite : Cayenne. (Collection de M. Spinola.)

42. EUM. SUBSTRICTUS (1), Hald.

Niger, tenuiter punctatus ; abdominis sculptura profunda ; petiolo flavo marginato.

Long. totale 8 lignes.

SYN. Haldeman. *Eum. substricta*, Proc. Acad. Philad., II, p. 54.

Tête grande. Ailes d'un violet bleuâtre. Une petite tache jaune sous l'aile. Prothorax finement bordé de jaune. Tarses bruns.

Cette espèce est un peu plus grande que l'*Eum. verticalis*, Say, et se distingue par sa couleur noire presque uniforme. La base de l'abdomen est fusiforme (par suite de la profondeur de l'échancrure) (?).

Habite : L'Amérique du Nord. Philadelphie.

Genre PACHYMENES.

Les insectes qui font partie de ce genre sont bien voisins des Eumenes. Ils s'en distinguent, il est vrai, par les deux petites dents du chaperon, par la longueur de leurs pattes et de leurs ailes, ce qui leur donne le faciès de POLYBIES ; mais il est certain que les entomologistes qui préféreraient considérer cette coupe comme une simple division du genre Eumenes pourraient le faire sans encourir le moindre reproche et sans se mettre en contradiction avec les principes de la méthode.

Les Pachymenes sont dans presque toutes les collections confondues avec les Polybies, dont elles ont effectivement le port. Il faut se garer d'une erreur aussi grossière, qui d'insectes solitaires en fait des so-

---

(1) Je ne sais si cette espèce n'est pas peut-être un *Montezumia*. Sa description est très incomplète, car son genre n'est point fixé.

ciaux, et rien n'est plus facile que de l'éviter par l'inspection du chaperon. Dans toutes les Polybies, Icaries, etc., le chaperon est terminé par un angle ou une dent ; chez les Pachymenes, au contraire, il est tronqué et bidenté.

Ire DIVISION. — *Section* A.

Page 74. — PACHYMENES SERICEUS. Rayez le synonyme de cette espèce, qui est bien nouvelle. Ce synonyme appartient à une Polybie. Voyez dans la Monographie des Vespiens, la *Polybia sericea*, p. 179.

Page 75. — PACHIMENES ATER. Ajoutez :
MALE. Chaperon argenté.
Var. ♀. Tout l'insecte brun-foncé, couvert d'un duvet gris-soyeux. Ailes plus ferrugineuses. (Rio–Janeiro.)

Page 75.   *Section* **B**. — *Pétiole court*, etc.

PACHYMENES PALLIPES. Antennes souvent obscures en dessus. Le brun peut, dans certaines parties, passer au noirâtre, ou au jaunâtre, et le jaune au ferrugineux.

Effacez le synonyme qui appartient aux Guêpes sociales. (Voyez *Polybia pallipes*, Mon. G. soc., p. 189.)

43. PACHYMENES CHRYSOTHORAX, n. sp.

Niger, sericeus ; thorace petioloque aureo nitentibus ; alis costa nigra.

Long. 15 mill. ; env. 31 mill.

FEM. Formes du *P. pallipes*, chaperon un peu échancré. Tête et antennes noires. Thorax brun, entièrement couvert d'un beau duvet doré ; sa partie antérieure foncée. Pétiole brun-doré. Abdomen d'un brun-noir satiné. Pattes brunes, à reflets dorés. (Sur le mésothorax deux lignes pâles, indistinctes.) Mandibules brunes. Ailes enfumées ; la côte jusqu'au point, brune ; point ferrugineux ; deuxième cubitale en trapèze.

Rapp. et diff. Cette espèce pourra très facilement être confondue avec la *Polybia chrysothorax*.

Habite : Le Brésil (Musée de Londres).

Genre SYNAGRIS.

Il faut modifier comme suit la diagnose du genre :

Antennes du mâle, variables.

Page 78. — Le tableau placé au bas de cette page est incomplet, il y manque la *S. bellicosa*. D'autres nouvelles espèces étant venues s'ajouter aux anciennes, nous donnons ici un tableau qui les comprend toutes.

Mais, je le répète, rien n'est plus difficile que l'étude des Synagres. Mettre trop de confiance dans la marche indiquée par un tableau de ce genre serait tomber infailliblement dans les erreurs les plus complexes. Il n'est pas permis, même à l'œil le plus exercé, de rien préjuger d'après les formes et les couleurs des insectes de ce genre ; ce n'est que par la dissection de la bouche et par l'examen des mâchoires qu'on pourra distinguer un Rhynchium d'un Synagris et que l'on apprendra dans quelle division des Synagres tel individu doit rentrer. Cette analyse est indispensable ; elle fournit le seul moyen de déterminer l'espèce avec certitude. Si l'on vient à la négliger pour ne suivre que le tableau dichotomique (comme un grand nombre d'espèces sont identiques de couleur), on arrivera constamment à placer l'espèce dans une division qui ne lui convient pas, et à prendre un Rhynchium pour un Synagris.

1 { Ailes transparentes, abdomen noir avec des bandes jaunes . . . . *Spinolæ.*
    — brun-jaunâtres . . . . 2.
    — violettes . . . . 3.

2 { Abdomen noir . . . . *cornuta.*
    — orné de taches blanches . . . . { *œstuans. Huberti.*

3 { Bout de l'abdomen blanc . . . . *mirabilis.*
    — orangé. . . . . 4.

4 { Les 2 premiers segments de l'abdomen noirs. . . . . 5.
    Les 3 — — — . . . . 6.

5 { Base des mandibules du mâle armée d'une dent spiniforme . . . . *emarginula.*
    — — sans épine . . . . 8.

6 { Métathorax granuleux. . . . . { *abyssinica. minuta. pentameria.*
    — ayant des stries . . . . 7.

7 { Dessous du 2e segment portant des tubercules ou épines. . . . . { *calida. dentata. spinosuscula.*
    — — — sans épines . . . . { *æquatorialis. bellicosa.*

8 { Palpes maxillaires de 5 articles . . . . *abdominalis.*
    — de 4 articles . . . . *analis.*
    — de 3 articles . . . . *xanthura.*

Page 79. — SYN. CALIDA. Dans la synonymie, au lieu de *Ferret et Galinier*, mettez :

Reiche. *Syn. calida.* Voy. de Ferret et Galinier, etc.

Ajoutez aux synonymes :

Linn. *V. capensis*, Syst., Nat., 952, 22.

Gmel. *Vespa calida*. Edit. Linn., Ins., I., 27, 59, 27. —*V. capensis*, id., 27, 58, 22.

Muell. *V. capensis*, Edit., Linn., Ins., II, 887, 27.

Illig. *V. spiniventris*, Mag., f., Insektenk, I, 190, ♂ (non ♀.)

Page 81. —SYN. ÆSTUANS. Ajoutez aux synonymes :

Gmel. *Vespa æstuans*, Ed., Linn., 27, 52, 48.

Var. Couleur foncière de l'abdomen, noire ou ferrugineuse.

Var. ? Chaperon et bouche, roux ; pas de taches blanchâtres à la tête, ni au thorax. Ecusson noir, avec deux taches rousses ; post-écusson roux. Côtés du premier segment de l'abdomen roux. Ailes brunes, à reflets violets et dorés. Métathorax concave, strié, sans épines. Post-écusson sans tubercules.

N'ayant pu examiner ses palpes, je ne sais si cette espèce rentre bien dans la première division.

Page 82. — SYN. CORNUTA. Ajoutez aux synonymes :

Muell. *Vespa cornuta*, Edit. Linn., Ins., II, 885, 20.

Gmel. *V. cornuta,* Edit., Linn., I, 27, 58, 20.

Griffith. *Syn. cornuta*, Anim., Kingd., Ins., pl. 106, fig. 1, pl. 107, fig. 1.

On voit au musée de Genève un individu ♂ de cette espèce dont les mandibules sont entièrement dépourvues de cornes. — Comme les antennes ne comptent non plus que douze articles, je suppose que cet individu présente un cas remarquable d'hermaphrodisme, l'abdomen étant ♂ et la tête ♀.

44. SYN. XANTHURA, n. sp.

Nigra; clypeo, antennis segmentisque 3-6 abdominis aurantiacis; alis cœruleis.

FEM. Exactement comme la *Syn. analis*. Mais les palpes maxillaires de trois articles seulement. Le chaperon pyriforme, très allongé, terminé en pointe arrondie, orangé, ainsi qu'une tache sur le front et les antennes. Dernier article des tarses des pattes antérieures, roux. Post-écusson bituberculé. Mandibules noires. Le reste comme dans la *Syn. analis*.

Habite : Le Sénégal. (Musée de Paris.)

Page 84.   IIᵉ DIVISION ou Division PARAGRIS.

Ajoutez à cette division les espèces suivantes :

45. SYN. HUBERTI, n. sp.

(Pl. VIII, fig. 8, 8 *a*.)

Media; clypeo apice bipartito; metathorace concavo, bispinoso; capite, thorace, abdominisque segmento primo, ferrugineis; segmentis reliquis nigris, albo maculatis; alis subhyalinis.

Long. 15 mill. ; env. 30 mill.

MALE. Mandibules très longues, pointues, leur bord triturant très
large et tranchant, portant vers la base de la mandibule une échancrure
très obtuse, peu sensible. Chaperon pentagone, portant une très profonde échancrure ; placée entre deux très fortes dents, rebordées le long
de l'échancrure. Post-écusson bituberculé. Métathorax bombé, concave
au milieu, et portant de chaque côté une longue épine. Abdomen
presque fusiforme, déprimé, le premier segment en cloche sub-trian-
gulaire, ayant presque la forme de celui des *Polistes*, mais plus
déprimé, et portant en dessus, vers son bord postérieur, un enfoncement insensible. Insecte finement chagriné ; concavité du métathorax
strié. Tête et corselet ferrugineux ; chaperon, un grand triangle sur le
front et crochet des antennes blanc-ferrugineux, ainsi que les écailles
des ailes, les tubercules du post-écusson, deux taches indistinctes sur
le prothorax et deux sous l'aile. Quelques teintes noires à la partie
antérieure et postérieure du mésothorax. Abdomen noir ; le premier
segment et de chaque côté du deuxième, une tache, ferrugineux ; le
premier orné en outre vers son bord postérieur de deux taches blanc-
jaunâtres, laissant entre elles un peu de noir ; le deuxième portant
aussi deux belles taches de blanc-jaunâtre, écartées, couvrant en partie
les taches ferrugineuses et *plus rapprochées du bord antérieur que du
bord postérieur du segment ;* le troisième orné de deux taches blanches
larges, à moitié cachées par le deuxième segment, et le quatrième,
de deux petits points de la même couleur. Pattes ferrugineuses ; ailes
transparentes, lavées d'un peu de ferrugineux.

Rapp. et diff. Ce remarquable insecte se rapproche beaucoup pour
les couleurs de la *S. œstuans,* mais il s'en distingue par son chaperon
bifide en bas, par ses couleurs assez différentes, les taches du deuxième
segment n'étant pas au bord postérieur de ce dernier, mais au contraire
plus près de l'antérieur ; par la présence des épines métathoraciques,
par ses ailes transparentes, par la forme d'entonnoir qu'affecte le premier segment de l'abdomen, etc.

Habite : L'Afrique tropicale, ou l'Arabie. (Musée de Paris.)

46. SYN. EMARGINATA, n. sp.

Nigra ; abdomine nigro, segmentis 3-7 aurantiacis : alis cœruleis ; mandibulis basi dente spiniformi.

MALE. *Mandibules droites, armées près de leur base d'une dent spiniforme.* Chaperon pyriforme, *terminé par deux dents spiniformes* ; métathorax strié, biépineux; post-écusson bituberculé. Insecte noir:chaperon, antennes, et segments 3-6 de l'abdomen orangés ; le bout des antennes noirâtre en dessus. Tarses bruns. Ailes violettes.

Rapp. et diff. Cette belle espèce se rapproche de la *S. abyssinica*, par son chaperon bidenté, mais elle est distincte par son métathorax strié, ses antennes orangées, etc.

Habite : L'Afrique. (Musée de Londres.)

Page 86. IIIᵉ DIVISION ou DIV. HYPAGRIS.

Ajoutez l'espèce suivante à celle décrite dans la Monographie.

47. SYN. ABDOMINALIS, n. sp.

(Pl. VIII, fig. 7.)

Atra; clypeo, antennis abdominisque segmentis 3-7, aurantiacis ; metathorace striato, bispinoso ; antennis apice nigrescentibus ; tarsis apice fulvis; alis cœruleis.

Long. 17 mill. ; env. 36 mill.

MALE. Chaperon pyriforme, ses angles inférieurs saillants, formant deux petites dents ; au bas il est plat, presque excavé le long de ses bords ; dans sa partie élargie il est très convexe, bombé. Entre les antennes est une forte carène. Mandibules longues, droites, styliformes, à peine biéchancrées à leur bord interne. Tête et corselet ponctués, revêtus d'un épais duvet de poils noirs et roides; écusson bimamelonné ; post-écusson bituberculé en ses angles ; métathorax fortement strié en travers, non seulement dans sa concavité, mais même en dessus; ses angles formant de chaque côté une forte épine. Abdomen portant de chaque côté du premier segment un faible tubercule ; dessous du deuxième ayant à sa base (♂) un tubercule transversal, ou plutôt une forte ride (surtout visible de profil), en arrière de laquelle est une fossette ovale très peu marginée. Insecte noir : labre, chaperon, triangle du front, une ligne le long de l'orbite jusque dans le sinus de l'œil, et antennes, orangés ; devant du premier article de ces dernières, jaune ; les deux ou trois derniers articles noirâtres, mais le crochet orangé. Pattes noires ; dernier article des tarses de la troisième paire, brun ; les deux derniers de la deuxième paire, et les trois ou quatre derniers de la première, orangés, avec les crochets bruns. Ailes d'un noir violet. (Le dessous de l'abdomen est orangé et porte plus ou moins de noir.)

Habite : ....? L'Afrique. (Musée de Stockholm.)

J'ai encore sous la main un insecte très remarquable, mais qui ne saurait rentrer dans aucune des trois divisions.

La bouche du seul individu encore connu dans les collections était en trop mauvais état pour qu'il me fût permis de compter le nombre des articles des palpes maxillaires. Les labiaux en offrent trois, mais les maxillaires étaient rompus au bout du troisième. Ils peuvent donc en posséder 4, 5 ou 6. Je ne crois même pas trop m'avancer en leur en donnant six *à priori*.

La division qui renfermera cette espèce serait alors caractérisée comme suit :

Division MICRAGRIS.

Palpes labiaux de trois articles ; palpes maxillaires de cinq ou six articles ; antennes des mâles enroulées en spirale à l'extrémité.

48. Syn. Spinolæ, n. sp.

(Pl. VIII, fig. 9. 9 *a*.)

Parvula, clypeo lato, bidentato, luteo ; prothorace maculis duabus et abdominis segmentorum marginibus, luteis ; alis subhyalinis.

♂. Long. 10 mill. ; env. 19 mill.

MALE. Facies d'un *Odynerus* du sous-genre *Epipona*. Chaperon en losange, plus large que long, bidenté. Bout des antennes, enroulé. Mandibules sans talon, courtes pour une *Synagris*. Prothorax carré, anguleux. Le reste comme chez les *Epipona*. Tête et corselet ponctués.

Insecte noir : mandibules, chaperon, deux points entre les antennes, devant du premier article de ces dernières, une bande interrompue sur le prothorax, écaille, un point sous l'aile et post-écusson, jaunes. Métathorax offrant deux angles très mousses, et revêtu d'un duvet gris. Tous les segments de l'abdomen liserés de jaune. Pattes jaunes. Hanches et base des cuisses noires. Ailes un peu enfumées.

(Antennes offrant au bout un très petit enroulement très serré figurant une espèce de nœud. Langue très longue.)

Le jaune est d'une couleur pâle, presque blanchâtre.

Rapp. et diff. Cette jolie et rare espèce pourrait bien être confondue avec les Odynères du sous-genre *Epipona.* Sa langue très longue l'en distingue assez nettement.

Habite : L'Espagne, le Royaume de Grenade. (Communiqué par M. le marquis Spinola.)

SPECIES DUBIA.

Synagris sericea. Spin., Ins., Lig. II, 188 (note).

Sericeo-nigra, capite thoraceque ferrugineo variegatis.—Africa.

Il ne faut tenir aucun compte de cette espèce qui était inédite et que Spinola ne fait que citer. Les indications spécifiques sont trop vagues pour permettre de reconnaître l'espèce, et la détermination générique est plus que douteuse, car Latreille n'a, pas plus que les auteurs subséquents, su au juste quelles étaient les limites du genre *Synagris.* En parcourant sa collection on voit qu'il s'en rapportait au facies, et que les erreurs génériques y sont très fréquentes.

Page 87.   Genre MONTEZUMIA (1).

Rayez de la diagnose ces mots : « Insectes tous américains, » car nous en avons rencontré un qui est indien et qui forme une nouvelle division.

Les yeux ne couvrent souvent qu'une partie des côtés de la tête.

Page 88.   Ire DIVISION.

Les espèces 1 à 4 de cette division pourraient probablement être réduites quant à leur nombre, mais les éléments me manquent pour les soumettre derechef à une inspection minutieuse.

(1) La note placée au bas de la page 87, et relative au genre Montezumia, exige quelques éclaircissements. Le mot *Polistes* est pris dans son ancienne acception, et embrasse par conséquent non seulement ce genre proprement dit, mais aussi les Polybia, Synœca, Apoïca, etc. Ce sont les *Synœca* seules que je compare aux Montezumia de la 1re division, et les vrais Polistes aux *Montezumia* de la 2e division. En effet, les autres Polistes à abdomen pédicellé (les Polybia, par exemple), n'offrent aucune analogie avec ce genre, et ne s'en distinguent pas par un prothorax dénué d'angles et d'épines.

Page 89. — Montezumia Azureipennis. ♂. Chaperon tronqué, bituberculé à ses angles, roux. Devant du premier article des antennes roux ; le crochet terminal roux.

Montezumia Rufipes. Changez le nom de cette espèce en :

M. azurescens. Spin.

Et placez en synonyme :

Spinola. *Odynerus? azurescens.* ! Compt. rend. Hymenopt. rec. p. Ghiliani, p. 66, n. 62.

Page 90. — Montez. coerulea. ♂. Chaperon tronqué. Antennes ferrugineuses, terminées par un grand crochet ferrugineux.

Montez. Morosa. Ajoutez : métathorax ponctué ; son sillon argenté.

Page 93. — Montez. Pelagica. Changez ce nom en :

M. Leprieuri, Spin.

Et placez comme synonyme :

Spinola. *Odynerus Leprieuri.* ! Ann., Soc., Ent., Fr., Iʳᵉ Sér., X, p. 127.

L'individu décrit par cet auteur présente une variété ayant le milieu du métathorax noir.

Habite : Le Brésil.

Page 94. — Montez. Dimidiata. Rayez des synonymes : *Oliv. V. dimidiata*, qui appartient à la *Polybia dimidiata* (1), et rétablissez le nom fabricien Montez. infundibuliformis.

Male. Chaperon bordé de blanc de chaque côté. Antennes ferrugineuses en dessous, terminées par un crochet roux.

Espèces nouvelles du genre MONTEZUMIA.

Division ALPHA.

(Iʳᵉ *Division de la Monographie.*)

Ajoutez à cette division les deux espèces suivantes qui forment une petite coupe, caractérisée comme suit :

Tête plate. Abdomen pédicellé, le pétiole composé du premier segment, dont la première moitié est linéaire, la deuxième campanulée, à peu près de moitié moins large que le deuxième, ne l'emboîtant pas.

(1) Voyez la Monographie des Guêpes sociales, p. 177.

Ces deux espèces se rapprochent beaucoup, pour les formes, des *Pachymenes*, mais leur système appendiculaire les distingue toujours nettement.

49. Montez. Chalybea. n. sp.

(Pl. IX, fig. 2-2 *d*.)

Capite brevi; clypeo fronteque nitida ; corpore virescente; tarsis rufis ; alis hyalinis; costa nigra.

Long. 13 mill. ; env. 30 mill.

Antennes filiformes. Tête très plate. Chaperon ovoïde , tronqué , presque arrondi au bout, lisse, luisant. Front entre les antennes formant un triangle lisse, parfaitement luisant, avec un point enfoncé au milieu. Le front et le chaperon formant ensemble une plaque luisant comme du métal poli. Ocelles en ligne arquée. Métathorax très large, fortement bombé de chaque côté, surtout vers le haut. Tête et corselet lisses, couverts de petits points enfoncés ; métathorax ponctué, couvert d'un duvet argenté. Pétiole assez allongé, sa première moitié linéaire, la deuxième campanulée, bombée en dessus, avec un fort point enfoncé. Deuxième segment deux fois aussi large que le pétiole. Abdomen finement et peu profondément ponctué, le bord postérieur du deuxième segment portant un ruban marginal un peu enfoncé, sans ponctuation. Tout l'insecte d'un bleu-verdâtre métallique ; le pétiole finement bordé d'un cordon doré. Antennes et pattes noires ; tarses, surtout les premiers, roussâtres. Ailes transparentes, nervures brunes, la côte presque noire, cellule radiale hyaline.

Rapp. et diff. Très voisine pour le faciès de la *M. petiolata*, mais distincte par sa tête très plate, son vertex quatre fois aussi large que long, par son métathorax fortement bombé, son chaperon entier, sa couleur d'un noir-violet verdâtre, etc.

Habite : Le Brésil. (Collection de M. Smith.)

50. Montez. Petiolata, n. sp.

(Pl. IX , fig. 1, 1 *a*, 1 *b*.)

Nigra; metathorace angusto; prothoracis petiolique margine postico, flavo limbato ; alis hyalinis; costa nigra.

♀. Long. 14 mill. ; env. 33 mill.

Fem. Chaperon presque circulaire, terminé par deux dents très courtes, laissant entre elles un bord à peine concave ; sa surface ponctuée. Tête moyenne, beaucoup moins plate que dans la *M. chalybea.* Corselet rétréci au métathorax, ce dernier étroit, nullement renflé, ponctué comme le reste du corselet, couvert de poils luisants. Pétiole comme dans la *M. chalibea,* mais déprimé, son enfoncement dorsal peu profond. De chaque côté il porte un petit tubercule. Abdomen soyeux. Insecte d'un noir un peu brunâtre : orbites internes des yeux, et bord postérieur du prothorax finement liserés de jaunâtre ; bout des mandibules, écailles, et quatre points sur le post-écusson, bruns. Pétiole portant du brun de chaque côté et liseré de jaunâtre. Pattes noirâtres, articulations brunes. Ailes comme dans la *M. chalibea.*

Habite : Le Brésil. (Collection de M. Smith.)

DIVISION BETA.

(IIe *Division de la Monographie.*)

51. MONTEZ. NIGRICEPS (1).

Nigra ; thorace, pedibus, abdominisque basi, rufis ; alis hyalinis.

SYN. Spinol. *Eumenes ? nigriceps.* Ann., Soc. Ent. Fr., Ire sér. X, p. 128, 79.

Long. totale 4 1/2 lignes.

MALE. Antennes noires ; crochet apical testacé, obtus, aussi long que les deux articles précédents. Tête noire ; chaperon (♂) blanc, avec une tache noire au milieu. Mandibules ferrugineuses ; palpes testacés. Corselet et pattes rouges de brique ; un peu de noir au-devant du prothorax et deux taches jaunes aux post-écussons. Abdomen noir ; base du premier anneau rougeâtre, son bord postérieur liseré de jaune. Ailes hyalines ; nervures testacées.

Nota. Elle me paraît être voisine de la *M. Spinolæ.*

Habite : Cayenne.

52. MONTEZ. INFERNALIS.

Nigra ; thorace abdominisque primo segmento rufis, hoc flavo limbato ; mesothorace nigro ; alis fusco-cœruleis.

SYN. Spinol. *Odynerus infernalis* ! Compt. rend. des Ins. rec. p. Ghiliani.

Long. 18 mill. ; env. 29 mill.

(1) Je ne crois pas que cet insecte puisse se rapporter à aucun autre genre, c'est cependant avec doute que je le place dans celui-ci. Je ne l'ai pas vu.

Male. Chaperon très largement échancré ; bord antérieur du prothorax concave, ses angles subépineux ; métathorax arrondi. Tête, corselet et premier segment de l'abdomen portant des points enfoncés,
distants. Métathorax rugueux, un peu strié sur les bords, et velu. Tête
noire ; labre, base et crochet des antennes roux. Corselet roux, mésothorax noir, sur le haut du métathorax, de chaque côté un point jaune.
Abdomen noir, soyeux, le premier segment roux, bordé de jaune et
portant un peu de noirâtre avant le jaune. Pattes ferrugineuses. Ailes
fortement enfumées, à reflets violets, noires le long de la côte.

Habite : Le Para. (Collection de M. Spinola.)

53. Montez. Analis, n. sp.

Flavo-ferruginea ; abdomine atro ; primo et secundo segmento ferrugineis, punctis duobus
nigris, secundi margine atro.

Long. 16 mill. ; env. 39 mil.

Male. Chaperon tronqué droit. Antennes terminées par un petit
crochet. Prothorax finement rebordé ; corselet ponctué ; métathorax
assez rugueux. Tête et corselet d'un jaune ferrugineux. Chaperon,
orbites, devant du premier article des antennes et milieu du métathorax,
jaune-soufre. Sur le mésothorax, trois lignes noires longitudinales qui
n'atteignent pas la partie antérieure ; sur le haut du métathorax deux
points noirs.

Abdomen jaune-ferrugineux ; bord du deuxième segment et les suivants en entier, noirs ; sur le deuxième en outre deux taches noires ;
le premier seulement à moitié aussi large que le deuxième, portant en
dessus deux marques ou une grande tache, noires. Pattes de la couleur
du thorax. Ailes ferrugineuses.

Rapp. et diff. Cette espèce ressemble beaucoup au *Polistes analis* (1) ;
il est important de l'en bien distinguer, ce qui est facile par son chaperon tronqué, non terminé par une dent, et par ses mandibules longues.

Habite : L'Amérique du Sud. (Musée de Londres.)

54. Montez. Sepulchralis, n. sp.

Nigra ; alis hyalinis ; abdominis primo segmento flavo limbato.

♀. Long. 12 mill. ; env. 27 mill.

Fem. Chaperon échancré. Prothorax anguleux en avant. Insecte d'un

---

(1) Voyez la Monogr. des Guêp. sociales, p. 80.

noir brillant ; pétiole indistinctement liseré de jaune. Ailes transparentes ; la côte noire.

(L'abdomen n'est que médiocrement sessile.)

Rapp. et diff. Très voisin de la *M. mortuorum,* mais à l'œil nu le chaperon, la tête et le corselet paraissent distinctement ponctués et assez glabres, ce qui n'est pas dans l'espèce citée.

Habite : Le Brésil. (Collection de M. le marquis Spinola.)

55. MONTEZ. MORTUORUM, n. sp.

Nigra; antennis apice rufis ; alis hyalinis, subferrugineis.

♂. Long. 15 mill.; env. 16 mill.

Elle diffère de la *M. sepulchralis* par les caractères suivants :
Taille plus grande, chaperon peu ou pas échancré, moins fortement ponctué. Flagellum des antennes, sauf la base, roux, ainsi que les tarses de devant. Corselet n'ayant que des ponctuations très fines, et couvert d'un velouté qui les cache ; écaille rousse, ainsi que le bord postérieur du premier segment de l'abdomen. Ailes transparentes, la côte un peu ferrugineuse.

Habite : Le Brésil. (Collection de M. le marquis Spinola.)

56. MONTEZ. BRASILIENSIS, n. sp.

Fusca; alis fuscis cœrulescentibus ; capite metathoraceque valde inflatis.

♂. Long. 16 mill.; env. 33 mill.

MALE. Très voisine de la *M. Mexicana,* avec laquelle il est important de ne pas la confondre. Elle est comme elle entièrement brune, mais tandis que la *M. Mexicana* est d'un brun-noisette rougeâtre, celle-ci est d'un marron foncé noirâtre. Chaperon plus allongé, distinctement échancré, bidenté. La tête surtout est très fortement renflée en arrière des yeux et du vertex comme dans la *M. ferruginea,* le vertex étant presqu'aussi long que large, tandis que dans la *M. Mexicana* il est deux fois plus large que long. Le corselet est bien plus allongé, surtout le métathorax, qui se prolonge de beaucoup en arrière du post-écusson; il est très bombé, fortement ponctué, les ponctuations imitant des stries ; le premier segment de l'abdomen est presque aussi large que le deuxième, et porte en dessus un sillon très net; dans l'autre espèce le premier segment est moins large que le deuxième (égal aux 2/3 environ). Les antennes sont brunes, le flagellum noir en dessus, avec le bout ferrugineux ; le métathorax, les hanches, et la base des deux premiers segments de l'abdomen sont noirâtres. Enfin l'aile est très arrondie au bout, la radiale est courte et grosse, deux fois plus longue que large, tandis que dans la *M. Mexicana* elle est étroite, trois fois aussi longue que large.

Anomalie : Dans cet individu la nervure d'intersection des deuxième et troisième cubitales a disparu dans les deux ailes, et il semble que l'insecte n'a que trois cellules cubitales ; cette anomalie dont j'ai cité plus d'un exemple dans le cours de cet ouvrage pourrait facilement induire en erreur.

Habite : Le Brésil, la province des mines. (Musée de Paris.)

57. Montez. Macrocephala, n. sp.

(Pl. IX, fig. 3, 3 *a*.)

Magna ; tota rubro-ferruginea ; capite inflato, maximo ; abdomine latissimo, depresso ; segmento primo longitudinaliter sulcato, margine flavo ; alis ferrugineo-fuscis.

♂. Long. 19 mill. ; env. 41 mill.

Male. Tête formant en arrière des yeux et du vertex un renflement énorme ; sa partie postérieure fortement concave. Chaperon pyriforme bidenté. Post-écusson presque triangulaire. Métathorax renflé, prolongé en arrière du post-écusson ; avec un profond sillon médian. Abdomen entièrement déprimé, comme déformé, beaucoup plus large que le thorax ; le premier segment offrant en dessous un profond sillon longitudinal. Tête, corselet et premier segment couverts de ponctuations densément disposées ; le reste de l'abdomen finement ponctué. Insecte d'un roux ferrugineux : bout du chaperon et bordures internes des orbites jaunâtres ; dessous des antennes, depuis le troisième article, jusque près du bout, noirâtre ; crochet et bout de l'antenne ferrugineux. Milieu du prothorax jaunâtre. Sur le mésothorax, deux lignes un peu arquées et une tache vers la base, noires. Base des deux ou trois premiers segments, noirâtre ; le bord du premier, jaune ; celui des autres couvert d'un duvet soyeux à reflet ferrugineux. Pattes rousses ; tarses jaunâtres. Ailes d'un brun ferrugineux, intense.

Rapp. et diff. Très voisin pour les couleurs de la *M. ferruginea,* mais bien distinct par ses formes extraordinaires et par la deuxième cubitale beaucoup plus longue que large.

Habite : Le Brésil. Les Missions. (Musée de Paris.)

DIVISION PARAZUMIA.

Tête grosse. Corselet fortement déprimé, plus large que haut. Métathorax large, plat, très oblique, prolongé en arrière, un peu convexe. De chaque côté du métathorax une crète tranchante très latérale et horizontale, résultant de la rencontre de la face supérieure et des faces latérales ou inférieures. Premier segment de l'abdomen sans pétiole, en entonnoir déprimé (1).

58. MONTEZ. CARINULATA.

Nigra; thorace depresso; abdomine ferrugineo; primo segmento carinulato; metathorace lineis flavis; alis hyalinis.

SYN. Spinol. *Odynerus? carinulatus.*! Compt. rend. des Hym. rec. p. Ghiliani, p. 67, n. 63.

Long. 16 mill.; env. 36 mill.

MALE. Chaperon terminé par deux très petites dents, de chaque côté desquelles est encore un tubercule mousse, ce qui fait que le chaperon est insensiblement quadrilobé. Corselet très gros, plus large que l'abdomen, convexe et lisse. Prothorax concave et rebordé à son bord antérieur; dos lisse et luisant, écussons entièrement déprimés, lisses; métathorax convexe, lisse et luisant, offrant au milieu une échancrure presque carrée; de chaque côté la convexité se termine par une ligne tranchante, dont le tranchant est dirigé latéralement, point en arrière. Premier segment de l'abdomen assez allongé, un peu déprimé au milieu, avec une fine carène saillante, longitudinale, qui en occupe toute la longueur. Tout le corps finement ponctué; un petit enfoncement en arrière des ocelles. Tête et corselet noirs; écailles tachées de roux, et bordées de jaune, ainsi que les bords latéraux de la fossette du métathorax. Abdomen roux. Pattes noires, tarses roux. Ailes transparentes, luisantes, nervures et leurs alentours, bruns.

Rapp. et diff. Voisine pour les couleurs de la *M. infundibuliformis* et de la *Polybia dimidiata*, mais bien distincte par son corselet très déprimé, etc.

Habite : Le Para. (Collection de M. le marquis Spinola.)

(1) Cette division a cela de remarquable qu'elle représente parmi les Montezumia le même type que les *Parcumenes* représentent parmi les Eumenes. La forme du thorax et le faciès sont les mêmes; la forme du métathorax est identique. Mais ce qu'il y a de plus singulier, c'est que cette forme, que j'avais d'abord prise pour une simple modification géographique, pour un air de famille propre à certains insectes de l'archipel indien, se soit greffée aussi sur un insecte américain. Je me suis d'abord demandé si la *M. carinulata* n'était pas peut-être d'origine indienne; mais l'air de ses couleurs et son aspect ne me permettent pas de m'arrêter à cette supposition, ni d'admettre une erreur d'étiquette quelconque.

59. M. Indica, n. sp.

(Pl. IX, fig. 4, 4 *a.*)

Atra; alis cœruleis; metathorace apice bidentato; petiolo depresso, medio valde striato.

♀. Long. 23 mill. ; env. 54 mill.

Fem. Chaperon ovoïde comme dans les autres espèces, tronqué droit ou un peu arrondi, ponctué. Tête assez fortement ponctuée. Corselet luisant, moins fortement ponctué que la tête ; ponctuations du prothorax imitant des stries transversales ; ce dernier faiblement rebordé ; métathorax couvert de petits points enfoncés, oblique, assez plat, quoiqu'un peu convexe, portant un sillon étroit et profond, les faces latérales (ou inférieures) du métathorax obliques de bas en haut et de dedans en dehors, en sorte qu'à leur rencontre avec la face supérieure il résulte une ligne tranchante ; cette ligne velue portant au bas, de chaque côté, une petite épine, outre les lames saillantes qui emboîtent le pétiole ; ce dernier presque triangulaire, armé de chaque côté d'une petite épine, déprimé, ponctué, et portant en dessus une large bande de stries longitudinales fortes et régulières, parfaitement visibles à l'œil nu, et s'arrêtant à 1/2 millimètre du bord postérieur du segment ; le reste de l'abdomen luisant, portant des points nombreux, visibles à l'œil nu. En dessous, le pétiole portant de chaque côté un fort sillon longitudinal. Insecte noir ; prothorax luisant de violet ; tarses changeant en gris ; le dernier article des tarses des deux premières paires de pattes orné en dessus d'une tache de roux clair. Ailes noires avec de très forts reflets violets.

Male. Inconnu.

Habite : Java. (Collection de M. le marquis Spinola.)

Species Dubia.

? Eumenes (? Odynerus) anormis, Say.

Voyez *E. anormis.* M. G. Sol., p. 232, et plus bas, Suppl. *Rhynchium anorme.*

Cette espèce, que l'auteur même met à toutes sauces, pourrait bien être une *Montezumia*, car ce sont les insectes de ce genre qu'avant l'établissement de cette coupe l'on rejetait avec doute des *Eumenes* aux *Odynerus*, et inversement.

Genre MONOBIA.

Page 95. — MONOBIA SYLVATICA. C'est probablement par suite d'une erreur d'étiquette que le Brésil est indiqué comme patrie. Les individus du musée de Londres viennent de l'Amérique du Nord.

Ces individus sont sensiblement plus grands : long. 16 mill.; enverg. 34 mill.

Page 97. MONOBIA QUADRIDENS. (Pl. XVI, fig. 1, de la Monogr.)

Ajoutez aux synonymes :

Illig. *Vespa quadridens*. Comp.. Ins., rarior., p. 30, 92.

Muell. *V. quadridens*. Edit., Linn., Ins. II, 883, 15.

Gmel.   —   —   —   — II, 27, 57, 15.

Say a voulu rapporter à une autre espèce la *V. uncinata*, Fabr., et a décrit sous ce nom l'*O. unifasciatus*, sous prétexte que l'espèce de Fabricius n'a pas de dents au métathorax. (Voy. Boston, Journ. of Nat. Hist., I, 1837, p. 386, 4.) Mais sa description ne s'accorde nullement avec celle de Fabricius, car l'*O. unifasciatus* n'offre point : « .... *antennæ nigræ.... caput nigrum fronte flava......* » Ses ornements sont roux et jaunes, point « *niveæ.*»

D'un autre côté la description de Fabricius s'adapte parfaitement à la *Monobia quadridens*, qui a bien ses ornements blancs ; les antennes noires, et surtout la taille et le faciès de la *Vespa maculata*, ce que l'*O. unifasciatus* est loin d'offrir.

La seule phrase contradictoire dans le signalement de Fabricius est : « *fronte flava* » et « *thorax inermis.* » Il faut remarquer qu'il s'agit d'un mâle puisque l'individu a les antennes «*uncinatæ.* « Evidemment donc ce *fronte flava* est là par erreur au lieu de *clypeo flavo.* Il faut enfin supposer que Fabr. n'avait que des individus dont l'abdomen relevé contre le métathorax lui dérobait les angles spiniformes de ce dernier, ce qui lui a fait penser que ses individus n'en avaient pas. De semblables négligences ne sont pas rares dans l'Entom. Systematica.

Page 98. — MONOBIA APICALIPENNIS. Non d'Algérie, mais du Para. (Monogr. Pl. XV, fig. 6).

Var. Bords latéraux du chaperon, une tache au haut des mandibules, et bord postérieur des orbites, blanchâtres.

Il faut avoir garde de confondre cette espèce avec le *Rhynchium madecassum*.

60. MONOBIA EGREGIA, n. sp.

(Pl. IX, fig. 5).

Capite, thorace abdominisque primo segmento, nigris ; prothorace et abdomine rufis ; scutellis, abdominis segmentorum marginibus, antennis tibiisque, flavis.

♀. Long. 16 mill.; env. 33 mill.

N° 42 du catalogue manuscrit de Latreille.

Fem. Chaperon pyriforme, terminé par deux tubercules saillants et un peu divergents. Ecusson et post-écusson plats ; métathorax un peu concave, lisse, strié transversalement et formant de chaque côté un petit angle spiniforme. Abdomen déprimé ; premier segment subpédicellé, arrondi, portant en dessus une ligne enfoncée, longitudinale ; deuxième segment un peu plus large que long, s'évasant un peu d'avant en arrière. Tête noire ; chaperon, mandibules, antennes, un point entre leurs insertions, espace en arrière des yeux, jaunes ; bout des mandibules brun ; antennes grisâtres en dessus. Une ligne jaune suit le bord interne des orbites jusqu'au vertex, puis se recourbe pour aller se joindre à sa correspondante en arrière des ocelles, et former ainsi sur le vertex un fer à cheval. Corselet noir ; prothorax roux, finement liseré de jaune à son bord postérieur ; mésothorax portant deux lignes rousses longitudinales. Ecusson orné d'une bande finement interrompue au milieu ; post-écusson jaune, ainsi que l'écaille, et une tache sous l'aile ; métathorax noir, portant de chaque côté, sur les bords, une ligne jaune qui s'étend depuis l'insertion du pétiole jusqu'à l'angle spiniforme. Premier segment de l'abdomen noir, orné d'une bordure jaune régulière, qui de chaque côté remonte le long des bords latéraux ; tous les autres segments roux, bordés de jaune ; le deuxième noir à sa base ; anus jaune. Pattes jaunes ; hanches et cuisses, sauf les genoux, noirs. Ailes transparentes, ferrugineuses.

Habite : L'Amérique. Les Antilles ? (Musée de Paris.).

Page 98. — Monobia Angulosa. *Var.* Abdomen entièrement noir.

Page 98.   Genre MONEREBIA.

Ce nom doit être changé en :

ABISPA (1), Mitchell.

Ajoutez à la diagnose :
Chaperon longuement bidenté dans les mâles, seulement concave à son bord antérieur dans les femelles. Mandibules des mâles styliformes, sans dentelures ; celles des femelles dentées.

Page 99. — Abispa Splendida. Mon. G. Sol. pl. XV, fig. 8, 8 *a* ♂.

____

(1) Certes, il m'aurait été impossible d'apprendre par moi-même que ce genre avait été aperçu avant moi, car le nom *Abispa* avait, il est vrai, été créé, mais le genre n'avait point été décrit ; du reste, l'auteur n'avait nullement entrevu le véritable caractère qui le constitue, celui tiré des organes buccaux ; il l'avait même considéré comme une dépendance du genre Vespa. Voici comment il l'établit : « Genre Vespa, sous-genre Abispa, » sans aucune autre diagnose !

FEM. Chaperon arrondi et large au sommet ; son bord inférieur concave.

Var. ♀ et ♂. Tête et écussons orangés.

Page 100. — ABISPA EPHIPPIUM, Mon. G. Sol. p. XV, fig. 9, 9 *a.* ♀.
MALE. Chaperon terminé par deux longues dents latérales. Mandibules non dentelées.

Ajoutez aux synonymes :

Mitchell. *Abispa*...... Exped. into East. Austr. I, 104. (Note).
Smith. *Abispa ephippium,* Trans. Ent. Soc. of Lond., 2ᵉ Ser., I,
      177, pl. 26, fig. 1, 2.
Gmel. *Vespa ephippium,* Edt. Linn., I, 2748, 36.

Var. Premier segment de l'abdomen noir, bordé d'orangé.

Genre RHYNCHIUM.

A tout aussi juste titre que je réunis dans un même genre les divisions I et II des Eumenes, on aurait pu réunir les Rhynchium et les Odynères, car la différence des uns aux autres est exactement la même et consiste dans l'extrême petitesse des trois derniers articles des palpes maxillaires. Mais les Odynères sont déjà si nombreux que je n'ai pas le courage de leur ajouter une division aussi considérable que tout le genre Rhynchium. Je m'empresse de dire cependant que si l'on voulait suivre une méthode parfaitement rigoureuse, cette réunion deviendrait indispensable.

Ici encore je dois répéter ce que j'ai dit au sujet des Synagris, c'est qu'il est impossible de rapporter avec certitude un insecte à ce genre, avant qu'on ait disséqué sa bouche et examiné au microscope ses palpes maxillaires. Des Euméniens classés d'après le faciès le sont littéralement au hasard ; il vaut mille fois mieux s'abstenir de décrire des espèces que de les placer dans un genre qui ne leur convient pas et d'où il sera impossible aux auteurs subséquents de les retirer. Ils finiraient par ne plus figurer que dans *Species dubiæ* (1).

____

(1) Désirant être sobre en exemples, mais cependant appuyer de quelques faits certains les observations de ce genre que je suis continuellement dans le cas de formuler, je ne citerai que le *Pterochilus 5-fasciatus* Say., dont on a plus tard fait un Rhynchium sans en dire la raison, et que je me vois obligé de reléguer dans les espèces douteuses. La simple dissection de sa bouche aurait sur-le-champ décidé la question ; elle aurait évité les confusions passées et à venir, et cinq minutes auraient suffi pour ce travail.

I. Corrections et Additions aux espèces décrites dans la Monographie.

Page 103.—Les divisions I et II, dans lesquelles le genre est partagé, ne sont pas bien nettement séparées; il ne faut leur donner aucune importance zoologique.

Page 106. — RHYNCHIUM LOUISIANUM. Changez ce nom en :

RH. DORSALE.

Et placez en synonymes :

Fab. *Vespa dorsalis*. Syst. Ent. 367, 25, etc. — Syst. II, 265, 44. — *Polistes dorsalis*. Syst. Piez. 273, 19.

Oliv. *V. dorsalis*. Enc. Méth. VI, 685, 81 (1).

Say. *Rhynch. balteanum*. Boston. Journ. of Nat. Hist. I, 1837, p. 383, 1.

Sauss. *R. louisianum*. M. G. Sol. 106. Pl. XIII, fig. 9 (non 10).

Les couleurs de cette espèce sont très sujettes à varier ; le roux ou le jaune empiètent plus ou moins sur leurs domaines respectifs.

Var. Milieu du prothorax jaune ; plus ou moins de noir sur le méso-thorax ; pattes jaunâtres, bordure du deuxième segment abdominal nulle. — Say indique les trois variétés suivantes :

Var. α. Post-écusson jaune.

Var. β. Bord des derniers segments d'un ferrugineux obscur.

Var. κ. Le ferrugineux dominant, ne laissant au corselet qu'une faible portion de noir ; abdomen ferrugineux avec seulement une ligne noire sur le premier segment, et un triangle noir à la base du deuxième ; bordure jaune du premier, distincte.

Habite : Les Etats-Unis. Indiana.

Page 107. — RH. OCULATUM. Ajoutez aux synonymes :
Villers. *Vespa oculata*. Ent. III, 235, 21.

Page 108. — RH. AFRICANUM. Changez ce nom en celui de :

RH. LATERALE.! Fabr.

Et ajoutez aux synonymes :

Fab. *Vespa lateralis.!* Spec. Ins. I, 466. — Mant. Ins. I, 29, 2. — Ent. Syst. II, 236. — *Polistes lateralis*. Syst. Piez. 233, 22. —

---

(1) *Au lieu de :* L'écusson est ferrugineux, avec, etc.; *lisez :* L'écusson est ferrugineux. L'abdomen est ferrugineux, avec sur le 1er segment une grande, etc.

V. marginella. Ent. Syst. II, 263. — Syst. Piez. 259, 26. Oliv. *V. lateralis.* Enc. Méth. VI, 691, 108.

Page 109. — RH. HÆMORRHOIDALE. Ajoutez aux synonymes : Sauss. *Rh. parentissimum.* M. G. Solit., p. 111, 14.

Page 111. — RH. PARENTISSIMUM. N'est évidemment qu'une variété du *Rh. hæmorroïdale.*

Page 112. — RH. BRUNNEUM. (Pl. XIV, fig. 4. Monogr.) Ajoutez :

Latr. (1) *Odynerus brunneus.* Genera Crust. et Ins. IV, p. 136, pl. XIV, fig. 3.
Fab. *Vespa quinquecincta.* Ent. Syst. II, 261. — Syst. Piez. 288, 23.
Oliv. *V. 5-cincta.* Enc. Méth. Ins. VI, 682, 63.

Page 112. — RH. CARNATICUM. Pourrait n'être qu'une variété du *Rh. brunneum.*

Page 114. — RH. METALLICUM. Ce nom est mal choisi, car le corps de cette espèce a plutôt un reflet soyeux qu'un éclat métallique. Elle s'appellerait avec plus de raison *sericeum*, et à bien plus juste titre *argentatum*, que l'espèce qui fut baptisée de ce nom et qui n'a que fort peu de reflets argentés. Mais pour ne point créer de confusion, je ne change rien à ce nom. (Pl. XIV, fig. 8 de la Monogr.)

Page 116. — RH. MELLYI. MALE (*Var.*). Chaperon bidenté, post-écusson crénelé. Tête et corselet noirs ; milieu du chaperon, un point entre les antennes, et devant de leur premier article d'un jaune blanchâtre ; dessous et bout des antennes ferrugineux ; abdomen roux-orangé, le premier segment et un grand triangle à la base du deuxième, noirs. Pattes noires, tarses roux. Ailes violettes.
Habite : La Chine.

Page 116. — RH. DICHOTOMUM. N'est qu'une variété du *Rh. abdominale.*

Page 117. — RH. TRANSVERSUM. Changez ce nom en :

RH. ABDOMINALE.

Et ajoutez aux synonymes :
Illig. *Vespa abdominalis.* Mag. F. Insekten. T. 192 (1801).
Sauss. *Rh. dichotomum.* M. G. Sol. 116, 25. (Pl. XIV, fig. 7.)

---

(1) Il rapporte ces espèces au genre Eumenes de Fabricius ; c'est en effet dans ce genre que Fabr. aurait dû les placer plutôt que dans le genre *Vespa.*

Var. A. Tous les segments portant à leur bord une tache noire.

Var. B. Le premier segment noir avec une tache rousse de chaque côté.

Dans cette section rentrent encore les espèces suivantes :

II. Espèces nouvelles à ajouter à celles décrites dans la Monographie.

Deux nouvelles divisions viennent s'ajouter au genre Rhynchium.

DIVISION PARARRHYNCHIUM.

Premier segment de l'abdomen offrant une suture transversale. (Métathorax cylindrique prolongé en arrière du post-écusson, et offrant une concavité plus ou moins circulaire, à bords tranchants. Premier segment de l'abdomen cylindrique emboîté par la concavité du métathorax.)

61. RHYNCHIUM ORNATUM. Smith. !

Nigrum, punctatissimum ; abdominis primo segmento sutura transversali ; prothorace maculis duabus abdomineque cingulis lattis duabus , aurantiacis ; alis infuscatis.

Syn. Smith. *Rh. ornatum.!* Trans. Ent. Soc. Lond. 2ᵉ sér., vol. II, Part. II, p. 36, tab. VIII, fig. 10.

Long. 14 mill. ; env. 26 mill.

FEM. Tête assez renflée au vertex, rugueuse ; chaperon allongé, arrondi au sommet, large et tronqué, droit au bas, luisant, finement ponctué et strié. Corselet rugueusement ponctué, surtout le métathorax ; sa concavité striée, offrant des bords très tranchants. Abdomen ponctué, même la face antérieure du premier segment ; suture de ce dernier, saillante, interrompue au milieu par un sillon longitudinal, large et peu profond, qui se prolonge sur la face dorsale du segment. Abdomen, surtout le premier segment, bombé en dessus. Insecte noir : moitié supérieure du chaperon, un point entre les antennes, et devant de leur premier article, orangés ; sur le bord du prothorax deux taches transversales presque réunies au milieu, rouge-orangées ; un très petit point orangé au bord postérieur de chaque écaille. Premier segment de l'abdomen en dessus, orangé, avec une échancrure noire au milieu, le second largement et très-irrégulièrement bordé d'orangé, la bordure fortement élargie en deux points, plus étroite au milieu et sur les côtés. Pattes noires; tibias antérieurs avec une ligne jaune. Ailes fortement enfumées avec un reflet violet.

Habite : La Chine. (Collection de M. Smith.)

Division PRORHYNCHIUM.

Métathorax cylindrique, prolongé en arrière du post-écusson et offrant une concavité plus ou moins circulaire, à bords tranchants; premier segment de l'abdomen cylindrique également large en arrière et en avant, tronqué droit, de façon à former une arête tranchante à la rencontre des deux faces; la face antérieure façonnée sur la concavité du métathorax et y plaquant parfaitement, s'y emboîtant presque (1).

62. RH. SMITHII (2), n. sp.

Nigrum, rugosum ; alis cœruleis ; metathorace elongato.

Long. 11 mill. ; env. 23 mill.

MALE. Tête grosse, chagrinée, renflée au vertex ; ocelles plates, grosses, presque cachées dans les téguments. Chaperon ♂ aussi large que long, bidenté. Corselet cylindrique, tronqué droit et finement rebordé au prothorax, couvert de grossières ponctuations, métathorax fortement prolongé en arrière du post-écusson; de chaque côté en dessus il offre un petit espace lisse ; sa concavité demi-circulaire finement striée, à bords tranchants, un peu saillants. Abdomen ponctué, le premier segment presque aussi'long que large.

Insecte noir : chaperon, devant du premier article des antennes, une tache sur le front et le haut des mandibules, blanchâtres (3). Pattes noires; tibias variés de jaune. Ailes brunes à reflets violets; deuxième cubitale subtriangulaire.

Rapp. et diff. La nervation des ailes empêche de confondre cette espèce avec l'*Alastor melanosoma,* mais on doit se garder de la prendre pour une des trois espèces suivantes :

1° Le *R. nitidulum* dont elle n'a pas les angles spiniformes au métathorax, etc. ;

(1) Cette forme est aussi celle de la division des Alastor américains. Il est singulier qu'elle se rencontre dans les Alastor chez des insectes américains; dans les Rhynchium, chez des insectes asiatiques.

(2) Cet insecte, à part la nervation des ailes, est identique pour les formes et les couleurs à l'*Alastor melanosoma* qui, lui, est originaire du Brésil.

(3) Dans la ♀ ces parties sont probablement noires.

2º Le *R. argentatum*, lequel n'a pas les angles du métathorax tranchants comme le *R. Smithii;*

3º Le *R. metallicum*, lequel n'offre pas non plus au métathorax une cavité demi-circulaire à bords tranchants et saillants.

Ces trois espèces se distinguent encore par le fait que, chez elles, le premier segment de l'abdomen est aussi large que le deuxième; mais le *R. metallicum* pourrait peut-être induire en erreur, car il offre aussi le métathorax un peu prolongé en arrière du post-écusson.

Habite : La Chine. (Collection de **M.** Smith.)

DIVISION RHYNCHIUM PROPREMENT DITS.

(Genre Rhynchium de la Monographie).

Rentrent dans la

Iʳᵉ SUBDIVISION. (Page 103 de la *Monographie.*)

63. RH. FALLAX, n. sp.

Validum, synagriforme ; aterrimum ; alis nigris, violaceo nitentibus.

Long. 17 mill.; env. 37 mill.

FEM. *Formes d'une Synagris.* Chaperon terminé en une pointe bidentée comme dans les Rhynchium. Tête et corselet rugueux, veloutés ; post-écusson faiblement échancré au milieu. Métathorax concave et strié dans son milieu ; ses côtés rugueux et armés de trois épines. Abdomen ponctué le long des bords des segments.

Insecte grand, entièrement d'un noir profond. Ailes très noires avec un beau reflet bleu-verdâtre. Antennes ferrugineuses en dessous.

Rapp. et diff. Cette espèce ne doit pas être prise pour une Synagris. On est tenté de la placer dans ce genre d'après le faciès.

Habite : L'Afrique occidentale. (Musée de Londres.)

64. RH. GRAYI (1), n. sp.

Maximum, nigrum ; abdominis secundi segmenti fascia magna alba ; alis cœruleis.

Long. 22 mill. ; env. 45 mill.

FEM. Formes et grandeur de la *Synagris calida*, mais les mandibules

(1) On prendra facilement cette espèce pour une Synagre, et j'y fus trompé moi-même. Ceci montre combien l'examen de la bouche est important.

plus courtes, et les palpes de six articles. Tout le corps densément
ponctué, l'abdomen l'étant moins fortement, mais très distinctement,
même à l'œil nu. Chaperon très rugueux, terminé en pointe. Abdomen
déprimé. Insecte d'un noir profond. Pattes et antennes brunes, ces
dernières obscures en dessus, surtout vers le bout. Ecaille brune. Postécusson sans tubercule. Deuxième segment de l'abdomen portant sur
son bord postérieur, une large bande blanche qui n'atteint pas les
côtés. Ailes noires avec un superbe reflet rose et violet.

Habite : L'Afrique Méridionale; Port-Natal. (Musée de Londres.)

65. RH. SICHELII , n. sp.

Nigrum; clypeo valde bidentato, rufo ; metathorace denticulato; abdominis apice aurantiaco;
alis cœruleis.

Ce Rhynchium ressemble exactement à l'*abissynicum*. Voici quelles
sont les différences qui l'en distinguent.

Son chaperon est court, à peine plus long que large, fortement bidenté, tandis que dans l'espèce citée il est allongé, pyriforme, tronqué
droit ou à peine échancré. Le post-écusson est moins saillant. Les côtés
du métathorax ne forment pas des angles spiniformes, mais ils sont
arrondis et hérissés chacun de six ou sept petites épines. L'échancrure
des yeux est étroite, linéaire, non triangulaire, ou élargie vers la ligne
médiane du front. Enfin, l'insecte est plus velouté, les ailes ont des
reflets verdâtres, le corps et les pattes sont entièrement noirs. Les antennes sont noires en dessus, ferrugineuses en dessous, avec le crochet ferrugineux.

Habite : L'Afrique tropicale. (Collect. de M. le doct. Sichel.)

66. RH. BENGALENSE , n. sp.

(Pl. IX, fig. 8.)

Nigrum ; abdomine fusco, lateribus apice rufis ; alis cœruleis.

♂. Long. 12 mill.; env. 26 mill.

MALE. Chaperon ovale, échancré, bidenté. Mandibules portant au
milieu une forte échancrure. Tête et corselet densément ponctués ;
post-écusson tronqué ; métathorax concave, arrondi et rugueux sur ses
côtés, sa concavité striée. Abdomen comme dans les *Rh. transversum,
auromaculatum,* etc. ; le deuxième segment offrant le long de son bord
postérieur une zone fortement ponctuée.

Insecte noir, antennes ferrugineuses en dessous. (Chez le mâle :
chaperon et devant du premier article des antennes, blanc–jaunâtre ,

bout des antennes ferrugineux.) Abdomen brun; anus noirâtre; les côtés des segments 3, 4 et 5, orangés, ainsi que les côtés du bord postérieur du 2e; une teinte brune plus claire sur les côtés de la base du deuxième. Pattes noirâtres; tarses, surtout le bout, roux. Ailes brunes à reflets violets.

Dans la femelle, le chaperon est probablement ferrugineux.

Habite : Le Bengale. (Musée de Paris.)

IIe SUBDIVISION. (Page 105 de la *Monographie*.)

Il y rentre les espèces suivantes et ainsi distribuées :

Section A. (page 105.)

67. RH. MULTISPINOSUM, n. sp.

Metathorace anguloso; lateribus spinosiusculis; capite et thorace rufis; fronte, mesothorace abdomineque, nigris; alis basi ferrugineis, apice cœruleis.

♀. Long. 16 mill. ; env. 33 mill.

FEM. Chaperon pyriforme, à peine échancré; prothorax très finement rebordé; postécusson très saillant, tronqué et crénelé. Métathorax concave, strié transversalement, ses bords tranchants, formant de chaque côté un angle spiniforme, et hérissés de petites épines grêles et longues. Abdomen conique. Tête et corselet d'un roux ferrugineux; front et vertex noirâtres; mandibules un peu obscures; mésothorax et écusson luisants, noirs, les angles postérieurs de ce dernier, roux; un peu de noir sur les flancs et dans le fond du métathorax. Abdomen entièrement noir, satiné de poils gris. Pattes et antennes ferrugineuses. Ailes transparentes, un peu jaunâtres à la base, avec leur moitié externe violette.

Par la coloration de ses ailes, cette espèce ressemble aux *R. oculatum*, *cyanopterum* et *laterale* ; elle se distingue de toutes par son métathorax fortement anguleux et son abdomen noir.

Habite : Le Midi de l'Afrique. Port-Natal. (Musée de Paris.)

68. RH. FLAVOMARGINATUM, Smith.!

Nigrum, valde punctatum; metathorace bispinoso; segmentis 1-2 flavo marginatis.

SYN. Smith. *Rhynchium flavomarginatum!* Trans. Ent. Soc. of Lond. New-Ser., vol. II, Part. II, p. 35.

MALE. Chaperon assez allongé, terminé par deux petits tubercules.

12

Yeux bombés, couvrant entièrement les côtés de la tête. Post-écusson entamé par la troncature du métathorax, crénelé à son bord postérieur; métathorax concave dans toute sa largeur; la concavité fortement striée, ses bords tranchants portant de chaque côté une longue épine. Abdomen conique, le premier segment un peu moins large que le deuxième. Tête et corselet fortement ponctués, chagrinés; abdomen un peu moins fortement sculpté; les ponctuations bien visibles à l'œil nu; le troisième segment fortement ponctué. Insecte noir : chaperon (♂), un petit point sur le front, devant du premier article des antennes, deux points vers le milieu du prothorax, jaunes; les deux premiers segments de l'abdomen portant en dessus seulement un bord jaune assez étroit; bordure du premier un peu interrompue. Pattes noires, tarses roux. Ailes enfumées, deuxième cubitale triangulaire.

Rapp. et diff. Cette espèce ressemble à plusieurs Odynères, surtout aux espèces américaines, mais elle n'a d'analogue, parmi les Rhygchium que le *R. flavopunctatum*, dont elle diffère par sa petite taille, par la deuxième cubitale qui est entièrement rétrécie vers la radiale, etc.

Habite : La Chine. (Collect. de M. Smith.)

69. RH. FLAVOPUNCTATUM.

(Pl. IX, fig. 7.)

Magnum, nigrum, punctatum; metathorace anguloso; prothoracis margine, postscutello et abdominis segmentorum 1-2 marginibus, flavis; alis flavo-fuscescentibus, coerulescentibus.

SYN. Smith. *Ancistrocerus flavopunctatus.!* Trans. Ent. Soc. Lond. New-Ser., vol. II, Part. II, p. 36.

Long. 19 mill.; env. 42 mill.

FEM. Chaperon rugueux, bidenté. Tête portant sur le vertex une dépression large et peu profonde, presque lisse. Corselet grand, un peu rétréci au prothorax, grossièrement ponctué, ainsi que la tête; métathorax concave, la concavité médiocrement grande, striée, entourée de bords tranchants, offrant de chaque côté un angle spiniforme. Abdomen ovalo-conique, le premier segment moins large que le deuxième; tout l'abdomen ponctué, les ponctuations visibles à l'œil nu.

Insecte noir, moitié supérieure du chaperon, une tache entre les antennes, devant de leur premier article, bord incomplet du prothorax et post-écusson, jaunes; écailles brunes; les deux premiers segments de l'abdomen ornés chacun d'une bordure jaune, large et régulière; en dessus seulement, deux taches jaunes aux angles postérieurs du deuxième segment. Pattes noires, genoux brunâtres. Ailes d'un jaune-brun clair avec des reflets violets ; deuxième cubitale en trapèze, son bord radial égal à un tiers du postérieur.

Rapp. et diff. Plus grand que le *R. flavomarginatum,* dont il se distingue par la deuxième cubitale qui offre un bord assez long, par la troncature du métathorax qui n'entame pas le post-écusson, etc.

Habite : La Chine. Teing-Tung. (Collect. de M. Smith.)

Section B. (Page 107 de la Mon.)

1. *Ailes transparentes à la base, brunes au bout.*

70. RH. SABULOSUM, n. sp.

Ferrugineum ; fronte, mesothorace abdomineque, nigris ; alis dimidiatis, basi ferrugineis, apice cœruleis.

Taille, formes, couleurs, ailes du *R. cyanopterum,* mais s'en distinguant par son front, son métathorax, son premier segment de l'abdomen, qui sont noirs, et surtout par son métathorax qui a les bords bien plus tranchants.

Habite : Le Sénégal. (Musée de Londres.)

2. *Ailes ferrugineuses ou obscures.*

71. RH. RADIALE, n. sp.

Ferrugineo-rufum ; mesothorace abdominisque segmentis 3-4 nigris ; secundo basi et sæpe apice, nigro ; alis flavescentibus, cellula radiali nigra.

Formes et taille du *R. brunneum.* D'un roux ferrugineux ; front et mésothorax noirâtres ; base du deuxième segment de l'abdomen et les anneaux 3 et 4 tout entiers, noirs ou bordés d'un peu de ferrugineux ; deuxième segment souvent roux, échancré de noir haut et bas ; devant du premier segment noirâtre. Pattes ferrugineuses. Ailes ferrugineuses, lavées de gris au bout, avec la cellule radiale tout entière, et seulement la radiale, noire.

Rapp. et diff. Très-voisin du *R. brunneum;* s'en distinguant surtout par la couleur du bout de l'aile La radiale est sans tache dans le *R. brunneum,* et le bout de l'aile est orné d'un bord gris le long de sa courbure externe.

Habite : Port-Natal. (Musée de Londres.)

72. RH. DECORATUM, n. sp.

(Pl. IX, fig. 6.)

Magnum, nigrum, fulvo multipictum ; metathorace maculis duabus fulvis, angulis spinosis.

♀. Long. 18 mill., env. 35 mill.

FEM. Grand. Formes du *R. superbum*. Chaperon pyriforme, ponctué ; concavité du métathorax lisse, ses angles terminés par deux épines. Tête et corselet ponctués, couverts de poils rudes, de couleur fauve. Abdomen presque velouté.

Insecte noir. Bout des mandibules roux. Chaperon d'un fauve pâle, avec le bas noir. Antennes noires, le premier article jaune en dessous. Front et une tache derrière l'œil, fauve-pâles. Epaules, deux taches sur l'écusson, postécusson et angles du métathorax en dessus, d'un fauve-pâle. Les segments de l'abdomen tous ornés d'une bordure orangée-pâle, étroite ; la première la plus large, un peu élargie sur les côtés. Pattes noires, genoux, tibias et tarses, fauves ; ces derniers brunâtres. Ailes d'un jaune-d'ambre grisâtre, bordées de gris.

Rapp. et diff. Voisin du *R. superbum*, mais distinct par son métathorax taché de jaune, par la bordure du premier segment, etc.

Habite : La Nouvelle-Hollande. (Musée de Paris.)

73. RH. MANDARINEUM, n. sp.

Nigrum ; clypeo, scapo antice abdominisque segmentorum 1-2 marginibus, flavis ; alis fulvo-fuscescentibus.

♀. Long. 19 mill. ; env. 40 mill.

FEM. Mandibules dentelées ; chaperon pyriforme, à peine échancré. Métathorax concave, bidenté et offrant en outre, à son sommet, deux petites saillies épineuses divisées en haut, placées derrière le postécusson ; premier segment de l'abdomen assez arrondi, un peu moins large que le deuxième ; mandibules striées ; chaperon, tête et corselet fortement et densément ponctués ; concavité du métathorax striée ; abdomen fortement ponctué. Insecte noir ; chaperon, sauf le bas, une tache sur le front, et devant du premier article des antennes, jaunes ; écaille rousse ; les deux premiers segments de l'abdomen ornés chacun d'une bordure jaune régulière, le deuxième ne portant en dessous qu'un petit point jaune de chaque côté. Pattes noires, satinées. Ailes fortement enfumées, obscures, avec des reflets violets indistincts.

Habite : La Chine. (Communiqué par M. Smith.)

3. *Ailes brunes à reflets violets.*

74. RH. NILOTICUM, n. sp.

(Pl. XVI, fig. 8.)

Nigrum ; postscutello crenulato; prothorace, scutellis, abdominisque primo segmento, rufis; antennis atris, basi rufis ; alis cœruleis.

Long. 12 mill. ; aile, 11 mill.

FEM. Chaperon pyriforme, strié. Tète et thorax rugueux. Ecusson tranchant, très crénelé. Métathorax concave, strié, bidenté ; ses bords, mousses. Abdomen comprimé, finement ponctué. Tête noire ; mandibules, chaperon, un triangle sur le front, bord des orbites et derrière l'œil une grande tache, roux ; antennes noires, avec les articles 1, 3 et 4, roux. Thorax noir ; prothorax, une tache sous l'aile, écaille, écusson, post-écusson et angles du métathorax, roux. Abdomen noir ; son premier segment roux. Pattes rousses. Ailes brunes à reflets violets, plus claires à leur extrême base, où le radius devient roux.

Var. De chaque côté du deuxième segment une tache rousse.

Habite : L'Abyssinie. (Collect. de M. le doct. Sichel.)

75. RH. RUBENS, n. sp.

Rufum ; mesothorace atro, rufo bilineato; segmentis 1-2 basi nigris ; postscutello trituberculato.

♂. Long. 12 mill. ; env. 25 mill.

MALE. Très voisin du *R. carnaticum.* Chaperon discoïdal, aussi large que long, échancré, terminé par deux dents très aiguës, spiniformes, d'un jaune argenté, crochet des antennes assez grand.

Corselet finement rebordé, fortement ponctué, ainsi que la tète ; écussons très saillants, postécusson trituberculé ; métathorax concave, ses angles arrondis, sans épines. Abdomen lisse, le bord du deuxième segment portant une zone de ponctuations très grossières, et chacun des deux suivants, une moins rugueuse. Insecte d'un brun roux ; sur le vertex un arc noir ; les trois derniers articles des antennes, noirs ; mésothorax noir avec deux lignes rousses, métathorax noir ; face antérieure du premier segment de l'abdomen, noire ; le noir échancrant le roux au milieu ; le deuxième portant au milieu une grande échancrure noire. Pattes rousses. Ailes rousses, avec du brun au bout, surtout dans la radiale ; troisième cubitale rétrécie vers la radiale.

FEM. Chaperon roux.

Rapp. et diff. Il diffère du *R. carnaticum* par son postécusson trituberculé, par le bord rugueux du deuxième segment de l'abdomen,
par la troisième cubitale dilatée vers le disque, tandis que dans le *R.
carnaticum* elle est au contraire un peu plus large vers la radiale que
vers le disque, par son corselet plus rugueux et son abdomen qui
l'est moins. — ♂ Par son chaperon aussi large que long, bidenté, par
le bout des antennes noir.

Habite : Le Cap de Bonne-Espérance. (Collect. de M. Spinola.)

76. RH. DIMIDIATUM, n. sp.

Rufum ; vertice, mesothorace abdominisque apice, nigris ; alis cœrulescentibus.

SYN. Spin. *Odynerus dimidiatus*. Ann. Soc. Ent. Fr. VII, 502.

Long. 9 mill.; env. 18 mill.

FEM. Chaperon pyriforme bidenté ; antennes insérées très bas ; prothorax bi-épineux ; écaille extraordinairement grande, écusson et postécusson saillants, partagés par un sillon longitudinal ; métathorax biépineux, ses épines mousses ; abdomen bosselé, le premier segment
moins large que le deuxième portant un sillon médian, le deuxième
canaliculé et fortement rugueux le long de son bord postérieur. Tout
l'insecte fortement granuleux. Tête noire ; mandibules, milieu du chaperon, sinus des yeux et une tache derrière leur sommet, roux ; antennes rousses, noires en dessus, sauf les premiers articles. Corselet
noir ; prothorax, écaille, écussons et angles du métathorax, roux ; les
deux premiers segments de l'abdomen, roux, le reste noir. Pattes
rousses, hanches noires. Ailes brunes avec des reflets violets.

MALE. Comme la femelle.

Rapp. et diff. Il a de grandes analogies avec l'*Odynerus filipalpis*.

77. RH. XANTHURUM, n. sp.

Magnum, nigrum ; clypeo, antennis abdominisque segmentis 3-6, aurantiacis; tarsis ferrugineis ; alis cœruleis.

Long. 16 mill.; env. 36 mill.

FEM. Chaperon pyriforme terminé par deux petites dents. Corselet
lisse, portant de très fines ponctuations écartées. Postécusson tronqué
droit ; métathorax concave, sa concavité striée, et offrant de chaque
côté un angle spiniforme ; le bord qui s'étend de cet angle à l'aile,
dentelé dans le voisinage de l'angle ; corselet couvert d'un fin duvet
grisâtre ; métathorax hérissé de poils roides. Abdomen fortement

déprimé, conique, le premier segment aussi large que le deuxième.
Insecte noir, mandibules et une tache en arrière de l'œil, roux; chaperon, une tache sur le front et antennes, orangés; haut du chaperon
et devant du premier article des antennes, jaunes. Les segments
4-6 de l'abdomen, orangés; le troisième noir à sa base, offrant une
large bordure orangée, festonnée, élargie en deux points sur les côtés.
Pattes noires; tarses et tibias antérieurs ferrugineux. Ailes brunes à
reflets violets.

Rapp. et diff. Cette espèce ressemble singulièrement :

1º A la plupart des *Synagris,* dont elle diffère par la conformation
de sa bouche ;

2º A l'*Odynerus synagroïdes* dont elle s'écarte par le bord jaune du
premier segment de l'abdomen, par son corselet noir et lisse en dessus, etc., etc. ;

3º Des *Rhygchium synagroïdes, abissynicum* et *ardens;* il s'en distingue par son corselet lisse, son postécusson peu saillant, son abdomen plus déprimé, le premier segment étant aussi large que le
deuxième; par le troisième qui est jaune, etc.

Habite : Le Cap de Bonne-Espérance. (Musée de Paris.)

78. RH. BIOCULATUM, n. sp.

Nigrum ; abdominis secundo segmento maculis rufis duabus magnis; alis nigro-cœrulels.

Long. 12 mill. ; env. 29 mill.

FEM. Taille du *R. abdominale.* Mandibules brunes. Antennes ferrugineuses, noirâtres en dessus. Le reste de l'insecte noir; le deuxième
segment portant seulement deux grandes taches orangées, mal terminées. Thorax chagriné, angles du métathorax armées de petites épines.
Pattes noires, variées de brun. Ailes noires, brillant d'un beau violet.

Habite : L'Afrique Occidentale. (Musée de Londres.)

Page 118.   SPECIES DUBIÆ AUT NON VISÆ.

Ajoutez à la suite du *R. annuliferum :*   .

RHYNCHIUM QUINQUEFASCIATUM, Say.

SYN. *Pterochilus 5-fasciatus.* Long's sec. Exp. to the sources of St-
Peter's Riv. suppl., p. 79. — ? *Rhynchium 5-fasciatum.* Boston
Journ. of Nat. Hist. I. 1837, p. 385.

Dans son mémoire sur les Hyménoptères de l'Amérique du Nord,
Say rapporte avec doute cette espèce au genre Rhynchium.

RH. ANNULATUM.

SYN. Say. *Odynerus annulatus.* Long's Exp. to the source of St-Peters
Riv. Append. p. 79. — *Rhynchium annulatum.* Boston,
Journ. of Nat. Hist. I, 1837, p. 381, 4.
Sauss. *Odynerus annulatus.* M. G. Solit., p. 232.

Le genre de ces deux espèces n'est point fixé avec certitude.

RH. CRYPTICUM, Say.

SYN. Say. *Rhynchium crypticum.* Western Quarterly Reporter (1).
— Boston, Journ. of Nat. Hist. I, 1837, p. 386.

? RH. ANORME.

SYN. Say. *Eumenes anormis.* Long's sec. exped. etc. — *Odynerus
anormis.* Bost. Journ. of. Nat. Hist. I, 1837, p. 387.

Voyez *Monog. des Guêp. solit.*, p. 232. Say dit que l'on pourrait aussi
bien faire de cette espèce un *Pterochilus* ou un *Rhynchium*, mais qu'il
ne peut fixer son genre avec certitude, vu l'état de détérioration de
la bouche de son insecte.

Genre ODYNERUS.

Ce genre ne saurait être divisé. Si l'on voulait ériger les sous-genres
en genres, il faudrait pour la même raison scinder les Rhynchium et
les Alastor, qui offrent aussi parfois une suture sur le premier segment
de l'abdomen, comme les *Protodynerus* et les *Ancistrocerus*.

Sur la forme du thorax dans les Odynères.

(Pl. XII.)

Le nombre des Odynères est si grand qu'il importe de profiter de
toutes les variétés de formes que peut offrir leur corps, pour les coor-
donner selon des groupes réguliers, et comme c'est dans le métathorax
que se voient les différences les plus nettes, il est nécessaire, pour se
rendre compte de l'emploi qu'on en fait dans cet ouvrage, de bien saisir quelles sont ses modifications les plus spécieuses.

(1) Il m'a été impossible de trouver cet ouvrage ; je ne connais donc que par
son nom l'espèce que je cite ici.

Dans les Euméniens en général, lorsque l'abdomen est parfaitement sessile, le métathorax est excavé, afin de recevoir la convexité de la face antérieure de l'abdomen ; il offre alors des bords très tranchants. (*Odynerus crenatus*). — Si au contraire l'abdomen est subpédicellé et ne s'appuie pas contre le métathorax, celui-ci devient convexe et perd ses tranchants. (*O. spinipes*). — Enfin, dans les Euméniens qui ont l'abdomen pédicellé, le métathorax est entièrement convexe. (*Eumenes*). Mais entre ces trois états il existe des nuances en grande quantité, et la manière dont une forme passe à l'autre est loin d'être toujours la même. Pour comprendre ces différences spécieuses et très importantes à noter, il faut suivre la description sur des figures et sur les insectes en même temps.

I. Odynères proprement dits : (Ex. *O. crenatus*, *O. Dantici*, etc.) Plaque du métathorax formant une concavité très nettement délimitée et bordée par des arêtes tranchantes (fig. 1). Le post-écusson *p* participe à la troncature du métathorax, et offre un tranchant entre ses deux faces *p* et *p'*. Le métathorax porte en outre six arêtes tranchantes, savoir de chaque côté : une en *o,u*, une en *u,s*, et une en *u,z*, qui aboutissent toutes à l'épine *u*. Les deux premières sont les *bords de la concavité*; la troisième est celle que je nomme *arête latérale*, elle a forme de biseau et ne manque que bien rarement. — J'appelle *bord supérieur de la concavité* l'arête *o,u*, et *bord inférieur*, l'arête *u,s*.

Fig. 1,*a*. Profil du métathorax de l'*O. Dantici* ; on y remarque bien les bords *o,u*, *o,s* et *u,z;* ce dernier vient aboutir sous l'aile postérieure.

Variétés de cette forme :

1º Souvent le bord *o,u* (fig. 1) n'atteint pas le post-écusson, mais en est séparé par une fissure qui donne à la partie supérieure du bord l'apparence d'une épine (fig. 1 *a*, *o*.) Ex. : *O. simplex*, *crenatus*, *Dantici*, etc. Ceci ne se voit que chez les Odynères proprement dits ;

2º Il arrive souvent que l'arête *ou* devient mousse, alors la concavité n'est plus limitée dans cette partie ;

3º L'angle *u* fait souvent défaut, en sorte que les arêtes *o,u*, *u,s*, se continuent en une ligne arquée, qui peut former un tranchant, ou être mousse ;

4º Cette arête arquée devenant de plus en plus mousse, la concavité finira par ne plus être limitée ; on remarque toutefois vers le sommet un rudiment d'arête arquée, mais qui ne tombe plus sur les angles du métathorax. L'arête *latérale* (*u,z*) s'arrondit. — Ex. : *O. bivittatus* et voisins.

(1) *Symmorphus* de la Monographie.

II. Dans les sous-genres *Protodynerus* et *Ancistrocerus,* le métathorax est aussi concave et bordé, mais la concavité est plus petite, elle n'occupe pas toute la largeur du métathorax ; partant, les rebords ne sont pas aussi saillants. — Ex. : *O. parietum, crassicornis,* etc.

Fig. 2. On remarque aussi l'arrête latérale (*uz*), mais elle est plus sinuée.

III. Dans le sous-genre *Epipona*, dans la division *Antepipona*, dans les *Pterochilus*, la concavité n'existe pour ainsi dire plus (fig. 3) et l'on ne voit plus ni les angles, ni les arêtes qui la bordent dans d'autres groupes. Il existe bien un sillon ou enfoncement, mais il résulte de la rencontre des deux moitiés convexes du métathorax. Les bords supérieurs (*ou*) ont entièrement disparu, mais l'arête latérale (*uz*) subsiste plus ou moins et forme en se continuant avec le bord inférieur une espèce de demi-cercle *z u s u z.*

Fig, 3,*a.* Le même vu de profil.

IV. Il existe enfin des espèces dont le métathorax est entièrement arrondi, et où l'arête latérale est nulle. — Ex. : *Odynerus vespiformis,* et la plupart des Guêpes sociales : genres *Vespa*, *Polistes*, *Polybia*, *Icaria,* etc.

Ces différentes configurations se nuancent de mille manières ; elles passent de l'une à l'autre par plusieurs voies, comme on le comprend aisément. Par exemple, les arêtes supérieures seules peuvent s'arrondir, ou toutes les arêtes en même temps, sans cependant détruire la concavité ; ou le métathorax peut être tronqué par un plan, et offrir des angles vifs sans qu'il existe cependant de concavité. Lorsque les bords sont arrondis, la concavité peut subsister très petite au milieu du métathorax seulement, elle peut être rebordée ou non. Les arêtes peuvent faire respectivement plus ou moins saillie, avoir leur tranchant dirigé latéralement ou en arrière ; l'écusson peut faire partie de la concavité ou n'y point participer, etc. Il est important de se bien familiariser avec toutes ces modifications qui souvent sont presque les seuls caractères spécifiques auxquels on puisse recourir.

Page 123.   Sous-genre SYMMORPHUS.

Rayez de la diagnose : Insectes européens.

Le nom de *Symmorpha* a été employé dans la même année par Klug, pour désigner un genre d'Apiaires (1833). Depuis, en 1837, M. Gould s'est servi du même terme pour un genre d'oiseaux.

Je crois donc devoir substituer à ce nom celui de PROTODYNERUS.

Les espèces de ce sous-genre sont bien moins connues qu'on ne le pense ; moi-même j'en confondis plusieurs avant d'avoir été mis à même d'examiner des individus venant de contrées diverses.

M.Wesmaël avait soupçonné l'*O. crassicornis* d'être la *V. muraria* de Linné ; sa grande sagacité ne lui a pas fait défaut dans ce rapprochement : j'ai trouvé la *V. muraria* parmi des insectes que m'a communiqués M. Boheman, et cette espèce est très voisine de l'*O. crassicornis*, mais cependant spécifiquement différente.

Les régions septentrionales de notre globe m'ont fourni un grand nombre de nouveaux PROTODYNERUS, comme on pourra en juger par ce qui suit.

Le sous-genre *Protodynerus* étant à retravailler entièrement, je le reprends d'un bout à l'autre.

Pour faciliter la détermination, on pourrait arranger les espèces selon ce tableau (1) :

FEMELLES.

I. Les 4 ou 5 premiers segments de l'abdomen bordés de jaune.
    1. Devant du scape ayant une ligne jaune.
        α Prothorax sans angles saillants :
            crassicornis, — nidulator, — Herrichianus.
        β Angles du prothorax saillants :
            gracilis, — elegans.
    2. Antennes noires.
        α Ecusson noir :
            murarius, — arcticus.
        β Ecusson taché de blanc :
            albomarginatus.
II. Les segments 1 et 2 ou 1, 2 et 4 bordés de jaune.
    1. Angles du prothorax saillants :
        sinuatus, bifasciatus, fuscipes, parvulus, debilitatus.
    2. Angles du prothorax mousses :
        suecicus, Allobrogus.

79. ODYNERUS CRASSICORNIS.

(Pl. X, fig. 2.)

♀. Abdomine fasciis 5 flavis; scapo antice flavo.

SYN. Panz. *Vespa crassicornis.* Fn., Germ., fasc-3 3, tab. 9.
    Fabr. Schranck., Spin. Wesm., Lepelt., Sauss., *ut in monographia.*

(1) Ce tableau ne comprend que les espèces indigènes ; voyez en outre les exotiques, qui suivent, n° 90 à 93.

Scopol. *Vespa muraria*, Ent. Carn., nᵒ 828.
Schaef. *V. crassicornis*, Icon. Ins. Ratis., tab. XXIV, fig. 3.
Spinol. *Odynerus parietum*, Ins. Lig. II, 180 (non 185).
Villers. *Vespa bipunctata*, Ent., 24.

Biffez des synonymes :

Herrich-Schaeff. *O. murarius*, et ne tenez aucun compte de la note
au bas de la page 123 de la Monogr.
Latr. *O. murarius*. Ce dernier synon. appartient à l'*O. spinipes*.

♀. Chaperon terminé par deux dents spiniformes ou épines aiguës,
recourbées en avant à l'extrémité, séparées par un bord mince et presque droit. Métathorax très rugueux; sa concavité assez lisse vers le bas,
un peu striée et luisante. Premier segment de l'abdomen couvert de
points enfoncés ; sa face antérieure luisante; la suture très prononcée,
regardant en arrière, c'est-à-dire qu'elle fait un peu saillie au-dessus de
la face supérieure, tandis qu'elle se continue presque en un même plan
avec la face antérieure. Sillon longitudinal du premier anneau très distinct. — Bord supérieur de la plaque du métathorax rugueux, mal
limité.

♂. Plaque du métathorax plus concave. Chaperon largement
échancré.

Couleurs. ♀. Noire. Moitié supérieure du chaperon, devant du
premier article des antennes, un point entre leurs insertions, deux
taches au prothorax, une sous l'aile, deux sous l'écusson, écaille et bord
de tous les segments de l'abdomen, jaunes. Les deux premières bordures sont en général festonnées, la deuxième est large. Pattes noires ;
taches sur les hanches, genoux, tibias et tarses jaunes ; le bout des
tarses souvent gris. Les ornements jaunes, souvent un peu ferrugineux.
Ailes transparentes, un peu ferrugineuses, très faiblement enfumées.

♂. Chaperon jaune.

Habite : L'Europe moyenne. (Musée de Paris, ma collect., etc.)

80. O. MURARIUS (1).

(Pl. X, fig. 1.)

♀. Abdominis fasciis 4 aut 5 flavis; antennis nigris.

(1) Quoique cette espèce n'ait pas le chaperon entièrement noir, je ne doute
pas un instant que ce ne soit la *V. muraria* de Linné. Certaine variété peut fort
bien être dépourvue des taches jaunes du chaperon.

Syn. Linn. *Vespa muraria*, Syst., Nat., 950. — Faun , Suec. 1674.
Gmel. *V. muraria*, Ed. Linn., I, 27, 51, 8.
Muell. *V. muraria*, Ed. Linn., II, 882, 8.

Chaperon comme chez l'*O. nidulator*. 2. Métathorax très rugueux ; sa plaque striée. Premier segment de l'abdomen très grossièrement ponctué *jusqu'à son bord* ; sa suture remplacée par de plus grossières ponctuations, et en arrière de la zone qui la représente est une zone enfoncée, surtout rugueuse. Le sillon longitudinal remplacé par un seul point enfoncé près du bord du segment.

♂. Chaperon échancré. Plaque du métathorax et premier segment de l'abdomen, très rugueux.

Couleurs. ♀. Comme l'*O. crassicornis*, avec ces différences : Au haut du chaperon seulement une ligne arquée jaune. Antennes noires ; écusson noir, pas de tache sous l'aile ; écailles et pattes plus ferrugineuses ; hanches noires ; bordures des segments abdominaux, étroites, formant de simples lignes régulières ; le cinquième segment souvent sans bordure.

♂. Chaperon, une ligne sur le scape, une sur les mandibules, jaunes. Ecaille brune ou noirâtre. Points du prothorax très petits.

Plus grand que l'*O. crassicornis*. Atteignant la taille de l'*O. antilope*.

Habite : La Scandinavie. (Musée de Stockholm.)

81. O. NIDULATOR, n. sp.

♀. Abdominis fasciis 5 flavis ; scapo antice linea flava.

Fem. Chaperon terminé par un bord concave et deux dents très courtes, peu prononcées ; ce bord et ces dents sont épais. Métathorax très rugueux ; la plaque striée, un peu luisante. Premier segment de l'abdomen rugueux ; suture très indistincte , remplacée par de grossières ponctuations. Sa face antérieure moins lisse, ponctuée, peu luisante.

Couleurs. Comme l'*O. crassicornis*, mais le jaune plus dominant. Toutes les bordures abdominales assez larges et festonnées ; la deuxième remontant sur les côtés.

Habite : L'Europe méridionale et moyenne. (Musée de Paris.)

82. O. ARCTICUS, n. sp.

♀. Abdominis fasciis 5 flavis ; antennis nigris.

Chaperon comme chez l'*O. crassicornis*. Plaque du métathorax lisse, luisante, bien limitée sur ses bords, mais à peine rebordée, formant de chaque côté un angle sans épine. Premier segment de l'abdomen luisant, très faiblement ponctué ; suture très distincte, regardant en haut. Sillon longitudinal large, peu distinct.

Couleurs. Comme chez l'*O. crassicornis*, mais en différant ainsi : Antennes noires ; chaperon noir avec une tache jaune au sommet ; écusson noir ; écaille souvent brune ; bordures de l'abdomen régulières ; hanches et cuisses noires.

Habite : La Suède. (Musée de Stockholm.)

83. O. Suecicus , n. sp.

(Pl. X, fig. 3.)

Abdominis fasciis 2 aut 3 sulphureis; antennis et clypeo, nigris.

♀. Chaperon discoïdal, rebordé sur les côtés, terminé par deux dents séparées par un petit bord très mince. Plaque du métathorax distincte, striée, avec son sommet ponctué. Premier segment luisant, finement ponctué ; sa suture faible, regardant en arrière ; son sillon sous la forme d'une petite ligne sur la moitié postérieure de sa face dorsale. Abdomen grêle. — Un peu moins grand que l'*O. crassicornis*.

Couleurs. Très distinct : ♀ Tête entièrement noire, sauf le bout des mandibules qui passe au roux, et un point jaune entre les antennes. Deux points au prothorax et une bordure régulière aux deux premiers segments de l'abdomen, jaune-soufre ; au quatrième segment une bordure jaune plus ou moins complète. Pattes noires ; genoux, tibias et tarses, roux ; les tibias noirs derrière. Ailes un peu gris-violet dans la radiale ; et plutôt enfumées que ferrugineuses.

Habite : La Suède. (Musée de Stockholm.) Communiqué par M. Boheman.

84. O. Allobrogus, n. sp.

(Pl. X, fig. 4.)

Medius, ater, nitidus ; metathorace rugoso, postice nitido, marginibus elevatis ; abdominis segmentis 1-2 flavo marginatis ; primo punctato, longiore quam latiore ; secundo basi striolato ; alis fuscescentibus.

Long. 10 mill. ; aile, 10 mill.

FEM. Chaperon échancré ; angles de l'échancrure obtus ; prothorax fortement rétréci en avant, finement rebordé, mais point épineux. Corselet finement ponctué, lisse, luisant ; postécusson rugueux ; sa concavité lisse, luisante, *fortement bordée;* ses bords donnant de chaque côté naissance à un angle mousse, au-dessus de cet angle ils sont saillants ; au-dessous ils forment un tranchant très saillant. Abdomen fusiforme, le premier segment bien plus long que large ; sa suture très prononcée, placée bien en avant de son milieu ; face supérieure du segment plus longue que son bord antérieur n'est large, ponctuée ; son sillon distinct ; le reste lisse, très luisant, sauf à la base du deuxième segment où de petites stries en détruisent le lustre.

Insecte d'un noir luisant, sauf sur les parties rugueuses du corselet ; les flancs sont d'un noir mat avec des places luisantes, en particulier la bosse sous l'aile, et un espace au-dessus de chaque hanche. Sur le front deux points imperceptibles, un autre derrière chaque œil, jaunes; écaille variée de brun ; les deux premiers segments de l'abdomen ornés d'une bordure jaune, assez étroite et faiblement festonnée. Pattes noires ; genoux, dessous des tarses , et devant des tibias antérieurs ferrugineux. Ailes enfumées, avec un faible reflet violet.

Rapp. et diff. Très voisin de l'*O. suecicus,* mais s'en distinguant par les bords saillants de son métathorax, par son chaperon sans dents distinctes, par son premier segment bien plus long que large ; par les plaques lisses de ses flancs, etc.

Il se distingue de l'*O. bifasciatus,* et des autres petites espèces par sa plus grande taille, par son prothorax sans angles spiniformes, etc.

Habite : Les montagnes de la Savoie. (Collection de M. le docteur Sichel.)

Page 124. — O. GRACILIS. On pourrait facilement confondre cette espèce avec les *O. crassicornis* et voisins, mais elle s'en distingue d'une manière parfaite par les angles de son prothorax qui sont saillants, subépineux dans les deux sexes, ce qui est loin d'exister dans les espèces indiquées. Le sillon du premier segment de l'abdomen et sa petite taille sont d'autres caractères distinctifs de cette espèce.

85. O. HERRICHIANUS , n. sp.

Niger, rugosus ; ♂ thorace nigro ; abdomine fasciis angustis sulphureis ; prothorace inermi.

Taille, formes, facies de l'*O. gracilis,* mais en différant par la concavité du métathorax qui est plus nettement limitée, par son *prothorax sans épines* ; par les bandes de son abdomen qui sont étroites, la troisième étant souvent interrompue.

Le mâle a de plus le thorax entièrement noir, même les écailles ; les antennes noires avec un simple point jaune à la base ; le chaperon et une ligne sur les mandibules, jaunes.

Fem. Inconnue.

Habile: L'Allemagne, Ratisbonne. (Collect. de M. Herrich-Schæffer.)

Page 124. — ODYNERUS BIFASCIATUS. M. Wesmaël a évidemment confondu deux espèces en une, ou plutôt il n'en a connu qu'une, et je suis tombé dans la même erreur jusqu'à ce que M. Chevrier, habile entomologiste de Genève, m'en ait tiré. Il faut dédoubler comme suit cette espèce:

Changez le nom de *bifasciatus* en *sinuatus.*

Rayez des synonymes: Linn. *Vespa bifasciata.* — Rossi. *Vespa bifasciata* (1). — Fabr. *V. bifasciata, V. minuta.* — Christ. Olivier. *V. bifasciata,* et les synonymes tirés de Herrich-Schæffer.

? Ajoutez aux synonymes: Zetterst. *Odynerus angustatus,* Ins, Lapp. 457, 7.

Il est du reste encore d'autres espèces très voisines de ces Odynères et qu'il est important d'en distinguer, comme on le verra dans les descriptions ci-dessous.

86. O. SINUATUS.

Niger, rugosus; prothorace et scutello ♀ maculis duabus flavis; abdominis segmentis 1, 2, 4, flavo limbalis.

SYN. Fabr. *Vespa sinuata,* Syst. Piez., 264. — Spinol., Wesm., Lep.-de-St-Farg., *O. bifasciatus,* comme à la page 125 de la Monographie (2).

Herr.-Schæff., *Odynerus bifasciatus!* var. Faun., Germ., 154, tab. 16.

♀. Long. 9 mill.; aile, 8 mill.

Fem. Petit, mais moins que les espèces qui suivent. Tête circulaire. Chaperon faiblement bidenté. Prothorax rebordé, épineux. Métathorax très rugueux; bords de la concavité nets et granuleux, émettant de chaque côté, vers le bas, une épine. Premier segment de l'abdomen grossièrement ponctué; sa face antérieure lisse; sa face supérieure aussi large que longue, partagée par un fort sillon. Insecte noir: bout des mandibules roux; deux points entre les antennes, un derrière chaque œil; deux taches au prothorax, deux à l'écusson, une sous chaque aile, jaunes; segments de l'abdomen 1, 2, 4, ornés d'une bor-

(1) Ce synon. appartient à l'*O. minutus.*

(2) Considérez comme nul tout ce qui a trait à cette espèce dans la Monographie.

dure jaune festonnée. Pattes noires; tibias jaunes, tachés de noir; tarses jaunes avec les quatre derniers articles, noirâtres. Ailes enfumées.

Male. Plus petit; chaperon orné d'une tache jaune. Tête un peu plus haute que large. Bordure du troisième segment souvent nulle.

Var. ? Thorax noir ; chaperon jaune, ainsi qu'une tache sur les mandibules.

Rapp. et diff. Surtout distinct des autres espèces qui ont aussi trois bandes jaunes à l'abdomen, par les ornements de son thorax.

Voyez les *O. bifasciatus, debilitatus, fuscipes*, etc.

Habite : L'Europe moyenne, l'Italie, etc. (Ma collection.)

87. O. Bifasciatus.

(Pl. X, fig. 5.)

Niger; thorace atro, punctis duobus subalaribus, sulphureis; abdomine segmentis 1, 2, 4, sulphureo limbatis; capite discoïdali, haud longiore quam latiore; prothorace bispinoso.

Syn. Linn., *Vespa bifasciata*, Fn. Sw., 1683. — Syst. Nat., 14, 4.

Fabr., Christ, Oliv., comme aux pages 124 et 125, de la Monographie.

Villers. *Vespa bifasciata*, Entom., III, 270, 11.

Gmel. *V. bifasciata*, Ed. Linn., I, 2757, 14.

Muell. — — Ins., II, 883, 14.

Zetterst. *Odynerus bifasciatus*, Faun. Lapp., 457, 6.

Long. 7 1/2 mill. ; aile, 6 1/2 mill.

Fem. Tête circulaire, aussi large que haute. Chaperon luisant, à peine bidenté, tronqué. Prothorax épineux. Métathorax très rugueux, les bords de sa concavité rugueux aussi, ne formant pas de ligne tranchante, comme chez l'*O. fuscipes*. Premier segment de l'abdomen rugueux ; sa suture très nette, son sillon faible, large et peu profond ; sa face supérieure en arrière de la suture plus large que longue (1).

Insecte noir : deux points entre les antennes, un autre imperceptible derrière le sommet de l'œil, un sous l'aile, et bord des segments, 1, 2, 4, jaune-soufre. Pattes noires : genoux, tibias antérieurs et dessous des tarses, ferrugineux. Ailes enfumées. La bordure du deuxième segment interrompue en dessous.

Male. Chaperon et devant des mandibules, jaunes. Tarses et tibias jaunes : les derniers articles des premiers, obscurs ; les seconds tachés de noir.

Var. ♂, ♀. Seulement deux bandes jaunes à l'abdomen.

(1) C'est le contraire dans l'*O. fuscipes*.

Rapp. et diff. Distinct de l' *O. sinuatus*, par son thorax noir ; par ses ornements d'un jaune moins doré, par sa taille moins forte, par son premier segment abdominal dont la face supérieure est moins longue que large et moins rugueuse; par son thorax plus finement ponctué, etc. — Il est bien plus voisin des *O. debilitatus* et *fuscipes*.

Habite : Le Nord de l'Europe et l'Europe moyenne. (Ma collection.)

88. O. Debilitatus, n. sp.

♀. Parvulus, rugosus ; thorace atro, macula subalari flava ; abdominis segmentis 1, 2, 4 sulphureo vittatis ; clypeo flavo maculato ; capite longiore quam latiore ; prothorace bispinoso.

Long. 7 mill.; aile, 6 mill.

Fem. Petit ; taille un peu moindre que celle de l'*O. sinuatus ;* semblable à celle de l'*O. fuscipes* avec lequel il a la plus grande analogie.

Tête plus haute que large. Entre les antennes une petite carène ; chaperon faiblement bidenté ; prothorax rebordé, longuement biépineux, métathorax très grossièrement rugueux, sans épines. Premier segment de l'abdomen très rugueux aussi, criblé de points.

Insecte noir : antennes noires. Au haut du chaperon une tache jaune ; deux points entre les antennes, un très petit derrière chaque œil, un plus grand sous chaque aile, jaunes. Ecailles noires. Segments 1, 2, 4 de l'abdomen régulièrement et étroitement bordés de jaune-soufre. Pattes noires ; tibias jaunes tachés de noir ; *tarses ferrugineux*, avec le dernier article plus obscur. Ailes enfumées.

Male. Tête circulaire. Un point au bout des mandibules et une tache au haut du chaperon, jaunes. Pas de tache sous l'aile ; bout des antennes ferrugineux en dessous. Pattes jaunes.

Rapp. et diff. Surtout voisin de l'*O. bifasciatus* dont il diffère par sa tête plus haute que large dans la ♀ ; par son prothorax plus épineux, par son sillon plus distinct au premier segment de l'abdomen, par la tache au chaperon de la femelle, etc.—Voyez aussi l'*O. fuscipes.*

Habite : Les environs de Genève. (Ma collection.)

89. O. Fuscipes. ! Herr.-Schæff.

Niger, punctis duobus inter antennas et margine postico segmentorum 1, 2, 4, tenuiter albido subtrisinuatis; pedibus nigris tarsisque fuscis.

Syn. Herr.-Schæf. *Odynerus fuscipes.*! Faun., Germ., 154, 18.

Fem. Cette espèce est si voisine de l'*O. bifasciatus* qu'on a peine à l'en distinguer. Elle lui est identique pour les formes, la taille et la coloration, mais le premier segment de l'abdomen est sensiblement plus long que large ; le métathorax est plus étroit, plus longuement prolongé en arrière du postécusson, et sa concavité est entourée d'arêtes très tranchantes, tandis que l'*O. bifasciatus* les a émoussées vers le haut par des rugosités ; ce dernier offre aussi de chaque côté, vers le bas des bords métathoraciques, une dent qui manque chez l'*O. fuscipes*. Celui-ci a seulement vers le milieu de sa hauteur sur ses bords une assez forte saillie qui résulte de ce que les bords inférieurs de la concavité sont bien plus saillants que les supérieurs. Insecte noir : deux points entre les antennes et bords des segments 1, 2, 4, blanchâtres. Pattes noires, tarses et devant des tibias antérieurs, bruns.

MALE. Chaperon jaune-soufre ; face externe des tibias antérieurs et premier article de tous les tarses, jaunes.

Rapp. et diff. Il a les formes de l'*O. sinuatus*, et lui ressemble du reste beaucoup par son premier segment abdominal en entonnoir, grossièrement ponctué et partagé par un fort sillon, avec un bord épais, fortement séparé du deuxième segment. Il en diffère par son prothorax moins anguleux ; par son corselet entièrement noir, par ses trois bandes de l'abdomen qui sont étroites et blanches, et surtout par son métathorax très anguleux. Ce dernier offre en effet des arêtes toutes très tranchantes, avec une concavité très nette, tandis que dans l'*O. sinuatus*, l'arête latérale et l'arête supérieure sont plus ou moins effacées par les rugosités du métathorax. Enfin, les pattes sont noires, avec une petite ligne blanche sur le devant des tibias antérieurs.

Habite : L'Allemagne, Nuremberg. (Collection du docteur Herrich-Schæffer.)

Page 125. — ODYN. ELEGANS.! Pourrait être une var. du *gracilis*, dont les ornements jaunes seraient plus développés qu'à l'ordinaire (1). La concavité du métathorax est striée ; ses bords sont très rugueux, point tranchants. Elle est du reste bien marquée, concave, tandis que que dans l'*O. gracilis* que j'ai sous les yeux, le métathorax est bombé, à peine concave, et l'arête latérale est crénelée.

90. O. ALBOMARGINATUS, n. sp.

Ater, rugosus ; punctis duobus prothoracis fasciisque quatuor in abdomine, albidis.

Long. 9 mill.; env. 19 mill.

FEM. Taille de l'*O. gracilis*, mêmes formes. Métathorax et premier

____

(1) Ils le sont cependant bien moins que sur la figure.

segment grossièrement ponctués ; la suture très saillante. Insecte noir : un point entre les antennes, souvent un autre au haut du chaperon ; deux sur le prothorax ; un sous l'aile ; deux sur l'écusson, et bord des quatre premiers segments de l'abdomen, blancs ; la bordure des deux premiers assez large : celle des autres très étroite, parfois nulle. Pattes noires ; tibias variés de blanc ; tarses roux en dessous. Ailes transparentes.

Var. Pas de bordure au troisième segment de l'abdomen. Le blanc passant au jaune.

Rapp. et diff. Très distinct des autres *Protodynerus*, par ses ornements blancs.

Habite : La baie de Hudson. (Musée de Londres.)

91. O. Canadensis, n. sp.

Parvulus, elongatus, rugosus, niger ; puncto in fronte, punctis duobus in prothorace, duobus in scutello, altero sub ala, flavis ; squamis fuscis ; segmentis 1, 2, 4 flavo limbatis ; alis apice fuscescentibus.

Long. 8 mill.; env. 14 mill.

Fem. Petit ; très grêle. Entièrement semblable à l'*O. sinuatus*, mais plus grêle ; la tête plus renflée ; les antennes insérées plus bas ; le premier segment de l'abdomen, plus allongé, plus rugueux ; le deuxième segment cylindrique, *à peine plus large que le premier*, lisse. Les ornements, d'un jaune vif, couleur de soufre, non un peu orangés; les ailes hyalines à la base, brunes au bout, surtout dans la radiale.

Rapp. et diff. On pourrait encore confondre cette espèce avec l'*O. cristatus*, mais dans ce dernier le deuxième segment est deux fois aussi large que le premier.

Habite : Le Canada. (Musée de Londres.)

92. O. Cristatus, n. sp.

Niger ; thorace rufo maculato ; abdominis segmentis 1, 2, 4, flavo limbatis ; pedibus nigris ferrugineo variegatis.

Long. 9 mill.; env. 19 mill.

Fem. Formes de l'*O. murarius*. Chaperon plus large que long, tronqué, à peine échancré. Corselet ponctué ; métathorax très rugueux. Premier segment de l'abdomen assez grossièrement ponctué ; le reste lisse, sauf la base du deuxième segment qui est ponctuée. Insecte noir :

un point entre les antennes, deux taches sur le prothorax; une bande
interrompue sur l'écusson, et un point sous l'aile, roux; segments
1, 2 et 4 de l'abdomen liserés de jaune-soufre. Pattes noires; genoux,
dessous des tarses et des tibias antérieurs, ferrugineux. Ailes transparentes, nervures brunes, radius ferrugineux. Crête suturale du premier
segment très saillante.

Rapp. et diff. Cette espèce est un peu supérieure par sa taille à
l'*O. sinuatus*, avec lequel elle a les plus grands rapports. Elle s'en distingue par ses ornements roux du corselet; par son premier segment
de l'abdomen plus largement sillonné, moins large; par ses ailes hyalines, etc.

Habite : Probablement l'Amérique du Nord. (Musée de Londres.)

93. O. PUMILUS, n. sp.

Parvus; niger, signaturis flavis; abdominis fasciis 6 flavis; ultimis subinterruptis.

MALE. Taille, formes, couleurs comme chez l'*O. gracilis*. Chaperon
circulaire, bidenté. Prothorax rebordé, moins bidenté que chez l'*O. gracilis;* ses saillies dirigées latéralement, non en avant. Métathorax aussi
très rugueux; sa concavité lisse, ses bords très tranchants. Premier
segment de l'abdomen en entonnoir, plus allongé que chez l'*O. gracilis*,
rugueux; sa suture beaucoup plus forte, regardant en arrière; son
sillon large et peu profond; son bord formant un cordon; le reste de
l'abdomen très lisse, très luisant; différant essentiellement, sous ce
rapport, de l'*O. gracilis*

Insecte noir; deux très petits points entre les antennes, un autre
derrière le sommet de l'œil, deux taches rondes au prothorax; deux sur
l'écusson et une sous l'aile, jaunes. Les segments abdominaux tous
ornés d'un cordon jaune; les segments 3-6 n'ayant qu'une bordure très
étroite, comme interrompue au milieu, avec le bord tout à fait marginal, noirâtre. Pattes noires; genoux, tibias et tarses jaunes.

♂. Mandibules, chaperon et devant du scape, jaunes. Ecaille brune;
ailes lavées de brun-roux.

Habite : Cayenne. (Musée de Neuchatel.)

Sous-Genre ANCISTROCERUS.

**I. Rectifications et Observations relatives à la
Monographie.**

Page 126. — O. IMBECILLUS. Il paraît qu'il vient de Sierra-Leone,
non de Java. — Dans l'individu en question, on trouve les modifications suivantes :

Flagellum des antennes, même le crochet, noirs. Bordure des yeux au-dessous de l'échancrure, jaune. Segment troisième de l'abdomen noirâtre.

Le post-écusson offre une crête crénelée, transversale ; une autre crête entoure la concavité du métathorax (♂).

Page 127.   II. DIVISION.

Les Odynères qui rentrent dans cette coupe peuvent se distribuer selon 4 sections, d'après la forme de leur corps et particulièrement de leur thorax.

I. *Formes régulières. Premier segment de l'abdomen large. Abdomen déprimé.*

Cette section comprendrait les espèces 7 à 23 de la Monographie.

A. Espèces de l'ancien continent, etc. (p. 128).

Cette section renferme un nombre considérable d'espèces d'une étude bien difficile. Aussi vais-je, pour plus de clarté, les reprendre en détail, afin de les différencier plus clairement et de rectifier leur synonymie très embrouillée.

Section A. ♀. page 128 à 135.

Ces espèces sont toutes peintes de noir et de jaune ; elles ont toutes les angles du prothorax spiniformes, et se ressemblent d'une manière désespérante.

Le tableau suivant servira peut-être à faciliter leur détermination, sans cependant pouvoir conduire à un résultat infaillible, vu la confusion amenée par les variétés. Quant aux mâles, on ne peut presque les déterminer qu'à l'œil en les rapportant à leurs femelles (1).

Femelles.

1	2 bandes jaunes à l'abdomen	*biphaleratus.*
	3 — —	2.
	4 — —	3.
	5 — —	4.
2	Abdomen large, déprimé, chaperon jaune et noir.	*triphaleratus.*
	— plus cylindrique, étroit, chaperon et antennes en général noirs.	*trifasciatus.*
3	Flagellum ferrugineux en dessous.	*antilope.*
	— noirs en dessous.	*parietum.* var.
4	Métathorax taché de jaune.	*renimacula.*
	— noir	5.
5	1er segment abdominal déprimé, sa bordure très large	*ochlerus.*
	— convexe, sa bordure médiocrement large .	*parietum. oviventris.*

(1) Dans ce tableau il n'est fait mention que des quelques espèces indigènes citées ou décrites dans la Monographie.

Elles doivent se succéder dans l'ordre ci-dessous :

** Abdomen déprimé.*

1. O. biphaleratus.
2. O. renimacula. — longispinosus.
   O. ochlerus. — triphaleratus (1).

*** Abdomen plus cylindrique.*

3. O. pictus.
4. O. oviventris.
5. O. parietum.
6. O. antilope.

**** Abdomen plus grêle et cylindrique.*

7. O. trifasciatus.

Page 128. — O. RENIMACULA. Ajoutez aux synonymes :

Savigny. Descript. de l'Égypte. Hym., pl. IX, fig. 2, ♂ (et 3, ♀?).
Lucas. *Odynerus renimacula.* Expl. Sc. d'Alg. Ins. III, 238.

D'un côté, cette espèce est facile à reconnaître à ses taches métathoraciques, mais de l'autre, elle est si voisine de l'*O. triphaleratus*, que leurs variétés se confondent. En effet, l'*O. renimacula* voit parfois et diminuer la grandeur de ses taches métathoraciques et augmenter le nombre de ses bandes jaunes abdominales, tandis que chez le *triphaleratus* on voit aussi augmenter le nombre de ces bordures. L'*O. renimacula* ♀ a sur l'écusson une bande jaune interrompue, ou deux taches jaunes ; le post-écusson est, ou entièrement jaune, ou bordé de jaune, l'écusson peut aussi être entièrement jaune ; l'*O. triphaleratus* a le post-écusson noir et sur l'écusson une bande ou deux points jaunes ; ce qui ne veut pas dire que ce caractère soit constant. Les ♂ ne sont pas moins difficiles à distinguer l'un de l'autre. Chez celui du *renimacula*, les taches métathoraciques sont toujours très petites et souvent nulles, et chez celui du *triphaleratus* il n'est pas rare de voir 4 ou 5 bandes jaunes à l'abdomen. Dans les deux espèces, les antennes du ♂ sont ferrugineuses en dessous avec les 1, 2 ou 3 derniers articles entièrement ferrugineux. Quelquefois le noir empiète un peu en dessous vers le milieu de l'antenne. Il n'est donc rien d'impossible à ce que ces deux espèces ne soient que deux variétés de la même. Elles ont cela de commun que leur abdomen est bien plus déprimé que dans les autres espèces de ce groupe (*parietum, oviventris,* etc.), même plus que chez l'*O. antilope*.

(1) Ces deux espèces sont pour moi de simples variétés de l'*O. renimacula*.

Enfin, comme preuve de ce que j'affirme, je dois dire que l'*O. ochlerus* est exactement intermédiaire entre les deux espèces ; il a 5 bandes jaunes à l'abdomen et rarement des taches métathoraciques. Il serait inutile de chercher entre ces trois espèces des divergences dans la sculpture ou dans les formes. Les différences principales dans les couleurs portent (à part celles déjà mentionnées) sur le chaperon qui est ou jaune avec une tache noire, ou noir avec 4 taches jaunes, comme dans l'*O. parietum*, et sur la forme de l'échancrure noire du deuxième segment de l'abdomen, qui est presque toujours triangulaire, exceptionnellement carrée, etc. Ces différences sont trop minimes pour pouvoir être prises en considération ; se retrouvant également chez les trois espèces, elles ne peuvent nullement servir comme caractère spécifique.

Ces trois espèces ont ensemble, avec l'*O. biphaleratus*, un cachet tout particulier qui permet à un œil exercé de les reconnaître à première vue ; l'abdomen, outre qu'il est déprimé, offre en dessus, à sa base, une espèce de bosse qui se voit moins chez les autres espèces (parietum, etc.) C'est la même forme qui s'exagère dans l'*O. hæmatodes*.

Enfin, le premier segment de l'abdomen est très déprimé, souvent un peu enfoncé en dessus ; son bord postérieur est insensiblement concave en arrière, tandis que dans l'*O. parietum, oviventris*, etc., il est plutôt convexe en arrière. Ces différences sont bien spécieuses et si insensibles, qu'il est presque impossible de les rendre parfaitement.

On pourra rapprocher comme suit les trois variétés :

O. triphaleratus. 3 bordures jaunes à l'abdomen, métathorax noir.

O. renimacula. 4 ou 5 bordures jaunes ; deux taches jaunes au métathorax.

O. ochlerus. 5 bordures jaunes ; métathorax noir.

Le premier se trouve de préférence en Europe, et les deux autres dans le nord de l'Afrique, les îles Canaries, etc. Ceux qui viennent de cette dernière localité ont souvent du ferrugineux au lieu du jaune.

Page 129. — O. TRIFASCIATUS. Changez ce nom en :

O. TRIPHALERATUS (1).

Et au lieu des synonymes indiqués, placez seulement :

Savigny. Descr. de l'Egypt. Hym. pl. ix, fig. 4, ♀, ♂, var. (2).
Lep. St-Farg. *O. trifasciatus.*! Hym. ii, p. 653.

____

(1) Voyez plus bas l'*O. trifasciatus* Fabr.

(2) La figure représente la variété qui a une bordure jaune au 4ᵉ segment de l'abdomen.

Saint-Fargeau a confondu cette espèce avec le *trifasciatus*, Wesm.,
parce que, comme ce dernier, il n'a que 3 bandes jaunes à l'abdomen.
Je le considère comme une variété de l'*O. renimacula*. (Voyez plus
haut les observations relatives à cette espèce.) Dans tous les cas, si l'on
veut conserver l'*O. triphaleratus* comme une espèce, on la distingue
facilement à son abdomen déprimé; le premier segment étant très
large, sa large bordure jaune portant une échancrure noire triangulaire, les 3 ou 4 premiers segments étant seuls bordés de jaune.

Page 150. O. PARIETUM. Pl. XI, fig. 4 ♀.Retranchez des synonymes :

Fabr. *Vespa simplex*, S. P. 263, qui appartient à l'*O. simplex*.

Herr.-Schæff. *O. 4-cinctus*, 173, 24, 176, tab. 15.

L'*O. affinis*, Herr.-Sch.! n'est que la grande var. de l'*O. parietum*,
ayant seulement deux taches au chaperon; le dessous du flagellum
étant ferrugineux, et le dessus des tarses postérieurs obscur.

Ajoutez aux synonymes :

Savigny. Descript. de l'Egypt. Hym. pl. IX.

?Fab. *Vespa squamigera*. Syst. Piez. 267, 73.

Schæff. *Vespa prima*. Icon. Ins. Ratisb., tab. XXIV, fig. 2. — *V. secunda*. Id., fig. 4. (Var. à tête noire et à 4 bandes.)

Fabr. *V. parietum*. Faun. Frid. 73, 637.

Frisch. Ins. 9, tab. 12, fig. 1, tab. X (1).

?Ray. *V. sylvestris caudacula*, etc. Ins., p. 252.

?Harris. *V. inimicus*. Exp. of Eng. Ins., tab. 37, fig. 6. — ?*V. inso-
lens*. Id., fig. 7.

Villers. *V. parietum*. Ins. 272, 16.

Gmel. *V. parietum*. Ed. Linn. Ins. I, 2745, 36.

Walken. *V. parietum*. Fn. Par. II, 92. — *V. emarginata*. Id. 92.

Spinol. *O. Geoffroyanus*. Ins. Lig. II, 182. — *O. parietum*. II, 185.
(Sed non 180.)

Très difficile à bien différencier de l'*O. oviventris*. Je ne crois pouvoir mieux faire qu'en mettant en regard la description que M. Wesmaël donne des deux espèces :

(1) Il confond cet Odynère avec celui qu'a décrit Réaumur, et qui est l'*O. spinipes*.

O. PARIETUM.

Metathorace ruguloso-opaco; primi segmenti abdominis parte antica basi utrinque sulcata; margine apicali prominulo; parte postica duplo latiore quam longiore; niger, antennarum flagello subtus per totam longitudinem vel basin et apicem versus ferrugineo; scapo subtus, antice (interdum anguste), capite thoraceque signaturis, abdomine fasciis 4-6. ♂, 4 vel 5 punctoque sæpe anali♀, femoribus, apice, tibiis tarsisque, flavis; his interdum fuscis; tibiis sæpe nigro maculatis.

♀

Premier article des antennes noir, avec une tache jaune à l'extrémité ou une ligne jaune en devant; flagellum souvent ferrugineux en dessous. Ecusson à 2 taches jaunes; post-écusson noir ou jaune. Ecailles des ailes jaunes, avec une tache obscure. Abdomen à 5 ou 4, ou même 3 bandes jaunes; la première très variable. Anus noir ou taché de jaune. Tibias souvent tachés de noir. Bordure du prothorax souvent interrompue.

♂

Articles 3-10 des antennes noirs ou fauves en dessous. Bordure du prothorax variable. Ecusson noir ou avec 2 points jaunes. Post-écusson noir ou bordé de jaune. Abdomen à 6, 5 ou 4 bandes jaunes; la première variable. Tibias souvent tachés de jaune.

O. OVIVENTRIS.

Metathorace ruguloso-opaco; primi segmenti abdominis parte antica margine apicali depresso, parte postica triplo latiore quam longiore; niger, antennarum scapo subtus et antice ♂, apicte ♀ capite thoraceque signaturis, abdomine fasciis simplicibus sex ♂, quinque punctoque anali ♀, femoribus apice lato, tibiis tarsisque flavis.

♀

Premier article des antennes noir, avec une tache jaune à l'extrémité. Le reste noir. Ecusson à 2 taches jaunes. Abdomen à 5 bandes jaunes uniformes et une tache anale jaune. Ecailles des ailes jaunes, avec une tache discoïdale obscure. La moitié ou le tiers apical de toutes les cuisses, jaune; jambes et tarses jaunes, sans taches.

♂

Articles 3-10 des antennes noirs. Bordure du prothorax dilatée sur les côtés, atteignant les angles latéraux. Ecusson à 2 petites taches jaunes ou sans taches. Abdomen à 6 bandes jaunes uniformes.

Mais on ne peut regarder comme caractère réellement distinctif que celui emprunté à la forme du premier segment de l'abdomen. Dans l'*O. parietum*, la suture regarde en arrière et elle est plus forte; dans l'*O. oviventris* elle est faible et droite, ne débordant point par dessus la partie supérieure du segment. On voit aussi de chaque côté de sa face antérieure un sillon latéral.

Toujours est-il que ces deux espèces sont loin d'être nettement séparées; j'ai trouvé entre elles les transitions les plus embarrassantes. La forme et les proportions du premier segment de l'abdomen sont

même très sujets à varier. On jugera de la variabilité de l'*O. parietum*
par l'exposé suivant que j'emprunte encore à M. Wesmaël.

♀. Le chaperon peut être, ou entièrement noir ou noir avec deux taches jaunes en forme de croissant vers le haut , et en général il a deux
points jaunes vers le bas. Ces taches peuvent être réunies, et alors le
chaperon est jaune avec une ou plusieurs taches noires et souvent
avec son bord noir. Les antennes sont ou noires, ou avec un point ou
une ligne jaune en dessous du premier article, ou avec le devant de ce
dernier, jaune, ou enfin avec le dessous du flagellum ferrugineux.

L'écaille peut être presque entièrement jaune ou presque toute
noire. Sous l'origine des ailes est souvent une tache jaune. La forme
de la bande jaune du premier segment est très variable, comme chez le
mâle. Tantôt elle est uniformément large, tantôt elle est dilatée soit
dans le milieu, soit seulement sur les côtés. La taille varie du simple au
double.

Le métathorax n'est pas plus luisant que le reste du corselet ; les
bords de sa concavité sont également relevés en dessus et en dessous
de son épine latérale.

♂. Les variétés correspondantes.

Page 151. — O. Ochlerus. Placez en synonyme :

? Savigny. Descr. de l'Egypt. Hym. pl. ix, fig. 2.

Voyez à l'égard de cette espèce ce que je dis plus haut au sujet de
l'*O. renimacula*, dont elle n'est probablement qu'une variété.

Var.? Les bandes jaunes de l'abdomen étroites ; la première peu
élargie sur les côtés. Ecusson noir ; bord du prothorax ayant seulement
deux taches jaunes. La dépression longitudinale du premier segment
très distincte. — Du Nord de l'Europe.

Page 152. — O. oviventris. Voyez plus haut les remarques à propos de l'*O. parietum*.

Page 152. — O. antilope. Rayez des synonymes :

Herr.-Schæff. *O. viduus*, ! Fn. Germ.

Ajoutez aux synonymes :

Herr.-Schæff. *O. murarius*, ! Faun. Germ. 173, p. 26, 176, tab. 12.
♀. (1).

______

(1) Herr.-Schæff. dit que son *O. murarius* est plus grand que l'*O. antilope*,
mais l'*O. antilope* est le plus grand Ancistrocère de l'Europe. Ce n'est du reste
pas celui de Linn., qui appartient, comme on peut le voir plus haut, au sous-genre
Symmorphus.

Se reconnaît à sa grande taille, à son métathorax luisant, à son abdomen déprimé, à son écusson noir, et surtout à ses antennes qui dans la ♀ sont ferrugineuses ou jaunes en dessous, dans toute leur longueur. Son abdomen est moins sessile que chez les précédentes espèces. Mais le caractère qui sert à le faire distinguer des *O. parietum* et *oviventris*, c'est que son métathorax est plus luisant que le reste du corselet et que sa concavité est plus fortement rebordée en dessous de la dent latérale qu'en dessus de cette dernière, c'est-à-dire que l'arête inférieure est plus saillante que la supérieure.

On trouve cette espèce en Asie, et j'ai vu un individu pris aux Indes Orientales. Un individu, probablement originaire des îles Canaries ou de la côte d'Afrique, avait les ornements roux. D'autres qui m'ont été envoyés de Suède ont sur l'écusson deux points jaunes dans les deux sexes.

Page 133. — O. ANTILOPE. Retranchez des synonymes :

Herr.-Schæff. *Odynerus viduus.* ! Faun. Germ. 173, 28.

Page 134. O. BIPHALERATUS. Cette espèce se rapproche beaucoup de l'*O. trifasciatus* par ses formes ; son abdomen est *encore plus déprimé*, et son premier segment en général plus large. Ecusson et métathorax noirs. Il n'est pas possible de confondre cet Odynère.

Ajoutez : Description de l'Egypte. Hym. Pl. IX, fig. 6. ♀. (1).

Considérez comme nulle la dernière phrase qui a trait à cette espèce, p. 134 de la Monographie.

Page 134. — O. ATROPOS. Ajoutez aux synonymes :

Lucas. *O. Atropos.* Expl. Sc. d'Alg. Ins. III, 240.

Page 136. — O. CASTKILL. Changez ce nom en CATSKILLENSIS.

Page 137. O. CAMPESTRIS. ♂. Chaperon échancré. Chaperon et mandibules, jaunes ; ces dernières noirâtres à la base. Un point sur le front, devant du premier article des antennes, jaunes; leur dessous ferrugineux. Une petite ligne ou deux points au milieu du prothorax, jaunes. Ecaille brune. Les deux premiers segments de l'abdomen bordés de jaune ; la bordure du deuxième, étroite, et son bord très ponctué. Pattes noires, genoux et tarses ferrugineux. Ailes brunes avec un reflet violet, presque transparentes à leur base.

Rapp. et diff. Cette espèce se reconnaît de suite à son abdomen orné de deux bandes jaunes seulement, et à son corselet noir; c'est la seule espèce américaine appartenant à ce groupe qui offre ce caractère. Il ne

____

(1) On a fait les bordures trop festonnées.

faut pas la confondre avec l'*O. fulvipes,* dont les formes sont très différentes.

Habite ; La Floride. (Musée de Londres.)

Page 138. — O. unifasciatus. Ajoutez aux synonymes :

Say. *O. uncinatus* (1). Bost. Journ. of Nat. Hist. I, 18, 37, p, 386, 4
ter :

Ce dernier nom est le plus ancien, mais je ne crois pas devoir
l'adopter.

1º Parce qu'il repose sur une erreur ;

2º Parce qu'il amènerait une confusion avec la *Monobia quadridens*
(*Odynerus uncinatus,*Lepel.), et qu'ainsi l'erreur dans laquelle est tombé
Say se serait perpétuée.

Page 139. — O. tuberculocephalus. Le nom de cette espèce a
déjà été rectifié dans l'*errata* et doit être remplacé par celui de
tuberculiceps.

Page 141. — O. bustillos. Mettez O. bustillosi, et placez en synonyme :

Sauss. *O. Bustillosi.* Faun. Chilena Zool. VI, p. 567.

Page 142. — O. flavipes. (Pl. XVI, fig. 3 de la Monogr.) Changez
le nom de cette espèce en

O. fulvipes (2).

Retranchez des synonymes :

Fabr. et Oliv. *Vespa flavipes.*

Il faut dire : corselet et premier segment de l'abdomen criblés de
points enfoncés ; le bord de ce dernier est plus grossièrement ponctué

(1) Voyez la note à propos de la *Monobia* 4-*dens,* page 168 de ce volume.

(2) Pour cette espèce encore, j'ai cru sur parole Lep. de Saint-Fargeau, et je me
suis trompé, car la description de Fabr. ne convient en rien à cet Odynère. La
cause de l'erreur est facile à apprécier ; c'est elle qui m'y a conduit aussi en me
dispensant de vérifier la justesse du synonyme de Fabricius et m'a amené à placer
un ! après ce nom. Le type de Lepel. (au Muséum de Paris) est étiqueté de la
main de Bosc : « *V. flavipes* Fab. » Les noms de la collect. de Bosc ont été véri-
fiés ou donnés par Fabr.; c'est ce que Lepel. rappelle dans sa *note* p. 660. Nous
n'avons donc songé ni l'un ni l'autre qu'une erreur se cachait sous la caution d'une
étiquette d'auteur ; mais il n'y a rien à cela qui doive étonner : on sait avec quelle
légèreté Fabr. déterminait et classait les espèces ; il était, du reste, loin de connaître bien toutes celles qu'il avait décrites, et des erreurs du genre de celle que
nous relevons ici ne sont pas rares dans les collections qu'il a eues sous les yeux.
— Voyezdans les Spec.dubiæ : *O. flavipes.*

que son milieu ; celui du deuxième n'est guère retroussé que dans le
♂. L'écaille est ferrugineuse, et souvent on voit une ligne de cette
couleur le long de la courbe postérieure du prothorax.

La ♀ a en général une tache jaune en avant de l'écusson sur le métathorax. Les pattes sont fauves ou plutôt ferrugineuses avec les hanches et les cuisses noires.

Le ♂ n'a pas de jaune sur les angles du métathorax, et de plus il
offre sur la partie antérieure du premier segment de l'abdomen en arrière de la suture, une gouttière longitudinale très distincte.

Page 143. — O. FUSCIPES. Ce nom est déjà employé par Herrich-
Schæffer, pour un Protodynerus.

Je m'empresse donc de changer le nom de mon *O. fuscipes*, afin
d'éviter toute confusion. Ce sera l'O. PEDESTRIS.

Page 146. — O. BELLONE. Substituez à ce nom celui de :

O. QUADRISECTUS, Say.

Placez en tête des synonymes :

Say. *O. 4-sectus.* Boston Journ. of Nat. Hist. 1837, I, 385.
Sauss. *O. Bellone.* Mon. G. Solit. Pl. XVI, fig. 10.
Var. Deux taches jaunes sur les angles du prothorax, deux en dessous de ceux du métathorax ; post-écusson noir. Abdomen noir, avec
seulement *deux taches* jaunes sur les côtés du premier segment et deux
au bord postérieur du deuxième. (Pl. IX, fig. 9.)

Malgré ces différences de coloration, l'espèce est parfaitement reconnaissable à ses formes identiques et très caractéristiques.

De Sainte-Marthe, en Colombie.

Voyez plus bas l'*O. luctuosus,* espèce très voisine de celle-ci.

Page 148. — O. VERNALIS. ♂. Chaperon blanc.

Page 150. — O. MADERA. Changez en O. MADERÆ.

II. Espèces nouvelles à ajouter au sous-genre Ancistrocerus.

DIVISION SUBANCISTROCERUS (1).

[Ire Divis. de la Monogr.]

94. O. SICHELII, n. sp.

(Pl. X, fig. 6.)

(1) Voyez page 126 de la Monogr. Ire Division.

Parvus, niger; abdominis segmentis 1-2 albo marginatis, primo suturis duabus transversalibus prominentibus, secundo tuberculo basali dorsali; alis hyalinis, nervis nigris.

♀. Long. 8 mill.; env. 16 mill.

Fem. Tête grosse, bombée; antennes insérées à son tiers inférieur ; chaperon pyriforme, court, échancré et bicaréné sur ses côtés. Corselet allongé; métathorax prolongé un peu en arrière du postécusson, concave au milieu. Le premier segment en entonnoir, tronqué antérieurement porte deux sutures très saillantes près de la base ; le deuxième, beaucoup plus long que large, portant un fort tubercule à sa base ; tout l'insecte densément ponctué, la tête et le corselet l'étant fortement.

Insecte noir : Un point sur le front, une ligne arquée au haut du chaperon et le devant du premier article des antennes, blancs ou jaunes. Antennes noires, ferrugineuses en dessous ; les deux premiers segments de l'abdomen bordés de blanc. Pattes noires ; genoux ferrugineux, dessous des tibias blancs, tarses blancs en dessous, obscurs en dessus. Ailes parfaitement hyalines, nervures et point, noirs.

Habite : Les Indes Orientales. (Collection de M. Sichel.)

95. O. PARAENSIS, n. sp.

Niger, punctatissimus, signaturis flavis; segmentis 1-2 margine flavo, 3-5 angustissime flavo limbatis; secundo maculis duabus flavis.

♂. Long. 6 mill. ; env. 14 mill.

Male. Formes de l'*O. Rossii.* Chaperon pyriforme, tronqué droit au bas. Tête concave en arrière; ocelles en ligne arquée. Prothorax anguleux ; mésothorax arrondi sur ses angles ; métathorax concave, les bords de la cavité peu ou pas tranchants. Le premier segment de l'abdomen en cupule, presqu'aussi large que le deuxième, sa suture indistincte. Insecte tout entier fortement et grossièrement ponctué, surtout le métathorax; concavité de ce dernier indistinctement striée. Abdomen un peu moins fortement ponctué, sauf le premier segment qui l'est très fortement; ce dernier portant deux lignes suturales plus ou moins distinctes, n'ayant pas la forme de crêtes mais de rides rugueuses.

Insecte noir : Mandibules styliformes, jaunes; chaperon jaune; un point sur le front, un en arrière de l'œil, une ligne dans le sinus des yeux, jaunes. Antennes noires, jaunes en dessous ; le crochet roux. Deux taches pyriformes sur le bord du prothorax, deux sous les ailes, écaille et post-écusson, jaunes. Les deux premiers segments de l'abdomen portant une bordure jaune et le deuxième *en outre un point jaune de chaque côté, près de sa base* ; les autres segments finement liserés de jaune ; anus orné d'un point jaune. Pattes jaunes, hanches et cuisses noires, les premières tachées de jaune. Ailes transparentes, un peu lavées de brun dans la radiale ; radiale n'atteignant pas près du bout de l'aile ; deuxième cubitale très large à son bord cubital ; son bord radial très court ; huitième cubitale plus longue que large ; la quatrième grande.

Rapp. et diff. Très voisin des *O. ammonia, scabriusculus, Bustillosi, adiabatus,* etc., mais distinct des deux derniers par ses fortes ponctuations, etc., du deuxième par ses deux sutures sur le premier segment, par son autre coloration, etc, et du premier par son métathorax noir, etc.

Habite : Le Para. (Musée de Paris.)

96. O. RHODENSIS, n. sp.

(Pl. X, fig. 7, 7 *a.*)

Niger, flavo pictus, punctatus; antennis infrà capitis medium nascentibus.

♀. Long. 7 mill. ; env. 12 mill.

FEM. Assez petit. Tête assez renflée, plus haute que large ; les antennes insérées au-dessous de son milieu ; chaperon pyriforme, faiblement bidenté. Corselet cylindrique ; prothorax aussi large que le mésothorax, tronqué ; son bord antérieur un peu concave ; ses angles anguleux. Métathorax oblique, concave au milieu, sans angles tranchants, mais ses angles très rugueusement chagrinés. Abdomen ovalaire ; le premier segment moins large que le deuxième, portant deux sutures saillantes. Entre ces deux sutures est un espace lisse, luisant ; la face supérieure du segment est au contraire criblée de ponctuations. (Fig. 7 *a.*)

Tout le corps noir, densément ponctué ; le bord des deux premiers segments en particulier garni d'une rangée de gros points enfoncés. Mandibules ferrugineuses ; au haut du chaperon, une petite ligne jaune arquée ; derrière chaque œil un point, et sur le premier article des antennes une ligne de cette couleur. Prothorax orné de deux taches presque contiguës, un point sous l'aile, post-écusson, écailles et un point de chaque côté en arrière de ces dernières, jaunes ; un point brun sur l'écaille. Tous les segments de l'abdomen assez largement et assez régulièrement bordés de jaune ; anus noir. Pattes jaunes, hanches jaunes et noires. Ailes transparentes, nervures brunes.

Rapp. et diff. Cette jolie espèce a des formes si différentes de tous les *Ancistrocerus* de l'Europe, qu'un œil exercé ne peut la confondre avec aucun d'eux. Elle est très bien caractérisée par sa tête renflée et par la basse insertion des antennes ; son corselet allongé, son prothorax très cylindrique et aussi large que le thorax à l'insertion des ailes, sont aussi très caractéristiques ; les ailes sont insérées très en arrière ; les écailles sont très grandes, très inclinées, à cause de la forme cylindrique et comprimée du corps ; et derrière chacune d'elles on remarque comme une deuxième petite écaille jaune. Puis le métathorax n'a pas la même forme que dans l'*O. parietum*, etc. A première vue on rapproche cet insecte plutôt des *Ptérochilus* et des *Alastor* que des Odynères, et c'est avec les *O. fulvipes* et voisins qu'il a le plus d'analogie pour la forme de son thorax, tandis que l'abdomen rappelle plutôt celle de l'*O. parietum*.

Habite : L'île de Rhodes. Communiqué par M. Boheman.

Division ANCISTROCERUS proprement dits (1).

[IIe Divis. de la Monographie.]

A. *Espèces de l'ancien continent.*

97. O. GAŻELLA.

Odynero parietum simillimus ; scutellis squamisque atris.

SYN. Panz. *Vespa gazella*, Faun. Germ.
Herr.-Schæff. *Odynerus gazella*. ! Faun. Germ. 173, p. 27, 176, 4, ♂, 14, ♀?

♂. Cette espèce ressemble tout à fait à l'*O. parietum* pour la forme ; elle est plus petite, et se distingue par ses écussons et écailles, noirs ; par son prothorax noir ou à peine bordé de jaune au milieu, par les bandes régulières de l'abdomen qui ne sont souvent qu'au nombre de trois.

Quant à la femelle figurée par Herr.-Schæff., elle paraît appartenir plutôt à l'*O. renimacula*. Elle a du reste les écailles alaires jaunes, tandis que le mâle les a noires ; or, c'est toujours l'inverse qui a lieu lorsque pareille différence se rencontre entre les deux sexes. Je pense donc que l'auteur a réuni à tort ces deux sexes.

Habite : L'Allemagne. Ratisbonne. (Collection du doct. Herrich-Schæffer.)

98. O. VIDUUS. ! Herr.-Schæff.

Niger ; signaturis flavis ; abdomine fasciis angustis flavis ; clypeo ♂ lato, acute bidentato.

(1) Voyez page 127 de la Monographie. IIe Division.

Syn. Herr.-Schæff. *Odynerus viduus.* Faun. Germ. 173, p. 28, 176, tab. 16.

♂. Long. 9 mill.; aile, 8 mill.

Male. Taille et formes de l'*O. parietum*, mais en différant comme suit :

♂. Chaperon n'étant pas allongé, mais au contraire plutôt plus large que long, et terminé par deux dents plus longues et plus écartées, un peu comme dans les Epipones (1). Pas de tache sous l'aile ; écusson noir ou avec deux points jaunes ; postécusson noir ; bandes de l'abdomen toutes étroites et régulières.

Habite : L'Allemagne. (Collect. du doct. Herr.-Shæffer.)

99. O. PICTUS, Curt.

(Pl. X fig. 10.)

Odynero parietum similis; antennis atris; thorace brevi, quadrato; abdominis primo segmento lato.

Syn. Curtis. *Odynerus pictus.* ! Brit. Entomol. III, 138.
Herr.-Schæff. *O. constans.* ! Faun. Germ.
Smith. *Ancistrocerus pictus.* Cat. Brit. Ins. Hym. 46, 6.

♀. Long. 10 mill.; env. 23 mill.

Fem. Chaperon pyriforme, faiblement bidenté, ponctué. Tout le corps densément ponctué, sauf l'abdomen qui l'est moins ; postécusson ayant deux bosses très ponctuées ; concavité du métathorax lisse, ses bords formant de chaque côté un angle spiniforme. Abdomen régulier ; la suture du premier segment très nette. Insecte noir, couvert d'un duvet de poils gris-ferrugineux. Un point entre les antennes ; deux très petits derrière le sommet des yeux ; au prothorax une bordure étroite, et deux points sur l'écusson, jaunes ; écaille brune, avec un point jaune ; tous les segments de l'abdomen ornés d'une bordure jaune très régulière ; anus avec un point jaune ; pattes fauves ; hanches et la majeure partie des cuisses, noires. Ailes lavées de ferrugineux, nervures brunes.

Male. Mandibules, chaperon, devant du scape, jaunes ; une partie des derniers articles des antennes et le corselet, ferrugineux. Ecusson noir ; ailes plus enfumées.

(1) Sous-genre *Oplopus* de la Monographie.

Rapp. et diff. Cette espèce est très voisine de l'*O. parietum,* mais reconnaissable à ses antennes entièrement noires, tant en dessus qu'en dessous, sans ligne jaune sous le scape; à son chaperon souvent noir, etc. Son abdomen est plus déprimé aussi ; le premier segment est très large; sa face supérieure est plus de trois fois aussi large que longue. L'écusson est noir, le corselet court, etc.

Habite : L'Angleterre, la Scandinavie.

100. O. TRIFASCIATUS (1).

Elongatus; clypeo antennisque atris; abdomine fasciis tribus flavis.

SYN. Fabr. *Vespa trifasciata.* Syst. Péz. 264.—*V. quadricincta.* Syst. Piez. 262.

?Panz. *V. gazella.* Faun. Germ. 53, 10. ♂.

Oliv. *V. trifasciata.* Encycl. Méth. VI, p. 688.

Christ. *V. yuncea.* Hymén, p. 245, pl. 23, fig. 8.

Wesm. *Odynerus trifasciatus.* Monogr. Odyn. Belg. Suppl. p. 7.

Herr.-Schæff, *Odyn. tricinctus.*! Faun. Germ. 173, p. 20, 176, tab. 10. ♀.

Spinol. *Odyn. trifasciatus.* Ins. Lig. II, 184.

Long. 10 mill.; env. 21 mill.

FEM. Insecte grêle, ayant assez la forme de l'*O. antilope,* mais plus cylindrique. La tête est noire, même le chaperon et les antennes; on remarque seulement entre les antennes un point jaune, deux petits points à la base des mandibules, et une ligne plus ou moins complète sous le scape de l'antenne, ferrugineuse ou jaunâtre. Le thorax est très allongé, presque deux fois aussi long que large. Le prothorax offre un bord jaune. Sur l'écusson sont deux petites taches jaunes et une sous l'aile. L'abdomen est très allongé, grêle ; le premier segment est peu large par rapport à sa longueur. Les trois ou quatre premiers segments sont bordés de jaune ; la bordure du premier est élargie sur les côtés. Pattes jaunes ; hanches, cuisses et derrière des tibias antérieurs, noirs ; genoux de la première paire, jaunes. Ailes bordées de gris. Ecaille noire, avec une tache jaune ou presque jaune.

(1) J'étais d'abord tombé, relativement à cette espèce, dans la même erreur que Saint-Farg. J'avais pris pour elle l'*O. trifasciatus* de cet auteur, qui est une var. de l'*O. renimacula.* Le véritable *trifasciatus* a la tête noire comme l'indique Fabricius. — Voyez plus haut : *O. triphaleratus* (p. 200).

MALE. Bordure jaune du prothorax souvent très mince, n'atteignant jamais les angles latéraux. Ecusson sans taches ou marqué de deux petites taches jaunes. Abdomen à trois ou quatre bandes jaunes. Cuisses de derrière noires jusqu'au bout.

Var. Le noir du premier segment est souvent trilobé.

Rapp. et diff. Très facile à confondre avec l'*O. triphaleratus*, mais s'en distinguant par son chaperon noir, par son corselet et son abdomen allongés, bien plus cylindriques, bien moins larges, car dans l'*O. triphaleratus* le corselet n'est pas beaucoup plus long que large.

Voyez aussi l'*O. trimarginatus* (n. 101).

Habite : L'Europe moyenne. (Musée de Paris.)

101. O. TRIMARGINATUS, Zetterst.

(Pl. X, fig. 9.)

Niger ; antennis et clypeo ♀ nigris, scapi linea angusta fulva ; abdomine fasciis tribus flavis.

SYN. Zetterst. *Odynerus trimarginatus*. Ins. Lapp. 456, 4.
? Curtis. *Odyn. scoticus*. Brit. Ent. III, p. 138.
Herr.-Schæff. *Odyn. 4-cinctus!* Faun. Germ. 173, p. 24, 176.
tab. 15, ♀. (1).

Long. 11 mill. ; env. 21 mill.

FEM. Grandeur et formes de l'*O. trifasciatus*, etc. Noir, un point entre les antennes et un autre très petit derrière chaque œil, fauves ou jaunes. Antennes noires; le dessous de leur premier article portant une étroite ligne fauve. Un point sous l'aile et bord du prothorax, jaunes. Les trois premiers segments ornés d'une bordure jaune très régulière ; la deuxième la plus large, la troisième étroite et raccourcie sur les côtés. Pattes noires ; genoux, tibias et tarses jaunes ; tibias noirs à leur face postérieure. Ailes enfumées, assez ferrugineuses. Ecaille brune.

MALE. Mandibules et chaperon jaunes ; crochet des antennes roux ; le devant de leur premier article jaune. Ecaille noire.

Rapp. et diff. Il a la taille et les formes de l'*O. trifasciatus*, mais il en diffère par ces caractères (2) :

(1) Il n'est aucune raison pour rapporter cet insecte au *4-cinctus* de Fabr. Il n'a que trois bandes à l'abdomen, et la 3ᵉ est incomplète ; dans certains cas, l'insecte n'en a probablement que 2.

(2) Les antennes sont entièrement noires, quoi qu'en dise l'auteur ; c'est probablement par suite d'un lapsus qu'il décrit le scape comme étant jaune en dessous.

1º Bord du prothorax ne portant qu'une ligne jaune interrompue au milieu et raccourcie sur les côtés ;

2º Ecusson noir ; écaille brune ou noire ;

3º Bandes de l'abdomen étroites et régulières : la première plus étroite que la deuxième ; la troisième raccourcie sur les côtés ;

4º Pattes ferrugineuses ; hanches et cuisses noires ;

5º Concavité du métathorax *formant à son sommet un angle rentrant aigu*, tandis que cet angle est très obtus chez l'*O. trifasciatus* ;

6º Abdomen moins déprimé (son deuxième segment articulé au premier, de façon à regarder en bas).

Habite : La Suède, l'Allemagne, Ratisbonne. (Collection du docteur Herr.-Schæff., etc.)

102. O. LONGISPINOSUS , n. sp.

Odynero parietum simillimus; prothorace bispinoso.

MALE. En tout semblable à l'*O. ochlerus*, mais les angles du prothorax prolongés en deux longues épines (♂) dirigées en avant. Le premier segment ayant aussi une très faible dépression centrale. Antennes ferrugineuses en dessous ; le crochet ferrugineux.

Rapp. et diff. Je ne vois aucun caractère distinctif de cet Odynère autre que ses longues épines prothoraciques, qui ne se retrouvent pas chez les autres espèces, et surtout qui sont dirigées en avant, non latéralement.

Le métathorax a souvent deux taches jaunes, et le premier segment de l'abdomen a sa bordure un peu élargie sur les côtés.

Habite : L'Algérie. (Musée de Paris.)

103. O. IMPUNCTATUS , Spin.

Niger, flavo pictus; abdominis segmentis duobus primis flavo marginatis.

SYN. Spinol. *Odynerus impunctatus*. Ann. Soc. Ent. Fr. 1ʳᵉ sér. , VII, p. 503.
Savigny. Descr. de l'Egypte, Hym., pl. IX, fig. 5.

Long. tot. 2 1/2 lignes.

MALE. Noir. Base des mandibules , dessous du premier article des antennes, chaperon, une tache au milieu du front, bord postérieur du prothorax, deux taches sur l'écusson, une autre de chaque côté sur les

flancs du mésothorax, une bande assez large le long du bord postérieur des deux premiers anneaux, jaunes. Pattes et extrémités des antennes, ferrugineuses. Antennes du mâle terminées par deux articles en
crochet. Chaperon un peu bombé, hexagone, échancré à son bord inférieur et à son bord supérieur, à surface lisse ou sans points enfoncés
apparents (1). Face postérieure du mésothorax perpendiculaire, concave, fortement ponctuée, extérieurement rebordée. Suture médiane,
carénée dans toute sa longueur ; ponctuation plus fine près de l'angle
sutural postérieur. Pièce médiane très petite, triangulaire, concave et
fortement ponctuée. Pattes jaunes. Hanches tachées de noir. Ailes obscures ; nervures noires.

Habite : L'Egypte.

104. O. CAPENSIS, n. sp.

Ater; abdominis segmentis omnibus flavo limbatis; prothorace bispinoso.

♀. Long. 9 mill.; env. 19 mill.

Chaperon large, presque terminé en pointe ; angles du prothorax
épineux ; métathorax arrondi, mais laissant voir de chaque côté un insensible tubercule. Abdomen comme chez l'*O. parietum*. Le deuxième
segment portant en dessus un tubercule insensible. Tête et corselet
finement ponctués, couverts d'un duvet roux ; abdomen satiné, à reflets
grisâtres. Insecte noir ; tous les segments de l'abdomen largement et
régulièrement bordés de jaune, le premier, seul, ayant une ligne très
étroite. Anus jaune. Pattes noires. Ailes lavées de brun-jaunâtre. Nervures brunes.

Rapp. et diff. Distinct par son corselet bi-épineux et entièrement
noir ainsi que la tête.

Habite : Le Cap de Bonne-Espérance. (Collection de M. le marquis
Spinola.)

105. O. AMADANENSIS, n. sp.

(Pl. XII, fig. 9.)

Minimus, niger, rugosus, flavo pictus; antennis flavis; metathoracis angulis et secundi segmenti maculis duabus, flavis.

(1) Ceci, dit M. Spinola, suffira pour la distinguer de l'*O. bicinctus* Meg., espèce colorée à peu près de même, mais dont e chaperon est très visiblement ponctué. — Je n'ai nulle connaissance de cette espèce. Le nom ne serait-il pas inédit ?

MALE. Très petit, presque entièrement semblable pour les formes et les couleurs à l'*O. parvulus*, mais s'en distinguant par les caractères suivants : chaperon n'étant pas pyriforme, bidenté au bout, mais polygonal, terminé par un bord droit, faiblement bidenté à ses angles. Sinus des yeux, noirs. Antennes jaunes, le flagellum seul en dessus, un peu gris. Métathorax fortement concave ; ses angles très tranchants ; tête et corselet très rugueusement ponctués ; abdomen distinctement et fortement ponctué (dans l'*O. parvulus*, il est lisse et soyeux) ; deuxième segment de l'abdomen non ovale, mais cylindrique ; son bord postérieur distinctement rebordé. Ailes transparentes. Couleurs du corps comme dans l'*O. parvulus*, la tache latérale du deuxième segment libre ou à peine fondue avec la bordure.

Rapp. et diff. Très distinct de tous les autres *Ancistrocerus* par ses nombreux ornements jaunes. La suture transversale du premier segment de l'abdomen assez distincte.

Sans ce caractère on le confondrait facilement avec l'*O. parvulus*.

Habite : Amadan, en Perse. (Musée de Paris.)

106. B. *Espèces Australiennes.*

O. FLUVIALIS, n. sp.

Niger, flavo pictus ; *O. parietum* simillimus, sed minor.

♂. Long. 7 mill.; env. 16 mill.

Taille et facies de l'*O. minutus*, ou encore facies de l'*O. parietum*. Chaperon échancré (♂). Corselet globuleux ; prothorax un peu rétréci en avant, mais ses angles épineux ; métathorax concave, ses angles tranchants ; premier segment de l'abdomen presque aussi large que le deuxième, court, avec une ligne dorsale ; la suture saillante. Tête et corselet ponctués, velus ; abdomen moins fortement ponctué. Insecte noir ; mandibules et chaperon jaunes (♂), un point entre les antennes, un petit en arrière de l'œil, une ligne presque interrompue au milieu sur le devant du prothorax, deux points à l'écusson, deux au post-écusson, et à tous les segments de l'abdomen une bordure régulière, jaune. Antennes noires, ferrugineuses en dessous ; crochet roux, noir au bout ; devant du premier article jaune. Pattes jaunes, hanches et base des cuisses noires ; ailes transparentes.

Rapp. et diff. Je ne vois aucune différence entre cette espèce et l'*O. parietum* ; si l'étiquette n'est pas erronée, il faut considérer cette espèce comme distincte de l'*O. parietum*, à cause des épines du métathorax qui sont à peine marquées, de la ponctuation plus fine du premier segment et de l'écaille noire.

Habite : La Nouvelle-Hollande , Swan-Ravier. (Collection de M. le marquis Spinola.)

C. *Espèces Américaines.*

1º Premier segment tronqué antérieurement, formes assez trapues de l'*O parietum* (1).

107. O. SPINOLÆ , n. sp.

Niger, flavo pictus; antennis nigris; abdominis segmentis 1-2 margine flavis.

Long. 13 mill.; env. 27 mill.

Formes de l'*O. parietum*. Corselet couvert de points écartés, visibles à l'œil nu. Abdomen plus finement ponctué. Suture de son premier segment très saillante. Insecte noir. Une tache à la base des mandibules, une entre les antennes, une ligne sur leur premier article, un point en arrière des yeux et deux taches sur le prothorax, jaunes. Le deuxième anneau de l'abdomen portant une bordure jaune régulière et étroite, et en dessous seulement un point de chaque côté. Le premier segment presque entièrement jaune en dessus avec une échancrure tricuspide au milieu. Pattes noires, tibias et tarses jaunes. Ailes enfumées avec un reflet violet.

Habite : Philadelphie. (Collect. de M. le marquis Spinola.)

108. O. PERTINAX , n. sp.

Odynero parietum simillimus, niger; abdomine fasciis sex flavis; aliis subobscuris.

MALE. Exactement comme l'*O. parietum*, mais plus petit; la bordure du prothorax plus étroite; les bordures de l'abdomen toutes étroites et régulières, même la première. Les ailes enfumées dans toute leur étendue, non sur la côte seulement; la deuxième cubitale moins rétrécie vers la radiale ; la troisième cubitale à peu près aussi large que longue, sa nervure externe à peu près droite.

Habite : L'Etat de New-York. (Musée de Londres.)

____

(1) Section correspondant à la section *a* de la Monographie (page 135).

109. O. ALBOPHALERATUS.

Niger; clypei maculis quatuor, prothoracis margine, scutellorum fasciis interruptis, abdominis segmentorum fasciis marginalibus, albis; alis hyalinis.

♀. Long. 10 mill.; env. 23 mill.

FEM. Grandeur et formes de l'*O. parietum*. Coloration exactement la même, si ce n'est que les ornements jaunes sont blancs. Les mandibules sont tachées de blanc ; le chaperon a aussi deux taches latérales vers le haut, et deux points au bas, blancs ; l'écusson porte une bande blanche, interrompue, et le postécusson est bordé de blanc ; la bordure du premier segment est étroite et régulière, sans élargissement sur les côtés ; les antennes sont entièrement noires avec une très petite ligne blanche à la base du premier article ; les tarses sont bruns en dessus, blancs en dessous, avec le premier article souvent blanc. Les ailes sont hyalines, un peu ferrugineuses le long de la côte, un peu enfumées vers le bout.

MALE. Mandibules, chaperon, et dessous du premier article des antennes, blancs ; dessous du flagellum ferrugineux.

Var. ♀. Mandibules, bas du chaperon, antennes, postécusson, et bout des tibias noirs.

Rapp. et diff. Cette espèce est la seule du sous-genre *Ancistrocerus*, jusqu'à ce jour connue, qui ait des ornements blancs.

Habite : L'Amérique arctique. (Musée de Londres.)

110. O. SYLVEIRAE, n. sp.

(Pl. X, fig. 8.)

Niger, signaturis flavis; abdominis segmentis omnibus flavo limbatis; prothorace antice et postice flavo limbato.

♀. Long. 9 mill.; env. 18 mill.

FEM. Chaperon un peu plus large que long, échancré et fortement bidenté, les dents aiguës. Prothorax anguleux, rebordé. Ecusson plat ; métathorax concave, la concavité bordée par une ligne tranchante. Abdomen assez allongé ; premier segment fortement tronqué du côté antérieur et offrant une suture très saillante ; sa face supérieure deux fois aussi large que longue ; deuxième segment plus long que large, ovale, un peu plus large que le premier ; un peu tuberculé en dessus, et offrant en dessous une saillie prononcée à sa base. Tête et corselet ponctués ; abdomen lisse, un peu villeux. Insecte noir ; mandibules, un point entre les antennes, et orbites, jaunes. Chaperon jaune, avec une tache noire au milieu ; sur le vertex une très fine ligne jaune, formant en arrière un angle très obtus ; le côté postérieur des orbites largement bordé de jaune. Antennes noires, devant du premier article jaune, et dessous des autres, ferrugineux. Prothorax jaune avec de chaque côté une tache oblique noire, qui partage le jaune en deux bordures, une en avant, une en arrière. Ecaille jaune avec une tache noire.

Ecusson bordé de jaune postérieurement ; deux taches jaunes sur le postécusson ; une ligne jaune de chaque côté sur les angles du métathorax. Tous les segments de l'abdomen liserés de jaune, le premier étroitement, les autres portant une bordure un peu plus large. Anus jaune. Pattes noires ; tibias et genoux de la première paire, jaunes, avec une ligne noire. Ailes transparentes, nervures brunes ; deuxième cubitale fortement élargie vers le disque ; la troisième étroite.

Habite : Le Brésil. Sylveira. (Musée de Paris.)

111. O. Pilosus, n. sp.

Niger, flavo pictus ; alis subfuscescentibus.

Assez petit : angles du prothorax subépineux ; métathorax un peu concave, strié en travers, la concavité un peu rebordée, et offrant de chaque côté un très petit tubercule spiniforme ; les angles supérieurs du métathorax arrondis. Premier segment de l'abdomen tronqué antérieurement, un peu moins large que le deuxième, sa suture placée sur sa face antérieure. Le deuxième segment de l'abdomen ne portant pas en dessous de tubercule sensible ; son bord postérieur ponctué. Insecte noir, couvert de longs poils gris. Bord antérieur du prothorax, écailles, une bande interrompue sur chacun des écussons, blancs-jaunâtres, les deux premiers segments bordés de blanc-jaunâtre. Sur chaque écaille une tache noire. Ailes à peine enfumées.

Male. Chaperon polygonal, tronqué droit, jaune, ainsi qu'un point entre les antennes.

Cette espèce établit la transition à la section *b.* de la Monographie, p. 139, par le fait, que le bord du deuxième segment abdominal s'enfonce sous de fortes ponctuations, mais il ne va pas jusqu'à être retroussé.

Habite : Le Pérou. Rapporté par M. Gay. (Musée de Paris.)

2. *Formes assez allongées. Abdomen assez cylindrique, grêle; son premier segment arrondi en avant* (1).

112. O. CONFORMIS, n. sp.

Niger, punctatissimus; signaturis flavis; abdominis segmentorum 1-2 punctis duobus flavis; alis cœrulescentibus.

FEM. Taille et formes exactement comme chez l'*O. fulvipes.* Tout le corps étant de même fortement ponctué ; mais les points dont le corselet est criblé, moins gros et plus nombreux ; ponctuations de l'abdomen plus fortes ; le premier segment très rugueux ; le deuxième segment ayant le long de son bord une ligne enfoncée de grosses ponctuations. Le principal caractère qui l'en distingue est que le corselet est plus comprimé, bombé, et la concavité du métathorax n'occupe pas toute sa largeur, ses bords sont rugueux, arrondis, et la crête latérale du métathorax est bien plus marquée. Couleurs comme chez l'*O. fulvipes ;* mais le jaune plus roux ; les taches du métathorax plus latérales, occupant la crête latérale ; celles du premier segment nulles ou très petites ; le deuxième orné en outre de deux petites taches libres. Ailes brunâtres avec des reflets violets.

Nota. Chez cette espèce comme chez l'*O. fulvipes,* la suture du premier segment est presque nulle.

Habite : La Louisiane. Nouvelle-Orléans. (Collect. de M. Sichel.)

113. O. OCULATUS, Say.

Niger, punctatissimus; signaturis flavis; abdominis segmenti secundi lateribus flavo maculatis.

Long. 7 mill.; env. 15 mill.

MALE. Noir, densément et assez fortement ponctué. (Chaperon jaune, échancré (♂), mandibules jaunes avec le bout orangé ; scape de l'antenne jaune avec une ligne noire en dessous) ; un point au-dessus de l'insertion des antennes, jaune ; sur la face deux lignes obliques qui partent de la base de l'antenne et pénètrent dans les sinus des yeux, jaunes. Sur le milieu du prothorax une tache bilobée, écaille, une tache sous l'aile, une ligne sur le postécusson, jaunes. Ailes faiblement enfumées. Abdomen moins fortement ponctué que le thorax ; les segments 1 et 2 bordés de jaune, et le deuxième portant en outre de chaque côté une petite tache jaune libre. Les autres segments indistinctement liserés de jaune. Pattes jaunes ; base des cuisses noire.

(1) Section correspondant à la section *c* de la Monographie (page 140).

La suture du premier segment de l'abdomen est très indistincte.

Var. Pattes jaunes. (Missouri.)

Habite : L'Amérique du Nord. L'Ohio, le Missouri, etc.

DIVISION PSEUDODYNERUS (1).

Métathorax prolongé horizontalement en arrière du postécusson, puis subitement tronqué ; suture du premier segment de l'abdomen très indistincte.

114. O. LUCTUOSUS, n. sp.

Niger ; alis cœruleis ; thorace rugosissime longitudinaliter striato, scutello lævi, metathorace rugosissimo ; abdominis secundo segmento supra tuberculato, maculis duabus albidis maximis.

Long. 16 mill.; aile, 17 mill.

FEM. Grandeur et formes générales exactement semblables à celles de l'*O. quadrisectus.* Tête très grossièrement rugueuse ; vertex portant deux bosses lisses qui supportent deux pinceaux de poils. Chaperon pyriforme, ayant une échancrure obtuse placée entre deux dents assez obtuses aussi. Prothorax anguleux, rebordé, couvert ainsi que le mésothorax de très fortes stries longitudinales, si rugueuses, qu'elles sont très distinctes à l'œil nu ; écusson lisse luisant, avec quelques points enfoncés. Métathorax très rugueux, dépassant le postécusson, puis subitement tronqué ; la troncature ou concavité fortement striée en travers. Cette partie striée formant au sommet deux saillies séparées par une entaille médiane ; les arêtes latérales formant à la rencontre des inférieures un angle obtus. Abdomen lisse, luisant, finement pointillé ; le premier segment moins large que le deuxième, tronqué carrément ; le deuxième armé en dessus d'un fort tubercule. Insecte noir : une ligne blanchâtre sur chaque mandibule, et une de chaque côté du haut du chaperon ; le deuxième segment orné de deux grandes taches blanches, placées plus près de sa base que de son bord. Pattes noires. Ailes d'un noir violet. Antennes offrant une ligne blanche sous le scape. (Le flagellum noir?)

Habite : L'Amérique. Probablement la Caroline du Sud. (Ma collection.)

(1) Correspond à la section 2ᵉ (page 145 de la Monographie). Elle figurerait peut-être avec plus de justesse dans le sous-genre *Odynerus proprement dits.*

DIVISION ANCISTROCEROIDES
IIIᵉ Division (1) de la Monographie, p. 146.

Cette division s'augmente de deux nouvelles espèces (2).

115. O. CRUENTUS , n. sp.

Niger; abdomine sanguineo, segmentis duobus primis nigris, sanguineo marginatis; alis subhyalinis ; cellula cubitali secunda subpetiolata.

Long. 15 mill.; env. 26 mill.

FEM. Très voisin, pour la coloration, de l'*Alastor sanguineus* et de
l'*Odynerus sanguinolentus*, mais plus grand. Chaperon plat, plus long
que large, ponctué, luisant au milieu et tronqué droit, point échancré,
point bidenté. Corselet en carré long, ponctué comme la tête; en des
sous à la base du deuxième segment de l'abdomen est un fort tubercule. Tout l'insecte couvert d'un duvet ferrugineux. Insecte noir.
Entre les antennes un point orangé et deux autres sur le prothorax.
Le premier segment bordé de rouge de sang ; la moitié postérieure du
deuxième, rouge de sang, échancré de noir au milieu; l'échancrure en
angle obtus. Le reste de l'abdomen rouge de sang. Pattes noires, tibias
et tarses roux. Ailes un peu enfumées ; nervures noires ; deuxième cubitale subpédicellée, mais sans pétiole distinct, beaucoup plus large que
longue.

Rapp. et diff. On confondra cette espèce :

1º Avec l'*Alastor sanguineus,* dont il est bien distinct par son chaperon nullement bidenté et par la deuxième cubitale qui, en réalité, est
entièrement rétrécie vers la radiale, mais sans pétiole ;

2º Avec l'*Odynerus sanguinolentus,* dont il s'écarte par sa deuxième
cubitale beaucoup plus large que longue et subpédicellée, etc.

Habite : La Nouvelle-Hollande. (Musée de Londres.)

116. O. SANGUINOLENTUS, n. sp.

Præcedenti similis; metathorace anguloso; cellula cubitali secunda subtriangulari.

Long. 11 mill.; env. 21 mill.

(1) Ce devrait être IIIᵉ Divis.; le chiffre II est une faute d'impression, de même
que le chiffre III, page 148, devrait être IV.
(2) Je ne me souviens pas si ces deux espèces ont ou non une suture sur le 1ᵉʳ
segment de l'abdomen. C'est donc avec doute que je les range dans le sous-genre
ANCISTROCERUS.

MALE. Très voisin de l'*O. subalastor* (1), avec lequel il ne faut pas le confondre. Il a exactement la même coloration (si ce n'est celle du chaperon que je ne connais pas dans la femelle). Le premier segment de l'abdomen a une bordure rouge échancrée au milieu et raccourcie sur les côtés. Les pattes sont noires, les genoux seuls sont rouges, et le bout des tarses est ferrugineux. Le métathorax forme de chaque côté un angle spiniforme. Mandibules noires (♂) ; chaperon tronqué presque droit, jaune-pâle, ainsi qu'une tache entre les antennes et le devant de leur premier article ; le treizième article en forme de crochet. Ailes enfumées, la côte brune avec un reflet violet. Deuxième cubitale plus longue que large, très rétrécie vers la radiale, mais son bord *radial sensible*.

Rapp. et diff. Très voisin de l'*Alastor sanguineus*, duquel on le distingue aisément par l'innervation alaire.

(Musée de Londres.)

Division HYPANCISTROCERUS (2).

Tête renflée ; antennes insérées au-dessous du milieu de sa hauteur. Métathorax prolongé horizontalement, un peu en arrière du postécusson, puis tronqué ; sa plaque postérieure formant une profonde concavité circulaire, terminée par des bords très tranchants. Suture du premier segment très saillante.

117. O. ADVENA, n. sp.

(Pl. XI, fig. 3, 3 *a*, 3 *b*, 4.)

Niger, punctatus, sericeus ; antennis infra capitis medium insertis ; metathorace concavo, margine producto ; abdominis primo segmento coarctato ; corporis signaturis, abdominis fasciis 5, fulvis.

♀. Long. 7 1/2 mill.; env. 15 mill.

FEM. Tête bombée ; antennes insérées bien plus bas que son milieu, chagrinées. Chaperon pyriforme, plus long que large. Echancrure des yeux triangulaire. Corselet chagriné, allongé, cylindrique, le plus large au prothorax ; plus étroit au métathorax. Prothorax finement rebordé, anguleux, un peu concave le long de son bord antérieur. Métathorax

(1) Voyez plus haut sa description.
(2) Cette division est nouvelle, elle correspond pour les formes à celle qui, dans le genre Alastor, a pour type l'*A. melanosoma*.

prolongé horizontalement, un peu en arrière du postécusson ; sa concavité semicirculaire, terminée par des bords très saillants et très tranchants, formant vers le bas un angle obtus (1). Abdomen ponctué, surtout le long du bord du deuxième segment; suture du premier très distincte, et régulière, placée sur sa crête. Ce segment bien moins large que le deuxième, aussi long que large (2). Deuxième anneau cylindrique, mais fortement rétréci en avant de façon à offrir en dessus comme un renflement tuberculeux.

Insecte noir, revêtu d'un duvet argenté, grisâtre: mandibules fauves. Chaperon jaune avec un milieu noir. Antennes fauves ; leur premier article gris en dessus vers le bout ; flagellum noirâtre, ferrugineux en dessous. Deux points dans le sinus des yeux ; un au haut de la carène qui sépare les antennes et un derrière chaque œil, fauves ; bord antérieur du prothorax ; un liseré le long de son bord postérieur atteignant l'écaille, un point sous l'aile, un autre en avant de l'écusson et postécusson, jaunes. Ecailles rousses variées de jaune ♀. Métathorax ayant ses bords tranchants, et une partie de sa concavité, jaunes. Tous les segments de l'abdomen étroitement bordés de jaune ; la bordure du premier se recourbant en avant en suivant les bords inférieurs du segment. Pattes jaunes ; dessus des cuisses, dessous des tibias, et face postérieure des hanches, noirs. Ailes enfumées.

Habite : Le Brésil. Communiqué par M. F. Smith, de Londres.

Sous-genre LEIONOTUS.

Ce nom est déjà employé pour désigner un genre de Coléoptères (3); il est donc nécessaire de le changer. Comme il n'avait précédemment été réservé aucune place pour les Odynères proprement dits, je pense qu'on peut avec avantage nommer ainsi ce groupe ; ce sera donc le

Sous-genre ODYNERUS proprie dicta (4)

et l'on entendra par là les véritables *Odynerus*, c'est-à-dire ceux qui

---

(1) Cette forme du corselet est celle indiquée pour le groupe de l'*Alastor melanosoma*.

(2) Cette forme de l'abdomen se rapproche beaucoup de celle des *Protodynerus (Symmorphus)*.

(3) Kirby. Fauna Borealis americ., p. 76.

(4) J'ai peine à comprendre comment les auteurs anglais, après avoir accepté les trois groupes de M. Wesmaël, Protodynerus *(Symmorphus)*, Ancistrocerus

conserveront ce nom , si dans la fièvre qui les pousse à sabrer tous les genres un peu vastes , les entomologistes fractionnent en plusieurs autres le genre *Odynerus.*

1. Changements et additions aux espèces du sons-genre Odynerus.

Page 155. — ODYN. INTERMEDIUS.

MÂLE. Comme la femelle , mais ayant les mandibules tachées de jaune ; aux antennes un petit crochet fauve ; les ponctuations du corps fortes ; le premier segment de l'abdomen noir avec quelques points jaunes épars , etc.

Cette espèce offre un métathorax plat et quadridenté , comme les Eumènes de la division *Pareumenes* (voyez pl. VII, fig. 2, *c*).

De Grèce. (Collect. de M. Herrich-Schaeffer).

Page 156. — O. BIZONATUS. Changez son nom en O. BICINCTUS.

Ajoutez aux synonymes :

Fabr. *Vespa bicincta* (1).! Ent. Syst. II. 271, 65.— Syst. Piez. 265. Lep. St-Farg. *O. bicinctus* (1). Hymen. II, 644. (Syn. exc.).

Var. ♀ . Pattes entièrement noires.

♂ . Deuxième segment abdominal formant en dessus un fort tubercule.

Les ornements et le chaperon du mâle sont ferrugineux, ou d'un fauve pâle, plutôt que blanc-jaunâtre.

Page 157. O. EXILIS. — Ce nom est déjà employé pour une espèce décrite à tort ou à raison comme nouvelle, par Herrich-Schaeffer. Je le change donc en O. EXTRANÆUS.

Var. ♀ . Une ligne orangée, interrompue sur le postécusson.

et Epipona (*Oplopus*), ne se sont pas aperçus qu'il en manquait un quatrième destiné à recevoir les Odynères proprement dits (*Leionotus*). Ils font de ces derniers des Ancistrocerus ; mais il existe bien plus de différence entre les Ancistrocères et les vrais Odynères qu'il n'en existe entre les Ancistrocères et les Protodynerus (Symmorphus), et cette réunion est des plus illogiques.

(1) Vu le type dans la collect. de Banks. Indiqué à tort comme originaire du cap de Bonne-Espérance. Fabricius a omis de parler des taches jaunes du métathorax.

Page 159. — O. MACTAE.! Cette espèce étant rare et difficile à distinguer, je l'ai fait figurer pl. XI, fig. 7.

A vrai dire on pourrait presque aussi bien la placer à côté de l'O. *Dantici* que dans ce groupe. Le premier segment de l'abdomen est cupiliforme, presque subpédicellé ; son bord n'est pas rébordé comme je l'ai dit, mais seulement épaissi. Le métathorax est rugueux ; il a au milieu une faible concavité ponctuée ou un peu striée, et bien en dehors de cette concavité on voit de chaque côté un tranchant dirigé latéralement, non en arrière ; il conflue en bas avec les bords de la concavité, et sur sa partie supérieure il porte une ligne jaune.

Le ♂ de la collection Saint-Fargeau est le seul individu que j'en aie jamais vu ; M. Lucas a cherché en vain cette espèce pendant les trois années qu'il a passé en Algérie.

Var. Ecusson noir ; bordure des segments abdominaux peu raccourcie sur les côtés.

Page 160. Au lieu de IIe DIVISION.

Mettez : DIVISION HYPODYNERUS (1).

Cette division est très naturelle ; les insectes qui la forment ont tous un air de famille, très semblable, mais difficile à définir.

L'abdomen est en général très déprimé ; et la face antérieure de son premier segment est triangulaire ; le métathorax est triangulaire, lorsqu'il est anguleux, mais ses angles ne sont jamais dirigés en arrière. Le corps est couvert de poils de deux espèces. D'abord d'un duvet court velouté qui donne à tout l'insecte un aspect terne, rugueux, puis de poils longs, hérissés sur toutes les parties. Ces

(1) J'ai décrit les insectes qui rentrent dans ce groupe sur les individus que M. Gay a bien voulu me communiquer au moment où il recevait sa collection des mains de M. le marquis Spinola, qui s'était chargé d'en faire la description pour la *Fauna Chilena*. Le mémoire de M. Spinola n'avait pas paru encore, et la liste qui accompagnait la collection fut le seul document que je fus à même de consulter dans le but de me fixer sur les noms des espèces. Or, cette liste se trouva par la suite être remplie d'erreurs, et grâce à de nombreux changements adoptés dans le texte, elle ne correspondait que très imparfaitement aux noms et aux espèces adoptés dans le travail de l'auteur. Cette circonstance m'a conduit à décrire comme nouvelle une espèce qui ne l'était pas, et à introduire des noms qui doivent être détruits. M. Gay, ayant dans un supplément au t. VI de sa *Fauna chilena* publié les espèces que je croyais nouvelles, je dois prémunir le public contre les confusions qui pourraient en résulter, et le prie de bien prendre note des rectifications que je consigne ici, ou qui ont déjà été consignées dans la Monographie.

derniers s'usent et manquent souvent. Lorsque même le duvet velouté est perdu, on voit apparaître les ponctuations du thorax et le luisant de l'abdomen. Selon qu'on aura sous les yeux des individus jeunes ou vieux, frais ou non, c'est-à-dire couverts de leurs poils ou en étant dépourvus, on arrivera à faire des descriptions très différentes. On ne doit donc pas considérer comme un caractère l'apparence plus ou moins lisse de l'abdomen ou du corselet.

Voici le tableau des espèces qu'un nouvel examen m'a conduit à admettre (1).

A. *Ailes brunes avec des reflets violets.*

    O. obscuripennis. — O. villosus.

B. *Ailes ferrugineuses le long de la côte; enfumées ou violettes au bout.*

 a *Prothorax roux.*
  1. Antennes rousses avec le bout noir.

    O. humeralis. — O. tuberculatus.

  2. Antennes rousses.

    O. ruficollis.

 b *Prothorax noir ou bordé de blanc.*
  1. Antennes noires en dessus.
   α Le 1er article roux.

    tarabucensis.

   β Le 1er article noir en dessus.

   Abdomen ayant un tubercule en dessus. . . . excipiendus.
   — sans tubercule, pédicellé . . . . . arcuatus.
   — — sessile . . . . . . vestitus.
  2. Antennes rousses.
   α Sous le 2e segment un tubercule.

   Postécusson blanc . . . . tuberculiventris.
   — noir; prothorax bordé de blanc . . labiatus.
   Thorax noir; métathorax offrant deux angles. . chiliotus.
   β Pas de tubercule distinct à l'abdomen.

   Abdomen pédicellé . . . . { subpetiolatus. / Molinius.
   — sessile. . . . . antucensis.

Voyez en outre l'*O. vespiformis* (*hirsutulus*), que j'ai cru devoir reléguer dans une autre division.

Comme toutes ces espèces sont assez difficiles à bien distinguer et que de nouvelles espèces sont venues s'ajouter à elles, j'ai cru devoir insister sur leurs rapports et leurs différences.

Page 160. — O. ARCUATUS. Il ne peut être confondu qu'avec les *O. excipiendus*, *tarabucensis* et *vestitus* qui ont comme lui les an-

(1) Pour la description des espèces, cherchez à la table.

tennes noires. Les deux derniers s'en distinguent bien par leur abdomen plus sessile, le premier segment étant large à son bord postérieur, tandis que chez l'*O. arcuatus* il n'a guère que la moitié de la largeur du deuxième segment ; ce dernier n'offre pas de tubercule au-dessus, ce qui sert à le différencier de l'*O. excipiendus*.

Page 161. O. COLOCOLO n'est évidemment qu'une variété de l'*O. excipiendus*. Il se distingue bien de l'*O. arcuatus* par son deuxième segment de l'abdomen renflé en tubercule en dessus.

Page 161. — O. EXCIPIENDUS. Ajoutez aux synonymes :
Sauss. *Odynerus colocolo*. Faun. Chilena. Zool. VI, p. 566. —
Mon. G. solit., pl. XVII, fig. 4, p. 161, 46.

Par ses antennes noires il se rapproche des *O. arcuatus, vestitus, tarabucensis* ; mais s'écarte de tous par son abdomen dont le deuxième segment est renflé d'un *fort tubercule* à sa face dorsale.

Page 162. — O. SUBPETIOLATUS. Placez en synonymes :
Sauss. *Odynerus coarctatus*. Faun. Chilena. Zool. VI. 565.
Très voisin de plusieurs espèces, dont il diffère cependant par des caractères très nets :

1° De l'*O. tuberculiventris* par l'absence de tubercule à la base de la face ventrale du deuxième segment de l'abdomen ; par son postécusson noir, etc.

2° De l'*O. labiatus*, par ses antennes noirâtres en dessus au bout ; par l'absence de tubercule sous la base du deuxième segment ; ♀ par son chaperon noir.

3° Des *O. arcuatus* et *excipiendus* par ses antennes rousses, et en particulier du deuxième par l'absence de tubercule en dessus du deuxième segment.

4° Des *O. vestitus*, etc., par son abdomen distinctement pédicellé.

Dans cette espèce le bout de l'aile est bien moins enfumé que dans les autres.

Page 162. — O. TUBERCULIVENTRIS. Par sa petite taille, son tubercule très distinct sous le deuxième segment de l'abdomen, son postécusson et une tache sous l'aile, blancs, cette petite espèce se distingue de toutes les autres. L'*O. labiatus* a l'abdomen formé comme lui ; mais cet Odynère est d'une taille bien supérieure, et la ♀ à le chaperon roux.

Page 163. — O. TUBERCULATUS. Cette espèce doit être transportée dans la section deuxième, p. 168, et trouve sa place à côté de l'*O. humeralis* (*chilensis*). — Placez en synonyme :
O. tuberculatus. Sauss. Fauna Chilena, Zool. VI, p. 564 (1).

Page 164.—O. LACHESIS. (Mon. Pl. xvii, fig. 5.) Changez ce nom en :

O. LABIATUS.

Placez en tête des synonymes :
Haliday. *Odynerus labiatus.!* Trans., Linn., Soc., XVII, p. 323.
Voyez les affinités des *O. arcuatus, excipiendus, subpetiolatus, tuberculiventris*, qui ont comme lui l'abdomen pédicellé à la base.

Page 165. — O. OBSCURIPENNIS (*O. coquimbensis.* Faun. Chilena. Zool. VI, p. 561.)
Bien voisin de l'*O. villosus*, car son abdomen n'est luisant que par suite de la chute des poils qui le recouvraient ; cependant son corselet est très rugueusement chagriné, tandis que l'*O. villosus*, qui est plus petit, a le corselet criblé de petits points enfoncés, mais nullement rugueux, point chagriné.

Page 165. — O. VILLOSUS. (Fauna Chilena. Zool., VI, p. 563.)

Page 166.—O. CHILENSIS. (Mon. Pl. xvii, fig. 6.) Changez ce nom en :

O. *HUMERALIS*, Halid..

Et placez en tête des synonymes :
Halid. *Odynerus humeralis.!* Trans., Linn., Soc., XVII, p. 324. ♀.
Pris en Colombie (Port de St-Helena), sur le grand Océan.

Var. Chaperon et antennes roux ; milieu du prothorax jaune. — Nous ne pensons pas que ces différences constituent une autre espèce.

Page 167. — O. ANTUCO. Changez ce nom en :

O. *ANTUCENSIS.* (Fauna Chilena, Zool., VI, p. 562.)

(1) Cet ouvrage était encore sous presse lorsque ces espèces paraissaient ; il ne m'a donc pas été possible de citer les pages dans la Monographie.

Par son abdomen sessile, son faciès d'une *Vespa*, son premier segment abdominal dont la face supérieure est quatre fois aussi large que longue, et presqu'aussi large que le deuxième segment , cet Odynère ne peut être rapproché que des *O. tarabucensis, chiliotus* et *vestitus*.

Diffère de ce dernier par ses antennes , chaperon et écailles , rousses , de l'*O. chiliotus,* par l'absence de tubercule distinct sous le deuxième segment de l'abdomen.

De l'*O. Tarabucensis ,* par sa plus petite taille, ses antennes entièrement rousses, son premier segment plus court et plus large. Par ses angles métathoraciques bien moins tranchants.

Il faut peut-être considérer l'*O. Maypinus,* comme son mâle.

Page 167. — O. CHILIOTUS. (Fauna Chilena Zool., VI, p. 566.)

N'a pas, comme je l'ai dit, au métathorax, deux épines, mais seulement deux angles. Il ne faut donc pas se laisser induire en erreur par ce qui est dit p. 168, dans les rapp. et diff. de cette espèce.

En dessous du deuxième segment est un fort tubercule qui la distingue des autres espèces sessiliventres, savoir des *O. Tarabucensis, vestitus, Maypinus, Antucensis.*

Page 169. — O. MAIPINUS. Ecrivez :

O. MAYPINUS.

Placez en synonyme :

Sauss. *O. maypinus.* Faun. Chilena., Zool., VI, p. 564.

Je suis assez porté à croire que cette espèce n'est que le mâle de l'*O. antucensis,* malgré certaines différences dans les couleurs, et la largeur moindre du premier segment de l'abdomen. Le métathorax n'est pas anguleux comme je l'avais d'abord cru.

Page 169. — Au lieu de IIIe DIVISION, mettez: DIVISION EPSILON.

Il serait bien difficile d'établir entre la section Ire de cette division et la section IIe une limite tranchée , et je me vois conduit à modifier ces sections d'après l'observation d'un caractère qui m'avait d'abord échappé.

Ire SECTION. *Antennes des mâles* simples, *terminées par une très petite pointe, non par un crochet. Corselet carré,* etc.

Cette section renferme les espèces 59 à 63 de la Monographie.

IIe SECTION. *Antennes des mâles terminées par un crochet.*

Comprenant le reste des espèces de cette division (1).

Page 171. — O. DIABOLICUS. Son thorax est déjà assez allongé. C'est par ce caractère qu'il se distingue des *O. nasidens* et *brevithorax*. Le premier segment de l'abdomen est aussi moins large que chez ces espèces.

♀. Long. 10 1/2 mill. ; env. 21 mill.

FEM. Chaperon pyriforme, large, à peine échancré, et portant deux saillies longitudinales. Ecusson et postécusson un peu saillants ; ce dernier faiblement enfoncé au milieu. Abdomen déprimé ; le premier segment aussi large que le deuxième, assez long. Chaperon ponctué ; tête et corselet rugueux ; abdomen lisse, très finement ponctué. Anus jaune. Pattes entièrement noires. Ailes transparentes, un peu roussâtres ; nervures d'un brun ferrugineux.

Le reste comme dans le mâle.

Page 171. — O. NASIDENS et BREVITHORAX. Ces deux espèces ont été mal séparées et incomplétement différenciées.

Elles ont toutes deux les mêmes formes ; l'*O. brevithorax* est un peu plus grand. Toutes deux ont la tête et le thorax criblés de points enfoncés (dans les individus frais) et recouverts d'un duvet soyeux doré qui voile la sculpture ; l'abdomen est chatoyant, lisse.

Il existe en outre une troisième espèce très voisine de l'*O. nasidens* que je nomme *O. simplicicornis.* On les distingue comme suit :

O. NASIDENS.

♀. Tête noire ; chaperon bidenté ; dents du chaperon parfois rousses au bout ; bout du scape et dessous du flagellum ferrugineux. Thorax noir, tranchants du métathorax rarement un peu jaunâtres ; angles de ce dernier ne formant aucune épine, mais les bords tranchants de la concavité étant séparés du postécusson par deux fissures.

♂ (2). Tête noire ; chaperon argenté, polygonal, point bidenté ; ses bords antérieurs et latéraux jaunes ; une ligne jaune sur le devant

(1) Cette section n'est pas limitée ; elle est presque sans valeur.

(2) Dans la Monographie, je me demandai si ce mâle appartient bien à la même espèce ; ce qui me donnait des doutes sur son identité, c'était l'absence de dents au chaperon, tandis que la ♀ en était munie, et qu'en général l'inverse a lieu ; maintenant je reviens entièrement de ces doutes puisque je retrouve le même fait chez d'autres espèces de cette section : *O. diabolicus.*

du scape ; dessous du flagellum des antennes , ferrugineux. Bord postérieur du prothorax, bord du postécusson et tranchants du métathorax, jaunes ; le jaune souvent élargi en une espèce de tache de chaque côté du postécusson. Angles du métathorax très mousses (Para).

O. BREVITHORAX.

Monogr. Guêpes solit., pl. xvii, fig. 9.
Taille plus grande que celle de l'*O. nasidens*.

♀. Tête noire ; chaperon bidenté ; bords antérieur et latéraux du chaperon, jaunes ; une ligne jaune sur le devant du scape ; flagellum ferrugineux en dessous. Métathorax armé d'un angle spiniforme dirigé obliquement en bas. Bord postérieur du prothorax le long de la courbe du mésothorax, et tranchants du métathorax, jaunes. Un liseré jaune imperceptible le long du bord antérieur du prothorax.

♂. Tête noire ; chaperon bidenté ; dents du chaperon tachées de jaune ; sur le devant des mandibules une ligne jaune ; une autre sur le devant du scape des antennes ; dessous du flagellum ferrugineux. Thorax noir, une fine ligne jaune le long du tranchant supérieur du métathorax.

On peut facilement confondre le ♂ de l'une des deux espèces avec la ♀ de l'autre.

Page 174. — O. Rhynchoïdes. De chaque côté du postécusson est une forte fissure qui en sépare les angles supérieurs de la concavité du métathorax sous la forme d'une forte épine.

Page 174. — O. Rhynchiformis. Est à détruire, car il n'est que le mâle de l'*O. crenatus*. Ce n'est pas du Sénégal, mais de la France qu'il est originaire (1). (Monogr. Guêpes solit., pl. xvii, fig. 12.)

Page 175. — O. dyscherus. Cet Odynère serait mieux placé à côté des *O. minutus* et voisins ; son premier segment abdominal est très court ; assez cupuliforme , à peu près comme chez les espèces de la IVe Division.

Page 177. — Odyn. Boscii. ♀ (2). Chaperon portant de chaque côté

(1) L'étiquette primitive indistinctement numérotée m'avait fait lire un chiffre pour un autre et a été la cause de cette erreur.

(2) Ces espèces ont été très mal distribuées dans la Monographie, et je suis conduit à en donner une meilleure classification basée sur des études ultérieures.

un point noir. Premier segment de l'abdomen presque sans **roux**, jaune en dessus avec une grande échancrure noire élargie en arrière. Ailes brunâtres. (Monogr. Pl. xvii, fig. 10.)

Page 178. — O. Castigatus. Cette espèce est si voisine de l'*O. Boscii*, que je serais tenté de la prendre pour une var. de ce dernier ayant quelques différences de coloration, si le bord du deuxième segment de l'abdomen n'était fortement retroussé chez le mâle, et au moins plus fortement enfoncé et ponctué chez la ♀. Voyez les affinités de l'*O. foraminatus*.

Page 180. — O. Foraminatus. Diffère des *O. castigatus* et *O. Boscii* par son chaperon pyriforme, plus long que large, tandis que chez l'*O. castigatus* il n'est pas terminé en pointe, mais plus large que long dans la ♀ ; par son corselet plus long et moins large **au** métathorax ; le bord du deuxième segment n'est pas enfoncé sensiblement, ni retroussé.

Page 181. — O. Megaera. Son chaperon est plus long que large dans la ♀ ; criblé de grosses ponctuations rugueuses. Le corselet aussi est criblé de trous, tandis que dans l'*O. foraminatus* il est moins fortement ponctué ; le chaperon du reste est moins long à proportion que chez l'*O. foraminatus*. Dans les deux sexes le bord du deuxième segment est encore moins rugueux que chez l'*O. foraminatus*. (Monogr. Pl. xvii, fig. 11.)

Page 182. — O. Guadulpensis. N'est probablement qu'une variété de l'*O. cubensis*.

Page 185. — O. Bacu. Changez ce nom en : *O. BACUENSIS*.

Page 186.   *Espèces de l'Ancien continent.*

Les espèces peintes de noir et de jaune, qui vont du n° 84 au n° 93, ont besoin d'être soumises à une nouvelle révision, car elles ne sont pas moins difficiles à distinguer que celles du sous-genre Ancistrocerus, et ce que j'en ai dit dans la Monographie est des plus incomplet.

Page 186. — O. Trilobus. De chaque côté du postécusson est une fissure très visible.

Page 188. — O. Bidentatus. L'abdomen est *très déprimé ;* le premier segment est aussi large que le deuxième, très déprimé ; sa face dorsale trois fois aussi large que longue. Il a la même forme que les *O. biphaleratus* et *triphaleratus*, et de plus il a la même coloration (1). C'est surtout à cette forme de l'abdomen (2) et souvent à l'échancrure triangulaire du jaune du premier segment qu'on reconnaît cette espèce.

Male. Chaperon jaune offrant à son bord une échancrure angulaire ; crochet des antennes, noir.

Page 189.   O. Innumerabilis.

Niger, flavopictus ; postscutello tenuiter crenulato ; metathorace inermi flavo maculato ; abdominis secundi segmenti, marginis vitta flava in lateribus haud latior.

Syn. ? Herr.-Schaeff. *Odyn. posticus.* Faun., Germ., 176, t. 9. ♀.

Je ne sais trop que faire de cette espèce. On pourrait être tenté de la considérer comme une var. de l'*O. crenatus*, n'ayant que deux points jaunes à l'écusson, une bordure régulière au deuxième segment, et dans la ♀ le bas du chaperon noir ; mais le métathorax est sans angles ni crénelures ; le chaperon est plus bombé, très rugueusement et grossièrement ponctué, faiblement tronqué au bout, ce qui ne se voit pas chez l'*O. crenatus* qui a cette pièce très finement ponctuée et échancrée ; la partie supérieure de la concavité du métathorax offre des bords un peu saillants ; on remarque aussi de chaque côté du post-écusson une fissure.

♀. Mandibules noires ; chaperon noir, son sommet jaune. Le reste comme chez le mâle.

Tout ceci s'accorde bien avec les caractères de l'*O. graphicus*, mais l'abdomen est moins déprimé. — On pourrait peut-être considérer cet Odynère comme une var. européenne de l'*O. graphicus*, dépourvue de taches libres au deuxième segment.

J'ai du reste déjà remarqué que la var. européenne de l'*O. ochlerus* a l'abdomen moins déprimé que celle d'Algérie ; il pourrait en être de même chez l'*O. graphicus*.

Rapp. et diff. Il diffère :

1º Des *O. bidentatus, crenatus, Dantici*, par l'absence d'angles spiniformes au métathorax.

---

(1) Page 188, au bas de la page, dans la *note* qui a trait à cette espèce, changez *trifasciatus* en *triphaleratus*.

(2) Les espèces qui lui ressemblent le plus sous ce rapport sont les *O. graphicus* et *biphaleratus*.

2° Des *O. simplex, minutus, Rossii*, par son métathorax taché de jaune, etc.

3° Des *O. parvulus, dubius*, et voisins par sa grande taille, la bordure du deuxième segment régulière ne formant pas de taches latéralement, etc.

4° De l'*O. fastidiosissimus*, par ses fissures au métathorax, etc.

Habite : La France, non l'Algérie seulement, comme je l'avais d'abord cru.

Nota. Cet Odynère paraît répondre très bien à la figure de l'*O. posticus*, Herr-Schæff., si ce n'est que ses bandes jaunes de l'abdomen sont plus étroites sur la figure. Mais comme aucune description n'en a été donnée, je ne suis pas assez sûr de cette identité pour en changer le nom.

Page 190. — O. NIGRIPES. Ajoutez aux synonymes :
? Herr.-Schæff., Faun., Germ., 176 ,

Cette espèce a exactement les formes de l'*O. simplex* (1). Elle a aussi les deux fissures au sommet des bords du métathorax ; je remarque seulement que la ligne tranchante qui va de l'angle latéral du métathorax à l'aile postérieure est plus convexe en dehors. Du reste ses pattes noires la distinguent bien de l'espèce citée. Le premier segment est entièrement jaune en dessus ; le milieu seulement est occupé par une échancrure noire linéaire ; mais ce caractère est sans doute très sujet à varier, aussi bien que la présence des deux points libres irréguliers du deuxième segment. Très distincte des autres Odynères de ce groupe par ses fissures métathoraciques.

MALE. Chaperon jaune, ainsi que le dessous du scape. Crochet des antennes, noir. Ecusson souvent orné de deux taches jaunes. Echancrure noire du premier segment de l'abdomen, trilobée. Pattes en majeure partie jaunes.

Page 191. — O. GRAPHICUS, Il a exactement les formes de l'*O. bidentatus*, mais son métathorax n'offre pas d'angle distinct ; son chaperon est plus court, et bien plus rugueusement ponctué. Par la forme très déprimée de son abdomen il est également distant de l'*O. nigripes* et de l'*O. floricola*.

Cet Odynère doit être placé après l'*O. bidentatus*.

(1) A la page 150, de la Monogr., ligne 4°, à partir du bas, *lisez :* « elle s'écarte du deuxième par son métathorax noir, *épineux,* etc.

Var. a. Deux lignes jaunes au métathorax et deux à côté des écailles. Taches du deuxième segment réunies à la bordure.

Page 191. — O. CRENATUS. (Pl. XII, fig. 5.) Il doit être décrit en regard de l'*O. Dantici,* qui est son plus proche voisin.

Les *O. Dantici, Crenatus, Parvulus,* et voisins, se ressemblent beaucoup, ayant tous les trois des ornements jaunes très développés ; la bordure du deuxième segment étant très élargie sur les côtés. Le dernier est facile à distinguer, car il n'a pas la concavité du métathorax bordée par des angles très tranchants ; mais les deux autres sont bien voisins l'un de l'autre, et d'une séparation d'autant plus difficile que St-Fargeau ne les a pas parfaitement décrits. Tous deux ont le métathorax tronqué verticalement au niveau du postécusson, et se ressemblent tout à fait, soit pour les formes, soit pour les couleurs ; l'*O. crenatus* a cependant plus de jaune ; son prothorax est souvent entièrement jaune. Toutes deux ont depuis l'angle métathoracique une espèce de tranchant qui s'étend vers l'aile postérieure. Voici la description des deux espèces :

O. DANTICI.

Barbarie, Europe moyenne et méridionale.

♀. Chaperon large au sommet, son bord antérieur tronqué, assez large, et offrant une dépression triangulaire qui ferait croire à la présence d'une échancrure ; souvent très faiblement bituberculé au bout. Thorax assez grossièrement chagriné ; on pourrait presque dire criblé de points très rapprochés. Postécusson très tranchant à son bord, crénelé, et bilobé par une faible échancrure médiane. Ses angles sont séparés du corps du postécusson par deux gouttières ou enfoncements. Métathorax ayant ses bords très tranchants, formant de chaque côté un angle bien plus saillant que chez l'*O. crenatus,* mais moins épineux ; le sommet des bords tranchants ne forme guère de saillie vers le postécusson.

♂. Chaperon échancré au bout ; son échancrure peu profonde. Partie supérieure des bords du métathorax un peu crénelée.

♀, ♂. Thorax court, presque cubique.

(♀, Chaperon avec une ligne ou tache noire, ♂ entièrement jaune ; ♀, ♂, deux taches jaunes sur l'écusson ; postécusson noir ; échancrure noire du premier segment, pentagonale ou en demi-cercle ; dessous du premier article des antennes, jaune ; flagellum noir.) — On voit cependant aussi : chaperon et scape entièrement jaunes. Le postécusson paraît être noir, jamais jaune.

Ajoutez aux synonymes :

Herr.-Schæff. *Odynerus Dantici.!* Faun., Germ., 173, p. 14, tab. **23**.
Sauss. *Odynerus fastidiosus.* **M. G.** Solit. **189**.
Habite aussi les îles Ioniennes.

O. CRENATUS.

Europe méridionale et Barbarie.
Taille moindre que celle de l'*O. Dantici.*

♀. Chaperon pyriforme, mieux terminé en pointe et distinctement échancré au bout. Thorax plus finement chagriné. Postécusson crénelé le long de son bord, n'étant guère bilobé. Métathorax ayant ses bords tranchants ; ne formant pas de chaque côté un angle saillant, mais offrant en ce point seulement une véritable *petite épine*, et au-dessous de cette dernière plusieurs autres plus petites le long du bord de la concavité ; au sommet du bord de la concavité, de chaque côté du postécusson, ce bord forme une saillie très forte en forme de lame tranchante qui est séparée du postécusson *par une fissure.*

♂. Très voisin de celui de l'*O. Dantici.* Chaperon de même ; les bords du métathorax bien plus crénelés ; et en dehors de la petite épine du milieu de ses bords, à côté d'elle et sur le bord latéral est souvent une autre petite épine.

♀, ♂. Thorax plus long ; abdomen plus large que chez l'*O. Dantici.*

(♀, ♂. Chaperon en général jaune, ainsi que les deux premiers articles des antennes et le dessous du flagellum ; écusson et postécusson jaunes ou avec une bande jaune ; échancrure noire du dessus du premier segment petite, triangulaire, souvent cependant aussi en demi-cercle.)

Var. ♂. Très petit ; grandeur de l'*O. parvulus* et alors très facile à confondre avec ce dernier, quoique son premier segment de l'abdomen soit bien plus large (aussi large que le deuxième) et tronqué carrément.

Le caractère distinctif de cette espèce réside dans la fissure qui sépare du postécusson le sommet tranchant du métathorax (1), et dans les crénelures spiniformes du bord du postécusson.

Ajoutez aux synonymes :

Sauss. *Odynerus rhynchiformis.* **M. G.** Sol., **174**. ♂.

---

(1) Une semblable fissure, mais plus étroite, se retrouve aussi chez les *O. simplex* et *O. nigripes.*

Page 193.   O. PARVULUS. Voyez plus bas l'*O. ovalis.*

Rayez des synonymes :

Herr.-Schæff. *Odynerus Dantici,* etc.

Ajoutez aux synonymes :

? Herr.-Schæff. *Pterochilus laetus.* Faun., Germ., 173, p. 8 (1).

Ici encore un examen attentif montre que ce type est représenté par plus d'une espèce.

Le véritable *O. parvulus.* Lep., a le métathorax sans crénelures aucunes ; ses bords étant mousses, sans tranchants distincts ; l'arc supérieur de la concavité seulement offre une ligne saillante. Les angles du postécusson forment toujours deux tubercules spiniformes, soit chez le ♂, soit chez la ♀, mais plus pointus chez le premier. Ces tubercules occupent les deux bouts du postécusson ; ce ne sont pas seulement deux mamelons séparés par un sillon, mais bien deux dents. L'abdomen est subpédicellé, le premier segment est régulièrement cupuliforme, presque comme dans le sous-genre *Epipona (Oplopus)* point tronqué en avant. Ce caractère est facile à saisir pour un œil exercé. Les écussons sont tous les deux jaunes, ou avec une ligne jaune.

L'*O. parvulus* a bien les couleurs des *O. Dantici* et *crenatus,* mais il s'en écarte par la forme de son métathorax et de son abdomen ; la bande jaune du deuxième segment s'élargit assez sur les côtés pour former une grande tache qui a une tendance à se séparer de la bordure.

Dans le ♂ le chaperon est longuement bidenté, et le crochet des antennes est roux, presque imperceptible.

Les couleurs sont si variables qu'il ne faut s'en tenir pour la détermination de l'espèce qu'à l'appréciation des formes. Le premier article des antennes, par exemple, a souvent en dessus une ligne noire.

Voyez les *O. dubius, Blanchardianus, biguttatus,* et *ovalis.*

Var. 1. Ornements jaunes très peu développés. Segments de l'abdomen régulièrement bordés de jaune ; le deuxième avec deux points jaunes libres.

Var. 2. Ces points très petits. Ecusson, métathorax et flancs, noirs.

Page 195. — O. DUBIUS. Aussi très variable pour les couleurs ; différant du *parvulus* par son premier segment abdominal plus tronqué en avant, moins cupuliforme. Bord du postécusson droit ; ses angles *extrêmes* offrant seulement une très petite saillie aiguë.

(1) Selon l'auteur, le postécusson serait inerme.

Bords de la concavité du métathorax un peu tranchants ; bord tranchant latéral du métathorax dentelé vers l'angle latéral de la concavité. Bord du deuxième segment abdominal un peu canaliculé, surtout chez le ♂. Corselet plus rugueux.

♂. Postécusson offrant deux mamelons séparés par un sillon ; chaperon brièvement bidenté ; crochet des antennes assez grand, presque aussi long que les deux articles précédents, noir.

♀, ♂. Couleurs très variables, mais en général l'écusson noir, ou noir avec deux taches jaunes.

Voyez les *O. Blanchardianus, lativentris* et *crenatus.*

Page 194. — O. LINDENII. Changez le nom en :

O. SIMPLEX,

Et ajoutez aux synonymes :

Fabr. *Vespa simplex.* Ent., Syst. II. 267, 52.— Syst. Piez. 263, 51.
    Vespa 4-fasciata, Syst. Piez., 262, 47.
Spinol. *Odynerus trifasciatus,* Ins., Lig. II, 184. ♀.
Herr.-Schæff. *Odynerus 4-fasciatus.!* Faun., Germ., fasc., 173, p. 19,
    tab. 20. ♀ (1).

Par un malheureux hasard quelques individus de l'*O. Rossii* se trouvaient mêlés à l'*O. Lindenii,* dans la collection de St-Fargeau, et je suis tombé sur un de ces intrus que j'ai pris comme étalon de l'espèce. De ce mélange il résulte que ma description ne convient bien ni à l'une ni à l'autre ; on distingue ces deux espèces très voisines par ce qui suit :

O. SIMPLEX.

Chaperon plus long que large, avec une ligne arquée, jaune au sommet ; antennes noires ; une fissure de chaque côté du postécusson ; bordure du deuxième segment de l'abdomen régulière.

FEM. Chaperon pyriforme, plus long que large, assez plat et ponctué vers le bas, terminé par deux petites dents. Prothorax finement rebordé, sans angles spiniformes. Postécusson tronqué, offrant un tranchant crénelé. Concavité du métathorax assez plate, bordée par un cordon distinct et formant de chaque côté un angle spiniforme très saillant ; de chaque côté est en outre au sommet des bords de la concavité, à droite et à gauche du postécusson, une fissure profonde qui sépare le sommet du bord en une dent ou épine dirigée verticalement. Premier segment de l'abdomen plus large que long. Tête, corselet et premier segment de l'abdomen finement chagriné ; le reste plus lisse.

(1) La var. indiquée page 20 est peut-être une autre espèce.

Male. Chaperon pyriforme, insensiblement échancré.

Couleurs: comme dans la description, p. 194 de la Monogr. Mais :
♀. Chaperon noir avec à son sommet une ligne jaune arquée. Antennes noires. Bordures de l'abdomen en général assez étroites ; la première la plus large, faiblement triéchancrée, ou étroite et régulière.

♂. Chaperon, mandibules et devant du scape, jaunes.

Var. Postécusson noir ; c'est alors la *V. 4-fasciata.* Fabr.?

Var. de Suède. Chaperon noir.

Habite: La France; l'Allemagne.

Rapp. et diff. S'écartant également de toutes les espèces de ce groupe par ses deux fissures métathoraciques, si ce n'est de l'*O. nigripes*, qui ne paraît guère en différer que par les couleurs, et de l'*O. crenatus* avec lequel on ne saurait le confondre.

Voyez plus bas l'*O. Rossii.*

Page 195. — O. Testaceus (1). Changez ce nom en :

O. CHLOROTICUS, Spin.

Et placez en synonyme :

Spinol. *Odynerus chloroticus.* Ann., Soc. Ent. Fr., 1re sér., VII, p. 500.

Var. Tête et corselet orangés ; ou même tout l'insecte orangé ; ailes lavées de ferrugineux. Vertex noir ; deux taches noires au métathorax (Arabie).

De chaque côté du postécusson est une forte fissure qui sépare les bords supérieurs de la concavité du métathorax.

Page 196. — O. Floricola. (Pl. XVIII, fig. 3, de la Monogr.) Les angles du prothorax forment deux saillies subépineuses ; le corselet et l'abdomen sont assez fortement ponctués ou plutôt finement rugueux. Le bord du premier segment de l'abdomen est un peu épaissi, comme bordé par un petit cordon.

C'est surtout dans la forme du métathorax qu'on doit chercher le caractère de cette espèce, et dans sa ligne tranchante semi-circulaire dont les deux bouts vont gagner les ailes postérieures.

Cet Odynère paraît habiter la France , non l'Algérie seulement , comme je l'ai indiqué.

Var. Ecusson avec une bande jaune interrompue ; taches du deuxième segment grandes, irrégulières, figurant presque une bande irrégulièrement interrompue. Chaperon jaune avec une tache noire tricuspide au milieu.

(1) Dans la citation, au lieu de pl. X, *lisez :* pl. IX.

Page 196.— O. Tripunctatus. Il a encore au métathorax une concavité distincte bordée par des bords assez vifs, quoique le tranchant latéral ne soit plus très distinct ; de chaque côté une épine au-dessus de laquelle se voient une ou deux crénelures. Le postécusson est tranchant, fortement crénelé ; partagé par un sillon ; ses deux extrémités latérales sont moins élevées et séparées du corps du postécusson par deux gouttières.

Le ♂ a le chaperon longuement bidenté.

Var. Base du deuxième segment de l'abdomen et presque tout le métathorax, noirs ; crochet des antennes, roux.

Facile à confondre avec les *O. filipalpis* et *canaliculatus.*

Il habite aussi l'Egypte.

Page 197. — O. Filipalpis. Cette espèce paraît au premier coup d'œil n'être qu'une var. de l'*O. tripunctatus ;* mais elle en est bien éloignée.

♀. Le chaperon est plus étroit au bout, partagé par un sillon et terminé par deux petites saillies. Les angles du prothorax sont moins saillants. Le postécusson est élevé, arrondi en bourrelet, mais point tranchant ni crénelé. Le métathorax n'offre pas de bords tranchants autour de sa concavité, mais seulement le tranchant semicirculaire latéral. De chaque côté est une petite dent. La ponctuation du corselet est moins rugueuse.

Voyez encore l'*O. canaliculatus* et l'*O. dimidiatus.*

Page 201. — O. Nigrocinctus. Cette espèce n'a point les angles du métathorax émoussés, mais au contraire constitués exactement comme chez l'*O. tasmaniensis.* On pourrait même la prendre pour une variété de ce dernier s'il n'offrait le bord du postécusson crénelé, ou plutôt denticulé, tandis que chez l'*O. tasmaniensis* ce bord est seulement tranchant et bilobé.

Page 202. — N° 104. Dans la diagnose, au lieu de *troisième segment,* lizez : *deuxième segment.*

Page 203. — O. Tamarinus. Le postécusson est faiblement crénelé.

Page 203. — O. Subalaris. Cette espèce présente, outre la forme du chaperon et l'insertion des ailes, deux caractères des plus frappants : ce sont, d'abord, une petite pièce cylindrique allongée, dirigée en arrière qui se trouve annexée à l'écaille ; ensuite un sillon ou

fissure qui sépare le postécusson des parties supérieures du métathorax ; ces dernières étant très arrondies, il n'en résulte pas une
épine comme chez l'*O. nigripes* par exemple. L'écusson est aussi
séparé du postécusson par un profond sillon.

L'*O. subalaris*, participe à tous ces caractères, mais il a au métathorax
des bords plus tranchants et son abdomen est sans tubercule.

Chez les individus frais on voit en arrière des ocelles deux touffes de
poils qui figurent comme deux cornes.

Page 206. — IVe DIVISION. Cette division ne peut être conservée ;
celle doit être démembrée et transportée dans la IIIe.
Elle n'est point définie.

Page 206. — O. BISPINOSUS. On le confondrait facilement avec les
O. minutus et voisins (*Chevrieranus, Dufourianus, Jurinei*). Mais son
métathorax a une forme très différente ; il est presque conforme
à celui de l'*O. floricola,* en ce sens qu'il offre aussi le tranchant
latéral qui gagne l'aile postérieure ; mais son milieu est occupé par
une gouttière verticale bien limitée. Le postécusson est tridenté,
sa dent médiane étant très petite. Ces caractères l'écartent entièrement des quatre espèces citées.

Page 207. — O. MINUTUS. Les petits Odynères de nos contrées
s'étant beaucoup accrus en espèces, il a été nécessaire de les décrire
à nouveau. Voyez donc plus bas la description de l'*O. minutus* (1).
— Rayez des synonymes :
Fabr. *Vespa bifasciata.*

Page 207. — O. ROSSII. Placez en synonyme :
Sauss. *O. Lindenii.* Monogr. Guêpes solit., p. 194.

Chaperon plus large que long, avec au bas deux points jaunes ; postécusson sans tranchant ; métathorax concave, ses bords tranchants ;
bordure du deuxième segment de l'abdomen régulière.

Pour la description, voyez celle de la ♀ de l'*O. Lindenii*, p. 194 de
la Monographie (2).

(1) Consultez la table.
(1) On reconnaît en général ces deux espèces à vue, à leur écusson noir, le
postécusson étant jaune ; aux bordures régulières et étroites de l'abdomen, la première étant trilobée, ou étroite et régulière.
(2) Au lieu de *O. fastidiosusculus,* mettez *O. fulvipes,* et au lieu de « angles
du prothorax *épineux* » lisez : *subépineux.*

♀. Chaperon un peu voûté, plus large que long, terminé par deux dents mousses indistinctes, assez finement ponctué. Prothorax offrant de chaque côté une saillie aiguë. Postécusson assez plat, sans troncature ni tranchant, sans crénelures. Métathorax sensiblement plus concave que chez l'*O. Lindenii* ; ses bords bien plus tranchants, sans aucun angle spiniforme (1), et assez saillants au sommet, mais n'étant séparés du postécusson par aucune fissure. Premier segment de l'abdomen aussi large que long ; le reste plus allongé et plus cylindrique que chez l'*O. Lindenii*. Sculpture comme chez l'*O. Lindenii*, mais l'abdomen plus chagriné.

Couleurs. Comme dans la description de la p. 194, mais :

♀. Chaperon noir avec deux points jaunes vers le bas ; sous le scape une ligne jaune. Bordure du deuxième segment de l'abdomen un peu plus large que chez l'*O. simplex*. (Celle du quatrième raccourcie sur les côtés.)

Var. ♀. Chaperon surmonté d'un arc jaune ; deux petites lignes jaunes au bord inférieur de la concavité du métathorax. Seulement trois bandes jaunes à l'abdomen.

♂. Chaperon plus fortement bidenté que dans l'*O. simplex*, jaune ainsi que le devant des mandibules et du scape des antennes ; crochet des antennes, noir.

Rapp. et diff. Ce n'est guère qu'avec l'*O. simplex* qu'on pourrait le confondre (voyez le tableau de la répartition des espèces). Elle est surtout caractérisée par ces particularités : angles du prothorax épineux ; pas de fissures ni d'épines au métathorax ; abdomen grêle et cylindrique, ponctué ; deux petites lignes jaunes *au bas* du chaperon de la femelle.

Habite : L'Europe moyenne et méridionale. La Grèce. (Musée de Paris.)

Page 208. — O. Histrio. Doit aller avec l'*O. tisiphone*, etc., quoique ses formes soient plus allongées.

Le postécusson n'est pas crénelé, mais le métathorax est concave, ses bords sont tranchants et font saillie vers le haut où ils forment une épine insensible. Il n'existe pas d'angles spiniformes. L'abdomen est ponctué ; son deuxième segment est faiblement rétréci à la base.

Page 208.—Au lieu de Vᵉ DIVISION, mettez : Div. ANTODYNERUS.

En suivant la série des coupes telle qu'elle est établie dans la Monographie, on arrive par transition au sous-genre EPIPONA (*Oplopus*)

____

(1) Ne prenez pas pour tel l'épine d'emboîtement de l'articulation de l'abdomen.

d'une manière si évidente et si naturelle qu'il ne reste pour sauter aux insectes de ce sous-genre qu'à faire un bien petit pas, même si petit que toute tentative pour ériger ce dernier en genre nous semble rentrer dans le domaine de l'arbitraire le plus absolu.

Page 209. — O. Punctum. Rayez le synonyme qui n'appartient évidemment pas à cette espèce, mais probablement à quelque Icarie.

Cette espèce a assez les couleurs et presque les formes du *Polistes stigma*; il faut se tenir en garde contre la confusion qui pourrait en résulter.

(Le postécusson est rebordé le long de son bord postérieur.)

Habite : Le Bengale, les Philippines.

Page 210. — Odyn. Bellatulus. *Var.* ♀. Couleur foncière d'un brun rougeâtre; ailes enfumées, la radiale brune. Antennes obscures en dessus. Bord postérieur du premier segment de l'abdomen, roux. Bout de l'abdomen ferrugineux.

Gambie. (Collection de M. Smith.)

Long. 10 mill.; env. 22 mill.

Autre var. Moitié externe des antennes noire en dessus; couleur foncière de l'insecte d'un brun noirâtre; bord postérieur du premier segment de l'abdomen, jaune au milieu. Tache noire du deuxième très grande; bord de ce segment seul et deux taches latérales, jaunes. Segments 4-6 roux, le quatrième jaunâtre. Cet Odynère trouverait mieux sa place à côté de l'*O. crenatus*.

Page 211. — O. Bivittatus. Lep.-St-Farg. A confondu sous ce nom plusieurs espèces très voisines et très difficiles à distinguer (1). L'espèce ainsi fabriquée est censée venir des environs de Paris, du midi de la France et d'Algérie. Mais il est probable que chacune de ces contrées nourrit son espèce propre. Ceci est d'autant plus admissible que des insectes d'une taille aussi minime sont plutôt confinés dans des régions limitées que les espèces de grande taille.

Quoique dans la collection de Lepel.-de-St-Farg. il existe encore (2)

---

(1) La description de l'*O. bivittatus* est évidemment hybride, car il dit d'une part : « bord antérieur du chaperon coupé presque droit, » c'est-à-dire *O. exilis* ; de l'autre : « postécusson élevé, crénelé, » c'est-à-dire *O. nugdunensis.*

(2) Il est bien regrettable qu'on ait laissé perdre en grande partie cette collection typique. Plusieurs espèces de St-Fargeau m'ont fait défaut dans mes recherches, et il ne reste de l'*O. bivittatus* que deux femelles ; aucun mâle n'a été respecté par l'Anthrene.

deux espèces confondues sous le nom d'*O. bivittatus*, je n'ai pas cru
devoir faire survivre le nom, vu que sa description, composée simulta-
nément sur plusieurs espèces, ne convient à aucune d'entre elles ; et
que par conséquent l'*O. bivittatus* est une espèce imaginaire. — (Son
♂ pourrait être celui de l'*O. sinuatus* qui a précisément sur le haut du
chaperon une tache jaune. Je décris à nouveau les petites espèces qui
font l'objet de ces difficultés. Cherchez dans la table les *O. exilis, helvetius* et voisins.

Rayez des synonymes :

Lucas, *Odynerus bivittatus,* et voyez plus bas l'*O. Abdel-Kader.*

Page 212.   *Section B.*

Le seul insecte qui la constitue pourrait à la rigueur être relégué
parmi les Odynères du Chili dont il a entièrement le faciès.

O. HIRSUTULUS. Changez ce nom en : O. VESPIFORMIS , Halid., et
placez en synonyme :

Halid. *Odynerus vespiformis.!* Trans., Linn., Soc. XVII, p. 323 (var.)

Page 213. — *Section C. Faciès des Odynerus,* etc.

Cette section est assez nette pour former une division :

DIVISION ANTEPIPONA.

Formes des Odynères du sous-genre EPIPONA (*Oplopus*). *Métathorax
convexe, ayant son milieu concave, mais la coucavité sans aucun bord
tranchant ; portant un tranchant latéral en forme de ligne arquée qui va
aboutir sous l'aile postérieure. Abdomen ovale déprimé, rétréci en avant
aussi bien qu'en arrière ; le premier segment cupuliforme. Mandibules des
mâles sans talon* (1).

Page 213. — O. SILAOS. Changez ce nom en : SILAENSIS.

Page 214. — O. POSTICUS. Ce nom ayant été employé avant moi par
Herr.-Schæff, je me vois dans la nécessité de lui substituer celui de

O. HOTTENTOTUS.

FEM. Noir ; chaperon large au sommet, assez largement tronqué au
bout. Métathorax assez plat et oblique. Bord du premier segment de
l'abdomen un peu épaissi ; celui du deuxième *fortement canaliculé et
retroussé* (bien plus que chez le mâle). Mandibules, labre, dessous des

---

(1) Quand on ne connaît pas les mâles, il est impossible de dire si les espèces
appartiennent à cette division ou aux *Epipona (Oplopus).*

antennes, écailles, genoux, tibias et tarses, roux ; milieu du bord du prothorax blanc ainsi qu'un liseré le long des segments 1-4 de l'abdomen ; la bordure du deuxième segment assez large ; les deux dernières incomplètes ; sous l'aile un point blanc ; deux sur l'écusson et deux sur le postécusson.

Rapp. et diff. Cette espèce a l'abdomen plus allongé que celui de l'*O. silaensis* ; elle n'a pas le postécusson bidenté ; le bord relevé du deuxième segment sert à la distinguer en outre de plusieurs autres espèces, en particulier des *O. solstitialis* et *equinoxialis*.

Page 215. — O. OVALIS. Je ne trouve aucune différence entre cette espèce et l'*O. parvulus*, Lepel. Ce dernier serait-il répandu jusque dans les Indes ?

Un individu provenant de Tranquebar a une couleur foncière noire-olivâtre, et on remarque au milieu du postécusson une troisième petite saillie. Serait-ce encore une espèce différente ?

Page 216. — O. LUTEOLUS. Placez en synonymes :
? Fabr. *Vespa labiata.* Ent., Syst., Suppl. 260, 18. — Syst. Piez., 257, 18.

2. Espèces nouvelles du sous-genre ODYNERUS.

DIVISION PARODYNERUS.

(Ire *Division de la Monographie*, page 155.)

1. *ESPÈCES AUSTRALIENNES.*

118. O. NEGLECTUS, n. sp.

Abdomine petiolato, nigro, flavo marginato ; capite inflato, flavo rufo et nigro variegato, thorace rufo ; scutello flavescente.

Long. 16 mill. ; env. 18 mill.

FEM. Tête grosse, renflée. Chaperon large en haut, étroit et tronqué en bas, un peu bituberculé. Corselet en carré long ; métathorax arrondi. Abdomen brièvement pédicellé ; le premier segment à moitié aussi large que le deuxième, sa base filiforme, le reste campanulé, un peu déprimé près de sa base, renflé au bout, et insensiblement bituberculé sur les côtés (1). Le deuxième segment ovale, sans tubercule

(1) L'abdomen de cette espèce est plus pédicellé que celui de l'*O. bizonatus,* moins que celui de l'*O. intermedius.* Ce pétiole ressemblerait à celui de la *Pachymenes brunnea,* très raccourci.

au-dessous. Tête et corselet ponctués, roux ; mandibules, chaperon, le tour des yeux tout entier, d'un jaune brûlé ; front noir avec au milieu une tache verticale jaune ou orangée. Antennes rousses, le flagellum noir en dessus. Mésothorax noirâtre sur ses bords , ainsi que le milieu du métathorax ; écusson passant au jaunâtre. Abdomen finement ponctué, brun-noir ; base du premier segment roux ; son bord ainsi que celui du deuxième finement liseré de jaune ; les autres segments bordés de roux. Pattes rousses, les premières passant au jaune. Ailes enfumées surtout le long de la côte ; deuxième cubitale subtriangulaire.

Habite : La Nouvelle-Hollande. (Musée de Londres.)

2. *ESPÈCES AMÉRICAINES.*

119. O. Symmorphus, n. sp.

Niger, punctulatus ; abdomine pediculato, primo segmento bidentato, secundo tertioque margine recurvo ; his tribus flavo limbatis ; prothoracis medio flavo ; alis cœruleis.

Long. 16 mill. ; env. 34 mill.

Cet Odynère a presque exactement les formes de ceux qui constituent le sous-genre *Protodynerus,* en particulier de l'*O. crassicornis,* mais on ne doit pas le placer dans cette section, d'abord parce qu'il n'offre pas de suture sur le premier segment de l'abdomen ; ensuite parce que les antennes du mâle sont terminées par un crochet, et que par conséquent il appartient très naturellement au sous-genre *Odynerus.* Il a aussi les formes d'une *Montezumia,* mais ses palpes ont quatre et six articles, non trois et cinq, c'est donc bien un Odynère.

Fem. Chaperon presque circulaire, arrondi au bout, armé de deux dents insensibles. Corselet carré, déprimé, moins long et plus large que chez l'*O. crassicornis;* métathorax parfaitement arrondi. Premier segment abdominal comme dans l'espèce citée, subpétiolé, puis campanulé ; fortement bidenté sur les côtés. Le reste des formes comme dans l'espèce citée. Corselet et premier segment de l'abdomen couverts de petites ponctuations distantes ; celles de la tête denses ; ces parties portant un duvet ferrugineux. Insecte noir, luisant : palpes, dessous des antennes et écailles, ferrugineux. Un peu de jaune au milieu du bord du prothorax. Le premier segment est orné d'une bordure jaune élargie au milieu; les deux suivants sont seulement liserés de cette couleur *et ont leur bord retroussé.* Pattes noires; genoux, tibias et tarses, jaunes. Ailes violettes.

Male. Chaperon jaune.

Rapp. et diff. Cette remarquable espèce se distingue par ses formes et surtout par le bord des deuxième et *troisième* segments qui sont retroussés, par son premier segment bidenté, etc. Elle a assez le faciès des *Odyn. 4-sectus, quadridens,* etc., dont il faut bien la distinguer.

Habite : La Floride. (Musée de Londres.)

120. O. FIGULUS, n. sp.

Niger, signaturis flavis; segmentis 1, 2 flavo limbatis; primo antice rugosissimo.

♀. Long. 8 1/2 mill. ; env. 7 1/2 mill.

FEM. Grandeur et formes de l'*O. sinuatus.* Tête renflée ; antennes insérées plus bas que le milieu de la tête. Chaperon pyriforme, à peine échancré ; prothorax anguleux ; métathorax presque plat, prolongé un peu en arrière du postécusson, ses angles médiocrement tranchants, arrondis au sommet. Abdomen allongé, sessile ; le premier segment aussi long que large, carré en dessus ; le deuxième un peu renflé. Tête et corselet finement ponctués ; angles du métathorax très rugueux ; abdomen lisse ; le premier segment lisse en devant, fortement ponctué et rugueux en dessus, le long de son bord antérieur, la ponctuation diminuant de force vers le bord postérieur. Insecte noir ; un point au haut des mandibules, un entre les antennes, deux en arrière des yeux et le devant du premier article des antennes, jaunes ; une ligne un peu interrompue au milieu le long du bord antérieur du corselet, un point sous l'aile, deux sur chaque écaille, un autre entre l'écaille et l'angle antérieur de l'écusson, postécusson, et une ligne sur les tranchants du métathorax depuis le milieu de sa hauteur jusqu'à l'articulation de l'abdomen, ainsi que le bord des deux premiers segments, jaunes. Pattes noires ; les quatre cuisses antérieures tachées de jaune au bout; tous les tibias avec une ligne jaune. Ailes enfumées, bordées de brun.

Rapp. et diff. Pour le faciès il ressemble beaucoup aux *O. bisutu-ralis* et voisins, ainsi qu'aux petites espèces du Chili.

Habite : La Guadeloupe. (Collection de M. le marquis Spinola.)

3. ESPÈCES DE L'ANCIEN CONTINENT.

121. O. REGULUS, n. sp.

(Pl. XI, fig. 5).

Minimus ; niger, flavo multipictus; metathoracis angulis flavis, supra bituberculatis, infra longe bispinosis ; segmenti secundi punctis duobus flavis.

Long. 5 1/2 mill.; env. 10 mill.

MALE. Très petit. Tête circulaire, concave postérieurement. Cha-

peron circulaire, terminé par deux petites dents spiniformes distantes.
Thorax cylindrique. Le prothorax très large, son bord un peu concave.
Ecailles très grandes, appendiculées. Ecusson en forme de carré saillant;
postécusson offrant une crête transversale; métathorax concave, ses
bords tranchants, présentant de chaque côté vers le haut et près du
postécusson un petit tubercule, et vers le bas près de l'insertion du
pétiole une très longue épine styliforme. Abdomen subpédicellé; le
premier segment cupuliforme, son bord terminé par un faible bourrelet. Le deuxième bien plus large, en cloche; son bord séparé du reste
du segment par une ligne de gros points enfoncés, qui s'étendent même
en dessous. Le deuxième segment offrant aussi près de son bord de
fortes ponctuations. Tout l'insecte fortement chagriné; l'abdomen presque plus fortement que le thorax. Crochet des antennes très long et
arqué; celles-ci insérées au-dessous du milieu de la tête.

Insecte noir; mandibules noires avec le bout roux. Chaperon (♂) jaune.

Antennes noires avec le premier et les deux ou trois derniers articles
jaunes; le premier ayant une petite ligne brune en dessus. Dessus du
prothorax sauf ses angles postérieurs, une tache sous l'aile, écaille et
son appendice; bord postérieur de l'écusson, tranche du postécusson,
et angles du métathorax, jaunes. Premier segment de l'abdomen brun,
sa face supérieure jaune, échancrée de brun au milieu. Tous les autres
segments bordés de jaune, le deuxième orné de chaque côté d'un petit
point jaune; et brun en dessous. Pattes jaunes. hanches et base des
cuisses noirâtres. Ailes un peu enfumées.

Fem. Chaperon plus large que long, en cœur renversé; échancré au
milieu. Tête plus haute que large. Corselet plus allongé que chez le
mâle, ses angles formant deux petites saillies. Abdomen aussi plus
allongé. Mandibules rousses; chaperon noir avec sa moitié supérieure
jaune. Antennes noires; le premier article orangé; obscur en dessus.
Taches du deuxième segment grandes; hanches et base des cuisses
noires.

Rapp. et diff. Ce remarquable insecte ressemble un peu à l'*O. parvulus* pour le port; mais il est bien plus petit. Il est du reste parfaitement caractérisé par les épines extraordinaires qu'il porte, non pas au
milieu, mais au bas du métathorax; je n'ai vu chez aucune autre espèce
des épines d'une longueur même approchante.

Habite : L'Algérie. Rapporté par M. Lucas. (Musée de Paris.)

122. O. Vulneratus, n. sp.

Niger, rufo ornatus; prothorace, squama, postscutello abdominisque segmentorum 1,2 lateribus, rufis; horum marginibus flavis; alis infuscatis.

Long. 8 1/2 mill. ; env. 16 mill.

Fem. Palpes labiaux gros. Chaperon long, pyriforme, échancré ; prothorax sans angles saillants ; postécusson composé de deux tubercules saillants ; métathorax arrondi ; premier segment de l'abdomen pyriforme ; bord postérieur du deuxième, fortement ponctué et un peu enfoncé. Tout l'insecte fortement ponctué, noir. Mandibules, un point en arrière des yeux et chaperon roux, ce dernier avec une ligne noire. Antennes rousses, flagellum noir en dessus. Prothorax roux ; un peu de noir à ses angles postérieurs ; écaille, postécusson, côtés des deux premiers segments de l'abdomen et presque tout le dessous du deuxième, roux ; ces deux segments bordés de jaune, les autres à peine bordés de roux. Pattes rousses. Ailes brunes avec quelques reflets violets.

Male. Chaperon jaunâtre.

Habite : L'Espagne ou le Cap de Bonne-Espérance. (Collection de M. le marquis Spinola.)

123. O. Troglodytes, n. sp.

Niger, flavo ornatus ; maculis in metathorace duabus flavis, duabusque in abdominis secundo segmento ; segmentis 3-5 medio flavo marginatis.

Long. 9 mill. ; env. 18 mill.

Male. Chaperon très faiblement bidenté ; métathorax oblique, convexe. Premier segment de l'abdomen pétiolé, campanulé, renflé en dessus, ayant presque la forme de celui des Odynères du Chili ; son bord postérieur égal à moins de la moitié de la largeur du deuxième, lequel forme aussi une petite bosse en dessus. Tout l'insecte ponctué, mais non rugueux. Corps noir ; mandibules, chaperon, une tache entre les antennes, sinus des yeux, une ligne en arrière de leur sommet, jaunes ; antennes jaunes, noires en dessus depuis le milieu du premier article. Bord antérieur du prothorax, une tache sous l'aile, écusson, écaille et deux taches rondes sur le métathorax, jaunes. Segments premier et deuxième ornés d'une bordure jaune ; le deuxième portant en outre deux taches jaunes à sa base ; tous les autres offrant une ligne jaune au milieu seulement de leur bord ; anus noir ; pattes noires et jaunes ; tibias postérieurs noirs en dessous, jaunes en dessus. Ailes brunâtres.

Habite : Le Sénégal. (Collection de M. le marquis Spinola.)

124. O. Miniatus, n. sp.

(Pl. XI, fig. 6).

Parvulus, niger, signaturis flavis ; primo segmento rufo, flavo vittato ; secundo flavo marginato et bipunctato.

♀ Long. 6 1/2 mill. ; env. 12 1/2 mill.

Fem. Chaperon pyriforme, tronqué droit au bas, offrant deux carènes longitudinales, entre lesquelles est un espace ponctué. Ocelles logées dans des fossettes. Métathorax convexe, présentant de chaque côté une carène dirigée latéralement. Tête et corselet ponctués. Abdomen subpédicellé, le premier segment allongé, en entonnoir, bombé en dessus ; à moitié aussi large que le deuxième ; ce dernier en cloche, renflé en tubercule en dessus. Insecte noir. Mandibule, une tache entre les antennes, devant de leur premier article, dessous du flagellum, bord postérieur des orbites et sinus des yeux, jaunes ; chaperon jaune avec une tache noire ovoïde au milieu. Deux taches sur le prothorax ou son bord entier, jaunes ; un point jaune sous chaque aile ; écailles jaunes avec un point roux ; quatre points sur les angles des écussons. Premier segment de l'abdomen roux, bordé d'un cordon jaune ; le deuxième noir, bordé de jaune et orné de chaque côté d'un petit point jaune ; bout de l'abdomen brun. Pattes rousses, hanches et tarses jaunes. Ailes hyalines.

Habite : Les Indes orientales. (Collection de M. Smith.)

Division HYPODYNERUS.

(IIe *Division de la Monographie,* p. 161.)

Section 2e (page 165.) Groupe *b.* (page 160.)

α. Angles du métathorax tranchants.

125 O. Tarabucensis, n. sp.

Magnus, niger ; prothoracis et abdominis segmentorum 1-2 margine flavo ; antennis nigris scapo rufo ; pedibus rufis ; alis in costa rufis, apice infuscatis.

♂. Long. 16 mill. ; env. 43 mill.

Male. Grandeur, formes, et couleurs de l'*O. humeralis (Chilensis)*, mais en différant par plusieurs caractères.

Insecte noir. Chaperon terminé par deux dents spiniformes écartées, laissant entre elles un bord droit. Antennes grandes, articulées, le premier article gros, surtout au bout ; le treizième article formant un grand crochet arqué, se repliant contre les précédents, presqu'aussi long que les trois pénultièmes réunis. Corselet en carré long, très large en avant ; angles du métathorax très tranchants. Tête et corselet rugueusement chagrinés, couverts d'un duvet serré de longs poils noirs. Abdomen moins velu. Labre et mandibules roux ; chaperon jaune, couvert d'un duvet argenté. Premier article des antennes roux,

le reste noir ; une très fine bordure des yeux, jaune ; prothorax orné
d'une bordure jaune assez étroite ; les deux premiers segments de
l'abdomen , d'une bordure jaune-blanchâtre assez large, celle du
deuxième biéchancrée. Ecailles noires. Pattes rousses, hanches et dernier article des tarses, noirs. Ailes un peu enfumées au bout avec un
léger reflet violet, ferrugineuses le long de la côte.

Différences présumables dans la ♀ : chaperon un peu échancré,
roux.

Rapp. et diff. Très voisin de l'*O. humeralis*, mais s'en distinguant
par ces caractères :

Le chaperon n'étant pas terminé par deux dents triangulaires qui
laissent entre elles une échancrure triangulaire, mais par deux épines
placées à ses angles, écartées et séparées par un bord droit ; flagellum
des antennes tout entier noir ; prothorax noir bordé de jaune et non
roux ; écailles noires et non rousses; angles du métathorax plus tranchants, etc.

Il ressemble ensuite surtout à l'*O. marginicollis*, mais s'en distingue
par ses antennes noires, etc. Il s'éloigne de plusieurs autres espèces du
Chili par sa grande taille et ses formes identiques à celles de l'*O. humeralis.*

Habite : La Bolivie , montagnes de Tarabuca, rapporté par M. D'Or-
bigny, qui lui attribue des mœurs peu aériennes. (Musée de Paris.)

β. Métathorax arrondi sur ses angles.

126. O. MOLINIUS.

Niger, pilosus ; antennis, clypeo, mandibulis, squamis pedibusque, rufis ; abdomine fasciis
duabus albidis ; prothoracis medii linea brevi albida.

♀. Long. 11 mill. ; env. 23 mill.

SYN. Sauss. *Odynerus Molinius.* Fauna Chilena. Zool. VI, p. 562, 3.

FEM. Chaperon allongé , plat, tronqué au bout, faiblement bidenté.
Corselet criblé de petits points enfoncés. Sous l'abdomen est un renflement tuberculeux indistinct, bien moins sensible que dans les *O. labiatus, tuberculiventris* et *chiliotus.* Sur le milieu de la face dorsale du premier segment est un gros point enfoncé. Insecte noir, hérissé de poils
noirs. Mandibules, chaperon, antennes et écailles, roux. Milieu du prothorax portant un liseré arqué blanchâtre, qui, s'il était prolongé, bor-
derait la courbe du mésothorax. Les deux premiers segments de
l'abdomen ornés chacun d'une ligne blanchâtre marginale régulière.
Ailes ferrugineuses le long de la côte, faiblement enfumées au bout.

Rapp. et diff. Cette espèce est très difficile à reconnaître ; elle est intermédiaire pour la taille entre l'*O. tuberculiventris* et l'*O. labiatus ;* ayant assez celle de l'*O. subpetiolatus* et de l'*O. chiliotus.* Elle diffère :

Des *O. tuberculiventris*, *labiatus* et *chiliotus,* par l'absence de tubercule distinct sous le deuxième segment.

De l'*O. subpetiolatus,* par son thorax moins rétréci au métathorax, par son premier segment plus large, plus sessile, par son chaperon roux, etc.

De l'*O. antucensis,* par son abdomen moins sessile, plus déprimé, ayant bien moins la forme de l'abdomen d'une Vespa, par sa taille plus petite ; le premier segment de l'abdomen n'a guère que les 3/5 de la largeur du deuxième, tandis que dans l'*O. antucensis* il est égal au 2/3 de la largeur.

Habite : Le Chili. (Musée de Paris.) Rapporté par M. Gay.

127. O. Vestitus, n. sp.

Ater, villosus ; prothoracis et abdominis segmentorum 1-2 margine flavo ; antennis atris ; pedibus rufis.

Long. 12 mill. ; env. 25 mill,

Fem. Taille, formes et faciès de l'*O. Maypinus.* Chaperon allongé, échancré. Métathorax parfaitement arrondi ; le deuxième segment portant près de sa base en dessous un tubercule saillant. Tout l'insecte très velu, noir ; le bord du prothorax des deux premiers segments de l'abdomen ornés d'une bordure blanc-jaunâtre ; celle du prothorax, étroite. Pattes rousses, base des cuisses noires. Ailes ferrugineuses le long de la côte, brunes au bout.

Rapp. et diff. Cette espèce s'écarte de toutes les autres de cette division par son abdomen sessile et son métathorax parfaitement arrondi, si ce n'est des *O. ruficollis* et *Maypinus*, dont elle se distingue par ses antennes, son chaperon, ses écailles, noirs ; les mêmes caractères la différencient de l'*O. vespiformis.*

Habite : Le Pérou. (Province de Cusco.) Rapporté par M. Gay. (Musée de Paris.)

Division. EPSILON.
(IIIe et IVe. *Div. de la Monographie,* p. 169.)

Ire Section. *Antennes des mâles, simples, n'étant pas terminées par un crochet. Thorax court, cubique* (1).

(1) Type *O. nasidens.* Voyez plus haut page 229.

Groupe de l'**ODYNERUS NASIDENS**.

128. O. Simplicicornis, n. sp.

O. nasidenti simillimus a minor ; metathoracis fissuris nullis.

Male. Formes et couleurs, les mêmes que celles de l'*O. nasidens*. Entièrement semblable à ce dernier, mais de taille plus petite. Chaperon polygonal, son bord inférieur droit. Corselet pointillé et soyeux, mais moins que celui de l'*O. nasidens,* un peu plus long que large. Métathorax ayant ses angles plus saillants, de chaque côté il offre un fort angle spiniforme, mais ses bords supérieurs ne forment pas de crête saillante séparée du postécusson par une fissure comme dans l'*O. nasidens*. Abdomen plus déprimé ; bien moins velu, le deuxième segment offrant son bord un peu enfoncé, ponctué. Le thorax est noir avec le postécusson jaune, ainsi qu'une ligne le long du tranchant du métathorax. Les antennes sont ferrugineuses en dessous. Les mandibules sont tachées de jaune avec le bout roux.

Cette espèce diffère de l'*O. brevithorax* par son chaperon sans échancrure, etc.

Habite : L'île de Cuba. (Musée de Paris.)

129. O. Peruensis, n. sp.

(Pl. XII, fig. 4).

Niger ; tibiis tarsisque rufis ; abdominis segmentis omnibus flavo marginalis ; alis subferrugineis ; metathorace striato.

♀ Long. 9 mill. ; env. 20 mill.

Fem. Très voisin de l'*O. brevithorax.* Chaperon circulaire, échancré, terminé par deux petites dents écartées, et fortement ponctué. Corselet plus large au prothorax qu'au métathorax ; ce dernier moins fortement concave, les bords inférieurs de la concavité seuls tranchants. Tête et corselet densément ponctués, couverts d'un duvet grisâtre ; la concavité du métathorax couverte de stries arquées. Abdomen lisse, ponctué, surtout densément le long du bord du deuxième segment, et couvert d'un duvet très soyeux. Forme de l'abdomen comme chez l'*O. Gayi* ; il est déprimé, le premier segment beaucoup plus large que long, aussi large que le deuxième. Insecte noir ; tête entièrement noire, le bout des mandibules seul un peu roux ; corselet portant seulement deux points imperceptibles aux angles du postécusson et deux aux angles saillants du métathorax ; tous les segments de l'abdomen largement bordés de jaune-pâle, bordure du deuxième un peu irrégulière, baveuse, élargie sur les côtés. Pattes noires, cuisses et tibias roux-sombres. Ailes transparentes, ferrugineuses le long de la côte.

MALE. Chaperon tronqué.

Rapp. et diff. Il ressemble beaucoup à l'*O. brachygaster,* mais s'en écarte par son métathorax strié, non argenté dans sa concavité, par son corselet moins fortement chagriné, et plus large à son bord antérieur qu'au milieu ; par son métathorax moins large que le milieu du corselet, sans bord tranchant le long de la courbe supérieure de sa concavité, par l'absence de jaune au corselet, etc. Il a, comme l'*O. Gayi,* le métathorax strié, mais il en diffère à trop d'égards pour qu'on puisse confondre ces deux espèces.

Cette espèce vient se placer à la fin de la Ire section ; son corselet est un peu plus long que large.

Habite : Le Pérou. (Musée de Paris.)

IIe SECTION. *Antennes des mâles terminées par un crochet. Corselet en carré long ; son premier segment tronqué, plaquant contre le métathorax.*

(Cette section comprend les espèces 64 à 122 de la Monographie.)

1. *ESPÈCES AMÉRICAINES.*

A. Groupe de l'**O. MEGAERA** (1).

130. O. PRÆCOX, n. sp.

(Pl. XI, fig. 9.)

Niger ; prothoracis margine postico, postscutello, metathoracis angulis, abdominisque segmentorum 1-2 marginibus, flavis ; alis fuscescentibus.

♀ Long. 10 mill. ; env. 20 mill.

(1) C'est-à-dire ayant pour type les formes trapues de cette espèce.

FEM. Taille et formes de l'*O. Tisiphone.* Chaperon ovale, terminé par deux petites dents ; métathorax concave, lisse, finement strié ; ses bords mousses offrent de chaque côté un angle mousse. Abdomen très conique, le premier segment aussi large que le deuxième. Tête et corselet densément ponctués ; abdomen satiné.

Insecte noir ; devant de la tête un peu argenté ; dents du chaperon rousses ; une tache au haut des mandibules, et une ligne entre les antennes, jaunes ; dessous du premier article des antennes, roux ; bord

antérieur du prothorax très finement liseré de jaune ; bord postérieur
du prothorax orné d'un large cordon jaune ; une tache sous l'aile ; un
petit point à chaque angle antérieur de l'écusson, postécusson et angles
du métathorax, jaunes, ainsi que le bord postérieur des deux premiers
segments de l'abdomen ; les autres segments liserés de brun. Pattes
noirâtres, tibias avec une ligne jaune ; tarses un peu ferrugineux.
Ailes transparentes, nervures et la côte brunes.

Rapp. et diff. Très voisin des *O. Megaera*, et voisins ; distinct par
son prothorax bordé de jaune le long de son bord postérieur.

Habite : L'Amérique du Sud depuis l'*Uruguay* jusqu'aux missions.
(Musée de Paris.)

131. O. LEUCOMELAS, n. sp.

Niger ; abdominis segmentis albo aut sulphureo fasciatis ; postscutello prothoracisque margine, albis aut flavis ; antennis nigris (♀).

Long. 10 1/2 mill. ; env. 21 mill.

FEM. Formes et couleur de l'*O. simplex.* Chaperon pyriforme, faiblement tronqué au bout. Angles du prothorax nullement épineux.
Insecte noir : deux taches au haut du chaperon, une à la base de chaque mandibule, une entre les antennes, une derrière le sommet de
chaque œil, blanches. Antennes noires. Abdomen plus finement ponctué que le corselet. La bordure du premier segment régulière. Pattes
noires ; tarses et genoux bruns ou roux ; blancs en dessous, tibias postérieurs avec une ligne blanche.

Var. A. Tous les segments bordés de blanc.

Var. B. Le blanc passant au jaune-soufre.

MALE. Chaperon, mandibules, devant du premier article des antennes, jaunes ou blancs.

Habite ; L'Amérique septentrionale ; l'Etat de New-York, l'Amérique boréale, etc. (Musée de Londres.)

132. O. CATEPETLENSIS, n. sp.

Niger, signaturis flavis ; segmentis 1-2 flavo aut albido marginatis ; primo punctulato, secundo longiore quam latiore.

♀ Long. 7 mill. ; env. 14 mill.

FEM. Petit ; faciès de l'*O. minutus* ; métathorax concave au milieu.

Antennes *insérées bas* ; tête et corselet ponctués, l'abdomen l'étant plus finement. Bout des mandibules un peu roux ; bout du chaperon, un point entre les antennes, deux derrière les yeux, deux taches sur le prothorax, écaille, un point sous l'aile et postécusson, jaunes ; les deux premiers segments ornés d'une bordure régulière blanchâtre ; pattes d'un jaune-roux, noires à la base. Ailes transparentes ; d'un brun roux clair le long de la côte.

MALE. Chaperon pyriforme, un peu bidenté, jaune, ainsi que les mandibules et le devant du premier article des antennes ; dessous du flagellum ferrugineux, bandes de l'abdomen jaunes.

Rapp. et diff. Voisin, pour la coloration, de plusieurs insectes du Chili, mais s'en écartant beaucoup par la forme de cloche arrondie du premier segment.

Habite : Le Mexique. (Collectiou de **M.** le marquis Spinola.)

133. O. PERSECUTOR, n. sp.

(Pl. XIV, fig. 1).

Niger, rugosus, signaturis flavis ; secundi segmenti maculis duabus flavis ; primo secundo angustiori.

Long. 8 mill. ; aile 6 1/2 mill.

Prothorax très large, ses angles subépineux ; postécusson plat, point saillant ; métathorax ayant ses arêtes latérales tranchantés, mais sa concavité n'étant ni bordée, ni limitée (1). Abdomen ovalo-conique ; le premier segment en cupule, moins large que le deuxième, lequel est plus long que large. Tout l'insecte ponctué ; le corselet l'étant très rugueusement ; l'abdomen moins profondément mais encore fortement ponctué ; le long du bord du deuxième segment est une ligne de ponctuation en dessus et en dessous. Insecte noir. Prothorax portant le long de son bord une bande jaune un peu interrompue au milieu ; sous l'aile une tache jaune ; écaille rousse et jaune, son appendice jaune ; postécusson et bord de tous les segments de l'abdomen, jaunes ; bordure du premier rétrécie sur les côtés et se fondant avec une tache latérale ; celle du deuxième régulière ; les autres étroites ; le deuxième segment en outre orné tant en dessus qu'en dessous, de chaque côté, d'une tache jaune libre. Pattes jaunes ; derrière des hanches et dessous des fémurs noirs. Ailes transparentes, nervures brunes ; une petite tache brune dans la radiale.

(1) Ayant la même forme que chez l'*O. floricola.* Voyez la section de cet insecte.

♂. Mandibules, chaperon à peine échancré, triangle entre les antennes, une ligne jusqu'au fond du sinus des yeux, deux points derrière leur sommet et au dessous des antennes, jaunes; les deux derniers articles de ces dernières, seuls noirs.

Rapp. et diff. Approchant pour la couleur de l'*O. bacuensis*, mais plus grand; son métathorax sans cavité déterminée; son premier segment plus en entonnoir, cupuliforme, point tronqué en avant.

Habite : Les Etats-Unis d'Amérique. Baltimore. (Collect. de M. le docteur Sichel.)

B. Groupe de l'**ODYNERUS ENYO** (1).

134. O. Pensylvanicus, n. sp.

Niger, punctatus; prothoracis punctis duobus; postscutello, abdominisque segmentorum 1-2 margine, flavis.

Long. 8 1/2 mill. ; env. 16 mill.

Fem. Formes assez grêles de l'*O. fulvipes.* Chaperon pyriforme, terminé par deux très petites dents. Antennes insérées assez bas. Corselet densément ponctué ; prothorax finement rebordé mais non anguleux. Métathorax arrondi, ponctué, sans aucun tranchant, mais excavé. Abdomen assez grêle, ponctué ; le premier segment en dessous presque aussi long que large. Tout l'insecte couvert d'un duvet gris. Insecte noir; un point entre les antennes, une ligne sous le scape, un petit point dans le sinus des yeux, un autre derrière leur sommet, jaunes. Sur le milieu du prothorax deux taches jaunes, une autre sous l'aile ; écaille et postécusson jaunes. Les deux premiers segments de l'abdomen ornés d'une étroite bordure jaune, et le quatrième portant aussi un fin cordon jaune. (Le deuxième a le long de son bord une ligne d'assez gros points.) Pattes noires; tibias jaunes tachés de noir ; tarses jaunâtres. Ailes enfumées.

Habite : L'Amérique du Nord, la Pensylvanie. (Musée de Paris.)

2. *INSECTES DE L'ANCIEN CONTINENT.*

Groupe de l'**O. DANTICI.**

* *Métathorax et postécusson tronqués offrant des bords tranchants.*

(1) C'est-à-dire ayant les formes grêles de cette espèce.

135. O. Tectus (1).

Niger; antennis aurantiacis; thorace signaturis rufis; abdomine aurantiaco, segmentorum
1-2 basi et fascia dorsali longitudinali nigris; alis cœrulescentibus, costa ferruginea.

Syn. Fabr. *Vespa tecta !* Spec. Ins., I, 466. 48, etc.—Ent. Syst. II,
274. — Syst. Piez., 261, 40.
Oliv. *Vespa tecta.* Encycl. Meth. Ins., VI, 690, 107.

Taille et formes de l'*O. Boscii,* ou *Tasmaniensis.* Chaperon pyriforme,
prolongé en avant, terminé par deux petites dents. Métathorax concave,
ses bords très tranchants, offrant de chaque côté une petite épine. Bord
du deuxième segment de l'abdomen, cannelé, un peu retroussé. Tête
et corselet chagrinés; abdomen finement ponctué. Insecte noir; tête
orangée; vertex et front noirs. Orbites, une tache sur le front, antennes, orangées. Prothorax, écaille, une tache sous l'aile, une
bande interrompue sur le bord postérieur de l'écusson, et angles
du métathorax, roux-orangés. Abdomen roux-orangé, avec la base des
deux premiers segments et une *large bande longitudinale qui s'étend
sur toute la longueur de l'abdomen,* noires. Pattes rousses. Ailes rousses
le long de la côte, enfumées avec un reflet violet dans le reste de leur
étendue.

Habite : L'Afrique. (Musée de Londres.)

136. O. Signatus, n. sp. (2).

Niger; thorace signaturis rufis; abdomine flavo, basi rufescenti; segmentis duobus primis
basi et medio nigris; alis subbrunneis, costa ferruginea.

♀ Long. 11 mill.; env. 26 mill.; long. totale 14 mill.

Fem. Formes de l'*O. trilobus.* Chaperon plus large que long, terminé
par deux dents aiguës, écartées. Angles du prothorax faiblement épineux ; métathorax concave au milieu, ses bords ciliés mais non tranchants. Premier segment de l'abdomen assez arrondi; le bord du
deuxième relevé. Tête et corselet rugueux, veloutés; abdomen finement, le bord des segments grossièrement ponctués. Insecte noir : mandibules, deux lignes au haut du chaperon, un point entre les antennes
et un derrière le sommet de chaque œil, roux. Antennes rousses, noires
en dessus de leur seconde moitié. Prothorax, écailles, une tache sous
l'aile, deux sur l'écusson et bord postérieur du postécusson, roux. Le

(1) Décrit sur le type de Fabricius, dans la collection de Banks.
(2) A partir d'ici, l'auteur a dû confier le soin de la correction des épreuves à
M. le docteur Sichel.

premier segment orné d'une bordure jaune ou rousse fortement élargie
sur les côtés. Le deuxième jaune, avec sa base et sur son milieu un carré,
noirs, c'est-à-dire son bord et ses côtés jaunes, ces derniers passant au
roux ; le reste de l'abdomen jaune. Pattes rousses ou jaunes ; hanches
noires tachées de roux. Ailes fortement enfumées, brunes, bordées de
brun, ayant la côte ferrugineuse.

Habite : L'Afrique méridionale. (Musée de Londres.)

137. O. Carinulatus, n. sp.

(Pl. XIV, fig. 3, 3 *a*).

Punctatus, ruber; thorace nigro vario ; capite maximo; clypeo brevi, longe bidentato ; postscutello trituberculato ; metathorace bispinoso, carenis duabus prominentibus; alis ferrugineis, apice nigro maculatis.

♀ Long. 14 mill. ; env. 28 mill.

Fem. Tête grosse, renflée, ponctuée ; l'ocelle antérieur logé dans
une fossette, et, en arrière de chacun des postérieurs, un point enfoncé ; chaperon plus large que long, échancré, bidenté ; les dents larges
et aiguës. Corselet densément ponctué ; prothorax rebordé ; mésothorax portant en dessus deux lignes saillantes figurant deux carènes
longitudinales un peu divergentes en V ; postécusson tronqué postérieurement, trituberculé, les tubercules latéraux crénelés ; métathorax
concave, ponctué sur ses angles supérieurs, strié dans sa concavité,
armé de chaque côté d'un angle spiniforme et portant au-dessous trois
crénelures. Abdomen presque conique, velouté, le bord du deuxième
segment déprimé. Insecte rouge de brique ; antennes un peu noirâtres
sur les derniers articles ; un croissant noir sur le vertex comprenant les
ocelles postérieurs. Corselet varié de roux et de noir ; prothorax roux
en dessus ; mésothorax roux avec une bande médiane et deux plus latérales, moins longues, noires ; ou noir avec une espèce d'M rousse, les
carènes formant l'angle rentrant de l'M. Des taches rousses sur les
flancs ; écussons roux ainsi que des lignes le long des tranchants du
métathorax. Abdomen rouge de brique, la face antérieure du premier
segment et le dessous du deuxième seuls, noirs. Pattes rousses. Ailes
ferrugineuses, le bout de la radiale brun.

Rapp. et diff. Voisin pour les couleurs des *O. Guerinii, tripunctatus,
canaliculatus,* etc., mais distinct par ses couleurs, par la forme de son
chaperon et les deux carènes du mésothorax.

Habite : L'Afrique. (Musée de Paris. Rapporté par M. Delalande.)

138. O. CANALICULATUS, n. sp.

(Pl. XIV, fig. 4, 4 a).

Rufus, capite, mesothorace abdominisque segmentis 3-6, nigris; alis obscuris; corpore rugosissimo; segmentis duobus primis margine reflexo; secundi margine transversim profunde,
dorso obliquiter canaliculatis.

Long. 8 mill. ; env. 14 mill.

Fem. Chaperon pyriforme, allongé, terminé en pointe et échancré
au bout, très rugueux, traversé par un sillon longitudinal ; mandibules
longues, grêles, formant un bec aigu par leur réunion. Tête rugueusement ponctuée. Corselet très rugueux ; angles du prothorax subépineux;
écailles très grandes, réniformes ; en dedans, à côté de leur milieu, est
un tubercule saillant; écusson très saillant, très rugueux, partagé par un
profond sillon longitudinal ; postécusson armé de deux tubercules spiniformes très longs et aigus ; métathorax très rugueux et concave au
milieu. Abdomen très rugueux ; le premier segment en cloche, rebordé,
traversé par un fort et large sillon longitudinal, et portant un autre
sillon transversal le long de son bord postérieur ; le deuxième segment
comme chiffonné ; son bord postérieur très fortement retroussé ; et
avant la partie relevée du bord se voit un canal transversal très profond
qui parcourt tout le bord postérieur ; du milieu de ce sillon en partent
deux autres moins profonds, figurant un V et gagnant les angles antérieurs du segment.

Insecte roux ; tête noire ; bas du chaperon, mandibules et antennes
rousses ; mésothorax noir ; écailles et leurs tubercules annexes, roux ;
sillon du métathorax noir, ainsi que le dessous du corselet et ses flancs
sous les ailes ; bout de l'abdomen après le deuxième segment et le tiers
antérieur du premier, d'un noir ferrugineux. Pattes rousses. Ailes
brunes.

Rapp. et diff. Très distinct par sa sculpture extraordinaire ; assez
voisin pour les couleurs des *O. sessilis, filipalpis,* etc.

Habite : L'Arabie. (Musée de Paris.)

139. O. DIMIDIATUS, Spin.

Syn. Spinol. *Odynerus dimidiatus.* Ann. Soc. Ent. **Fr., 1re sér., VII,**
p. 502.

(Longueur totale 4 lig.).

Noir. Les trois premiers articles des antennes, le labre, une tache de
chaque côté dans l'intérieur de l'échancrure ovalaire, dos du prothorax,

écailles claires, une tache sur les flancs au-dessous de la naissance des ailes, premier et deuxième anneaux de l'abdomen, ferrugineux. Pattes ferrugineuses. Hanches et trochanters noirs. Ailes noires. Chaperon très bombé, strié longitudinalement, au moins aussi long que large ; bord postérieur arrondi ; bord antérieur trigone ; côtés latéraux obliques, un peu concaves en dehors ; côté médian étroit et fortement échancré. Espace inter-antennaire caréné. Tête, corselet, premier et second segment de l'abdomen fortement ponctués ; points enfoncés gros, ronds, rapprochés, mais distincts, piligères ; poils blanchâtres. Ecailles alaires grandes, larges, arrondies en dehors. Impression des angles postérieurs du mésothorax peu profonde : appendice extérieur saillant, dirigé en arrière, mais plus court que l'écaille alaire. Ecusson et postécusson bi-tuberculés ; tubercules de l'écusson larges, arrondis, peu élevés ; ceux du postécusson plus petits, mais plus saillants et plus aigus. Face postérieure du métathorax perpendiculaire, profondément sillonnée au milieu ; côtés convexes ; bords latéraux effacés. Premier anneau de l'abdomen plus étroit que le suivant, composé d'une seule pièce. Second anneau à bord postérieur relevé et presque retroussé, mais beaucoup plus dans la femelle. Antennes des mâles terminées par deux articles en crochet.

Habite : L'Egypte, l'île de Malte, etc.

140. O. NATALENSIS, n. sp.

Niger, rugosus ; postscutello rugosissimo, subelevato ; metathorace inermi ; abdomine lævi, antice truncato ; antennis et abdominis apice aurantiacis ; alis cœruleis.

♂ Long. 12 mill. ; aile 11 mill,

MALE. Facies d'un *Synagris* ou d'un *Rhynchium.* Mandibules (♂) offrant une grosse échancrure à leur tiers supérieur. Chaperon hexagonal, tronqué droit. Thorax très finement rebordé, point anguleux ; postécusson élevé, tronqué, rugueux, sans crête ; métathorax concave, sans angles spiniformes, ses bords rugueux, point tranchants, l'arête latérale tranchante, un peu dentelée à l'angle du métathorax. Tête et corselet criblés de points enfoncés et de rugosités, surtout vers la partie postérieure du thorax. Abdomen lisse, conique, le premier segment taillé carrément.

Insecte noir : un point au haut des mandibules, chaperon, antennes et segments quatre à sept de l'abdomen, orangés ; troisième segment noir, orné d'une bordure orangée festonnée. Pattes noires, tarses antérieurs et devant des tibias de la première paire, ferrugineux. Ailes noir-violet.

Rapp. et diff. Vu sa coloration, cet Odynère peut être confondu :
1º avec les Synagris qui ont ces mêmes couleurs ; 2º avec les *Rhynchium* ornés de la même manière : *R. ardens, abyssinicum,* etc. Enfin il se pourrait que ce ne fût ici que le mâle de l'*O. synagroïdes.*

Habite : Les terres du cap de Bonne-Espérance, Port-Natal. (Ma collection.)

141. O. EGREGIUS. Herr.-Schæff.

Niger, punctatus, flavo multipictus ; postscutello haud elevato ; metathorace supra bispinoso, lateribus inermi, flavo bimaculato ; abdominis segmentorum marginibus flavis, primo secundoque sinuatis, lateraliter in maculam confluentibus.

SYN. Herr.-Schæff. *Odynerus egregius.!* Faun. Germ. , 173, p. 15, 176, tab. 2 (1).

FEM. Chaperon aussi large que long , ponctué. Corselet large, mais point épineux au prothorax , rétréci au métathorax ; postécusson point saillant ni crénelé ; métathorax offrant une concavité peu limitée vers le bas, mais l'étant vers le haut par des arêtes tranchantes, qui se terminent en deux épines saillantes lesquelles sont séparées du postécusson par des fissures profondes ; pas d'épines latérales au métathorax, mais ses arêtes latérales bien marquées. Tout l'insecte ponctué, noir. Bout des mandibules roux ; haut du chaperon portant deux taches obliques, jaunes; dessous des antennes ferrugineux ; devant du scape portant une ligne jaune ; entre leurs insertions un trait oblique, et derrière chaque œil une tache, jaunes. Ecaille grande, jaune avec un point brun; bord du prothorax , une tache sous l'aile, postécusson, angles du métathorax, jaunes ; souvent sur le mésothorax une tache de la même couleur. Tous les segments de l'abdomen bordés de jaune ; bordures du premier et du deuxième segments un peu festonnées, prolongées sur les côtés pour se joindre à une tache jaune latérale; avant de se joindre à cette tache , celle du premier segment est rétrécie. Pattes jaunes avec la base noire. Ailes un peu enfumées.

Habite : L'Espagne, l'Italie, etc. (Collections de M. Herrich-Schæffer et de M. Sichel.)

142. O. NOTATUS.

Niger, flavo pictus ; antennis nigris ; postscutello denticulato ; mesothorace lineis duabus flavis signato, in lateribus inermi ; abdominis secundi segmenti margine in lateribus valde aucto.

(1) Cette figure est très imparfaite ; l'abdomen représenté est beaucoup trop petit par rapport au thorax et ressemble plutôt pour la forme à celui de l'*O. parvulus.*

SYN. Jurine. *Vespa notata*. Meth. Hym., tab. IX, fig. 15.

Long. 10 mill. ; env. 22 mill. ; aile 9 mill.

FEM. Formes de l'*O. simplex*. Chaperon échancré, fortement bidenté. Postécusson finement crénelé. Angles supérieurs de la concavité du métathorax séparés du postécusson par deux fissures. Métathorax rétréci, le thorax diminuant de largeur du prothorax au métathorax. Tête et corselet chagrinés. Insecte noir : Antennes noires; au haut des mandibules un point jaune; entre les antennes un triangle jaune ; chaperon jaune, son bord inférieur et deux taches latérales noires, rugueuses. Bordure du prothorax, une tache sous l'aile, écaille, postécusson, deux points à l'écusson, sur le mésothorax deux lignes, jaunes, et en outre deux très petits traits jaunes à côté des écailles. Abdomen très orné de jaune ; face supérieure du premier segment jaune , sa face antérieure noire ; le deuxième ayant une bordure jaune très élargie sur les côtés ; ou jaune avec une tache noire étranglée au milieu ; les trois autres segments régulièrement bordés de jaune. Pattes noires ; genoux et tibias jaunes ; face postérieure de ces derniers et dessus des tarses gris, ou un peu obscurs. Ailes enfumées.

Rapp. et diff. Distinct par son système de coloration, surtout par ses deux lignes jaunes au mésothorax.

Habite : L'Europe moyenne, Genève ? (Collection Jurine, au Musée de Genève.)

** *Métathorax tronqué derrière le postécusson, celui-ci n'étant pas entamé par la troncature, n'offrant pas de crête crénelée.*

(O. minutus. O. Rossii.)

143. O. IONIUS, n. sp.

Niger, punctatus; albo ornatus; abdomine fasciis tribus albis; alis cœruleo nitentibus.

♀ Long. 10 1/2 mill. ; env. 22 mill.

FEM. Forme de l'*O. Dantici*, etc.
Mandibules crochues au bout, formant un long bec; chaperon pyriforme tronqué droit, mais paraissant bidenté à cause d'une fossette qui occupe son extrémité. Tête et corselet couverts de ponctuations grossières ; *postécusson armé de deux forts tubercules spiniformes crénelés;* métathorax concave; sa concavité striée, mais n'occupant que le bas de la face postérieure ; au-dessus d'elle est un espace ponctué qui s'étend entre le postécusson et les angles spiniformes du métathorax ,

lesquels sont placés au-dessus de la concavité. Abdomen fortement
ponctué, surtout sur les côtés. Insecte noir; sous le scape des antennes
une ligne rousse, très fine. Bout des mandibules, roux ; au bout du
chaperon deux taches blanches, une entre les antennes, une derrière
le sommet de chaque œil, et la bordure des orbites sous l'échancrure,
de la même couleur, ainsi que deux petites taches au milieu du prothorax et une sous l'aile. Ecaille blanche avec un point noir. Les trois
premiers segments de l'abdomen portant chacun une bordure blanche;
la première un peu élargie de chaque côté ; les deux autres irrégulièrement rétrécies au milieu. Pattes ferrugineuses; hanches et la majeure
partie des cuisses, noires ; tibias obscurs du côté postérieur. Ailes
brunes avec un reflet violet.

Var. probable : Antennes noires ; bordures des segments 2 et 3
interrompues. — Les autres segments bordés de blanc.

Rapp. et diff. Très distinct par ses trois bandes blanches à l'abdomen, par la forme de son métathorax, dont le bas seul est lisse , cette
partie lisse étant terminée en voûte vers le haut ; par son postécusson bidenté, ses ailes à reflet violet, etc.

Habite : L'île de Rhodes. Communiqué par M. Boheman.

144. O. BOHEMANI, n. sp.

(Pl XII, fig. 6).

Niger, signaturis flavis; abdominis secundo segmento maculis duabus flavis ; metathorace
inermi.

♂ Long. 8 1/2 mill. ; env. 16 mill.

MALE. Formes de l'*O. simplex* ou de l'*O. nigripes*. — Chaperon bidenté ; prothorax très finement rebordé ; métathorax très concave, ses
bords très tranchants, saillants, surtout vers le haut où ils sont séparés
du postécusson par deux fissures; ces deux angles supérieurs se rapprochant beaucoup l'un de l'autre derrière le postécusson ; les tranchants arqués ne formant point d'épine sur les côtés ; postécusson point
saillant ni crénelé. Tète et corselet rugueusement chagrinés. Premier
segment de l'abdomen très court, tronqué franchement antérieurement,
sa face supérieure trois fois aussi large que longue et partagée par un
faible sillon médian. Le deuxième segment un peu plus large, se ren-
flant. Abdomen finement chagriné ; le premier segment le plus fortement. Insecte noir : bout des mandibules, roux ; une tache sur le front,
une faible ligne le long des orbites jusque dans le sinus des yeux, les
deux premières bordures faiblement échancrées au milieu, la première

et les dernières rétrécies sur les côtés, jaunes ; sixième segment seulement taché de jaune ; le deuxième orné en outre de chaque côté d'une tache jaune près de sa base ; anus noir. Pattes noires ; genoux, tibias et tarses jaunes. Ailes enfumées le long de la côte.

Var. Chaperon et devant du scape des antennes, jaunes ; dessous du flagellum et crochet ferrugineux.

Rapp. et diff. Facile à confondre avec les *O. graphicus* et *nigripes* à cause des taches de son deuxième segment abdominal ; mais différant du deuxième par l'absence d'angles spiniformes au métathorax, et du premier par sa petite taille, ses formes et ses couleurs bien différentes.

Il n'a pas, comme l'*O. bipustulatus*, le premier segment de l'abdomen cupuliforme ; mais bien tronqué en devant.

Habite : Les Iles Ioniennes, Rhodes. Communiqué par M. Boheman.

145. O. FASTIDIOSISSIMUS, n. sp.

(Pl. XII, fig. 7.)

Parvus ; niger, flavo pictus ; scutello nigro , metathorace inermi ; abdomine antice truncato ; ejus secunda vitta in lateribus haud aucta.

♀ Long. 8 mill. ; env. 17 mill.

FEM. Taille des *O. Rossii* et *minutus ;* formes de l'*O. crenatus ;* le premier segment abdominal tronqué à sa face antérieure, mais un peu moins large que le deuxième. Facies de l'*O. crenatus,* mais le corselet moins cubique, plus allongé, un peu moins large au métathorax. Concavité de ce dernier bordée par des angles peu tranchants , sans dents spiniformes ; postécusson arrondi, point crénelé. Chaperon un peu tronqué à l'extrémité ou faiblement bidenté, jaune avec le bas noir. Une tache sur le front, une derrière l'œil, devant du scape, bord du scape, bord du prothorax, une tache sous l'aile, écaille, postécusson, angles du métathorax et bord de tous les segmens de l'abdomen, jaunes ; ces bordures larges et régulières ; le premier segment jaune en dessus avec une échancrure noire carrée.

Var. Ecusson orné de jaune ; chaperon jaune.

MALE. Chaperon jaune ; bout de l'antenne brun en dessous.

Rapp. et diff. Très embarrassant par sa ressemblance extrême avec plusieurs autres espèces.

Il diffère :

1° Des *O. simplex, nigripes , crenatus,* par l'absence de fissures au sommet du métathorax.

2º Des *O. Dantici*, *bidentatus*, par l'absence d'angles spiniformes au métathorax.

3º De l'*O. graphicus*, par son abdomen bien moins déprimé, sa plus petite taille, etc.

4º Des *O. Rossii*, *minutus*, etc., par ses formes moins grêles, et sa coloration bien différente.

5º Des *O. dubius*, *parvulus*, etc., par son premier segment bien plus tronqué en avant, la bordure du deuxième étant régulière, etc.

6º De l'*O. lativentris*, par son métathorax plus concave, ayant des bords bien plus tranchants.

Habite : L'Algérie ou l'Europe méridionale. (Musée de Paris.)

Petites espèces.

Groupe de l'ODYNERUS MINUTUS.

Ces espèces se ressemblent beaucoup entre elles et offrent de plus une si grande analogie avec le groupe des *O. exilis* et voisins que leur détermination ne peut se faire sans la plus minutieuse attention. Le groupe représenté par l'*O. exilis* est caractérisé par l'arrondissement du métathorax, mais entre lui et l'*O. minutus* qui sert de type à ceux qui l'ont concave et anguleux, il existe des transitions très embarrassantes (par exemple l'*O. gallicus*).

146. O. GERMANICUS, n. sp.

Elongatus, punctatus; abdomine vittis duabus flavis; squamis piceis, flavo maculatis; metathorace rugosissimo; prothorace atro.

Long. 8 1/2 mill. ; aile 7 mill.

FEM. Taille, forme et facies de l'*O. Rossii*. Insecte grêle ; abdomen cylindrique. Corps criblé de points enfoncés; métathorax et premier segment de l'abdomen très rugueux. Prothorax anguleux. Métathorax prolongé un peu en arrière du postécusson ; sa concavité bien limitée occupant toute sa largeur, mais ses bords émoussés par les très fortes rugosités des côtés du métathorax. Insecte noir : Entre les antennes un point jaune, et à l'abdomen deux bandes jaunes régulières bordant les deux premiers segments. Ecaille brune ou noirâtre, avec deux points jaunes. Pattes noires; tibias jaunes; leur bout noir, ainsi que les tarses.

Rapp. et diff. Diffère de l'*O. Rossii*, par l'absence de bordure jaune au prothorax et au troisième segment ; par son écusson noir ; par son prothorax qui n'est guère épineux ; par son métathorax plus rugueux, n'offrant pas de tranchants à la partie supérieure des bords de sa concavité.

Habite : L'Allemagne. (Collection du docteur Herrich-Schæffer.)

147. O. Minutus (1). Fabr.

Parvulus, niger ; luteo pictus ; antennis ♀ nigris ; abdomine fasciis 2 luteis ; tibiis tarsisque rufis.

Syn. Fabr. *Vespa minuta.* Syst. Piez. 268, 78.
    Lepel. *O. minutus.!* Hyménopt. II, 632, n. 18.—Ajoutez encore :
    Herr.-Schæff. *O. pictus.!* Faun. Germ. 173, p. 30 ; 176, tab. 3 ♀,
    8 d ♂.

Fem. Chaperon aussi large que long, faiblement bidenté. Tête circulaire, bien moins bombée que dans l'*O. bivittatus,* aussi large que haute et densément ponctuée. Corselet densément ponctué ; métathorax très rugueux ; sa concavité large, terminée par des bords peu tranchants sans angles spiniformes ; la concavité elle-même portant des ponctuations. Postécusson très faiblement bilobé en avant. Abdomen finement ponctué, comme subpédicellé, de forme ovale-conique, le premier segment arrondi, cupuliforme et un peu plus fortement ponctué que le deuxième segment ; sans aucune dépression dorsale.

Insecte noir : bout des mandibules brun ; un point entre les antennes, un derrière chaque œil, deux sur le prothorax, postécusson, écailles et le bord des deux premiers segments de l'abdomen, blancs (2) ou jaune-blanchâtres. L'écaille tachée de brun ou de noir. Pattes noires ; genoux, tibias et tarses ferrugineux. Ailes un peu enfumées. (Les bordures de l'abdomen sont étroites et régulières ; sous le scape on voit un peu de roux.) ·

La ride sous le ventre est presque nulle.

Var. Les écailles peuvent être rousses ou blanches ; la taille est assez variable.

Male. Forme un peu moins grêle. Chaperon, mandibules, devant du scape, genoux, tibias et tarses, jaunes ; dessous du flagellum ferrugineux ; bord du prothorax orné d'une ligne jaune interrompue.

Var. ? Crochet des antennes roux.

(1) Ne confondez pas avec l'*O. minutus,* Herr.-Schaeff. (ci-dessus. p. 272. 153).

(2) Les individus qui viennent du Nord, par exemple de Suède, ont les ornements blancs, ceux du midi les ont jaune-blanchâtres.

Rapp. et diff. Cet Odynère diffère :

1º de l'*O. Chevrieranus,* par le premier segment abdominal moins rugueux, puis la femelle par ses antennes noires, ses tibias roux, etc. ; le mâle par son postécusson jaune, le flagellum des antennes ferrugineux en dessous, etc.

2º De l'*O. Dufourianus,* par les mêmes caractères que du *Chevrieranus.*

3º Voyez encore l'*O. Jurinei.*

4º Comme dans l'*O. Rossii,* les dernières bandes jaunes de l'abdomen ne sont pas toujours distinctes ; il est nécessaire de chercher dans les formes des caractères distinctifs de cette espèce.

♀. Dans l'*O. Rossii,* le chaperon n'est pas distinctement bidenté. Chez l'*O. minutus,* il se termine par deux dents spiniformes ; le prothorax est moins anguleux ; les bords de la concavité du métathorax sont rugueux, mais n'offrent pas de bord net ; de chaque côté ils forment un angle insensible. L'abdomen est plus luisant ; le deuxième segment n'est pas plus long que large. L'écaille est très grande.

L'espèce se reconnaît surtout : 1º à son métathorax plutôt plat que concave, sans angles très tranchants ; 2º à ses ornements blancs ; 3º à sa taille plus grande que celle des petites espèces qui sont ornées de blanc.

Habite : La France ; l'Europe moyenne et septentrionale, la Suède, etc. (Musée de Paris.)

148. O. Chevrieranus, n. sp.

(Pl. XIII, fig. 2).

Parvulus, niger ; flavo pictus ; abdomine fasciis duabus flavis ; tibiis flavis, nigro maculatis ; scapo ♀ ♂ antice flavo.

Fem. Tête comme dans l'*O. minutus,* mais un peu plus bombée. Chaperon presque tronqué droit, très bombé. Corselet comme celui de l'*O. minutus,* mais le dos un peu plus voûté. Abdomen plus fortement ponctué que dans l'espèce citée ; le premier segment étant rugueusement chagriné. La forme de l'abdomen est assez différente aussi ; il est plus déprimé, moins ovalo-conique, en ce sens que le premier segment n'est pas cupuliforme, mais sessile et plus aplati en avant ; on aperçoit aussi sur sa face dorsale la trace d'un sillon longitudinal ; en dessous, à la base du deuxième segment, est une ride qui, lorsqu'on voit l'insecte de profil, ressemble à un petit tubercule.

Insecte noir, ayant les mêmes dessins que l'*O. minutus,* mais d'un jaune plus vif, et en outre une marque à la base de chaque mandibule, et une ligne devant le premier article des antennes, jaunes. Les deux bandes de l'abdomen sont plus larges. Le bout des mandibules est noir, les pattes sont noires, avec les genoux et les tibias jaunes ; ces derniers tachés de noir en dessous. Les tarses sont jaunes à leur base et passent au noir dans le reste de leur étendue. Les ailes un peu enfumées dans la radiale. Le métathorax est un peu prolongé en arrière du post-écusson et ses angles sont tranchants. La ride sous le ventre est faible et obtuse.

MALE. Formes plus grêles que chez la femelle. Chaperon plus circulaire que dans l'*O. minutus*, moins bidenté, les dents étant bien plus obtuses, non spiniformes. Prothorax n'ayant que deux petits points jaunes, ou même entièrement noir; *le postécusson noir ;* flagellum des antennes, noir.

Rapp. et diff. Il faut comparer minutieusement cette espèce aux suivantes :

1° *O. bispinosus;* cette espèce se distingue nettement par ses écailles rousses et par sa bordure du prothorax qui dans la femelle a la même couleur.

2° *O. minutus;* dans ce dernier les bordures de l'abdomen sont un peu moins larges, le premier segment de l'abdomen est bien moins grossièrement ponctué, le chaperon moins bidenté.

♀. Les antennes ont une ligne jaune sous le scape. ♂. Le post-écusson est noir, etc.

3° *O. Dufourianus ;* il a le métathorax moins anguleux, et les formes plus grêles. Voyez cette espèce,

4° Voyez encore l'*O. Jurinei.*

Habite : Les environs de Genève. Trouvé au pied du Jura, par M. Chevrier. (Collection de M. Chevrier et la mienne.)

149. O. DUFOURIANUS, n. sp.

Niger ; flavo pictus ; scapo ♀ antice flavo ; abdomine fasciis duabus flavis ; tibiis et tarsis flavis.

Cette espèce est si voisine de l'*O. Chevrieranus* que je ne me résous qu'avec la plus grande répugnance à l'en séparer. Mais elle présente évidemment des caractères spécifiques suffisants pour en être séparée.

Taille, ponctuation et grandeur comme celles de l'*O. Chevrieranus,* dans les deux sexes. La forme diffère un peu.

♀. Plus grêle ; prothorax plus concave à son bord antérieur ; tête plus bombée, *plus haute que large* comme dans l'*O. bivittatus*. Chaperon distinctement bidenté; les dents aiguës, un peu relevées. Métathorax plus rugueux, les bords de la concavité très grossièrement ponctués, mais n'offrant pas de tranchant. Prothorax orné d'une bordure jaune interrompue au milieu. Abdomen plus grêle; le premier segment aussi long que large. Bordures des deux premiers segments larges. (Cette espèce a comme l'*O. Chevrieranus* une ride à la base du deuxième segment.) Tibias entièrement jaunes. Le reste comme dans l'*O. Chevrieranus*.

La ride sous la base du deuxième segment est très forte, plus forte que dans les autres espèces voisines ; elle figure de profil un véritable tubercule.

Cette espèce se distingue en outre de l'*O. minutus* par sa tête plus haute que large ; par les dents du chaperon qui sont peut-être un tant soit peu plus relevées ; par le premier segment de l'abdomen qui est plus rugueux et plus allongé ; par le deuxième surtout qui est bien plus large que long ; par les bordures de l'abdomen qui sont larges et jaunes ; par le dessous du scape qui est jaune ; par ses tibias jaunes, etc.

Voyez aussi l'*O. Jurinei.*

Habite : La France. (Musée de Paris.)

150. O. Jurinei, n. sp.

Niger, flavo pictus; clypeo supra fascia flava ; macula flava subalari; abdominis fasciis duabus latis.

♀ Long. 7 1/2 mill. ; env. 15 mill.

Fem. Formes et couleurs comme l'*O. Chevrieranus*, même taille, cependant distinct. Il n'a aucune trace de ride sous la base du deuxième segment abdominal ; en cela il se rapproche plutôt de l'*O. minutus*, dont il a aussi la ponctuation. Il s'en écarte par le chaperon tronqué au bout, les angles de son bord antérieur étant saillants et dirigés obliquement en dehors. Le métathorax a ses bords plus rugueux, point tranchants , mais un semblant d'angle de chaque côté ; le haut du chaperon a deux taches ou une ligne arquée, jaunes ; le prothorax a deux grandes taches jaunes ; on en voit en outre *une sous l'aile* ; l'écaille, le postécusson sont jaunes ; les deux premiers segments ont chacun une très large bordure jaune régulière ; genoux, tibias et tarses sont jaunes-ferrugineux. Il se distingue des *O. Dufourianus* et *Chevrieranus* par le premier segment de l'abdomen qui est moins rugueux ; par l'absence de ride sous le deuxième segment; par la tache sous l'aile, etc.

Habite : La France méridionale. (Musée de Paris.)

Nota. Dans St-Farg., II, 633 , cette espèce est rangée comme variété sous l'*O. minutus.*

151. O. Parisiensis, n. sp.
(Pl. XIII, fig. 5).

Elongatus, angustus, niger; puncto inter antennas et abdominis vittis 2, flavis; abdominis primo segmento rugosissimo.

♀ Long. 7 mill. ; long. tot. 9 mill. ; aile 6 1/2 mill.

Fem. Insecte très grêle, ayant la forme de l'*O. bivittatus*. Chaperon tronqué presque droit. Prothorax rebordé; concavité du métathorax bien limitée, forte; tête et corselet très ponctués, mais le premier segment de l'abdomen encore bien plus rugueux, ainsi que le métathorax; son bord assez épais, mais point épaissi en bourrelet; le deuxième segment ponctué. Insecte noir; un point entre les antennes, et le bord des deux premiers segments de l'abdomen, jaunes. Thorax entièrement noir. Pattes noires ; tibias jaunes, leurs bouts et les tarses, noirâtres. Ailes enfumées.

Male. Comme celui de l'*O. Chevrieranus*, ayant le haut du chaperon bordé de noir ; le bord du deuxième segment de l'abdomen est cependant un peu plus épais.

Rapp. et diff. La ♀ est reconnaissable à ses formes très grêles avec le métathorax concave; ce n'est guère qu'avec les *O. bivittatus* et voisins qu'on la confondrait sans ce dernier caractère. Elle est encore très voisine des *O. xanthomelas, germanicus, Rossii,* etc.

Voyez ces espèces.

Habite : Trouvé par M. le docteur Sichel, dans les environs de Paris. (Collection de M. Sichel.)

152. O. xanthomelas.! Herr.-Schæff.

Niger, puncto inter antennas, segmentis 1,2 margine citrino; segmento primo et metathorace rugosissimis.

Syn. Herr.-Schæff. *Odynerus xanthomelas.*! Faun., Germ. 173, p. 29; 176, tab. 7 ♀, 8 a ♂.

Long. 8 mill. ; aile 6 1/2 mill.

Fem. Formes grêles ; abdomen cylindrique. Tête circulaire, un peu plus haute que large. Chaperon terminé par deux petites dents divergentes. Thorax très ponctué, angles postérieurs de l'écusson faiblement saillants ; métathorax très rugueux ; sa concavité très nette, à bords rugueux, non tranchants. Abdomen ponctué; son premier segment très rugueux, plus rugueux que le thorax ; son bord mince. Prothorax point rebordé. Insecte noir : un point entre les antennes, une ligne sous le scape, jaunes ; thorax entièrement noir, mais souvent deux points jaunes au postécusson et un à chaque écaille, lesquelles sont brunâtres ; les deux premiers segments de l'abdomen ornés d'une bordure jaune régulière. Pattes et ailes comme dans l'*O. parisiensis*.

MALE. Mandibules avec une ligne jaune ; chaperon jaune échancré, et bordé de noir à son sommet ; thorax et écailles noirs ; tibias et tarses jaunes. Métathorax très concave, ayant des bords tranchants qui font saillie en arrière.

Rapp. et diff. Cette espèce, très voisine de plusieurs autres, est plus grêle que l'*O. Chevrieranus* ; son abdomen est bien plus cylindrique, son premier segment moins rugueux ; le ♂ a le métathorax plus tranchant ; la ♀ est autrement peinte et a le premier segment de l'abdomen moins court et large, et plus cupuliforme.

L'*O. Rossii* s'en distingue par son prothorax épineux, etc.

Voyez encore les *O. parisiensis, minutus, Dufourianus*, etc.

Habite : L'Allemagne. Ratisbonne. (Collection du docteur Herrich-Schæffer.)

153. O. ALPESTRIS.
(Pl. XIII, fig. 3).

Niger ; maculis 2 colli, margine squamæ et segmenti 1, 2, albis aut citrinis ; metathorace acute marginato ; postscutello elevato.

SYN. Herr.-Schæff. *Odynerus minutus.!* Faun. Germ., 173, p. 31, 176, tab. 6, ♀ ; 8 b, ♂ (1).

Long. 7 mill. ; aile 6 mill.

FEM. Assez semblable à l'*O. minutus,* mais plus petit. Chaperon aussi large que long ; tête et thorax très rugueux ; antennes insérées au-dessus du milieu de la tête ; postécusson élevé en une crête transversale ; métathorax n'étant pas plus rugueux que le reste, mais offrant une concavité demi-circulaire striée et fortement rebordée, surtout vers le haut. Abdomen chagriné. Le premier segment court, très renflé en dessus, et ayant son bord renflé en bourrelet. Bord du deuxième segment double ; la lame inférieure dépassant de beaucoup la supérieure. Insecte noir : deux taches aux angles du prothorax, bord de l'écaille et un fin liseré aux deux premiers segments de l'abdomen, blanc-jaunâtres ; celui du deuxième segment est le plus étroit et se trouve placé

(1) Ce nom a dû être changé ; il est déjà employé pour une autre espèce.

sur le bord de la lame supérieure ; l'inférieure est brune et le dépasse. Pattes rousses ; hanches, base des cuisses et dessus des tarses postérieurs, noirs. Ailes transparentes ; radiale ne dépassant pas la troisième cubitale ; celle-ci bien plus longue que large.

MALE. Chaperon, devant du scape et les parties des pattes qui sont rousses dans la femelle, jaunes; dessous du flagellum ferrugineux.

Var. ♀. Ecaille rousse.

Cette espèce se reconnaît surtout : 1° à son métathorax peu rugueux, prolongé un peu en arrière du postécusson ; 2° à son postécusson qui forme une carène transversale ; 3° à son premier segment abdominal très renflé en dessus et terminé par un bourrelet ; 4° par le bord de son deuxième segment qui est dédoublé (1). L'abdomen paraît mobile sur le premier segment; il se recourbe en bas sans que le premier segment participe à ce mouvement.

Voyez les *O. minutus, bivittatus,* et voisins.

Habite : L'Allemagne. Ratisbonne. (Collection du doct. Herrich-Schæffer.)

154. O. GALLICUS, n. sp. (2).

Elongatus, angustus; niger, rugosus; abdominis primi segmenti margine elevato; coxis extus emarginatis; segmentis 1,2, albo limbatis; prothorace albo bimaculato; scapo subtus et pedibus rufis.

♀ Long. 7 mill. ; aile 5 1/2 à 6 mill.

FEM. Petit; formes grêles de l'*O. bivittatus;* tête plus haute que large; les antennes insérées très bas. Chaperon strié, tronqué au bas à peine échancré. Corselet cylindrique, très rugueux ; le prothorax large, ses angles à peine saillants. Ecailles recouvertes par leur appendice à l'angle postérieur ; postécusson peu saillant ; métathorax très rugueux, sa concavité bordée vers le haut ; abdomen très ponctué ; le premier segment rugueux, son bord formant un bourrelet saillant; le deuxième bien plus long que large; le long de son bord est une très forte zone de gros points enfoncés, en dessus et en dessous.

Insecte noir : une bande interrompue sur le prothorax, et un cordon le long du bord des deux premiers segments de l'abdomen, blancs ; écaille blanche avec un point brun. Mandibules rousses, noires à la base; antennes noires ; leur premier article roux avec en dessus une

---

(1) Herr.-Schæff. dit à la première ligne : « Fascia segmenti *primi;* » ce doit être « *secundi.* »

(2) Se rapprochant beaucoup du groupe de l'*O. bivittatus.*

ligne noire ; pattes rousses tachées de jaunes ; hanches et base des cuisses noires, ainsi que le bout des tarses postérieurs. Hanches échancrées au côté externe. Ailes faiblement enfumées.

Rapp. et diff. Très voisin de l'*O. parisiensis,* mais le premier segment de l'abdomen moins large, moins rugueux ; son bord plus saillant ; celui du deuxième segment ayant du reste la ligne de gros points qui manque chez l'*O. parisiensis.* Très voisin des *O. bivittatus,* etc., mais s'en distinguant par la concavité plus nette de son métathorax.

Habite : Le midi de la France. Aix, en Provence. (Collection de M. le doct. Sichel.)

* * * *Abdomen ovoïde ; le premier segment cupuliforme, moins large que le deuxième ; celui-ci un peu renflé. Métathorax s'arrondissant.*

Groupe de l'**ODYNERUS PARVULUS.**

155. O. DIFFINIS, n. sp.
(Pl. XIV, fig. 2).

Parvus, ater, flavo pictus; abdominis primo segmento rufo, flavo marginato, secundo maculis duabus flavis maximis ; antennis nigris, scapo flavo.

♀ Long. 9 mill. ; env. 18 mill.

FEM. Chaperon en trapèze, terminé par deux petites épines. Premier segment de l'abdomen formant une grande cupule, moins large que le deuxième. Insecte finement ponctué, noir. Mandibules rousses, avec le haut jaune ; chaperon, un grand triangle entre les antennes, sinus des yeux, une grande tache en arrière de ces derniers, et le premier article des antennes, jaunes ; le reste de ces dernières, noir. Prothorax, écailles, une grande tache sous l'aile, angles du métathorax, et écussons, jaunes, ces derniers séparés par une ligne noire. Premier segment de l'abdomen roux avec son bord jaune, et un peu de noir avant le bord. Les autres segments tous bordés de jaune ; le deuxième orné en outre, de chaque côté, d'une grande tache jaune qui atteint sa base d'un côté, sa bordure de l'autre. Pattes jaunes. Ailes transparentes, à peine enfumées.

Var. Premier segment de l'abdomen noir, avec deux taches rousses, et bordé de jaune.

Habite : Les Indes orientales. (Collection de M. Smith.)

156. O. Lativentris, n. sp.

Niger, flavo pictus; *O. dubio* affinissimus; postscutello inermi; abdominis vitta secunda in lateribus haud aucta.

♀ Long. 10 mill. ; env. 19 mill.

Fem. Espèce très difficile à distinguer, voisine pour les couleurs de l'*O. crenatus*.

Formes. Chaperon très large en haut, terminé par un petit bord ou faiblement bidenté. Postécusson tronqué, mais sans crête tranchante , point crénelé. Concavité du métathorax peu limitée, sans bords vifs, formant de chaque côté un angle ; mais les bords latéraux et inférieurs, tranchants. Abdomen n'étant pas conique comme chez l'*O. crenatus*, mais *déprimé*, le premier segment un peu moins large que le deuxième, assez arrondi en avant, point tronqué subitement comme chez les *O. crenatus, Dantici*, etc.

Couleurs. Noir. Chaperon jaune avec le bout et ses bords souvent noirs, ainsi qu'une tache centrale ; dessous du scape, une tache sur le front, bordure des orbites jusque dans le sinus, un point derrière l'œil, jaunes. Devant du prothorax, une tache sous l'aile, écailles, moitié postérieure de l'écusson et du postécusson, et angles du métathorax en dessus, jaunes ; les quatre premiers segments de l'abdomen ornés chacun d'une bordure jaune assez large et régulière ; le premier ayant le dessus jaune en arrière, avec une large échancrure noire, demicirculaire, en avant. Pattes noires ; genoux, tibias et tarses jaunes. Ailes transparentes ; la côte subferrugineuse.

Rapp. et diff. Cette espèce se distingue :

1º Des *O. Dantici, crenatus*, par son postécusson qui n'est point crénelé, par la bordure régulière de son deuxième segment, etc. ;

2º Des *O. bidentatus* et *graphicus*, par son métathorax bien moins rebordé le long de la concavité, par son premier segment plus cupuliforme, moins tronqué en devant, etc. :

3º Des *O. nigripes* et *simplex*, par son métathorax sans fissures ;

4º De l'*O. innumerabilis*, par les bords supérieurs de la concavité du métathorax qui ne font point saillie;

5º Des *O. Rossii, minutus*, etc., par sa grande taille et ses formes déprimées, bien moins grêles ;

6º Des *O. parvulus* et voisins, par la bordure régulière du deuxième segment qui ne forme pas de taches latérales; par son premier plus large, moins cupuliforme

7º C'est à l'*O. dubius* qu'il est le plus intimement affilié. Il s'en distingue cependant, indépendamment de la différence de forme de la bordure du deuxième segment, par son postécusson n'ayant point de petites dents latérales, par la concavité du métathorax plus large, moins profonde, les bords n'ayant aucunes dentelures ; enfin par la grande largeur de son abdomen, si ce caractère n'est pas seulement accidentel.

Voyez encore l'*O. fastidiosissimus.*

Habite : Le Midi de la France. Montpellier. (Musée de Paris.).
A été confondu avec l'*O. crenatus*, par Saint-Fargeau.

157. O. Blanchardianus, n. sp.
(Pl. XII, fig. 8.)

Parvulo affinissimus ; abdominis primi segmenti linea suturali ; secundi vitta flava, in lateribus aucta.

Taille, formes, couleur, comme chez l'*O. parvulus*, Lep., mais en différant comme suit :

Bord du postécusson très tranchant, crénelé ; métathorax plus largement concave ; ses bords inférieurs tranchants et crénelés. Premier segment de l'abdomen moins cupuliforme, plus distinctement tronqué en devant ; portant sur la partie antérieure de sa face supérieure une ligne suturale convexe en avant, bordée de fortes ponctuations, et n'étant bien visible qu'au milieu.

♀. Chaperon plus large que long, échancré.

♂. Chaperon plus large que long, échancré, bidenté ; ayant sa plus grande largeur au point qui correspond au bas des yeux. Dessous du flagellum des antennes, leurs deux ou trois derniers articles, jaunes.

♀, ♂. Au métathorax, de chaque côté au-dessus de l'angle mousse qu'il offre, est une faible gouttière ou enfoncement, souvent peu appréciable.

Rapp. et diff. Cet Odynère est très difficile à différencier des *O. parvulus*, *dubius*, *crenatus*, etc. Il a le bord du postécusson crénelé comme le *crenatus*, mais le métathorax constitué comme chez l'*O. parvulus*. Enfin la suture sur le premier segment est son caractère distinctif qui permettrait à la rigueur de le classer dans le sous-genre Ancistrocerus.

Habite : L'Algérie. (Musée de Paris.)

Nota. Il existe certainement en Algérie encore une quatrième espèce, très voisine de l'*O. parvulus* mais *plus petite*, dont le ♂ a le chaperon épais, terminé par deux dents triangulaires ; le postécusson n'étant ni tuberculé, ni crénelé, et le deuxième segment portant une tache jaune libre ou unie a la bordure ; la bordure du troisième segment étant largement interrompue au milieu, etc. Mais comme je ne connais qu'un mâle de cette espèce, je ne crois pas posséder les éléments nécessaires pour la bien différencier des autres, et je m'abstiens de la décrire.

158. O. ORBITALIS, Herr.-Schæff.

Parvulo affinis, sed signaturis rarioribus ; postscutello bidentato.

SYN. Herr.-Schæff. *Odynerus orbitalis.* ! Faun. Germ., 173, p. 15.

MALE. En tout semblable pour les formes et la ponctuation à l'*O. parvulus,* Lep., ayant aussi le postécusson longuement biépineux, mais différant par la restriction de ses ornements jaunes. Le flagellum et le postécusson sont noirs ; le prothorax n'est que bordé de jaune ; le métathorax n'a que deux petits points de cette couleur ; le deuxième segment n'a pas de tache jaune latérale, sa bordure est régulière, etc. En un mot tous les ornements sont moins développés que chez l'*O. parvulus*, mais je crois que l'*O. orbitalis* n'en est pas moins une variété de cette espèce.

Autriche.

159. O. BIPUSTULATUS.
(Pl. XII, fig. 10).

Niger, signaturis flavis ; metathorace flavo picto ; abdominis segmentis, tertio excepto, flavo limbatis ; secundo maculis lateralibus duabus flavis.

SYN. ? Fabr. *Vespa biguttata*, Fabr. Mant. Ins. I, 291, 53. — Ent. Syst. II, 272, 68. — Syst. Piez. 267, 72.
? Oliv. *Vespa biguttata*, Oliv., Encycl. VI, 689, 99.

Long. 7 1/2 mill. ; env. 17 mill.

FEM. Corselet comme dans l'*O. parvulus* ; le métathorax sans concavité limitée, strié en travers, offrant de chaque côté une arête latérale. Chaperon pyriforme, échancré ; corselet très ponctué ; postécusson bituberculé. Abdomen ayant la forme de celui de l'*O. parvulus ;* le premier segment en cupule arrondie.

Insecte noir ; mandibules brunes ; une bande au haut du chaperon, une tache entre les antennes, le fond du sinus des yeux, et une tache en arrière des yeux, ainsi que le devant du premier article des antennes, jaunes ; dessous du flagellum ferrugineux. Deux taches sur le prothorax, une sous l'aile, deux points sur l'écusson et deux sur le postécusson, ou une bande interrompue sur le premier et le second tout entiers, ainsi qu'une ligne de chaque côté, le long des angles du métathorax, jaunes. Ecailles jaunes, avec une tache brune. Le premier segment de l'abdomen étroitement, le deuxième assez largement bordés de jaune ; le dernier orné de chaque côté d'une tache ronde très latérale placée près du premier segment. *Le troisième segment sans bordure*, offrant seulement de chaque côté une tache jaune marginale ; le quatrième et le cinquième bordés de jaune au milieu seulement. Pattes jaunes ; base des cuisses noire, hanches noires, tachées de jaune. Anus noir. Ailes transparentes, brunâtres le long de la côte et de la radiale ; deuxième cubitale subtriangulaire, la troisième plus longue que large, un peu élargie vers la radiale.

Male. Mandibule et chaperon, jaunes ; bords des segments 4 et 5 de l'abdomen, jaunes.

Rapp. et diff. Distinct par le premier segment de l'abdomen qui est petit, en cupule arrondie, non en cloche, et par le troisième segment sans bordure au milieu. (Je ne vois pas entre cette espèce et l'*O. parvulus* de différences de formes bien appréciables.)

Habite : ....? (Musée de Paris.)

160. O. Doursii, n. sp.

Niger, rugosus, flavo pictus ; postscutello bidentato ; tarsorum intermediorum et posticorum articulo primo inflato, dilatato ; abdomine fasciis duabus flavis ; macula subalari nulla.

Long. 7 1/2 mill. ; aile 6 mill.

Male. Formes trapues de l'*O. parvulus*, dont il a la taille et le facies. Chaperon polygonal, bidenté ; postécusson bidenté ; métathorax rugueux ; concave et lisse au milieu seulement. Tête, corselet et premier segment de l'abdomen, chagrinés ; le reste de ce dernier l'étant moins.

Insecte noir : antennes ferrugineuses en dessous, surtout vers le bout, et ayant le devant du scape jaune ; une tache triangulaire au front, bordure des orbites, une tache derrière le sommet de l'œil, jaunes ; (♂, chaperon et mandibules jaunes ;) bord du prothorax, écaille, écusson, et bord des deux premiers segments de l'abdomen, celui du deuxième continu en dessous, jaunes. Pattes jaunes ; hanches du milieu jaunes en devant ; les autres et la base des cuisses, noires ; tarses orangés ; le premier article des tarses de la troisième paire renflé en ellipsoïde, comme chez l'*O. tarsatus* (pl. XIII, fig. 1 *a*) ; le premier article de la paire intermédiaire l'étant aussi, mais moins. Ailes enfumées.

Var. A l'écusson deux taches jaunes.

Rapp. et diff. Très distinct de toutes les espèces voisines par la forme renflée des premiers articles des tarses.

La femelle ne m'est pas connue.

Habite : L'Algérie. Pris à Ponteba, par mon ami le doct. Dours, chirurgien-aide-major au 65e de ligne. (Ma collection.)

O. AMADANENSIS.
(Pl. XII, fig. 9).

Nous avons décrit (p. 214, 105) et fait figurer cette espèce prise à Amadan en Perse, mais ensuite elle nous a paru identique à l'*O. parvulus*, var.

* * * * *Métathorax n'offrant guère de bords tranchants dans la partie supérieure de sa concavité, mais bien un tranchant latéral demi-circulaire dont les deux branches aboutissent sous l'aile postérieure.*

(E. Groupe de l'ODYNERUS BISPINOSUS.)

161. O. PONTEBAE, n. sp.

Niger, rugosus; squamis pedibusque ferrugineis ; abdomine vittis duabus luteis.

Long. 8 1/2 mill.; aile 6 1/2 mill.

FEM. Très voisin de l'*O. bispinosus*. Chaperon presque polygonal, aussi large que long. Tête et corselet très rugueux; prothorax à peine anguleux; postécusson armé de deux épines dirigées en haut; méta-thorax chagriné, ses arêtes latérales tranchantes, mais sa concavité nullement entourée de bords tranchants. Abdomen finement chagriné; bord du premier segment assez épais. Tête noire : mandibules rousses avec la base noire ; entre les antennes un point jaune, et derrière l'œil un autre très petit, de même couleur. Antennes noires. Thorax entièrement noir, n'ayant que les écailles rousses et bordées de jaune. Abdomen noir ; ses deux premiers segments bordés de jaune-blanchâtre. Pattes rousses ; hanches noires. Ailes enfumées, avec un reflet violet.

Rapp. et diff. Il n'a pas, comme l'*O. bispinosus*, une bande rousse au prothorax, ni de taches de cette couleur à l'écusson ; il est aussi plus grand.

Habite : L'Algérie. Trouvé à Ponteba, par le docteur Dours. (Ma collection.)

3. *ESPÈCES DE LA NOUVELLE-HOLLANDE , etc.*

1. *Métathorax concave en arrière ; la concavité ayant des bords tranchants.*

162. O. SUBALARIS, n. sp.
(Pl. XIV, fig. 5).

O. alari simillimus ; clypeo emarginato ; metathorace bispinoso , corpore angusto.

♀ Long. 11 mill. ; env. 22 mill.

FEM. Presqu'identique aux *O. alaris* et *alariformis*. Taille, couleur,
formes semblables ; n'en différant que par les caractères suivants :
Tête moins large, portant au vertex, en arrière des ocelles, un renflement tuberculeux peu saillant, mais pas d'épines. Antennes beaucoup
plus orangées en dessous. Chaperon plus pyriforme, rétréci en bas,
échancré, terminé par deux dents arrondies ; bombé au haut, et plus
ponctué, non plat et luisant comme'dans l'*O. alaris*. Corselet plus grêle,
deux fois aussi long que large ; métathorax concave, portant de chaque
côté une épine ; le métathorax entièrement orangé. Abdomen plus
grêle ; le premier segment à peine plus large que le deuxième, sa bordure un peu festonnée ; le bout de l'abdomen orangé. Abdomen sans
tubercule en dessous.
Le reste comme dans l'*O. alaris*.
Habite : La Nouvelle-Hollande. (Musée de Paris.)

163. O. SAUCIUS, n. sp.

Niger, rugosus ; postscutello bidentato ; metathorace haud spinoso ; abdominis secundi segmenti margine et lateribus sanguineis ; segmentis rufis.

Long. 11 1/2 mill. ; env. 22 mill. ; aile 9 1/2.

FEM. Formes de l'*O. trilobus*. Chaperon pyriforme, rugueux, faiblement échancré au bout. Bord du prothorax tronqué très franchement ;
angles du postécusson formant de chaque côté une petite saillie ou
dent ; métathorax peu concave , mais sa plaque postérieure très large,
plate, terminée par des bords assez vifs, qui sont surtout sensibles vers
le haut, où une fissure les sépare du postécusson. Abdomen déprimé ;
son premier segment aussi large que le deuxième tronqué antérieurement. Tête et corselet rugueux, revêtus d'un court duvet de poils
gris ; abdomen velouté. Insecte noir : entre les antennes une tache

orangée ; parties postérieure et latérales du deuxième segment de l'abdomen en dessus, rouges de sang (ou plutôt : ce segment rouge en dessus, avec une grande échancrure noire en demi-ovale qui part de sa base). Les autres segments en dessus, rouge-orangés. Pattes noires ; dernier article des tarses ferrugineux, ainsi que le devant des tibias antérieurs. Ailes assez transparentes ; la côte brune, à reflets violets.

Rapp. et diff. Pour les couleurs, très semblable à l'*O. triangulum*, mais en différant essentiellement par son abdomen déprimé, par son métathorax sans épines, etc. Voyez aussi l'*O. metathoracicus*.

Habite : La Nouvelle-Hollande. (Collection de M. Smith.)

164. O. BICOLORATUS, n. sp.

Niger ; thorace rufo ornato ; abdomine rufo.

♀ Long. 8 mill. ; env. 16 mill.

FEM. Chaperon plat, allongé, ponctué, tronqué presque droit. Tête et corselet rugueusement chagrinés ; métathorax concave, fortement strié ; ses bords formant de chaque côté un angle ; écussons nullement saillants, plats. Abdomen sans aucun tubercule. Tête et corselet noirs ; mandibules noires ; chaperon roux avec sa moitié inférieure, ou seulement une ligne verticale vers le bas, noirs ; son sommet souvent blanchâtre. Devant du premier article des antennes, une tache entre ces dernières, une autre dans le sinus des yeux, et une derrière leur sommet, orangées ou blanchâtres. Bord du prothorax, écailles, deux taches sur l'écusson, deux sur le postécusson, et souvent les angles du métathorax, orangés. Abdomen roux-orangé, avec un peu de noir à la base des segments. Pattes noires ; genoux, tibias et tarses ferrugineux. Ailes enfumées, la côte brune avec un reflet violet.

Rapp. et diff. Cette espèce ne doit pas être confondue avec l'*O. Guerinii*, qui a des formes bien plus brèves. Il faut ensuite bien le distinguer des *O. diemensis*, *concolor*, etc. qui ont la tête et le thorax noirs, et l'abdomen orangé, car, à vrai dire, l'abdomen n'est pas orangé, mais d'un rouge-noisette comme celui de l'*O. tripunctatus*, dont il a du reste la petite taille et les formes. L'abdomen est peu conique ; le premier segment est moins grand que le deuxième, et porte en dessus une espèce de petit sillon longitudinal qui se continue sur le bord postérieur des autres segments.

Habite : La Nouvelle-Hollande. (Collection de M. Baly.)

2. Métathorax plus ou moins concave, ses bords mousses.

165. O. ALARIFORMIS, n. sp.
(Pl. XIV, fig. 6). (1).

O. alari simillimus; antennis aurantiacis; postscutello nigro; corpore angusto; alis costa
rufa.

♀ Long. 11 mill.; env. 22 mill.

FEM. Très voisin de l'*O. alaris*, et de l'*O. alaroïdes* dont il a exactement les formes. Il en diffère cependant par quelques caractères :

Chaperon granuleux; en arrière des ocelles un petit enfoncement, puis un espace lisse avec deux points enfoncés. Métathorax bidenté. Abdomen grêle, le deuxième segment aussi étroit que le premier. *Antennes entièrement orangées.* Une tache triangulaire sur le front et bordure interne des orbites, orangés; la ligne qui borde l'orbite, après être arrivée au fond du sinus de l'œil, suit encore son bord jusqu'au sommet, puis s'en écarte et gagne directement l'angle interne de la tache derrière l'œil, en sorte qu'il existe un triangle noir entre le sommet de l'œil, la tache, et le prolongement de la bordure de l'orbite. Cette disposition de couleurs est très caractéristique. Postécusson et milieu du métathorax, noirs. Ailes ferrugineuses, enfumées; la côte rousse, le bout de la radiale brun. Le reste comme dans les *O. alaris* et *alaroïdes.*

Habite : La Nouvelle-Hollande. (Collect. de M. Sichel.)

166. O. FLAMMIGER, n. sp.

Niger; thorace albido vario; abdomine fasciis undatis aurantiacis; metathorace bidentato;
antennis nigris; alis cyaneis.

Long. 11 mill.; aile 9 1/2 mill.

MALE. Chaperon allongé, terminé par deux dents triangulaires et ponctué. Tout le corps assez grêle, comprimé. Bord antérieur du prothorax un peu concave; postécusson sans crénelures, sans crête; métathorax bidenté, sa cavité bien limitée, offrant au-dessous de l'épine des bords tranchants et au-dessus des bords mousses. Abdomen grêle, le premier segment tronqué antérieurement. Tête et corselet criblés de

(1) Sur cette planche il y a deux figures 6; il s'agit ici seulement de celle qui représente une tête.

fortes ponctuations très rapprochées. Ocelles disposés en triangle. Crochet antennaire du mâle très petit.

Insecte noir : à la base des mandibules une tache fauve ; chaperon, une tache entre les antennes, une ligne dans le sinus des yeux, un point derrière chaque œil, fauve-blanchâtres. Antennes noires ; sous le scape une petite ligne jaune. Bord du prothorax orné d'une bande fauve-blanchâtre interrompue au milieu ; sur l'écusson deux taches de cette couleur ; écaille ferrugineuse, variée de noir ; le bout de son appendice et les épines du métathorax, fauve-blanchâtres. Bord de tous les segments de l'abdomen orné d'une bordure orangée festonnée, dont les dernières sont un peu raccourcies sur les côtés. Pattes noires ; hanches tachées de blanchâtre. Dessous des cuisses du milieu blanchâtre ; tibias et tarses ferrugineux. Ailes brunes à reflets bleuâtres.

Var. Métathorax, écusson, appendice de l'écaille noirs ; écaille brune ; pas de jaune le long des orbites ; ailes seulement enfumées.

Rapp. et diff. Assez voisin de l'*O. tamarinus* dont il se distingue cependant bien par ses formes grêles, ses épines métathoraciques, ses antennes noires, ses ailes violettes, etc.

Habite : La Nouvelle-Galles du Sud. (Collection de M. Baly.)

167. O. BALYI, n. sp.
(Pl. XIV, fig. 6). (1).

Niger, aurantiaco variegatus ; metathorace rotundato, aurantiaco bimaculato ; abdominis segmentis marginibus latis, aurantiacis.

Long. 10 mill. ; env. 21 mill. ; aile 9 1/2 mill.

FEM. Chaperon pyriforme, rugueux ; son bord antérieur très petit. Métathorax arrondi sur tous ses angles. Tête et thorax densément et finement ponctués. Abdomen déprimé ; son premier segment presque aussi large que le deuxième, cupuliforme ; le deuxième sans ride distincte en dessous, son bord, ainsi que celui des anneaux suivants, ponctué en dessus.

Insecte noir : mandibules un peu rousses au bout. Chaperon jaune-orangé, avec au milieu une grande tache noire. Sur le front une tache orangée ; deux autres qui remplissent les sinus des yeux, deux autres derrière le sommet de ces derniers, orangés. Prothorax, une tache sous l'aile, deux sur les angles de l'écusson, deux au sommet du métathorax, deux très petits points sur l'écusson, rouge orangés ; écailles

(1) C'est la figure 6 qui représente un insecte entier.

rousses. Premier segment de l'abdomen orangé, sa face antérieure noirâtre ; le deuxième largement bordé d'orangé, la bordure irrégulièrement élargie sur les côtés ; les autres segments ornés d'une bordure orangée plus étroite, biéchancrée. Anus orangé. Pattes orangées ; hanches et base des cuisses noires. Antennes noires, un peu ferrugineuses en dessous ; le scape orangé, avec le bout noirâtre en dessous. Ailes transparentes enfumées ; nervures et une partie de la côte brunes.

Rapp. et diff. Bien distinct des *O. triangulum* et *metathoracicus*, par son métathorax sans angles saillants , et par la coloration différente de son thorax.

Habite : La Nouvelle-Hollande. (Collection de M. Baly, de Londres.)

168. O. ANGULATUS , n. sp.
(Pl. XIV, fig. 7).

Aurantiacus; mesothorace nigro ; abdominis secundo segmento cingulo nigro.

♂ Long. 8 mill.; env. 16 mill.

MALE. Taille assez petite. Antennes très longues, filiformes, terminées par un crochet assez grand. Chaperon échancré , obtusément bidenté. Métathorax arrondi, mais armé de deux petites épines. Tête et corselet chagrinés ; abdomen faiblement ponctué. Tête noire : mandibules, chaperon (♂), un triangle sur le front, orbites , jaunes. Antennes orangées, obscures en dessus vers le bout ; le crochet noir. Thorax orangé, avec une ceinture noire autour du milieu du corps ; disque du mésothorax noir , orné en avant des écailles de deux taches triangulaires orangées ; milieu de la plaque du métathorax, noir. Abdomen orangé : le deuxième segment portant une ceinture noire qui en dessous borde le segment, et qui en dessus forme un V très ouvert dont la pointe atteint le milieu de la base du segment, tandisque ses jambes se terminent aux angles postérieurs du même anneau. Anus noirâtre. Pattes, y compris les hanches, orangées ; ailes ferrugineuses le long de la côte, enfumées vers le bout, avec la radiale plus brune.

Habite : La Nouvelle-Hollande. (Collec. de M. F. Smith, de Londres.)

169. O. BICOLOR , n. sp.

Niger; abdomine rufo ; primo segmento nigro ; alis nigris, cœruleo nitentibus ; antennis nigris, articulo primo rufo ; abdomine tuberculo nullo.

FEM. Comme l'*O. diemensis*, mêmes formes, même coloration ; mais le chaperon pyriforme, se terminant par une pointe échancrée comme dans les *Rhynchium*. Puis le bout des mandibules brun ; le chaperon, une tache sur le front, le sinus des yeux, une tache en arrière de leur sommet, les deux premiers articles des antennes, et le dessous des autres, roux-orangés, ainsi que les angles du prothorax. Postécusson presque biépineux. Pattes orangées ; hanches noires. Ailes très brunes, à reflets violets.

Var. La base du deuxième segment noirâtre ; bords du prothorax rouges.

Mâle. Antennes crochues au bout. Chaperon très allongé, terminé par deux dents aigues, jaune ainsi que le front. Ailes seulement enfumées.

Habite : La Nouvelle-Hollande (Macintyre-River, New South-Wales). (Musée de Londres.)

3. *Métathorax n'offrant qu'un tranchant latéral.*

170. O. Triangulum, n. sp.

(Pl. XIV, fig. 8.)

Niger, prothorace rubro limbato ; metathorace bispinoso ; abdomine sanguineo, segmentis 1-2 basi nigris.

Long. 11 mill. ; aile 9 mill.

Echancrure des yeux étroite. Bord du prothorax un peu concave ; métathorax très concave ; ses bords tranchants, mais les bords de la concavité ne l'étant pas ; le métathorax émet de chaque côté une très forte épine déprimée qui se trouve sur le tranchant latéral. Abdomen très convexe en dessus, presque en dos d'âne ; le deuxième segment offrant en dessous et vers sa base une forte ride. Le premier segment tronqué antérieurement, et portant un sillon longitudinal. Tête et corselet veloutés, chagrinés ; abdomen velouté.

Insecte noir : bord du prothorax occupé par deux taches triangulaires rouges ; sur l'écaille un point rouge. Premier segment de l'abdomen orné d'une bordure rouge rétrécie sur les côtés et se prolongeant latéralement ; le reste de l'abdomen en dessus, orangé, la base des anneaux noire ; le deuxième segment portant seulement à sa base une grande échancrure noire triangulaire, et du noir à la base des deux derniers anneaux. Pattes noires ; genoux et tibias antérieurs en devant, rouges. Ailes très enfumées, avec un reflet violet ; deuxième cubitale subtriangulaire.

♂ . Mandibules et antennes noires ; devant du scape blanc ; chaperon faiblement échancré, blanc ; ses bords inférieurs liserés de noir ; entre les antennes une tache blanche allongée.

♀. Inconnue.

Rapp. et diff. Ressemble beaucoup aux *O. metathoracicus* et *vulneratus*, et à certains *alastor*.

Habite : L'Australie. (Collection de M. Baly.)

171. O. Metathoracicus, n. sp.

Niger ; abdominis segmentis marginibus aurantiacis ; secundo aurantiaco, triangulo basis nigro ; metathorace biangulato.

Long. 10 1/2 mill. ; aile 9 1/2 mill.

Fem. Chaperon pyriforme, un peu échancré, rugueux. Sur le vertex, en arrière des ocelles est une petite saillie transversale. Corselet convexe, rugueusement chagriné ; postécusson un peu élevé, presque crénelé. Métathorax ayant sa plaque postérieure ponctuée, sa concavité sans bords vifs, mais ses arêtes latérales formant de chaque côté un angle droit. Abdomen finement ponctué, velouté ; le premier segment un peu moins large que le deuxième tronqué antérieurement ; le deuxième offrant en dessous à sa base une ride très saillante mais arrondie ; le dos de ce segment n'étant pas en dos-d'âne, comme chez l'*O. triangulum*.

Insecte noir : dessous du scape offrant une ligne brune ou ferrugineuse. Abdomen noir ; le premier segment étroitement bordé de rouge-orangé ; le deuxième ayant à sa base un triangle noir, et le reste de sa face dorsale étant rouge-orangé ; les autres segments largement bordés d'orangé ; leur base noire à peine visible, mais la couleur orangée un peu raccourcie sur les côtés ; au milieu du bord de chaque anneau, un très petit point noir. Pattes noires ; genoux, tibias et tarses variés de roux-sombre. Ecaille noire avec deux taches orangées. Ailes enfumées avec un léger reflet violacé ; la côte brune foncée.

Rapp. et diff. Pour les couleurs et le dessin cette espèce est extrêmement voisine de l'*O. triangulum,* mais la ride au-dessous du deuxième segment est plus forte, moins tranchante ; l'abdomen est déprimé en dessus, etc.

Habite : La Nouvelle-Hollande. (Collection de M. F. Smith, de Londres.)

172. O. PUSILLUS, n. sp.

Parvus, niger ; prothoracis margine, scutelli fascia, abdominis fasciis duabus, rubris ; antennis nigris ; metathorace bispinoso ; alis infuscatis.

♀ Long. 8 mill. ; env. 15 mill.

FEM. Chaperon tronqué, ponctué. Thorax très large à son bord antérieur, un peu rétréci en arrière. Métathorax oblique, prolongé en arrière, concave au milieu, et terminé de chaque côté par un angle spiniforme ; ses bords sans tranchants, mais très rugueux. Abdomen ovale, le premier segment moins large que le deuxième. Tête et corselet grossièrement ponctués ; abdomen lisse, le premier segment seul chagriné et portant un petit sillon au milieu de son bord postérieur.

Insecte noir : mandibules rousses, avec la base noire ; une ligne le long de la courbe supérieure du chaperon, un point entre les antennes, rouges. Antennes noires. Ecaille brune. Bord du prothorax, une tache sous l'aile, une bande transversale sur l'écusson, et la bordure des deux premiers segments de l'abdomen, rouge-orangés ; la bordure du deuxième segment festonnée, presque nulle en dessous. Pattes noires ; genoux, tibias antérieurs et tarses, orangés. Ailes enfumées, avec un -reflet violet.

Rapp. et diff. Cette espèce se reconnaît à sa petite taille et à ses deux bandes rouges à l'abdomen.

Habite : La Nouvelle-Hollande.

DIVISION ANTODYNERUS.

(*Ve Div. de la Monographie*, p. 208.)

(A. Groupe de l'**ODYNERUS PUNCTUM**.)

173. O. ÆTHIOPICUS, n. sp.
(Pl. XIII, fig. 8.)

Fusco-niger ; flavo multipictus ; abdominis segmentis 2-6 flavo limbatis, 1-2 maculis duabus lateralibus magnis flavis.

Long. 12 mill. ; env. 23 mill.

MALE. Mandibules très longues, crochues au bout. Chaperon pyriforme, terminé en pointe et bidenté ; les dents interceptant une échancrure triangulaire. Thorax assez court ; concavité du métathorax distincte. Tête et corselet finement ponctués ; abdomen lisse. Insecte d'un noir-brunâtre : antennes ferrugineuses, le premier article et le milieu du flagellum noirâtres en dessus ; scape jaune en devant. Mandibules jaunes (♂), bordées de noir ; chaperon, un triangle sur le front uni aux bordures des orbites, une grande tache derrière chaque œil, jaunes. Prothorax jaune dans sa partie antérieure ; une tache sous l'aile, écaille, une bande ou deux taches sur l'écusson, postécusson et côtés du métathorax, jaunes. Base de l'abdomen à son insertion ferrugineuse ; les segments 2-6 assez étroitement bordés de jaune ; les deux premiers ornés chacun vers leur base de deux grandes taches jaunes. Anus taché de jaune. Pattes jaunes, noires à la base ; hanches tachées de jaune à leur bord externe. Ailes subferrugineuses ; le bout enfumé ; la cellule radiale contenant un nuage brun.

Espèce très distincte par son système de coloration. Les ornements sont d'un jaune-citron très vif.

Habite : La Côte occidentale de l'Afrique tropicale. Sierra-Leone. (Communiqué par M. Boheman.)

174. O. Fervidus, n. sp.

Parvus, rufo-fuscus, signaturis flavis ; metathorace rufo ; abdominis segmentis flavo limbatis.

Long. 7 mill. ; env. 15 mill.

Chaperon large en haut, étroit en bas, tronqué droit. Corselet court ; métathorax vertical, un peu concave, ses angles arrondis. Abdomen ovale, le premier segment formant une petite cupule arrondie.

Insecte d'un roux lie-de-vin : tête noire au sommet, rousse par derrière, jaune en devant ; mandibules rousses avec un point jaune à la base ; chaperon roux, son sommet jaune. Antennes rousses, devant du premier article jaune, flagellum noir en dessus. Corselet varié de noir ; bord du prothorax, une tache sous l'aile, écailles, écussons, jaunes. Abdomen brun en dessus ; les segments largement bordés de jaune ; bout de l'abdomen roux. Pattes jaunes, hanches rousses. Ailes hyalines, bordées de brun.

Habite : L'Afrique. (Collect. de M. F. Smith.)

175. O. Mutans, n. sp.

(Pl. XIII, fig. 7.)

Ferrugineus ; inter antennas tuberculis parvis duobus ; abdominis segmentis 1-4 flavo marginatis, nigro variis.

Long. 11 mill. ; env. 23 mill.

Fem. Chaperon pyriforme, terminé en pointe et portant là un petit sillon vertical. Entre les antennes deux petits tubercules. Postécusson finement rebordé et faiblement bilobé ; métathorax très arrondi, strié. Abdomen assez arrondi en avant ; le bord postérieur du premier segment prolongé au milieu, presque angulaire en ce point. Tête et corselet densément ponctués, un peu veloutés ; abdomen lisse, chatoyant, ayant des reflets moirés. Insecte d'un roux-ferrugineux ; deux points noirs au front ; du noir au métathorax, et aux segments premier et deuxième de l'abdomen avant la bordure jaune ; les quatre premiers segments bordés de jaune ; bordure du deuxième irrégulièrement élargie sur les côtes ; le reste ferrugineux. Ailes transparentes, nervures ferrugineuses ; la radiale brunâtre ; au bout de l'aile un faible reflet violet.

Var. Les deux premiers segments de l'abdomen foncièrement noirs, avec chacun deux grandes taches ferrugineuses.

Habite : La Sénégambie. Communiqué par M. F. Smith.

176. O. NAUTARUM, n. sp.

Niger, signaturis flavis ; abdominis fasciis duabus flavis.

Long. 9 mill. ; env. 18 mill.

MALE. Formes allongées de l'*O. punctum*. Métathorax arrondi, lisse au milieu. Chaperon bituberculé au bout. Insecte noir, lisse ; le métathorax seul ponctué. Chaperon, un point au haut des mandibules, devant du premier article des antennes, jaunes. Deux taches sur le prothorax, écaille, une tache sur l'aile, postécusson et une bande interrompue sur l'écusson, jaunes. Les deux premiers segments de l'abdomen ornés d'une large bordure jaune. Pattes noires ; les tibias seuls, jaunes d'un côté ; tarses noirs. Ailes hyalines, la côte enfumée, et le bout un peu violet.

Var. Ecailles, écusson et antennes noires.

Habite : Les îles Sandwich. (Musée de Londres.)

177. O. SANDWICHENSIS , n. sp.

Parvulus, niger, perdepressus ; postscutello, metathorace, abdominis primo segmento, secundi margine et lateribus, rubris ; alis cœrulescentibus.

Long. 7 mill. ; env. 15 mill.

MALE. Petit, grêle, *très déprimé*. Métathorax dépassant de beaucoup le postécusson, arrondi. Abdomen très plat ; le premier segment en cloche, moins large que le deuxième. Insecte noir, ponctué, mais lisse et luisant. Entre les antennes un point rouge; un autre sous l'aile; deux autres sur chaque écaille; postécusson et métathorax d'un rouge sombre; le premier segment de l'abdomen, le bord du deuxième et ses côtés, de la même couleur, ainsi qu'un fin liseré le long des autres segments. Pattes noires. Ailes assez brunes, avec un reflet violet; deuxième cubitale subtriangulaire.

Distinct par sa forme très aplatie.

Habite : Les îles Sandwich. (Musée de Londres.)

(B. Groupe de l'ODYNERUS EXILIS.)

(Section β, p. 211 *de la Monographie.)*

Ce groupe renferme plusieurs petites espèces qui offrent toutes les caractères communs que voici :

Les antennes sont insérées plus bas que le milieu de la tête. Le chaperon est plus large que long. Le métathorax est convexe, arrondi, ayant au milieu une concavité sans bords; au bas du métathorax sont deux épines qui emboîtent la base de l'abdomen; le premier segment de l'abdomen est cupuliforme ou en entonnoir, son bord est assez épais (1).

Cette section comprend deux types :

1°. Formes trapues. *Tête des femelles circulaire, aussi haute que large* (2); écusson bien plus large que long; abdomen ovale.

178. O. Tarsatus, n. sp.
(Pl. XIII, fig. 1.)

Niger, abdomine vittis 2 albis; postscutello elevato, crenulato; ♀ thorace atro; ♂ tarsorum posticorum primo articulo dilatato, inflato.

♀. Long. 6 1/2 mill.; long. tot. 8 mill.; aile, 5 1/2 mill.

FEM. Insecte trapu; corselet n'étant pas deux fois aussi long que large. Tête circulaire, aussi large que longue; chaperon bidenté, plus large que long, ponctué vers le bas. Antennes ayant leur deuxième

(1) Ces insectes sont très faciles à confondre avec les *O. minutus*, et voisins, qui ont eux, au métathorax, une concavité bordée, non deux bosses rondes et convexes.

(2) Les mâles l'ont toujours circulaire.

article globuleux ; logées dans des fossettes peu profondes, qui ne sont
guère séparées par une carène. Prothorax très large, plus large que le
mésothorax ; disque du mésothorax un peu plus large que long ; écusson
bien plus large que long ; postécusson *très élevé, formant une très forte
crête tranchante,* faiblement bilobée. Métathorax ponctué ; sa concavité
distinctement limitée vers le haut. Tête et corselet densément ponctués,
chagrinés. Abdomen ponctué ; le premier segment surtout qui est
cupuliforme, plus large que long, un peu rétréci avant son bord ; le
deuxième offrant un bord comme dédoublé, la lame inférieure dépassant
de beaucoup la supérieure.

Insecte noir ; bout des mandibules roux ; écaille noire, bordée de
blanc ; les deux premiers segments de l'abdomen liserés d'un cordon
blanc ; le quatrième et le cinquième offrant aussi un peu de blanchâtre le long de leur bord. Pattes noires ; genoux, tibias et tarses
entièrement ferrugineux.

MALE. Chaperon blanc, bidenté, les dents aiguës, séparées par une
échancrure anguleuse ; mandibules noires, rousses au bout ; sous le premier article des antennes une ligne blanche qui n'atteint pas la base du
scape ; le douzième article et le très petit crochet ferrugineux. Sur le
prothorax deux points blancs écartés ; un point blanc sur l'anus ; genoux,
tibias et tarses, jaunes ; le dernier article de ces derniers, noir ; *le premier article des tarses postérieurs très grand, formant un renflement elliptique comprimé;* ce tarse de couleur brune, ainsi que le bout du tibia
correspondant.

Rapp. et diff. La ♀ est distincte des *O. bivittatus, Helvetius* et *Nugdunensis* par ses formes trapues ; par sa tête circulaire, aussi large que
longue ; par son prothorax noir, son postécusson très élevé , etc.

Le ♂ se distingue nettement par le renflement du premier article de
ses tarses postérieurs, caractère que je remarque chez cette espèce
pour la première fois dans la famille des Vespides.

Voyez encore l'*O. Hannibal.*

Habite : Découvert par M. Chevrier, dans les environs de Genève
(Nyon), sur les pentes arides du Jura. (Collection de M. Chevrier.)

179. O. HANNIBAL, n. sp.

Parvulus, niger, albo pictus ; capitis longitudine latitudinem æquante ; postscutello me-
diocriter elevato.

FEM. Formes et taille de l'*O. Tarsatus ;* en différant ainsi que suit :

Chaperon bidenté ; postécusson offrant une crête tranchante, mais
peu élevée, qui ne dépasse pas de beaucoup la hauteur de l'écusson.

Bord du premier segment de l'abdomen plus fortement saillant, précédé
d'une gouttière plus profonde. Sur le prothorax deux taches jaunâtres
latérales. Ecaille jaune avec sa base brune. Genoux, tibias et tarses
variés de noir et de ferrugineux.

Rapp. et diff. Cette espèce a la tête circulaire, aussi large que longue
chez la ♀ ; ainsi elle ne se rapproche que de l'*O. tarsatus*, mais elle
s'en écarte par son postécusson bien moins élevé, ne formant pas une
crête très saillante.

Je ne connais pas le ♂ ; il serait possible qu'il eût, comme celui de
l'*O. tarsatus*, les tarses postérieurs dilatés.

Habite : L'Algérie. (Musée de Paris.)

2°. Formes grêles. *Tête des femelles comprimée, plus haute que large*; disque du mésothorax bien plus long que large ; écusson presque carré ; abdomen grêle, fusiforme. Mâles
ayant les formes moins grêles et la tête circulaire.

Nota. Ces petites espèces sont si voisines les unes des autres que je
ne sais trop comment on arrivera à les distinguer avec certitude. Le
grand nombre de nouvelles espèces qui me tombent subitement sous la
main me font supposer que nous ne sommes encore qu'au début, et que
dans peu d'années le nombre des Odynères deviendra tel que leur étude
sera presque impraticable.

180. O. Exilis, Herr.-Schæff.

Elongatissimus ; clypeo ♀ apice truncato ; frontis carena elevata inter antennas ; metathorace
et abdominis primo segmento rugosis.

Syn.? Lep. St-Farg , *O. bivittatus.* Hymen. II, 617.
      Herr.-Schæff, *Odynerus exilis.*! Faun. Germ., 173, p. 32;
        176, tab. 5, ♀ ; 8 o, ♂ .

    ♀. Long. 6 1/2 mill. ; long. tot. 7 1/2 mill.; aile, 5 1/4 mill.

Fem. Tête bien plus haute que large, bombée. Chaperon plus large
que long, lisse, finement strié, luisant, tronqué droit à son bord antérieur, un peu bidenté ; ses bords rebordés ; antennes logées dans deux
fossettes profondes séparées par une carène qui joint le front au chaperon. Corselet (de la femelle) presque trois fois aussi long que large,
un peu moins large au prothorax qu'au milieu ; prothorax tronqué
droit, offrant de chaque côté une petite saillie dirigée *latéralement,*
point en avant. Postécusson point saillant, mais offrant une crête trans-

versale un peu arquée en arrière, difficile à distinguer, ou comme une fossette entre l'écusson et le postécusson. Métathorax convexe, ponctué, un peu rugueux, concave au milieu ; la concavité assez bien bordée vers le sommet. Thorax criblé de points enfoncés. Abdomen finement ponctué ; le premier segment l'étant aussi rugueusement que le métathorax, présentant près de son bord un petit sillon enfoncé selon le sens de la longueur ; ce segment plus long que large.

Noir : bout des mandibules roux ; prothorax avec deux points blancs ; écaille brune-noirâtre avec deux points blancs ; les deux premiers segments de l'abdomen liserés de blancs. Genoux, tibias et tarses, roux ou brunâtres, tibias bruns à leur face interne.

Male. (1) Chaperon blanchâtre ; une ligne sous le scape et une teinte sous le flagellum, blanchâtres ; tibias et tarses peints de jaune et de noir.

Rapp. et diff. Voyez les espèces qui suivent, toutes très difficiles à distinguer de l'*O. exilis*.

Habite : Le Midi de la France, l'Allemagne. (Collect. de Lep. de St-Farg. et de M. Herr.-Schœff.)

181. O. Nugdunensis, n. sp.

(Pl. XIII, fig. 4.)

Niger, albo pictus. ♀. Elongatus ; clypeo ♀ ♂ bidentato ; metathorace et abdominis primo segmento haud rugosis.

♀. Long. 6 1/2 mill. ; long. tot. 8 mill. ; ailes 5 1/2 mill.

Fem. Taille et formes de l'*O. exilis*. Couleur, la même ; mais en différant comme suit :

Chaperon plus bombé au sommet, distinctement bidenté au bout ; les dents très rapprochées, un peu divergentes. Corselet un peu moins allongé ; le prothorax aussi large que le milieu du corselet, rebordé ; son bord antérieur un peu concave ; ses angles saillants, dirigés obliquement en avant. Postécusson un peu plus saillant que l'écusson, formant une crête transversale. Tête et corselet lisses, luisants, plus finement ponctués ; le dos un peu moins plat ; le métathorax lisse, luisant. Abdomen lisse, luisant, même le premier segment, lequel porte en dessus un sillon longitudinal ; il est aussi plus large à proportion. Ecaille brune, bordée de blanc. Genoux, tarses et tibias variés de jaune. (*O. bivittatus*, Lepel., à postécusson élevé, crénelé.)

Male. Tête circulaire, aussi large que longue. Chaperon circulaire,

(1) Le ♂ décrit par Lepeletier n'appartient pas à cette espèce.

fortement bidenté ; les dents écartées, longues et aiguës, laissant entre
elles une échancrure carrée très grande. Deuxième article des antennes
aussi grand que le troisième, un peu renflé, globuleux. Corselet bien
plus court. Chaperon jaune, argenté, avec deux points noirs au milieu ;
devant du scape et des mandibules, jaune ; les deux ou trois derniers
articles des antennes, ferrugineux ; écaille blanche avec un point brun.
Hanches maculées de blanc ; genoux, tibias et tarses jaunes, avec le
dernier article des tarses passant au brun. Prothorax orné d'une bande
jaune interrompue.

Habite : L'Europe moyenne. Trouvé par M. Chevrier près de Nyon
(Nugdunum Equestre), dans les environs de Genève, et par M. Sichel,
dans les environs de Paris.

182. O. Abd-el-Kader, n. sp.

Niger, albo pictus. ♀. Elongatus ; clypeo ♀ ♂ bidentato ; metathorace et abdominis primo segmento punctatis ; hoc ante marginem coarctato.

Syn. Lucas, *Odynerus bivittatus.!* Expl. sc. d'Alg., Ins. III, 231 ;
Hymén., pl. XI, fig. 5.

Fem. Taille, formes, couleurs comme chez l'*O. bivittatus*, mais en
étant séparé par ces caractères :
Chaperon faiblement bidenté. Corselet plus finement ponctué ; un
peu moins étroit ; prothorax aussi large que le mésothorax ; son bord
antérieur concave ; ses angles saillants latéralement. Métathorax et premier segment de l'abdomen moins rugueux ; ce dernier rétréci ou canaliculé avant son bord, sans sillon longitudinal ; le deuxième segment
ponctué. Ailes plus bordées de brun au bout.

Male. Tête circulaire. Chaperon circulaire, bidenté ; les dents spiniformes, rapprochées. Tranchants *latéraux* du métathorax distincts.
Chaperon, devant du scape et écailles jaunes-blanchâtres. Genoux,
tibias et tarses jaunes-ferrugineux. Corselet court. Mandibules point
tachées de blanc.

Rapp. et diff. La ♀ diffère :
1° De l'*O. exilis,* par son chaperon bidenté, par le bord du premier segment un peu saillant, etc. ;
2° De l'*O. Nugdunensis*, par son premier segment de l'abdomen
ponctué, cannelé, etc. ;
Le ♂ diffère de l'*O. Nugdunensis* par les dents du chaperon qui sont
bien moins écartées ; par le bord un peu saillant du premier segment
de l'abdomen, etc.

Voyez encore les autres Odynères de ce groupe.

Habite : La côte de l'Algérie, Oran. Trouvé par M. Lucas. (Musée de Paris.)

183. O. HELVETIUS, n. sp.
Pl. XIII, fig. 6.)

Minimus, elongatus, angustus ; ♀ fronte sulco verticali; ♀ ♂ clypeo bidentato, abdominis primi segmenti puncto depresso ; ♂ antennis subtus albescentibus.

SYN. Herr.-Schæff. , *Odynerus parvulus* (1). | Faun. Germ. , 154, 19, cum tab.

Long. 5 1/2 mill. ; long. tot. 6 1.2 mill. ; aile, 5 1/2 mill.

FEM. Très petit (2); bien inférieur pour la taille à l'*O. exilis,* bien plus grêle; ayant du reste les mêmes formes et la même couleur. Tête un peu moins haute à proportion. Chaperon distinctement bidenté. Yeux un peu enfoncés, les orbites faiblement saillantes ; sur le front un sillon vertical s'étendant de l'ocelle antérieur à l'espace inter-antennaire. Deuxième article des antennes globuleux. Prothorax finement rebordé, médiocrement large. Postécusson n'étant guère plus saillant que l'écusson ; corselet très finement ponctué ; l'écusson, le métathorax plus fortement ; le sommet de ce dernier renflé en deux faibles bosses ; abdomen lisse ; le premier segment ayant au milieu de son bord un fort point enfoncé, et de forme allongée; en entonnoir.

Prothorax orné de deux points blancs ronds ; écaille noire, ses bords bruns-roux ; sur l'écusson deux petits points jaunes. Genoux, dessous des tibias et tarses, jaunes-ferrugineux. Ailes hyalines, point enfumées ; un insensible nuage brun dans la radiale.

MALE. Formes presque aussi allongées que la femelle. Chaperon offrant au milieu une petite échancrure bordée par deux dents. Tête presque circulaire, sans sillon au front. Métathorax et premier segment de l'abdomen rugueux ; sa concavité lisse. Mandibules tachées de blanc. Chaperon, devant du premier article des antennes, et à côté de la base de chaque œil un petit point, blanchâtres ; dessous du flagellum pâle, blanchâtre. Genoux, tarses et tibias, jaunes-blanchâtres ; ces derniers maculés de noir. Ecusson noir.

----

(1) Nom à double emploi qui devait être changé. L'auteur a rangé cette espèce avec les Odynères du sous-genre Symmorphus; c'est à tort, car il n'a ni suture au premier segment, ni antennes simples dans les mâles.

(2) C'est jusqu'à ce jour la plus petite espèce connue.

Rapp. et diff. La ♀ se distingue par le sillon du front, **par son** écaille sans taches blanches, par son point enfoncé au premier segment; le ♂ par ce dernier caractère et par le dessous des antennes qui est blanchâtre. Les deux sexes se reconnaissent presque à leur très petite taille.

On peut encore le différencier comme suit de l'*O. exilis* :

Taille moindre; ponctuations moins fortes, surtout celle du premier segment de l'abdomen; chaperon plus échancré; pattes moins obscures; ♀ deux points à l'écusson.

Habite : L'Europe moyenne. Trouvé par M. Chevrier dans ses habiles explorations des environs de Genève (Nyon), au pied du Jura, et par M. Sichel, dans les environs de Paris. (Collections de ces entomologistes.)

184. O. TIMIDUS, n. sp.

Minimus; *O. Helvetio* similis; metathorace et abdominis primo segmento rugosis; hoc lateribus rufis.

Long. totale 7 mill.

FEM. Très petit. Facies de l'*O. Helvetius*, aussi petit que lui. Chaperon bidenté; corselet ponctué; métathorax et premier segment de l'abdomen rugueux; le premier offrant vers le sommet de sa concavité un faible bord qui la limite; bords latéraux tranchants. Bord du premier segment de l'abdomen épaissi en un cordon marginal, portant au milieu un point enfoncé; deuxième segment finement ponctué, plus long que large. Insecte noir; mandibules rousses avec la base noire; sur le prothorax deux points ronds, et le long du bord des deux premiers segments de l'abdomen un faible liseré, blancs; écaille brune avec deux points blancs; le premier segment de l'abdomen, en dessous et sur les côtés, roux; le deuxième ou entièrement noir ou ayant de chaque côté une tache rousse; souvent tout l'abdomen passe au brun-roux. Pattes noires; hanches postérieures (peut-être les autres aussi) armées d'une épine; genoux jaunes; tibias variés de jaune. Ailes un peu enfumées.

Rapp. et diff. La couleur brune de son abdomen lui sert de caractère, mais en outre :

♀ distincte de l'*O. exilis* par sa petite taille, son chaperon bidenté, son métathorax plus rugueux, avec les bords supérieurs de la concavité saillants, etc.;

Des *O. Nugdunensis* et *Helvetius* par son corps plus ponctué, par le premier segment de l'abdomen rugueux et dont le bord est épaissi, par son métathorax rugueux, etc.;

De l'*O. Ab-el-Kader* par ses hanches armées d'une épine.
♂ ?

Il faut le bien distinguer des *O. minutus* et des insectes de ce groupe qui se ressemblent d'une manière désespérante.

Habite : Les environs de Paris. Découvert par M. le docteur Sichel.

185. O. HURO, n. sp.

Parvus, elongatus, cylindricus, rugosus, niger; puncto in fronte, duobus in prothorace, postscutello, fasciis duabus in abdomine, flavis.

Long. 8 mill. ; env. 15 1/2 mill.

FEM. Grandeur et formes de l'*O. exilis*. Tête renflée, rugueuse ; chaperon discoïdal, bidenté. Corselet allongé, son bord antérieur un peu concave. Corselet très rugueux ; abdomen allongé, cylindrique, chagriné. Couleurs comme dans l'*O. exilis*. Antennes noires; un point entre leurs insertions, deux sur le prothorax, écaille en tout ou en partie, postécusson et le bord des deux premiers segments, *jaunes;* ces deux bordures assez larges; le troisième souvent incomplètement bordé. Pattes noires ; tibias jaunes ; tarses bruns. Ailes un peu enfumées, surtout le long de la côte, avec des reflets colorés. Le bord postérieur du deuxième segment lisse, non relevé.

Habite : Les États-Unis (Musée de Londres).

186. O. MOHICANUS.

Minutus, elongatus, niger; prothorace punctis duobus, postscutello abdomineque fasciis duabus, albescentibus.

Long. 7 mill. ; env. 13 mill.

MALE. Taille et forme de l'*O. exilis*. Insecte aussi grêle, mais la tête moins renflée. Chaperon discoïdal, échancré. Tête et corselet ponctués; abdomen très finement ponctué. Chaperon, une tache sur le labre, une entre les antennes, une derrière chaque œil, deux points sur le prothorax, postécusson et le bord des deux premiers segments de l'abdomen, jaunes. Antennes terminées par un très petit crochet, ferrugineuses en dessous ; le premier article jaune en devant. Pattes jaunes; hanches et cuisses noires ; tarses, sauf les antérieurs, bruns. Ailes transparentes; le radius brun.

Habite : L'Amérique du Nord, les Etats de New-York (Musée de Londres).

Division ANTEPIPONA.
(Voyez plus haut, p. 244.)

1. *Antennes des mâles terminées par un crochet; leur chaperon en général plus long que large* (1).

(A. Groupe de l'ODYNERUS SILAENSIS.)
(Page 213 de la *Monographie*.)

187. O. Solstitialis, n. sp.

Niger, ferrugineo varius; coloratus ut *O. œquinoxialis;* prothoracis angulis acutis, scutellis prœminentibus, postscutello bituberculato; prothorace flavo marginato; abdominis segmentis flavo limbatis.

Long. 8 mill. ; env. 17 mill.

Male. Très voisin des *O. œquatorialis* et *tropicalis.* Presque identique pour les couleurs, mais distinct par ses formes.

Chaperon plus large que long, terminé par deux dents aiguës, presque comme dans le sous-genre *Epipona* (Oplopus), ce qui le distingue de l'*O. tropicalis,* où il est pyriforme, plus long que large, terminé par deux petites dents très rapprochées. Corselet large, anguleux en avant; métathorax concave au milieu; de chaque côté, vers le haut de la concavité, est une petite saillie. Ecussons saillants; angles du postécusson formant deux tubercules spiniformes comme dans l'*O. tropicalis,* mais nullement plat et linéaire comme dans l'*O. œquinoxialis.* Abdomen comme dans l'*O. tropicalis;* le premier segment court, en cupule; le deuxième portant en dessous à sa base un petit tubercule. Tout l'insecte ponctué, noir; derrière les yeux une tache rousse; antennes (2) et mandibules rousses; chaperon, un triangle sur le front, bordure interne des yeux, jaune pâle. Prothorax roux, son bord antérieur jaune; une tache sous l'aile et angles du métathorax, roux; écaille jaune avec un point roux; écusson bordé de jaune postérieurement; postécusson roux ou jaune. Abdomen noir; le premier segment roux, bordé de jaune, avec sa base noire; le deuxième avec ses côtés roux, et orné d'une bordure jaune régulière; les autres segments roussâtres, tous liserés de jaune. Pattes rousses. Ailes transparentes, bordées de brun le long de la côte et de leur bord externe,

(1) Distincts des *Epipona* (Oplopus), par la terminaison des antennes, dans bien des cas par la forme du chaperon, et toujours par celle des mandibules.

(2) Incomplètes.

mais moins que dans l'*O. tropicalis;* troisième cubitale élargie vers le limbe (dans l'*O. tropicalis* elle est au contraire élargie vers la radiale).

Rapp. et diff. On le prendrait volontiers pour le ♂ de l'*æquinoxialis*, sans son postécusson, qui offre de chaque côté une petite dent, et qui est très saillant. Au-dessous de celui-ci on voit de chaque côté une petite saillie ou comme une espèce de bord tranchant de la concavité du métathorax. Son chaperon plus large que long l'éloigne des *O. Silaensis, tropicalis* et *posticus.*

Habite : Le cap de Bonne-Espérance (Musée de Paris).

188. O. Ferruginosus, n. sp.

Nigro rufoque varius ; metathorace rufo maculato ; abdominis segmentis 1,2 maculis magnis rufis duabus ; segmentis flavo marginatis.

♀. Long. 10 mill. ; env. 19 mill.

Fem. Chaperon pyriforme, à peine échancré; angles du prothorax présentant deux petits tubercules ; métathorax un peu concave ; premier segment de l'abdomen faiblement rebordé ; un étranglement entre lui et le deuxième ; bord de celui-ci retroussé, rugueux. Tête et corselet ponctués; abdomen finement pointillé. Insecte noir; mandibules, chaperon, bordure des orbites, une tache entre les antennes, antennes, prothorax, écaille, une bande sur l'écusson, postécusson, angles du métathorax et sur le mésothorax une tache bifide, roux ; sous l'aile un point jaune, et sous ce point du roux ; sur le premier segment de l'abdomen deux taches rousses presque réunies au milieu ; deux autres plus grandes sur le deuxième segment, ne laissant de noir que deux triangles, l'un à la base, l'autre au bout ; tous les segments de l'abdomen bordés de jaune; anus jaune ; pattes et hanches rousses. Ailes enfumées.

Rapp. et diff. (Voyez la description de l'*O. emortualis.*)

Habite : Le cap de Bonne-Espérance. (Collection de M. le marquis Spinola.)

189. O. Sesquicinctus, n. sp.

Niger, rufo ornatus ; margine prothoracis et abdominis segmentorum 1,2 flavis ; metathorace nigro.

♀. Long. 9 mill. ; env. 17 mill.

Fem. Comme l'*O. Hottentotus,* mais plus petit. Chaperon rugueux, pyriforme. Tête et corselet fortement ponctués, abdomen plus finement ponctué, mais la base du premier segment lisse. Mandibules, bout du chaperon et antennes, rousses, ces dernières noires en dessus; un point entre leurs insertions et un en arrière des yeux, jaune pâle. Angles du prothorax saillant ; une bande jaune-pâle sur son bord antérieur, et une ligne rousse le long du postérieur ; écaille rousse ; deux points jaunes sur l'écusson ; les deux premiers segments ornée d'une bordure jaune régulière ; la première se fendant avec deux points sur les côtés. Pattes ferrugineuses, variées de jaune ; hanches noires. Ailes enfumées, la côte et la radiale brunes.

Rapp. et diff. Très voisin de l'*O. Hottentotus*, mais plus petit, sans roux au mésothorax, et le bout de l'abdomen noir.

Habite : Le cap de Bonne-Espérance. (Collection de M. le marquis Spinola.)

190. O. ÆQUINOXIALIS, n. sp.

Niger, rufo varius; ore, prothorace, squamis, abdominis apice et lateribus, rufis; prothoracis medio, postscutello abdominisque segmentorum 1-2 margine, flavis; alis hyalinis, ferrugineis.

♀. Long. 12 mill. ; env. 25 mill.

Fem. Très voisin de l'*O. tropicalis*, presque identique pour les couleurs, mais plus grand et s'en distinguant comme suit :

Chaperon n'étant pas pyriforme, allongé, mais court, plus large que long, presque en losange, terminé par deux petites épines. Ecussons plats, nullement saillants ; le postécusson linéaire, point bituberculé. Premier segment de l'abdomen plus long que large, le deuxième sans trace de tubercule à sa base. Insecte couvert d'un duvet tomenteux de poils gris.

Tête noire ; mandibules, chaperon, antennes, orbite et espace en arrière des yeux, roux ; flagellum obscur en dessus. Corselet noir ; prothorax, écaille, une tache sous l'aile et angles du métathorax, roux ; milieu du prothorax et postécusson, jaune. Abdomen roux ; les segments 1 et 2, noirs, avec les côtés roux et leur bord liseré de jaune. Pattes rousses ; hanches et dessous des cuisses noirs. Ailes transparentes, ferrugineuses le long de la côte ; nervures brunes-ferrugineuses, n'étant pas noire le long de la côte et au bord externe comme dans l'*O. tropicalis*. La troisième cubitale en parallélogramme presque régulier, point rétrécie au milieu, presque aussi large que longue.

Rapp. et diff. Plus grand que les *O. Silaensis, Hottentotus, tropicalis* et *solstitialis.* Différant des trois premiers par son chaperon plus large que long chez la femelle ; des *O. Silaensis, tropicalis* et *solstitialis* par son postécusson sans aucun tubercule, nullement saillant.

Habite : L'Afrique. (Musée de Paris.)

2. *Antennes des mâles enroulées en spirale au bout.*

(Groupe de l'**ODYNERUS LUTEOLUS.**)

(Page 216 de la *Monographie.*)

191. O. INTERRUPTUS.

Niger, pedibus rufis ; abdomine fasciis interruptis, albidis.

SYN. Brullé. *Polistes interrupta.!* Exp. Sc. de Morée, Ins. pl. 50,
fig. 1, ♀.

Herr.-Schæff. *Pterochilus interruptus* (1). Faun. Germ., 173,
p. 9 ; 176, tab. 18, ♂.

♀. Long. 14 mill. ; env. 21 mill.

FEM. Grande. Chaperon discoïdal, un peu plus large que long, terminé par deux dents obtuses. Mandibules tranchantes et dentées.
Antennes insérées assez bas. Corselet un peu rétréci en avant, renflé
au milieu sous les ailes ; prothorax sans angles vifs ; métathorax un peu
concave, sans angles tranchants, sa concavité striée. Abdomen ovale,
le premier segment formant une grande cupule. Chaperon, tête et corselet chagrinés ; abdomen plus finement sculpté, sauf le premier segment qui l'est presque aussi fortement que le thorax. Insecte noir ;
bout des mandibules, premier article des antennes, un point en arrière
du sommet de chaque œil et écailles, roux ; bord antérieur du prothorax portant une bande blanchâtre. Les segments de l'abdomen tous
ornés d'une bordure blanchâtre, un peu festonnée et interrompue , la
première à peine, les deux suivantes largement, les deux dernières à
peine. Anus noir. Pattes rousses ; hanches et trochanters noirs. Ailes
enfumées ; nervures brunes ; radiale portant un petit appendice ;
deuxième cubitale presque entièrement rétrécie vers la radiale.

MALE. Dessous du scape, chaperon, deux points entre les antennes,
une ligne dans le sinus des yeux et derrière leur sommet, blanchâtres.
Antennes enroulées au bout.

Rapp. et diff. On doit avoir garde de confondre cette espèce avec le
Pterochilus interruptus (p. 246 de la *Monographie*).

Habite : La Grèce. (Musée de Paris.)

(1) Décrit à titre de nouvelle espèce, mais avec le même nom qu'avait employé
Brullé !

Sous-genre EPIPONA (OPLOPUS).

SYN. *Epipona*, Shuck. ; *Oplopus*, Wesm.; *Oplomerus*, Westw.

Le nom OPLOPUS qui sert à désigner cette section a été employé en entomologie avant que le mémoire de M. Wesmael ait paru (1). M. Westwood proposa, en 1840, pour le remplacer, celui de OPLOMERUS (2) (Intr. Mod. Class. II, Synops. p. 84) que Dejean avait du reste déjà employé en 1833 pour un genre de Coléoptères. Mais Kirby avait depuis nombre d'années désigné le même groupe d'Odynères sous le nom d'EPIPONA (3). C'est donc à ce terme qu'il faut nécessairement revenir comme au plus ancien.

Le métathorax est arrondi, mais il offre toujours l'arête latérale plus ou moins distincte (4).

Il est certain que les Odynères passent aux Ptérochiles par une transition très embarrassante, car les palpes labiaux de ces derniers sont souvent peu pennés, et il existe un quatrième article très petit. On peut être ainsi jeté dans le doute le plus complet relativement à la place que doivent occuper certaines espèces, comme par exemple le *Pterochilus insignis*, qui offre, comme les *Epipona*, des palpes labiaux quadriarticulés quoique assez velus, mais dont le mâle n'a pas le chaperon fortement bidenté ni les mandibules armées d'un éperon. Enfin à tous les degrés qui relient les Epipones aux Odynères proprement dits, il faut en ajouter encore un qui forme une nouvelle coupe. Le groupe de l'*O. luteolus* établit la transition d'une part, en offrant chez le mâle des mandibules simples comme dans les Odynères proprement dits, et des antennes enroulées comme les Epipones; le nouveau groupe de l'*O. Herrichii* l'établit d'autre part par la combinaison inverse, par des mandibules à talon, semblables à celles des Epipones, et des antennes à crochet comme celles des vrais Odynères. Comment pourra-t-on, en présence de faits semblables, continuer à fractionner le genre *Odynerus* en plusieurs autres, et comment les partisans de cette manière de voir pourront-ils définir leurs genres?

(1) Par Laporte (de Castelnau), et pour un genre de Coléoptères lamellicornes.

(2) Ce devrait être *Hoplomerus, Hoplopus*.

(3) Pour cette raison, j'ai dû changer le nom du genre *Epipona*, Latr., en *Tatua*. (Voyez la *Monogr. des Guêp. soc.*)

(4) Voyez la description du thorax, p. 184.

Page 218. — La disposition des espèces d'après les mâles peut être complétée comme suit :

α Hanches du milieu armées d'un éperon.
> *Reaumurii, reniformis, albopictus, alexandrinus.*

β Hanches du milieu inermes, cuisses moyennes dentées.
> *Spinipes, cruralis, melanocephalus, femoralis.*

γ Hanches du milieu sans éperon, cuisses du milieu lisses.
> *Variolosus, notula, lœvipes, variegatus, scandinavus, simplicipes, spiricornis, lœtus.*

δ Espèces dont on ne connaît pas les mâles.
> *Senegalensis, rotundiventris, emortualis, rufidulus, Savignyi.*

Page 219. — O. NOTULA. La femelle, telle qu'elle a été décrite par St-Fargeau, est identique avec la femelle de l'*O. consobrinus* (*variolosus*) et ne se rapporte pas à l'*O. notula* mâle (1). (Voyez ci-dessous, p. 304, l'*O. consobrinus*.) C'est donc le mâle seul qui doit conserver le nom.

Rayez des synonymes :

Fabr. *Vespa sexfasciata*, etc.

Lucas. *Odyn. notula*. Expl. Sc. d'Alg. pl. XI, fig. 2.

A : Lepel. St-Farg. *O. notula*, etc., ajoutez : ♂ (non ♀).

MALE. Un peu plus grand que l'*O. variegatus*; la tête plus large que le thorax. Chaperon fortement bidenté, les dents circonscrivant entre elles une échancrure en demi-cercle ; cette échancrure n'atteignant qu'au quart inférieur du chaperon. Antennes moins longues que la tête et le corselet, un peu épaissies au milieu, atténuées au bout, où elles forment une petite spirale. Premier segment de l'abdomen moins cupuliforme que chez l'*O. variegatus*, aplati en avant. Le corps ayant la même sculpture que chez l'*O. variegatus*, couvert d'un très fin duvet, visible surtout sur le métathorax (2). Insecte noir : mandibules, chaperon, dessous du scape, une ligne le long des orbites qui s'épaissit dans le sinus des yeux, une ligne derrière leur sommet, une tache entre les antennes, fauves-blanchâtres ; articles 9 à 13 des antennes de la même couleur en dessous ; le onzième entièrement fauve ; chaperon faiblement argenté. Bord du prothorax, une grande tache sous l'aile, écaille, deux taches sur l'écusson, souvent deux points sur le postécusson et deux sur les angles du métathorax, jaunes. Tous les segments de l'abdomen ornés d'une bordure jaune ; ces bordures trisinuées ; celle du premier la plus large, échancrée en angle très obtus. Pattes jaunes; base des cuisses et face postérieure des hanches noires.

(1) Considérez donc comme nul ce que j'en dis p. 220 de la Monographie.

(2) Mais aucune trace des longs poils qui hérissent l'*O. consobrinus* (et l'*O. notula*, ♀, Lep.).

Rapp. et diff. Cette espèce a les formes de l'*O. variegatus*, mais s'en distingue par sa tête plus large que le thorax ; par l'échancrure du chaperon qui est en demi-cercle, non carrée et moins profonde ; par ses antennes moins grêles, qui, déroulées, n'atteignent pas le métathorax ; par ses couleurs différentes, etc.

Habite : L'Algérie.

Page 220. — O. VARIOLOSUS. Changez ce nom en :

O. CONSOBRINUS, Duf.

(Pl. XV, fig. 8).

Et ajoutez aux synonymes :

Dufour. *Odynerus consobrinus!* Ann. Sc. Nat. 2ᵉ sér., XI, p. 91 (1839).

Lepel. St-Farg. *Odyn. notula*, ♀. Hymén. II. 612 ! (1).

Lucas. *Odyn. notula.* Expl. Sc. d'Alg. Ins. III, pl. XI, fig. 2, ♀.

Cette espèce se reconnaît :

1º A ses angles prothoraciques un peu saillants ;

2º A son chaperon tronqué ou arrondi en avant ;

3º Aux longs poils ferrugineux qui hérissent la tête, le corselet et le premier segment de l'abdomen.

Elle est un peu moins grande que l'*O. variegatus*. Le métathorax est très arrondi. La spire des antennes du mâle est noire.

Var. ♀ ♂. Écusson noir ou avec deux points jaunes ou orné d'une bande jaune. Chaperon noir ou portant une tache jaune.

Page 221. — O. ROTUNDIGASTER. Changez ce nom en celui de RO-TUNDIVENTRIS.

Page 222. — O. REAUMURII. **Page 225.** *Rapp. et diff.* Au lieu de *O. notula*, lisez : *O. variolosus (consobrinus)*.

Malgré mon assertion contraire, le mâle se distingue bien de celui de l'*O. lævipes* :

Par son corps bien plus poilu ; par son chaperon qui a deux petites

---

(1) Les poils de la tête ne sont pas de couleur sensiblement différente de ceux du reste du corps, mais ils varient sur toutes les parties de l'insecte du noir au ferrugineux.

Partant, le seul caractère qui distingue la femelle de l'*O. notula* de celle du *consobrinus*, est la tache jaune du chaperon ; or, cette tache est si variable, qu'elle se réduit dans bien des cas à un simple point, lequel peut naturellement être nul ; alors l'*O. notula* devient *O. consobrinus*. Il est donc indispensable de réunir ces deux espèces en une seule, mais il en faut bien distinguer l'*O. notula* ♂.

Cette espèce paraît vivre aussi dans le midi de la France.

bosses vers le sommet, qui n'est pas deux fois aussi large que long, dont l'échancrure est plus longue que large, tandis qu'elle est plus large que longue chez l'*O. lœvipes;* par ses antennes dont tous les articles sont annelés de jaune au bout, etc.

Var. Bandes jaunes de l'abdomen régulières; sur le métathorax deux points jaunes. (Transition à l'*O. reniformis?*)

Voyez les affinités de l'*O. reniformis.*

Page 224. — O. Spinipes. Changez la citation de Herr-Schæff. en :
! Faun. Germ. fasc. 173, p. 2; 176, tab 16, ♀, fig. 16, *b* ♂.
Sur la planche citée de Panzer (fasc. 17, tab. 18), il faut exclure la fig. *a,* qui représente la tête de l'*O. femoralis.*
Ajoutez aux synonymes :
Muell. *Vespa spinipes.* Ed. Linn. Ins. II, 882, 10.
Villers. *Vespa spinipes.* Ent. III. 267, 7.
Le mâle a les femurs intermédiaires dentés, ce qui pourrait le faire confondre avec les *O. melanocephalus, femoratus* et *cruralis,* particulièrement avec ce dernier, qui a également la spirale des antennes noire. Mais les dentelures des cuisses ont une forme différente dans chacune de ces espèces. (Voyez pl. XV, fig. 1 à 4.)

Rapp. et diff. Diffère des *O. melanocephalus* et *femoratus* par sa grande taille; par ses ornements jaunes, non blanchâtres; par les poils noirâtres de son corps; par ses ailes plus enfumées avec un reflet violet.

♀. Par ses antennes entièrement noires.

♂. Par le scape qui est renflé, surtout vers le bout; les dentelures des fémurs intermédiaires sont différentes de forme; la première dent est longue et pointue; la deuxième est tronquée (1); la troisième ou l'extrême est dirigée en dedans, parce que l'échancrure qui la sépare de la médiane est dirigée obliquement vers le genou, à peu près comme chez l'*O. femoratus,* mais le tibia est moins déformé dans cette espèce, n'offrant pas vers le bas d'élargissement en forme d'apophyse, et la spire des antennes est noire.

Voyez la description de l'*O. cruralis* (p. 311, n° 195).

Page 224. — O. Melanocephalus. Sous cette espèce s'en cachent deux, dont l'une n'a pas été décrite, mais se trouve probablement répandue dans les collections et confondue avec la première. Nous la nommons *O. femoratus* (p. 310, n° 194).
Il est essentiel de bien distinguer ces deux Epipones.

---

(1) Chez l'*O. melanocephalus* elle est pointue.

192. O. Melanocephalus.

(Pl. XV, fig. 1.)

Niger, signaturis albidis; postscutello inermi; squamis rufo-fuscis; ♀ antennis subtus ferrugineis; clypeo atro aut supra lineis duabus flavis; ♂ antennis nigris, subtus flavis, apice nigrescentibus; femoribus mediis tridentatis, dente medio acuto.

Voyez la *Monographie*, p. 224, n° 132, mais avec les corrections suivantes :

Herr.-Schæff. *Pteroch. dentipes.* 173, p. 3, 176, tab. 16, fig. *a*, ♂.

Effacez des synonymes :

Herr.-Schæff. *Pteroch. tinniens.*

Var. ♀. Haut du chaperon orné de deux lignes jaunes obliques. Flagellum noir.

Nota. Cette espèce est plus répandue que l'*O. femoratus;* c'est probablement à cette raison qu'il faut attribuer le fait que tous les auteurs ont décrit l'*O. melanocephalus*, et aucun l'*O. femoratus* que tous confondaient avec lui.

M. Wesmaël a évidemment eu sous les yeux l'*O. melanocephalus*, non l'*O. femoratus*, car il dit que les écailles sont *ferrugineuses avec une tache noire;* le chaperon de la femelle noir; le dessus de l'abdomen sans bande blanche, etc. Je suis cependant étonné que l'auteur ne parle pas de la forme *aiguë* de la dent médiane des cuisses du milieu.

Lepel. Saint-Fargeau décrit également l'*O. melanocephalus*, sa description ne peut laisser aucun doute à cet égard.

M. Herrich-Schæffer s'exprime très nettement aussi en décrivant et en figurant les dentelures des cuisses médianes du mâle.

Olivier décrit, sans qu'il soit possible de s'y méprendre, le mâle de l'*O. melanocephalus* et non celui du *femoratus*, car il laisse supposer que le bout des antennes est noir, et il indique au prothorax *une petite ligne jaune* seulement, point une large bande.

Rapp. et diff. On peut établir comme voici les caractères qui servent à distinguer cet Odynère de l'*O. femoratus :*

L'écaille est rousse avec une tache noire; le postécusson est sans tubercule. Les bordures jaunes des segments sont nulles en dessous ou à peu près.

♀. Le chaperon est noir ou avec une ligne jaune interrompue au sommet; le dessous du scape a une ligne ferrugineuse ou fauve; la bordure du prothorax est interrompue au milieu; l'aile est souvent plus bordée de gris.

♂. Le noir est la couleur dominante dans les antennes; la spire est noirâtre ; les orbites ne sont pas bordées de jaune (1); le bord jaune du prothorax se réduit à une ligne qui en occupe le milieu; à la base du deuxième segment sont deux petits tubercules mentionnés par M. Wesmaël, mais qui sont souvent cachés par le bord du sixième anneau; en outre il faut remarquer deux petits tubercules écartés près du bord de l'arceau ventral du deuxième segment; les dentelures de la cuisse médiane sont plus fortes, la dent de la base est de beaucoup la plus longue et pointue *ainsi que celle du milieu* (pl. XV, fig. 1).

Page 226.—O. SAVIGNYI, certainement différent des *O. melanocephalus* et *femoratus;* son chaperon a ses angles bien nets, point arrondis comme dans les espèces citées. Serait-ce la ♀ de l'*O. Alexandrinus?* Je ne le crois pas, vu que les femelles ont constamment plus d'ornements jaunes au thorax que les mâles; et ici ce serait le contraire.

Au lieu de : sur le milieu du chaperon deux tubercules saillants, mettez : deux bosses peu saillantes.

Page 226. —O. RENIFORMIS (pl. XV, fig. 9). Ajoutez aux synonymes :
Herr.-Schæff. *Pterocheilus coxalis.* Faun. Germ. 176, tab. 19, ♀.
Sauss. *O. velox.* M. G. Solit. p. 228, n° 136.
Oliv. *Vespa reniformis.* Enc. Meth. VI, 695, 10.

La ♀ ne me paraît différer de l'*O. Reaumurii* que par son chaperon un peu plus échancré ou bidenté, par les taches réniformes du métathorax, par la présence de la cinquième bande jaune de l'abdomen. Les taches du métathorax sont en général grandes, occupant toute sa hauteur. Le bord jaune du deuxième segment est souvent élargi sur les côtés comme chez l'*O. Reaumurii.*

Le ♂ a le chaperon un peu plus bosselé au sommet; ses antennes sont un peu plus épaisses au milieu, à spire serrée, et dont les articles ne sont pas annelés de jaune. Le flagellum est noir, fauve en dessous; la spire est noirâtre. Le métathorax est noir, mais souvent il offre deux points jaunes, et alors les antennes sont indistinctement annelées de fauve.

Je crois qu'on finira par se convaincre que l'*O. Reaumurii* et l'*O. reniformis* ne sont que deux variétés d'une même espèce. Je ne vois entre les mâles de ces deux Epipones aucune différence que l'on puisse

_____

(1) Ce que dit Lepel., p. 611, à propos du mâle : « Une petite portion très étroite de l'orbite des yeux au-dessus du sinus, de couleur jaune, se rapporte à l'*O. femoratus;* j'en suis d'autant plus certain que j'ai sous les yeux les types de Saint-Fargeau.

appeler spécifique. Chez celui de l'*O. reniformis*, le deuxième segment
de l'abdomen offre en dessous, près de son bord, deux petites saillies
tuberculeuses qui sont réunies par une ride indistincte arquée; les segments suivants présentent des saillies semblables mais moins distinctes.
L'on retrouve exactement le même caractère chez le mâle de l'*O. Reaumurii*.

Page 228. — O. VELOX. N'est évidemment qu'une variété de l'*O.
reniformis* qui a deux taches jaunes à l'écusson. (J'ai été induit en
erreur par des abdomens désarticulés qui avaient l'air d'être subpé-
dicellés.)

Page 228. — O. LÆVIPES. *Var.* Ecusson portant deux taches jaunes,
ou postécusson jaune, ou ces deux pièces entièrement noires.
Voyez plus haut l'*O. Reaumurii*.
Ajoutez aux synonymes :
Dufour. *Odynerus cognatus.* Ann. Sc. Nat., 2ᵉ sér. XI, p. 92 (1).
?? Saunders. *Odynerus rubicola.* Trans. Ent. Soc. Lond. 2ᵉ sér. Ib,
   pl. 19, fig. 9.
Herr.-Schæff. *Pterocheilus simplicipes.*! Faun. Germ. 173, p. 4, tab.
   18, ♂ .

Page 229. — O. VARIEGATUS. La citation des planches de l'Egypte
doit être suivie d'un point de doute, car quoique la figure corres-
ponde parfaitement à l'insecte pour les formes et pour les taches,
la grandeur naturelle est trop petite, et les antennes paraissent être
blanchâtres. Cette figure ne représenterait-elle pas une espèce voisine de l'*O. Alexandrinus* dont les ornements seraient blancs?

Var. Métathorax ou noir ou taché de jaune. Côtés du deuxième segment souvent roux ou même noirs.

Page 230. — Rayez *Pterocheilus simplicipes* qui n'est autre que l'*O.
lævipes!*

(1) Je ne puis trouver aucune différence entre l'*O. cognatus* et l'*O. lævipes.*

Espèces à ajouter au sous-genre **EPIPONA.**

Division PSEUDEPIPONA (1).

Antennes des mâles terminées par un crochet.

193. O. Herrichii (2).

Niger; squamis, scutelli et abdominis segmentorum margine, luteis; macula maxima segmenti primi pedibusque, ferrugineis; prothorace capiteque, fulvo ornatis.

Syn. Herr.-Schæff. *Odynerus variegatus.*! Faun. Germ. 173, p. 16, tab. 19.

Long. 10 mill.; aile 9 mill.

Fem. Formes et grandeur de l'*O. simplex.* Tête et corselet chagrinés. Chaperon pyriforme, terminé par deux très petites dents. Prothorax un peu anguleux; postécusson rugueux, assez distinctement crénelé. Métathorax rugueux, son milieu strié, sa concavité point bordée de tranchants, mais ses arêtes latérales très tranchantes et formant au milieu un petit angle spiniforme. Abdomen presque conique; son premier segment aplati en devant, fortement ponctué. Le reste de l'abdomen finement pointillé. Insecte noir : dessous du scape et bout des mandibules, roux; une ligne arquée, souvent interrompue au haut du chaperon, un point entre les antennes, une ligne le long de l'œil jusque dans son sinus, une tache derrière son sommet, orangé-pâle; une bordure de la même couleur rétrécie sur les côtés, le long du prothorax; écailles et bordure postérieure des deux écussons, jaune-soufre pâle; sous l'aile une tache, et sur les angles du métathorax deux points, roux ; segments 1 à 4 de l'abdomen ornés d'une bordure blanchâtre ou jaune-soufre ; le premier en outre orné de deux grandes taches rousses. Pattes rousses; hanches noires. Ailes enfumées ; la côte ferrugineuse.

Var. Métathorax noir. Ornements du thorax plus ou moins roux.

Male. Chaperon bidenté, mandibules et dessous du scape blanchâtres; dessous du flagellum ferrugineux, ainsi que le crochet antennaire; postécusson noir; taches du premier segment plus petites.

Habite : L'Allemagne, Ratisbonne. (Collection du doct. Herrich-Schæffer.)

Nota. Je ne connais pas l'*O. Asiaticus,* cité à la fin de la description de M. Herrich-Schæffer, je ne l'ai même trouvé décrit nulle part. Si ce nom est inédit, à quoi bon le citer?

---

(1) Cette division est nouvelle.

(2) Obligé de changer le nom de cette espèce, déjà employé par Fabr. pour un autre Odynère, je la dédie à M. Herrich-Schæffer qui l'a le premier décrite et figurée.

DIVISION HOPLOPUS.

(Correspondant au sous-genre OPLOPUS de la *Monographie.*)

Antennes des mâles terminées par une spirale.

1° *Mâles ayant les cuisses de la 2e paire de pattes dentées.*

194. O. FEMORATUS, n. sp.

(Pl. XV, fig. 3.)

Niger, signaturis albidis; postscutello medio tuberculo parvulo armato; squamis flavis; ♀ antennarum subtus ferruginearum scapo subtus flavo; clypeo supra fascia arcuata flava; ♂ antennis flavis, supra nigris, apice testaceis, subferrugineis; femoribus mediis tridentatis, dente intermedio apice obtuso.

Panz. Faun. Germ. fasc. 17, tab. 18, fig. *a*, ♂ (1).

Long. 9 mill.; aile 8 mill.

FEM. Taille plus grande que celle de l'*O. melanocephalus.* Chaperon un peu concave à son bord antérieur; ses angles plus prononcés que chez l'*O. melanocephalus,* moins rugueux aussi que chez cette espèce. Angles du prothorax un peu plus prononcés. Au milieu du postécusson un tubercule insensible. Premier segment de l'abdomen un peu plus plat.

Tête et corselet chagrinés, couverts, ainsi que la base de l'abdomen, de poils fauves clairs. Insecte noir : entre les antennes une ligne jaune transversale; haut du chaperon orné d'une ligne jaune arquée; derrière le sommet de chaque œil un point jaune; antennes ferrugineuses ou jaunes en dessous, avec une ligne jaune sous le scape. Tout le bord du prothorax jaune; écaille jaune avec une tache rousse; tous les segments de l'abdomen ornés d'une bordure jaune étroite, un peu irrégulière; celles des derniers segments souvent festonnées, celles des deuxième et troisième plus ou moins complètes en dessous. Pattes fauves; hanches et une partie des cuisses noires. Ailes transparentes, le bout grisâtre.

Var. Sur l'écusson, deux points blancs.

MALE. Chaperon fortement bidenté, jaune; mandibules jaunes avec le bout noir; tout le dessous des antennes largement jaune; le jaune plus étendu que le noir qui couvre leur face supérieure; la spire ou les quatre derniers articles des antennes jaunes, un peu ferrugineux; bord des orbites jusque dans le sinus des yeux, jaunes; tubercule du

(1) Confondu avec l'*O. spinipes.*

postécusson plus prononcé ; pattes jaunes ; hanches et base des cuisses noires ; fémurs de la paire du milieu n'étant pas sensiblement épaissis à la base ; leur dent médiane tronquée. Dessous du deuxième segment de l'abdomen sans tubercules ; le bord du sixième en dessous un peu concave comme chez l'*O. melanocephalus* (1) ; le septième sans tubercules en dessous (2); une partie des bandes de l'abdomen continue en dessous.

Les parties jaunes sont d'un blanc-jaunâtre.

Rapp. et diff. Cet Odynère qu'on confond entièrement avec l'*O. melanocephalus*, lorsqu'on n'est pas averti de l'extrême ressemblance des deux espèces, est cependant très facile à reconnaître : 1º à son écaille blanche ; 2º la ♀ à sa ligne jaune arquée au haut du chaperon, tandis que l'autre espèce a cette pièce ou entièrement noire, ou avec deux taches jaunes ; 3º à sa ligne jaune sous le scape ; 4º le ♂ à sa spire des antennes qui est jaune, avec le flagellum largement jaune en dessous ; 5º à l'absence de tubercule sous le deuxième segment de l'abdomen.

Dans les deux sexes les bandes blanches de l'abdomen sont plus complètes. (Voyez l'*O. melanocephalus*.)

Habite : La France. Trouvée par M. le doct. Sichel dans les environs de Paris. (Collection de ce dernier.)

195. O. CRURALIS, n. sp.

(Pl. XV, fig. 4.)

Niger, villosus ; signaturis flavis ; femoribus intermediis ♂ dentatis.

MALE. Formes et taille de l'*O. femoratus*. Facies de l'*O. consobrinus*, avec lequel on le confond facilement, car il en a les couleurs et l'apparence velue, mais s'en écartant par ses fémurs intermédiaires qui sont tridentés. Ces dentelures ayant la forme de celles que l'on observe chez l'*O. femoratus*. Différant de ce dernier par la spirale des antennes qui est noire ; par ses ornements jaunes, non blanchâtres ; par les bordures des derniers segments de l'abdomen qui sont incomplètes, fortement raccourcies sur les côtés ; par une tache enfumée au bout de l'aile ; par son thorax fortement velu ; par le premier segment de l'abdomen plus velu, et par le deuxième moins lisse.

Peut-être trouvera-t-on ces caractères insuffisants pour autoriser la séparation des deux espèces, mais le facies est pour moi un guide assez

(1) On voit souvent, tant chez l'une que chez l'autre espèce, saillir de dessous ce segment une lame échancrée qu'il ne faut pas confondre avec le bord du sixième segment.

(2) Je n'en ai du moins jamais vu, mais chez l'*O. melanocephalus* lui-même ils sont rarement visibles.

certain, et sous ce rapport je trouve entre elles des différences tout à
fait spécifiques. La dent moyenne des fémurs intermédiaires me paraît
aussi occuper le milieu entre les deux dents extrêmes, tandis que chez
l'*O. femoratus* elle est plus rapprochée de la dent basilaire. L'échancrure qui sépare ces deux dents est arrondie chez l'*O. femoratus*,
carrée chez l'*O. cruralis* comme chez l'*O. melanocephalus*. Quant aux
différences qui le séparent de l'*O. spinipes*, elles sont plus minimes
encore ; *l'abdomen n'est pas lisse, luisant*, mais très finement chagriné ;
l'élargissement du tibia de la patte moyenne est bien plus fort et surtout plus dentiforme ; il l'est même plus que chez l'*O. femoratus ;* la
bordure du deuxième segment est plus large, et celle du premier est
raccourcie sur les côtés. Ce que l'on peut remarquer sur les bandes de
l'abdomen, c'est que, quoique la troisième et la quatrième soient raccourcies sur les côtés, il n'en existe pas moins en dessous, de chaque
côté, une tache jaune qui est le rudiment de la bordure ventrale.

Habite : L'Algérie. (Musée de Paris.)

2° *Cuisses des mâles lisses, hanches du milieu armées d'un éperon styliforme.*

196. O. Albopictus, n. sp.

(Pl. XV, fig. 5.)

Niger, signaturis albescentibus; squamis, puncto sub alis, postscutello, sulphureis ; ♂ femoribus inermibus ; coxis intermediis spinosis ; antennis apice nigrescentibus.

♂ Long. 8 mill. ; aile 8 mill.

Male. Taille, formes et couleurs de l'*O. melanocephalus* ou de l'*O.
femoratus*, mais les cuisses du milieu lisses, sans dentelures; pas de
tubercules sous l'abdomen ni au postécusson.

Noir ; tête et corselet ayant des poils fauves pâles ; entre les antennes,
un tubercule jaune. Mandibules, chaperon, devant et dessous du scape,
jaunes ; dessous du flagellum ferrugineux ou fauve ; la spire noirâtre.
Deux points derrière le sommet des yeux, bord complet du prothorax, écaille, *une tache sous l'aile*, une ligne au postécusson, jaunes.
Tous les segments de l'abdomen ornés d'une bordure jaune-blanchâtre ;
ces bordures en partie continues en dessous. Pattes jaunes ; hanches
et base des cuisses noires. Les hanches du milieu *armées d'un long
éperon styliforme et portant du jaune* en devant. Ailes rousses-enfu-
mées.

Les ornements jaunes sont d'un jaune-blanchâtre.

Rapp. et diff. La femelle ressemble probablement beaucoup à celle
des *O. melanocephalus* et *femoratus ;* je présume cependant qu'elle doit
en différer par son point jaune sous l'aile et par son postécusson jaune.

Le mâle en est bien distinct par ses cuisses sans dentelures. Les hanches épineuses le rapprochent des *O. Reaumurii, reniformis* et *Alexandrinus*. Il diffère des deux premiers par sa tache sous l'aile, par l'absence de saillies sous le deuxième segment, par ses ornements plus blanchâtres.

Il s'écarte de l'*O. Alexandrinus* par sa tache sous l'aile, ses ornements moins larges etc. Ces deux espèces se ressemblent peu à l'œil, mais elles sont très difficiles à différencier par des caractères définissables.

Habite : L'île de Rhodes. Communiqué par M. Boheman.

3. *Cuisses et hanches des mâles inermes.*

197. O. NOBILIS, n. sp.

Niger, rugosus; rufo flavoque multipictus; clypeo ♀ bidentato; abdomine flavo et rufo; segmentis 1,2 medio nigris; antennarum scapo rufo; alis cœrulescentibus.

♀ Long. 14 mill. ; env. 28 mill. ; aile 12 mill.

FEM. Très voisin de l'*O. variegatus* pour lequel je l'avais d'abord pris. Il me semble cependant en être différent.

Taille bien plus grande. Chaperon plus fortement strié, noir, avec, au sommet de chaque côté, une petite ligne jaune oblique. Dessus du scape des antennes obscur. Ecusson partagé par une carène longitudinale. Ecusson et postécusson noirs avec une bande rousse souvent interrompue au milieu. Tête et corselet plus rugueusement chagrinés. Abdomen plus court, surtout le premier segment qui est aplati en devant. Ailes plus violettes. Base des cuisses noire. La partie des ornements roux de l'abdomen qui se trouve le long des bords des segments est jaune.

Var. Au haut du chaperon deux taches rousses.

Var.? Chaperon lisse, luisant, plus longuement bidenté; tous les ornements jaunes.

Rapp. et diff. Certainement cette espèce pourrait être à tout aussi juste titre rangée sous l'*O. variegatus;* si l'on venait à démontrer les passages entre ces deux Odynères, on aurait un exemple de ce fait que la différence de sculpture n'est pas toujours un caractère spécifique infaillible.

Habite : L'Espagne? (1) (Collection de M. le doct. Sichel; provenant de la collect. de feu Boyer de Fonscolombe.)

(1) *Note de M. Sichel.* Cette espèce et le n° 200 sont probablement de Provence, les espèces non provençales de la collection de feu Boyer de Fonscolombe (voyez p. 64) étant toutes signalées soit par une étiquette d'une couleur particulière, soit par un mot indiquant la patrie.

198. O. SCANDINAVUS, n. sp.

(Pl. XV, fig. 10).

Niger, signaturis sulphureis aut albescentibus; ♂ coxis et femoribus inermis; clypeo flavo, nigro limbato; mandibulis flavis, apice nigris; flagello nigro, articulis 11,12 fulvis.

FEM. Inconnue.

MALE. Taille et formes de l'*O. melanocephalus*. Chaperon court et très large; ses dents très aiguës.

Insecte noir; sur le front deux petits points, deux autres très petits dans le sinus des yeux, deux derrière leur sommet, jaunes; mandibules jaunes *avec la moitié apicale noire*; chaperon jaune, *ses bords liserés de noir*; antennes noires, avec une très fine ligne jaune sous le scape et les articles 11 et 12 fauves. Prothorax orné d'une ligne jaune subinterrompue; écaille noire, son bord brun; métathorax ayant ses arêtes latérales tranchantes; les segments de l'abdomen bordés d'un cordon blanchâtre ou jaune; ces bordures incomplètes sur les derniers segments. Pattes noires; une tache sur les hanches moyennes; genoux, tibias et tarses jaunes (probablement ferrugineux chez la ♀). Ailes un peu ferrugineuses.

Rapp. et diff. Les ornements blanchâtres de cette espèce et sa petite taille la font prendre d'abord pour l'*O. melanocephalus* dont elle diffère, ainsi que de l'*O. femoratus*, par ses cuisses sans dents; elle se distingue des *O. Reaumurii, reniformis, Alexandrinus* et *albopictus*, par ses hanches moyennes sans éperon. Son caractère principal réside surtout dans sa petite taille et dans la couleur du chaperon, des mandibules et des antennes (1).

La femelle est sans aucun doute très voisine de celle de l'*O. melanocephalus*.

Habite : L'Europe. Communiqué par M. Boheman, et ma collection.

199. O. POECILUS (2), n. sp.

(Pl. XV; fig. 6.)

Niger, flavo variegatus; ♀ scapo subtus ferrugineo; scutello flavo maculato, macula subalari flava; abdominis segmentis flavo anguste limbatis.

Long. 10 mill.; aile 9 1/2 mill.

FEM. Un peu plus petite que l'*O. consobrinus*; du reste, lui étant parfaitement semblable, à part quelques différences dans les couleurs.

(1) J'ai cependant vu un mâle appartenant à une espèce distincte qui offre le même caractère au chaperon. — Je n'ose la décrire n'en connaissant pas la patrie.

(2) Cette espèce pourrait être identique à d'autres dont je ne connais que les mâles, par exemple, les *O. cruralis*, etc., mais ne pouvant la rapporter avec chance de certitude à aucune d'elles, je suis obligé de la décrire provisoirement comme espèce distincte.

Chaperon entier, rugueusement ponctué. Tête et corselet revêtus d'un duvet de poils fauves courts et à peine apparents à l'œil. Insecte noir : au haut du chaperon une large tache trilobée ou deux petites lignes, jaunes. Antennes ayant le devant du scape jaune et le dessous du flagellum ferrugineux. Entre les antennes une ligne horizontale et derrière l'œil un point, jaunes. Bord du prothorax, une tache sous l'aile, écailles, sur l'écusson une large bande parfois interrompue, jaunes. Tous les segments de l'abdomen ornés d'une étroite bordure jaune ; les dernières biéchancrées, un peu élargies sur les côtés. Pattes jaunes ; hanches et base des cuisses noires. Ailes enfumées.

Rapp. et diff. Cet Odynère, très difficile à reconnaître avec certitude, est cependant distinct de tous les autres *Hoplopus* connus. Je ne puis le comparer qu'aux femelles, n'en connaissant pas le mâle.

Il diffère :

1o De l'*O. consobrinus,* dont il est le plus proche parent, par ses antennes dont le flagellum est jaune et ferrugineux en dessous, par son corps bien moins velu, sa tache sous l'aile, ses bandes étroites à l'abdomen, ses ailes un peu moins enfumées, son chaperon autrement coloré, etc. ;

2o De l'*O. lævipes* par son chaperon entier ;

3o Des *O. spinipes, reniformis* et voisins, par son écusson jaune, ses antennes ferrugineuses en dessus, etc.

Nota. Cette femelle pourrait appartenir à l'*O. cruralis.*

Habite : Le midi de la France. (Collection de M. le doct. Sichel, et provenant de celle de feu Boyer de Fonscolombe.)

200. O. Discoidalis, n. sp.

(Pl. XV, fig. 7.)

Magnus, niger, ferrugineo variegatus; clypeo latiori quam longiori ; antennis subtus fulvis ; abdominis segmentis ferrugineo marginatis ; ♀ metathorace eodem colore bimaculato.

♀ Long. 15 mill.; long. tot. 18 mill.; aile 13 1/2 mill.
♂ Long. 13 mill.; long. tot. 15 mill.; aile 10 1/2 mill.

Fem. Grandeur des *Pterochilus latipalpis* et en ayant aussi les formes. Mandibules très dentées. Chaperon discoïdal, plus large que long, son bord antérieur droit (fig. 7 *b*), mais offrant trois points saillants où aboutissent de très petites carènes. Postécusson un peu saillant. Bords latéraux du métathorax tranchants. Abdomen régulièrement ovale comme chez les *Pterochilus,* un peu aplati en devant. Tête et corselet densément ponctués, et revêtus d'un épais duvet de longs poils fauves.

Insecte noir : tête offrant une tache jaune derrière le sommet de l'œil ; chaperon jaune ou orangé, son bord obscur ; mandibules tachées de roux au delà de leur milieu. Scape des antennes jaunes, avec une

ligne noire en dessus; flagellum noir, fauve en dessous. Bord du prothorax, écaille, une tache sous l'aile, deux sur l'écusson, postécusson
et deux taches au haut du métathorax, jaune-roux. Tous les segments
de l'abdomen assez largement bordés de jaune-roux; bordure du premier étant la plus large, et échancrée à angle obtus; celle des autres
élargie sur les côtés, faiblement biéchancrée. Anus taché de roux. Pattes
jaunes; hanches et base des cuisses, noires. Ailes faiblement enfumées,
avec la côte faiblement ferrugineuse.

Male. Chaperon jaune, bien plus large que long, bidenté (fig. 7 *a*); ses
dents obtuses, encadrant une profonde échancrure demi-ovale. Entre les
antennes une ligne jaune transversale; bout de ces dernières fortement
enroulé en spirale; dessous des articles 2 à 5 jaune; les autres tachés
de noir en dessous; bout et base des articles annelés de fauve; les huitième et neuvième souvent jaunes en dessus. Mandibules jaunes avec
une ligne noire au milieu. Métathorax sans taches; le reste comme chez
la femelle.

Rapp. et diff. Cet Odynère est le plus grand, de beaucoup, de tout
le sous-genre Epipona. Il ressemble, à cause de cela, aux Pterochilus,
et a en outre avec eux cette analogie que le chaperon de la ♀ est plus
large que long; ce caractère le distingue de toutes les autres Epipones.
Mais les palpes sont bien quadriarticulés et peu poilues comme ceux
des Odynères; le chaperon du ♂ a aussi exactement la forme qu'affecte
cette pièce chez les Epipones (fig. 7 *a*). On ne saurait donc prendre cette
espèce pour un Ptérochile. La grande taille et la couleur presque
rousse de ses ornements sont de bons caractères pour la reconnaître.

Habite : ......? Probablement l'Espagne (1). (Collection de **M.** le
doct. Sichel, provenant de la collection de feu Boyer de Fonscolombe.)

201. O. Spiricornis, Spinol.

♂ Antennarum articulis 5-6 testaceis, sequentibus albicantibus, intus testaceo maculatis.

Syn. Spinol. *Odynerus spiricornis.* Ins. Lig. II, 257.
   ? Herr-Schæff. *Odyn. spiricornis.* Faun. Germ. 176, tab. 17,
    ♂ (2).

Longueur totale 16 mill.

Male. Antennes noires, le scape jaune en dessous; articles 2-4 tes-

____

(1) Voyez p. 313, note 1.
(2) Aucune description n'accompagne la figure de Herr.-Schæff. qui pourrait
bien se rapporter à une autre espèce, car elle offre des ornements blancs, non
jaunes, le post-écusson blanc, l'écusson avec deux taches blanches, etc.

tacés en dessous; 5, 6 entièrement testacés ; les autres qui forment la spire, comprimés, blanchâtres, maculés de testacé à leur face interne. Tout le corps très finement et densément ponctué. Tête noire ; labre, chaperon, une petite tache entre les antennes, un point derrière le sommet de l'œil, jaunes. Thorax noir ; son bord, l'écaille, de chaque côté un point sous l'aile, une bande sur l'écusson, jaunes. Segments de l'abdomen bordés de jaune ; bordure du deuxième élargie sur les côtés ; le septième maculé de jaune. Pattes jaunes ; hanches et base des fémurs noires. Ailes obscures, un peu ferrugineuses à la base.

Cette espèce serait de la taille du *Rhynchium oculatum*.

Habite : Le Piémont, Gênes.

202. O. Tinniens (1).

Macula transverse subinterrupta inter antennas, art. 1 subtus, margo inferior incisuræ oculorum, macula pone oculos, collare, squamæ, macula sub alis, puncta 2 scutelli, linea postscutelli interrupta, margo posticus segmentorum 2-5 late, in 2 subtus contiguus, in 3-5 interruptus, femorum apex, tibiæ et tarsi, flavi.

Syn. Scopol. *Vespa tinniens*. Ent. Carn. 839.

Herr-Schæff. *Pterocheilus tinniens*. Faun. Germ. 173, p. 6, tab. 16, ♂.

♂ Pictura corporis albida, sicut labrum, clypeus et margo posticus segm. 6, maculaque coxarum et trochanterum ; margo segmenti 2 bisinuatus; flagellum apice fulvum.

Odynerus, Spin., 2, 183. — *Vespa*, Scop. Ent. Carn. 839.

♀ Clypeus flavus, macula media triloba nigra; flagellum subtus ferrugineum, pectus et metathoracis latera fulvo maculata , margo segmentorum 2-5 in lateribus profunde incisus.

Diffère peu du *Pteroch. phaleratus*, mais il est deux fois plus grand ; ses ornements sont blancs ; bord du chaperon profondément échancré ; articles 10 et 11 des antennes jaunes ; écusson avec deux grandes taches rondes. La femelle est trois fois aussi grande que le *Pteroch. phaleratus*.

Habite : L'Autriche.

Page 230. — Espèces dont on ne connaît pas la division ou qui me paraissent douteuses.

1° *Rectifications à introduire :*

Rayez :

O. consobrinus et *O. cognatus*. Voyez p. 304 et p. 308, n° 1.

Pterochilus simplicipes. Voyez plus haut, p. 308, *Odynerus lævipes*, et la remarque sur la p. 230 de la Monographie.

(1) J'ignore entièrement si cette espèce est une *Epipone* ou un *Pterochilus*; ce qui me le fait ranger de préférence dans le genre Odynerus, c'est que son chaperon est bidenté dans le mâle, caractère propre à tous les Hoplopus.

Page 231. — *Pterochilus tinniens*. Voyez plus haut, p. 317, *Odynerus tinniens*.

Pterochilus lœtus. Cherchez dans la table l'*Odynerus lœtus*.

Pterochilus interruptus. Voyez plus haut, p. 301, *Odynerus interruptus*.

Page 232. — Pour les espèces de M. Herrich Schæffer, voyez ce supplément. — L'*O. tricinctus* est bien l'*O. trifasciatus*, Fab. (1).

Page 233. — Description de l'Egypte, pl. IX.

Fig. 2 et 3, représentent l'*O. renimacula*.

Fig. 4, ♂ ♀ , représentent l'*O. triphaleratus*.

Espèces à ajouter à la liste de celles qui sont peu connues (2).

1. De Fabricius.

203. O. Flavipes, Fabr.

Antennæ nigræ, subtus rufæ, primo articulo flavo (3). Caput nigrum labio flavo macula nigra (4). Thorax niger, margine antico, punctis tribus ante alas (5) scutelloque, (6) flavis (7). Abdomen nigrum fasciis tribus flavis quarum postica tenuissima. Puncta præterea duo in primo segmento (8). Alæ fuscæ. Pedes flavi.

Comparez p. 205, n° 2.

(1) Mais non celui de la Monographie, qui est l'*O. triphaleratus*.

(2) C'est, de la part des auteurs, trop de sans-gêne que de décrire des Odynères en quelques traits de plume, sans parler ni de leurs formes, ni de leurs *caractères principaux*, en sorte qu'on ne sait dans quelle division les placer. Les descriptions de ce genre, loin d'avancer la science, la submergent, et leur inutilité les fera presque toutes tomber dans l'oubli.

(3) Ce ne peut être l'*O. fulvipes* (*flavipes*, Lep.), qui a dans les deux sexes le flagellum noir. Voyez l'*O. fulvipes*, p. 205.

(4) *Labium*, c'est-à-dire *clypeus* ; le *fulvipes* ♂ a le chaperon jaune, ce n'est donc pas lui.

(5) Probablement deux points sur l'écaille et un sous l'aile ?

(6) Probablement ce doit être « *postscutello.* »

(7) Il n'y a donc pas de taches métathoraciques ; donc ce ne peut être l'*O. fulvipes* ♀.

(8) Ce caractère le rapproche de l'*O. fulvipes*. C'est probablement une espèce très voisine.

2. De Zetterstett.

204. O. Muticus, Zetterst.

Niger, punctis 2 inter antennas, thoracis margine continuo, abdominis fasciis 5, genubus, tibiarumque latere exteriori, flavis, metathorace utrinque mutico. ♀.

Zetterst. *Odynerus muticus.* Ins. Lapp., 456, 2.

205. O. Albotricinctus, Zett.

Niger, clypeo antennarumque scapo subtus in mare, punctis inter antennas geminis, thoracis margine antico anguste, geniculis, tibiis tarsisque, flavis, abdominis fasciis 3 albidis, metathorace retuso, utrinque unidentato. ♂.

Zetterst. *Odynerus albotricinctus.* Ins. Læpp., 457, 5.

3. De Klug.

206. O. Duplicatus, Klug.

Niger, cinereo micans, abdominis segmento primo secundoque, apice, thorace antice, capitis clypeo, flavis, lineola scutelli, tegulis alarum pedibusque, luteis.

Klug. *Odynerus duplicatus.* Waltl, Reise durch Tyrol, etc., 101.

Densément ponctué, noir, satiné. Chaperon assez profondément échancré, terminé par deux dents, et portant au milieu une assez grande tache jaune-obscure. Antennes épaissies au bout; le scape jaune-ferrugineux en dessous. La partie antérieure de l'écusson et le bord du postécusson, jaune-ferrugineux. Ecailles très grandes, d'un jaune roux. Ailes enfumées avec des nervures noires. Pattes d'un jaune roux; base des cuisses et hanches, noires. Premier segment de l'abdomen moins large que le deuxième, rétréci en avant; le deuxième est grand à proportion; tous deux sont bordés de jaune brillant.

Habite : L'Andalousie.

Je ne crois pas que cette espèce puisse jamais être reconnue avec certitude, car Klug n'indique ni sa taille, ni ses formes, ni sa division. Sans la grosseur de l'écaille et le bord jaune du prothorax, je l'aurais prise pour une espèce voisine du *bifasciatus*, mais il est plus probable qu'il se rapproche du *minutus*.

4. De Saunders.

207. O. DEFLENDUS (1).

SYN. Saunders. *Ancistrocerus deflendus*. Trans. Ent. Soc. Lond., 2ᵉ sér.
II, 141, pl. 15, fig. 15.

Long. tot. 4 à 4 1/2 lignes.

FEM. Chaperon noir; à son sommet une large ligne arquée jaune;
une tache sur le front, une autre à côté de chaque œil et une
ligne à leur bord postérieur, jaunes. Antennes noires; scape jaune en
dessous. Mandibules jaunes, le bout ferrugineux; leurs dents noirâtres.
Bord du prothorax, une tache sous l'aile, écaille, une bande sur l'écusson, une ligne sur le postécusson et angles du métathorax, jaunes.
Bord des segments de l'abdomen largement jaune; bordure du premier
élargie sur les côtés; le deuxième segment portant de chaque côté de
sa base une grande tache jaune libre. Bordure de tous les segments
portant une double zone de ponctuations noires. Pattes jaunes; base
des cuisses noire. Ailes transparentes.

MALE. Chaperon jaune ou avec un point noir; segments 6, 7 noirs
avec une tache jaune. Antennes terminées par un crochet.

Habite : L'Albanie.

NOTA. Cette espèce paraît se rapprocher de l'*O. parvulus*.

Sur la figure qui en est donnée, l'abdomen est ovale, le premier segment cupuliforme. — Elle ne rentrerait pas alors dans le sous-genre
Ancistrocerus, n'ayant pas de suture sur le premier segment de l'abdomen, mais dans les Odynères proprement dits.

Genre **LEPTOCHILUS**

(Voyez la Monographie.)

Ce genre n'est pas séparé de celui des Odynères par des caractères
assez nets pour qu'on ne soit autorisé à le détruire. Il faudrait alors
en distribuer les espèces dans le genre *Odynerus*, ce qui pourrait se
faire de la manière suivante :

(1) Je suis obligé de reléguer cette espèce parmi celles qui sont indéterminées,
parce que l'auteur n'a pas décrit ses formes, et que sous le nom d'*Ancistrocerus*
les Anglais comprennent tout ce qui n'est ni *Symmorphus*, ni *Epipona*, en sorte
que rien ne peut nous guider relativement à la place qu'il faudrait assigner à l'insecte, soit dans les Ancistrocères, soit dans les Odynères proprement dits.

Placer dans la division **PARODYNERUS** (Ire divis. p. 155) :

Les *L. Mauritanicus, fallax, modestus, cruentatus, Oraniensis, exiguus.*

La sixième espèce, *L. ornatus,* trouverait sa place avec plus de difficulté à la suite des Odynères proprement dits de l'Amérique.

Le *L. parvulus* devrait rentrer dans le sous-genre **ANCISTROCERUS,** et exigerait la création d'une division caractérisée par le fait que l'abdomen est un peu pédicellé.

Page 234. — LEPTOCHILUS MODESTUS. MALE. Chaperon presque en cœur renversé, jaune, argenté. Devant du scape jaune ; les deux derniers articles des antennes ferrugineux. Ecaille jaune. Le métathorax offre une petite concavité presque circulaire et striée et deux tranchants latéraux très saillants.

Genre **PTEROCHILUS.**

Ce genre ressemble aux Epipones (*Hoplopus*), et il passe par transition au genre *Odynerus.* On remarque des espèces dont les palpes labiaux sont à peine comprimés et à peine plumeux (1); on aperçoit même parfois un quatrième article rudimentaire.

Page 238. — Ire DIVISION; on peut lui donner le nom de PSEUDO-CHILUS (2).

Page 238. — P. GLABRIPALPIS. MALE (3). Plus petit. Chaperon portant une échancrure arrondie, bidenté au bout. (Antennes manquent.) Les parties rousses sont jaunes. Mésothorax en dessus, noir. Ecusson noir, avec une bande jaune interrompue.

La partie postérieure du premier segment de l'abdomen, sauf sa bordure, noire. Le reste de l'abdomen noir ; le deuxième segment seul portant sur son bord deux petites marques jaunes, et sur les côtés en dessous deux taches jaunes. Ailes un peu ferrugineuses. — Gambie. (Collection de M. Smith.)

Page 240. — IIe DIVISION OU PTEROCHILUS PROPREMENT DITS.

(1) Il n'est donc pas exact de dire, comme je l'ai fait dans la Monographie, que le principal caractère du genre est de les avoir comprimés.
(2) *Pseudo-Pterochilus.*
(3) Il n'est pas certain que ce mâle ne forme pas une espèce distincte.

Page 242. — P. Unipunctatus. Ajoutez aux synonymes :
Dufour, *Odynerus rhombiferus*. Ann. Soc. Ent. Fr., 3ᵉ sér., I, 381,
10, ♀ (1).

Page 245. — *P. numida*. Le métathorax porte deux taches jaunes,
dans la femelle (♂ ?).

208. Pteroch. Chevrieranus, n. sp.

Parvulus, niger, albo multipictus ; alis hyalinis.

♂. Long. 6 mill. ; aile 4 1/2 mill.

Fem. Inconnue.

Male. Espèce voisine du *P. phaleratus*, mais un peu plus petite. —
Palpes labiaux grands, longuement ciliés, triarticulés, mais non comprimés. Chaperon transversal, à peine échancré ; ses angles très obtus.
Tête très ponctuée. Antennes épaisses au bout, leur crochet gros.
Thorax très court, moins fortement ponctué que la tête ; angles du
prothorax sans épines ; postécusson comme tronqué. Abdomen globuleux, court, sessile.

Insecte noir, bariolé de blanc. Mandibules, deux points réunis entre
les antennes, une tache derrière le sommet de chaque œil, bordure des
orbites, large, jusqu'au fond de leur sinus, blanchâtres ; chaperon blanc,
couvert de poils argentés. Antennes noires avec le devant du scape
largement blanc. Sur le prothorax deux taches triangulaires réunies au
milieu, blanchâtres ; écailles, sous l'aile une grande tache, et souvent
plus bas une très petite, de cette même couleur ; deux taches rondes
au sommet du métathorax, une bande parfois interrompue sur l'écusson et tranche du postécusson, blanchâtres. Tous les segments de l'abdomen régulièrement bordés de blanchâtre ; bordure du premier
segment large, celle du deuxième un peu élargie sur les côtés ; anus
noir, couvert de fins poils gris. Pattes blanchâtres, variées de ferrugineux pâle ; tarses de cette couleur ; hanches, trochanters et base des
cuisses, noirs, sauf les hanches du milieu qui sont maculés de blanc.
Ailes hyalines ; nervures brunes ; un nuage de cette couleur lavant
la côte depuis le stigma jusqu'au bout de l'aile.

Rapp. et diff. La petite taille de ce charmant Ptérochile ne permet
pas de le rapprocher d'aucun autre que du *P. phaleratus* ; il diffère de
ce dernier : par sa taille plus petite ; par sa décoration d'un blanc de

(1) L'auteur se trompe en croyant que la nature plumeuse des palpes labiaux
soit un apanage de la femelle seule.

crème, non d'un jaune presque orangé, comme celle du *P. phaleratus;*
par ses ailes transparentes sans reflet violet ; la ponctuation est peut-
être un peu moins forte et le sillon longitudinal du premier segment
est plus marqué.

Habite : La Suisse méridionale et probablement le Piémont. Découvert par M. Chevrier près de Sion en Valais. (Ma collection et celle de
M. Chevrier)

Page 247. — IIIᵉ Division ou Division CTENOCHILUS.

Il est certain qu'on n'aurait rien à reprocher aux entomologistes qui
voudraient faire un genre (1) de cette division, car l'insecte qui lui sert
de type est très différent des autres *Pterochilus.* (Voyez M. G. Solit.,
pl. XX, fig. 8.)

Page 248. — P. Quinquefasciatus. Il n'est aucun moyen de s'en-
tendre sur cette espèce dont l'auteur même n'a jamais compris les
affinités.

Dans ses *North-Americ. Hymen.,* il en fait un *Rhynchium.* Voyez plus
haut : *Rhynchium 5-fasciatum.*

Je propose donc de reléguer cet insecte dans les *Species dubiæ.*

Page 249. — P. Interruptus. Rayez cette espèce (voyez plus haut :
Odynerus interruptus, Brullé). Notez et inscrivez en marge que la
phrase qui suit : « C'est la seule espèce américaine, etc., » se rapporte au *P. 5-fasciatus;* mais par une impardonnable transposition
de l'imprimeur au moment de la mise en page on est conduit à le
rapporter au *P. interruptus.*

Espèces nouvelles du genre PTEROCHILUS.

Division PTEROCHILUS proprement dits.

1ʳᵉ *Section* (p. 240 de la *Monographie).* — *Mandibules dentées.*

209. P. Capensis, n. sp.

(Pl. XV, fig. 11, 11 *a.*)

Niger, rufo pictus ; capite rugoso, latiore quam longiore ; clypeo subbidentato ; abdominis
segmentis 1, 2 albido limbatis, secundo maculis duabus magnis rufis ; alis cœrulescentibus.

Long. 11 mill. ; env. 24 mill.

(1) Je désirerais que le nom de *Ctenochilus* fût conservé.

FEM. Tête très grosse, plus large que le thorax et plus large que haute. Chaperon en trapèze; son bord antérieur concave, terminé de chaque côté par une dent large. Tête et corselet très rugueusement chagrinés; le chaperon grossièrement ponctué; abdomen finement ponctué. Insecte noir. Mandibules, labre, bord du chaperon, une tache entre les antennes, un point dans le sinus des yeux, une tache derrière le sommet de ces derniers, roux. Antennes rousses; le flagellum noir en dessus, ferrugineux en dessous. Sur le bord du prothorax deux taches rousses parfois variées de fauve; écailles rousses; postécusson portant deux points roux. Bord des segments 1 et 2 de l'abdomen orné d'un liseré jaune-blanchâtre; celui qui borde le deuxième faiblement interrompu au milieu; le deuxième segment portant en dessus et en dessous deux grandes taches rouge de brique; en dessous le bord offre seulement de chaque côté une tache blanche. Pattes rousses; hanches et base des cuisses noires. Ailes brunâtres à reflets violets.

NOTA. Chez cette espèce les palpes labiaux sont à peine comprimés.

Rapp. et diff. Sa plus petite taille et les derniers segments de l'abdomen qui sont noirs ne permettent pas de confondre ce Pterochile avec les *P. latipalpis* et *insignis.*

Habite: Le cap de Bonne-Espérance. (Collection de M. F. Smith, de Londres.)

210. P. INSIGNIS, n. sp.

(Pl. XV, fig. 12, 12 *a.*)

Maximus, niger, rufo variegatus; abdominis segmentis albido marginatis; antennis rufis, apice nigris.

♀. Long. 18 mill.; env. 35 mill.

FEM. Chaperon plus large que long, en trapèze, largement tronqué à son bord antérieur. Tête et corselet grossièrement chagrinés, couverts de poils fauves; le métathorax surtout très velu. Abdomen ovale, soyeux, presque velouté. Tête noire. Palpes, chaperon, une grande tache derrière chaque œil, un triangle entre les antennes, sinus des yeux, une ligne qui descend le long de l'orbite, et mandibules, d'un ferrugineux pâle; bout et dents des mandibules noirâtres. Antennes ferrugineuses; leur moitié externe noire avec le dessous un peu ferrugineux; souvent le premier article jaune en devant. Thorax noir; prothorax, une grande tache sous l'aile, écaille, deux taches en chevrons brisés sur le devant du prothorax, roux; angles du métathorax, postécusson et deux taches sur l'écusson, fauve-blanchâtre. Abdomen noir; tous les segments bordés par une bande blanchâtre; le deuxième orné de deux grandes taches ferrugineuses qui couvrent entièrement ses côtés et ne laissent entre elles de noir qu'une bande longitudinale rétrécie au milieu. Anus blanchâtre ou ferrugineux. Pattes ferrugineuses, variées de ferrugineux-pâle. Ailes transparentes, enfumées dans la radiale et le long de leur bord externe ; les grandes nervures ferrugineuses.

Var. Tous les ornements du corselet jaunâtres ; le premier segment avec deux taches rousses.

Nota. Les palpes labiaux sont peu comprimés, peu velus, et offrent le rudiment du quatrième article. Les mandibules sont bien ciliées.

Male. Chaperon plus arrondi ; palpes moins ciliés ; mandibules très longues, très crochues, armées de deux fortes dents : ces dents ellesmêmes dentelées. Bordure interne des orbites jaune ; spirale des antennes noire ; vertex et mésothorax sans taches jaunes.

Rapp. et diff. Cette belle espèce est d'une si grande taille qu'on ne peut la confondre qu'avec le *P. latipalpis.* Elle ressemble beaucoup à ce dernier par ses couleurs, mais elle en diffère essentiellement : 1º par son chaperon tronqué droit à l'extrémité, lisse, et n'offrant pas de gouttière longitudinale ; 2º par les arêtes latérales du métathorax qui suivent une courbe régulière, tandis que chez le *P. latipalpis* elles forment vers le sommet un angle obtus ; 3º par ses antennes rousses jusqu'au cinquième article et par ses couleurs différentes ; 4º par sa ponctuation bien plus grossière du thorax ; 5º par ses palpes bien moins velus, moins comprimés.

Habite : Le cap de Bonne-Espérance. (Musée de Paris et collect. de M. le marquis Spinola.)

Page 249. — *Section III.* LES MISCHOPTÈRES.

Cette section n'a aucune valeur zoologique et ne saurait être considérée comme de même ordre que les deux précédentes. Le caractère qui lui sert de base est tout au plus suffisant pour constituer un genre. Les Mischoptères doivent donc rentrer dans la section des EUPTÈRES.

Genre ALASTOR.

Ce genre menace de devenir très nombreux en espèces, et ces dernières ont par conséquent besoin d'être coordonnées avec soin.

1. EMENDANDA.

Ajoutez aux caractères du genre :

Antennes des mâles terminées par un crochet.

Page 249. — Le tableau qui doit servir à la détermination des espèces se trouvant être inexact et conduisant à des déterminations erronées (1), je suis conduit à lui en substituer un nouveau.

Tableau qui doit être substitué à celui de la page 249 de la *Monographie*, et qui ne porte pas sur les nouvelles espèces décrites dans le
Supplément.

1	Corselet entièrement noir.	2.
	Corselet noir, orné d'autres couleurs.	3.
2	Deuxième segment abdominal roux.	*Tasmaniensis.*
	Deuxième segment abdominal noir.	*singularis.* *melanosoma.*
3	Insecte noir et blanc ou jaune.	4.
	Insecte noir et orangé.	6.
	Insecte de trois couleurs	*Picteti.*
4	Métathorax anguleux.	*angulicollis.* *Atropos.*
	Métathorax arrondi	5.
5	Ecaille rousse	*Parca.* *tuberculatus.*
	Ecaille noire.	*punctulatus.* *similis.*
	Ecaille bordée de blanc.	*emarginatus.*
6	Deuxième segment entièrement orangé.	*Tasmaniensis.*
	Deuxième segment noir, bordé d'orangé.	7.
7	Prothorax entièrement orangé.	8.
	Prothorax orangé et noir.	*Clotho.* *australis.* *aureocinctus.*
8	Chaperon plus large que long.	*bucida.*
	Chaperon plus long que large.	*Lachesis.* *eriurgus.*

Page 253. — Les espèces 7 à 11 sont difficiles à distinguer et très
voisines. Elles offrent cependant certains caractères très nets qu'on
peut formuler ainsi :

Page 253. — *A. tuberculatus* Chaperon entier. Deuxième segment
armé en dessus et en dessous d'un tubercule. Ecaille brune ou ferrugineuse.

Page 254. — *A. Parca*, comme l'*A. tuberculatus*, mais sans tubercule
en dessus du deuxième segment.
    A. emarginatus. Bord du chaperon concave. Ecaille bordé de blanc.
Un tubercule sous le deuxième segment.

---

(1) Je n'ai pu découvrir le siége de l'erreur ; il est certain qu'elle tient à des
fautes typographiques dans les chiffres de renvois, et comme il suffit de la moindre
inexactitude de ce genre pour engendrer la plus grande confusion, le lecteur est
prié de biffer ce tableau. (Pag. 249 de la Monographie).

Page 255. — *A. punctulatus*. Chaperon entier. Ecaille noire. Sous le deuxième segment un tubercule.

♂. Chaperon blanc.

Page 256. — *A. similis*. Chaperon entier. Ecaille noire. Abdomen sans tubercule.

Page 256. — *A. Picteti*. **Fem.** Le premier article des antennes entièrement roux. Chaperon tronqué à son bord antérieur, noir, orné d'une ligne jaune-blanchâtre qui descend de chaque côté le long de ses bords latéraux. Une ligne de cette couleur entre les antennes. Base des mandibules noire. En dessus et en dessous du deuxième segment vers la base est un tubercule rudimentaire. Ailes brunâtres, la radiale brune, avec ses bords transparents, excepté celui de la côte.

Page 257. — Alastor Atropos. Cette espèce n'a en général que deux ou trois bandes jaunes à l'abdomen, elle doit être définie ainsi que suit :

Noir, ponctué ; métathorax concave, bidenté ; les dents mousses et dirigées en haut ; prothorax presque biépineux.

♀. Une tache dans le sinus des yeux, deux au prothorax, écailles et bord des deux premiers segments de l'abdomen, jaunes ; ♂, chaperon, devant du scape et des mandibules, jaunes. Genoux, tibias et tarses, ♀, ferrugineuses, ♂, jaunes.

Var. ♂ ♀. Sur le quatrième segment, une bande ou deux taches jaunes ; ♂, tous les segments bordés de jaune.

2. Révision générale du genre Alastor.

Il existe dans le genre Alastor trois types principaux qui sont limités chacun sur un continent. Les coupes géographiques correspondent parfaitement aux coupes naturelles. Ces types se répètent dans les deux sections qui se partagent les espèces et permettent d'établir des groupes très nets.

I. Sous-genre ALASTOROIDES. Premier segment de l'abdomen portant une suture transversale.

1. Division PARALASTOROÏDES. *Métathorax tronqué au niveau du post-écusson, ses bords arrondis.* — Insectes australiens.

Alastor Clotho.

2. Division ANTALASTOROÏDES. *Métathorax tronqué au niveau du post-écusson, offrant de chaque coté une arête tranchante.* — Insecte de l'ancien continent. Encore aucun représentant.

3. Division HYPALASTOROÏDES. *Métathorax prolongé horizontalement en arrière du postécusson, puis tronqué ; ses bords tranchants.* — Insectes américains.

Alastor Brasiliensis.

II. Sous-genre ALASTOR PROPREMENT DIT. Premier segment de l'abdomen sans suture transversale.

1. Division PARALASTOR. *Métathorax tronqué au niveau du postécusson ; ses bords plus ou moins arrondis, souvent armés d'épines.* — Insectes australiens.

Exemples : *Alastor Tasmaniensis, tuberculatus, Parca,* etc.

2. Division ANTALASTOR. *Métathorax tronqué au niveau du postécusson, offrant de chaque côté une arête tranchante.* — Insecte de l'ancien continent.

Alastor Atropos, bucida, Savignyi.

3. Division HYPALASTOR. *Métathorax prolongé horizontalement en arrière du postécusson, puis tronqué ; ses bords tranchants.* — Insectes américains.

Alastor angulicollis, melanosoma, singularis.

3. Description des espèces nouvelles du genre ALASTOR.

Sous-genre **ALASTOROIDES.**

I. DIVISION PARALASTOROIDES (1).

Pas d'espèces nouvelles à ajouter.

(1) Renfermant l'espèce 1re de la Monographie.

III. Division HYPALASTOROIDES (1).

211. A. Brasiliensis, n. sp.

(Pl. XVI, fig. 1).

Parvulus, niger, abdomine fasciis duabus flavis; alis fumosis.

♂ Long. 7 1/2 mill.; env. 15 mill.

Male. Petit. Chaperon circulaire, échancré en demi-cercle à son bord antérieur, bidenté. Tête grosse, renflée ; les antennes insérées au dessous du milieu de la tête.

Thorax ayant la même forme que dans l'*A. melanosoma*, large en avant, un peu concave à son bord antérieur, plus étroit au métathorax ; ce dernier dépassant horizontalement le postécusson, puis tronqué droit, formant une concavité circulaire à bords très tranchants et un peu saillants, l'inférieur formant un tranchant dirigé en arrière et peint de jaune ; sa concavité emboîtant bien le premier segment de l'abdomen. Abdomen allongé ; son premier segment tronqué droit antérieurement ; ses deux faces séparées par une crête qui porte la suture. Le premier segment moins large que le deuxième, sa face supérieure en carré large. Tête et thorax très grossièrement ponctués ; plaque postérieure du métathorax et face antérieure du premier segment de l'abdomen, lisses ; le reste de l'abdomen finement ponctué, couvert d'un duvet soyeux ; le deuxième segment portant en avant de sa bordure jaune une ligne transversale de grands points enfoncés. Insecte noir. Chaperon couvert de poils argentés ; devant du premier article des antennes, un point dans le sinus des yeux, un autre derrière leur sommet, jaunes ; les deux premiers segments de l'abdomen ornés d'une étroite bordure jaune régulière, le troisième d'un très fin liseré, et les deux suivants d'un liseré non moins fin et interrompu au milieu. Pattes noires ; tibias ornés d'un trait jaune ; tarses roux ou bruns. Ailes enfumées ; le radius brun.

Rapp. et diff. Cet Alastor ressemble beaucoup aux petits Odynères du sous-genre *Ancistrocerus*.

Habite : Le Brésil. (Collection de M. F. Smith.)

(1) Nouvelle section.

Sous-genre **ALASTOR** PROPREMENT DIT.

I. DIVISION PARALASTOR (1).

1. *Abdomen subpédicellé* (2).

Groupe de l'ALASTOR PICTETI.

Pas d'espèces nouvelles.

2. *Abdomen sessile ou subsessile.*

A. *Insectes orangés et noirs* (3).

Groupe de l'ALASTOR AUREOCINCTUS.

212. A. NAUTARUM, n. sp.

Niger; thorace aurantiaco, mesothorace nigro, maculis duabus aurantiacis; abdominis segmento primo aurantiaco, cœteris nigris; pedibus aurantiacis; alis obscuris.

Long. 10 1/2 mill. ; env. 24 mill.

MALE. Forme et grandeur de l'*A. insularis.* Chaperon allongé, un peu échancré, mais sans dents distinctes. Postécusson sans tubercule. Un tubercule saillant en dessous du deuxième segment de l'abdomen, près de sa base. Insecte ponctué, velouté, noir. Chaperon, devant du premier article des antennes et une ligne verticale entre leurs insertions, jaune-pâle. Prothorax, une tache sous l'aile, écailles, écussons et métathorax presque entier, orangé pâle ; deux taches triangulaires sur la partie antérieure du disque du mésothorax, orangées ; premier segment de l'abdomen orangé avec une tache noire sur sa face antérieure ; le reste de l'abdomen noir. Pattes orangées ; hanches et base des cuisses noires. Ailes enfumées, assez noires le long de la côte.

Rapp. et diff. Voyez les affinités de l'*A. insularis.*

Habite : L'Australie. (Collection de M. F. Smith.)

213. A. FRATERNUS, n. sp.

Capite thoraceque atris; abdomine aurantiaco, primo segmento nigro ; pedibus nigris.

Long. 13 mill.; env. 27 mill.

(1) Renfermant les espèces 2 à 12 de la Monographie.

(2) Groupe créé pour recevoir l'*A. Picteti*, p. 256 de la Monographie.

(3) Comprenant les espèces 2 à 6 de la Monographie, et en outre les espèces nouvelles qui suivent.

Fem. Presque identique pour la coloration avec les *Odynerus clypeatus* et *concolor*.

Formes, les mêmes : chaperon n'étant ni si long que dans le premier, ni aussi court que dans le second, mais moyen, terminé par deux grandes dents laissant entre elles une forte échancrure triangulaire. Tête et corselet fortement ponctués, couverts d'un duvet velouté de poils noirs; le devant de la tête un peu argenté ; métathorax arrondi sans angles vifs. Abdomen un peu velouté, portant en dessous à sa base un fort tubercule comme l'*O. concolor*. Tête et corselet noirs ; un point entre les antennes, orangé. Abdomen rouge-orangé ; le premier segment noir, mais sa marge postérieure un peu bordée d'orangé au milieu ; en dessous le deuxième segment noir sauf ses angles. Pattes noires ; dernier article des tarses, roux. Ailes enfumées, noires le long de la côte, avec un reflet violet.

Nota. Le mâle a probablement le chaperon et le devant du premier article des antennes orangés.

Rapp. et diff. Très distinct par sa couleur, mais très facile à confondre :

1º Avec les *Odynerus* cités, si l'on ne prend garde à l'innervation de l'aile. Il se distingue en outre de ces Odynères par la forme de son chaperon et par ses pattes noires;

2º Avec l'*A. Tasmaniensis*, dont il diffère par ses ailes noires le long de la côte, non ferrugineuses, par la présence d'un tubercule sur le postécusson et par ses pattes noires.

Habite : L'Australie. (Collection de M. F. Smith, lequel a bien voulu me le communiquer.)

214. A. Sanguineus, n. sp.

Niger, punctatus; clypeo marginato, rufo, margine nigro; abdominis segmentis sanguineo marginatis, secundo sanguineo, basi macula triangulari nigra ; alis infuscatis.

Long. 8 1/2 mill.; env. 17 mill.

Taille au dessous de la moyenne. Chaperon plat, prolongé en avant, échancré en demi-cercle, ses angles très aigus. Thorax court; métathorax très arrondi. Tête et corselet densément et finement ponctués. Abdomen chagriné. Le premier segment moins large que le deuxième ; un petit étranglement entre ces deux segments; le deuxième recouvrant le troisième, vu sa grandeur ; vu de profil, il offre à sa base un fort tubercule en dessous, et en dessus un tubercule mousse ; son bord postérieur fortement rugueux. Insecte noir; devant de la tête un peu

argenté ; une ligne entre les antennes, un très petit point en arrière
du sommet de l'œil et chaperon, orangés ; ce dernier noir à son bord
antérieur. Antennes noires. Sur le prothorax deux taches d'un beau
rouge de sang ; écaille roussâtre. Premier segment de l'abdomen noir,
orné d'une bordure de sang ; le deuxième d'un beau rouge, avec, en
dessus, un grand triangle noir qui part de sa base et dont la pointe est
dirigée en arrière. Les autres segments noirs, bordés de rouge ; anus
noir. Pattes orangées ; cuisses et hanches noires. Ailes transparentes,
fortement enfumées le long de la côte ; nervures noires.

Habite : la Nouvelle-Hollande. (Musée de Londres.)

215. A. Infernalis, n. sp.

Niger ; alis nigris, cœruleo nitentibus ; abdominis segmentis late flavo marginatis, primo
toto nigro.

Long. 13 mill. ; env. 25 mill.

Grand pour un *Alastor*. Formes et couleurs comme dans l'*Odynerus
diabolicus*.

Chaperon finement ponctué, plat, prolongé en avant et tronqué, un
peu concave à son bord antérieur, ses angles arrondis. Corselet en carré
long ; métathorax concave mais sans tranchant. Tête et corselet chagrinés. Abdomen déprimé ; le premier segment tronqué antérieurement ; le deuxième portant à sa base, en dessous, un très fort tubercule
dirigé en avant. Insecte d'un noir profond ; entre les antennes un point
orangé ; tous les segments de l'abdomen, sauf le premier qui est entièrement noir, largement bordés de jaune-orangé. Pattes noires. Ailes
noires à reflet violet.

Habite : La Nouvelle-Hollande. (Musée de Londres.)

216. A. Pusillus.

(Pl XVI, fig. 5.)

Parvus, niger, punctatissimus, villosus ; abdominis secundo segmento supra et subtus tuberculato ; prothorace maculis duabus abdomineque fasciis duabus, aurantiacis.

♂. Long. 8 mill. ; env. 15 mill.

Male. Chaperon court, tronqué ; ses angles prolongés en deux dents
insensibles ; yeux gros, renflés. Corselet sans aucun angle ; métathorax
entièrement arrondi. Tête et thorax très grossièrement ponctués, très
velus. Abdomen ovoïde ; le premier segment très ponctué, portant en
dessus un enfoncement peu sensible ; le second ayant son dos tuberculeux, et étant armé en dessous à sa base d'un tubercule spiniforme ; ce

segment assez finement ponctué ; son bord portant une zone de grossières ponctuations, et avant cette dernière un faible bourrelet transversal.

Insecte noir ; chaperon, une ligne entre les antennes et devant du premier article de ces dernières, blancs. Sur le bord du prothorax une bande interrompue, rouge ; le bord des deux premiers segments de l'abdomen orangé ; la bordure du premier à son tour rebordé de jaunâtre. Pattes noires ; tibias et tarses orangés. Ailes transparentes ; une ligne le long de la côte, brune.

Rapp. et diff. Ne confondez pas cette petite espèce avec l'*Odynerus pusillus*.

Habite : La Nouvelle-Galles du Sud. (Collection de M. F. Smith, de Londres.)

217. **A. SMITHII,** n. sp.

(Pl. XVI, fig. 4.)

Niger, angustus ; clypeo subemarginato ; prothorace, abdominis primo segmento et secundi margine, aurantiacis ; alis subhyalinis.

Long. 10 mill. ; env. 28 mill.

FEM. Formes allongées de l'*Odynerus Enyo.*

Insecte long, élancé. Chaperon aussi large que long, un peu échancré, luisant. Corselet allongé ; écussons plats ; métathorax oblique, un peu concave, sans angles vifs. ponctué ; mésothorax portant deux profonds sillons longitudinaux. Abdomen allongé ; le premier segment presque aussi long que large, moins large que le deuxième ; ce dernier plus long que large, portant en dessous, près de sa base, un petit tubercule. Insecte noir, ponctué ; deux taches au haut du chaperon, une entre les antennes, deux points en arrière du sommet des yeux, orangés. Prothorax en dessus, une bande interrompue sur l'écusson, deux points aux angles du postécusson, deux taches sur ceux du métathorax et deux sous les ailes, orangés ; écailles orangées avec un point brun. Premier segment de l'abdomen orangé, le deuxième bordé d'orangé. Pattes orangées ; hanches et base des cuisses, noires. Ailes enfumées, surtout le long de la côte.

Rapp. et diff. Les formes de cette espèce ne ressemblent à celles de nulle autre ; son premier segment abdominal est plus grand, et la coloration de l'abdomen la différencie des espèces de ce genre.

Habite : L'Australie (Collection de M. F. Smith.)

218. A. Vulneratus, n. sp.

(Pl. XVI, fig. 7.)

Niger, rugosus, velutinus; antennis atris; prothorace punctis duobus abdominisque segmentorum marginibus, aurantiacis.

Long. 8 1/2 mill. ; aile 7 mill.

Fem. Chaperon plat, échancré en demi-cercle, bidenté. Thorax court, très rugueux, revêtu d'un duvet ferrugineux ; métathorax très arrondi. Premier segment de l'abdomen tronqué en devant, court, moins large que le deuxième, terminé par un bord assez épais. Le deuxième déprimé, offrant en dessous à sa base une ride ou tubercule. Tout l'abdomen velouté et fortement ponctué.

Insecte noir : Une carène entre les antennes et chaperon, orangés ; bord de ce dernier noir. Antennes et mandibules noires. Deux points sur le milieu du prothorax et écailles, orangés. Premier segment ayant une bordure orangée assez étroite ; le deuxième très largement bordé d'orangé, cette couleur obtusément échancrée de noir au milieu. Les autres segments aussi bordés d'orangé, le troisième largement, les autres étroitement. Pattes noires ; tibias et tarses ferrugineux ; hanches du milieu ayant un petit éperon.

Habite : La Nouvelle-Hollande. (Collection de M. Baly.)

B. *Insectes noirs ou bruns avec des ornements orangés et blancs, ou jaunes, ou orangé-pâle* (1).

Groupe de l'Alastor albifrons.

* *Métathorax taché de jaune.*

219. A. Insularis, n. sp.

(Pl. XVI, fig. 3.)

Niger ; clypeo emarginato, punctato ; thorace signaturis flavo-albidis ; abdominis primi segmenti margine albido ; metathorace flavo-albido maculato.

Long. 12 mill.; env. 24 mill.

Fem. Formes ordinaires de l'*A. parca*, etc.

Chaperon large, plat, échancré, terminé par deux dents ; postécusson armé d'un petit tubercule spiniforme ; deuxième segment de l'abdomen portant en dessous à sa base un fort tubercule. Tout l'insecte ponctué, couvert d'un duvet de poils fauves.

Insecte noir : Chaperon entouré d'un fer à cheval jaune-pâle, cou-

(1) Ce groupe n'est pas représenté dans la Monographie.

vert de poils blancs ; le milieu noir, glabre ; prothorax jaune-pâle en
dessus, avec ses angles postérieurs noirs ; une tache sous l'aile, une
bande interrompue sur l'écusson, une ligne interrompue au postécusson, deux taches au métathorax et écailles, du même jaune-pâle ; premier segment de l'abdomen bordé de jaune-pâle. Pattes noires ; tibias
bruns. Ailes enfumées, la côte noire. (Les ornements jaunes sont d'un
ocre pâle.)

Rapp. et diff. Distinct par la coloration de son abdomen, mais très
voisin de l'*A. nautarum.* Ce dernier s'en distingue par son postécusson
lisse, sans tubercule, son chaperon à échancrure très large, à dents
aiguës et écartées, etc.

Habite : L'Australie. (Collection de M. F. Smith.)

** *Métathorax noir.*

220. A. VULPINUS, n. sp.

(Pl. XVI, fig. 6.)

Niger , thorace aurantiaco bimaculato ; abdomine fasciis duabus albidis, fulvo variis.

Long. 9 mill. ; env. 18 mill.

FEM. Chaperon plat, très faiblement échancré. Thorax large en avant,
son bord antérieur faiblement concave. Le premier segment de l'abdomen un peu moins large que le second ; celui-ci armé près de sa base,
en dessus et en dessous, d'un tubercule. Tout le corps ponctué. Tête
noire ; labre et bout des mandibules roux ; chaperon noir avec deux
taches pyriformes blanches à son sommet ; un triangle entre les antennes
et deux points imperceptibles derrière les yeux, blancs. Antennes
noires. Thorax noir ; deux taches sur le prothorax, une sous l'aile,
deux points sur les angles de l'écusson, orangés. Abdomen noir : les
deux premiers segments ornés d'une bordure jaune-blanchâtre, variée
d'orangé pâle sur leur bord antérieur ; les suivants liserés de ferrugineux. Pattes noires ; genoux, tarses et tibias ferrugineux. Ailes enfumées ; écaille blanchâtre avec un point ferrugineux.

Habite : L'Australie. (Collection de M. Baly.)

221. A. ALBIFRONS ! (1).

Niger ; prothorace punctis duobus aurantiacis ; abdominis secundi segmenti margine late
albo.

(1) Décrit sur le type de Fabricius de la collection de Banks.

SYN. Fabr. *Vespa albifrons!* Syst. Ent. 366, 20, etc. — Ent. Syst. II,
  263. —Syst. Piez. 259, 29.
  Oliv. *V. albifrons.* Encycl. Meth. Ins. VI, 684, 75.
  Christ. *V. albifrons.* Hymén. 242.

MALE. Taille un peu supérieure à celle de l'*Alastor Lachesis.* Forme
de l'*A. auromaculatus.*

Chaperon échancré en angle obtus, ses angles aigus. Prothorax anguleux ; métathorax arrondi, carré. Premier segment de l'abdomen tronqué carrément. Tout l'insecte fortement chagriné ; le deuxième segment
armé en dessous à sa base d'un fort tubercule. Insecte noir : mandibules et labre noirs ; chaperon, milieu du front et devant du premier
article des antennes, blancs ; ces dernières terminées par un petit crochet. Deux très petits points orangés sur le prothorax ; le deuxième
segment de l'abdomen orné d'une large bordure blanche, régulièrement élargie sur les côtés de façon à circonscrire le noir en demi-cercle.
Pattes noires. Ailes enfumées, nervures noires.

Rapp. et diff. Cet insecte est le seul de son espèce que j'aie vu ; il
ne paraît pas qu'il ait jamais été trouvé depuis la première découverte.
Il ressemble pour le dessin, mais non pour les couleurs, à plusieurs
Alastor et Odynères.

Habite : Selon Fabricius, la Nouvelle-Hollande. Je le crois plutôt originaire de l'archipel du grand Océan. (Collection de Banks.)

222. A. FLAVICEPS, n. sp.

Niger ; capite, prothorace, abdominis secundi segmenti margine, ultimis segmentis pedibusque, flavis ; alis infuscatis.

Long. 12 mill.; env. 24 mill.

FEM. Chaperon polygonal, échancré, presque bidenté. Métathorax
sans tranchant ; premier segment de l'abdomen un peu moins large que
le deuxième ; ce dernier portant en dessous à sa base un fort tubercule
pointu.

Tête jaune de soufre ; sur le vertex un ovale noir qui enveloppe les
ocelles. Mandibules noires. Antennes noires ; le premier article jaune.
Corselet noir ; prothorax, une tache sous l'aile, écaille, deux points aux
angles de l'écusson et deux à la partie antérieure du mésothorax, d'un
beau jaune-soufre. Abdomen noir ; le bord postérieur du deuxième
segment largement jaune ; le jaune échancré au milieu en V, élargi
sur les côtés ; les segments suivants et l'anus jaunes. Pattes jaunes.
Ailes brunâtres, un peu ferrugineuses à la base, plus foncées dans la
radiale.

Habite : La Nouvelle-Hollande. (Musée de Londres.)

223. A. MACULIVENTRIS, n. sp

(Pl. XVI, fig. 2.)

Ater; clypeo bidentato, flavo; prothoracis et abdominis primi segmenti marginibus flavis; secundo segmento flavo, macula nigra; alis secundum costam nigris.

Long. 12 mill. ; env. 22 mill.

Fem. Chaperon terminé par deux dents spiniformes séparées par un bord droit. Corselet court; postécusson portant un tubercule médian ; métathorax sans angles vifs. Abdomen déprimé ; le deuxième segment armé en dessous à sa base d'un fort tubercule. Tête et corselet fortement ponctués, couverts d'un duvet noirâtre. Abdomen finement ponctué, le premier segment assez fortement.

Insecte noir : chaperon jaune, avec une tache noire au bas; une tache entre les antennes, devant de leur premier article, bordure interne des yeux, une grande tache en arrière de ces derniers, jaunes ; bord antérieur du corselet jaune ; premier segment de l'abdomen liseré de jaune; le deuxième entièrement jaune avec une grande tache noire en dessus figurant presque un triangle. Pattes noires ; tarses un peu ferrugineux. Ailes transparentes, la côte brune.

(Les parties jaunes de la tête et du corselet sont d'un jaune vif, celles de l'abdomen d'un jaune plus sombre.)

Habite : L'Australie. (Collection de M. F. Smith.)

224. A. BRUNNEUS, n. sp.

Brunneus; antennis apice nigris; scutellis et abdominis segmentorum marginibus, flavis.

Long. 9 mill. ; env. 19 mill.

Fem. Grandeur de l'*Odynerus spinipes*. Chaperon ponctué, échancré en demi-cercle; prothorax large, tronqué droit; métathorax ayant la forme de celui de l'*O. spinipes*. Abdomen ovale; le premier segment en forme de cupule arrondie, nullement tronqué antérieurement. Insecte d'un brun roux. Chaperon, orbites, milieu du front, orangés ou ferrugineux. Antennes ferrugineuses : en dessus leur moitié externe, noire. Ecaille, écussons et souvent milieu du prothorax, d'un orangé ferrugineux. Premier segment de l'abdomen de la couleur du corselet et bordé de jaune; le deuxième ovale, renflé, sans aucun tubercule en dessous; d'un brun soyeux, orné d'une large bordure jaune, et portant sur son milieu une bande ferrugineuse transversale; les autres segments jaunâtres. Pattes ferrugineuses. Ailes enfumées, surtout la côte.

Rapp. et diff. Cette espèce ressemble assez à l'*Odynerus punctum*, quoique ses formes soient différentes.

Habite : La Nouvelle-Hollande. (Musée de Londres.)

C. *Insectes noirs avec des ornements blanchâtres; l'abdomen ayant des **bandes étroites** de cette couleur* (1).

Groupe de l'ALASTOR PARCA.

Pas d'espèces nouvelles.

Les divisions ANTALASTOR et HYPALASTOR ne nous ont point fourni d'espèces nouvelles.

Page 261. — Espèces qui n'appartiennent pas à la famille des VESPIDES.

Grossissez cette liste des noms suivants :

1. De Linné.

Vespa minuta. — Est un Chalcidide.
V. uniglumis.
V. ruspatrix.
V. mystacea. Gmel. (Gorytes).
V. dorsigera. — C'est le *Leucospis dorsigera.*
V. signata. — Est un Bembécite.

2. De Fabricius.

Vespa tricincta.! Fabr. Syst. Ent. 363, 4 ; Syst. Piez. 254, 5.
— Oliv. VI, 677, 42. — Est un *Stizus.* (Collect. de Banks.)
V. serripes.! Syst. Piez. 262, 45. — Est un *Cerceris.* (Collect. de Banks.)
V. concinna.! Syst. Piez. 259, 30. — Est un Apiaire, *Hyleoides concinna* Smith. (Collect. de Banks.)

Espèces indiquées par M. Herrich-Schæffer dans le *Nomenclator.*

Vespa annulata. Rossi. (*Cerceris.*)
V. armata. Sulz. Christ. (*Bembex rostrata.*)
V. bicincta. Vill. 37. (*Scolia hirta.*)
V. bidens. Linn. Vill. F. (*Nysson spinosus.*)
V. bipustulata. Vill. 36. (an *Scolia?*)
V. carbunculus. Fourc. (*Chrysis lucidula.*)
V. ciliata. Vill. 44, t. 8, f. 22. (*Scolia aurea.* V. Lind.)
V. cingulata. Gmel. (*Cerceris arenaria.*)

(1) Comprenant les espèces 7 à 11 de la Monographie.

V. cribraria. L. Gmel. (*Thyreopus.*)
V. dimidiata. Vill. 30. (*Blepharipus signatus.*)
V. fasciata. Fourc. (*Philanthus apivorus.*)
V. glauca. Gmel. (*Bembex.*)
V. hirsutissima. Vill. 45. — Est une Scolie.
V. hispanica. Gmel. (*Cerceris tuberculata.*)
V. leucostoma. Gmel. (*Crabro.*)
V. limbata. Oliv. (*Philanthus triangulum.*)
V. lunulata. Vill. 48. (*Stizus, Scolia?*)
V. melanosticta. Gmel. (*Mellinus arvensis.*)
V. minuta. Rossi. (*Prosopis annulata.*)
V. nigricornis. Vill. (*Scolia interrupta.*)
V. olivacea. Gmel. (*Bembex.*)
V. rubra. Geoffr. (*Nomada ruficornis.*)
V. ruficornis. Vill. (*Stizus.*)
V. sabulosa. Gmel. (*Mellinus.*)
V. sispes. Linn. (*Chalcis.*)
V. spinosa. Gmel. (*Nysson.*)
V. subterranea. Vill. 28. (*Crabro.*)
V. tricincta. Schrank. (*Philanthus.*)
V. tricincta. Schrank. (*Mellinus arvensis.*)
V. tricuspidata. Vill. (*Scolia hortorum.*)
V. tridens. Vill. 22. (*Stizus.*)
V. tridentata. Vill. 27. (*Stizus bifasciatus.*)
V. uniglumis. Vill. (*Oxybelus.*)
V. vaga. Gmel. (*Crabro.*)

Espèces douteuses ou qui ne sont pas arrivées à ma connaissance.

(Voyez p. 263 de la *Monographie.*)

Il serait impossible et inutile de donner la liste complète des Hyménoptères décrits, à tort ou à raison, comme des Vespides, et dont les diagnoses s'adaptent à plusieurs espèces.

Une bonne partie des travaux des anciens est faite d'une manière si incomplète et souvent si fautive, qu'après avoir englouti en vaines recherches synonymiques une effrayante quantité d'un temps précieux, je suis arrivé à la conviction qu'il ne reste plus qu'à jeter le voile de l'oubli sur toutes ces ébauches de l'entomologie. Je poursuivrai cependant mes recherches pendant plusieurs années encore, avant de donner la liste de ce que je considère comme irréductible et voué à l'abandon le plus complet.

Page 264. — Rayez de cette liste les espèces suivantes :

V. 5-cincta, soit *Rhynchium brunneum.*

V. albifrons.! voyez *Alastor albifrons.* Suppl.

V. concinna.! qui est un Apiaire. (*Hyleoïdes concinna.* Smith. Cat. Hymenopt. Brit. Mus. I, p. 32,)

V. tricincta.! qui est un *Stizus* (1).

Page 265. — Biffez *Vespa tinniens.* Scop. — Voyez *Odynerus tinniens,* p. 317.

Espèces à ajouter à la liste des indéterminées.

225. EUMENES ANORMIS, Say.

Syn. Say. *Eumenes anormis.* Exp. to the Sources, etc., II. Append. 78.

♂. Long. totale 7 lignes.

Insecte noir. Antennes portant une ligne jaune sur le premier article. Chaperon tronqué droit au bout, portant des ponctuations fortes et allongées, et orné à sa base d'une ligne jaune en demi-cercle, un point sur le front, une tache dans le sinus des yeux et une autre en arrière des yeux, jaunes. Corselet densément ponctué ; une tache sous l'aile, les deux épaulettes, écaille, une ligne transversale sur le postécusson et une oblique de chaque côté du métathorax, jaunes ; écaille un peu brunâtres en dessus. Anneaux de l'abdomen bordés de jaune ; le premier et le deuxième segment portant chacun deux points jaunes ; le premier court, large, n'ayant pas la forme d'un pétiole. Dessous de l'abdomen noir. Pattes jaunes ; cuisses noires. Ailes un peu enfumées.

La forme du pétiole n'est pas celle des *Eumenes ;* je ne sais à quel genre rapporter cet insecte.

Habite : La Pensylvanie.

226. VESPA TAHITENSIS, Weber. Observ. Entomol. 100, 1.

Caput nigrum, ore maculisque duabus posticis flavis. Antennæ ferruginæ, apice fuscæ. Thorax niger, maculis plurimis flavis et ferrugineis. Abdomen flavum, dorso nigro, fasciis flavis ; segmento secundo maculis duabus magnis ferrugineis. Pedes flavi, mediorum coxæ et femora, posticorum femora tantum nigra. — Otahiti.

(1) Voyez la liste des Vespides de la collection de Banks, p. 107.

227. V. Ochreata. Web. Obs. Ent. 101, 2.

Fusca, antennis, maculis thora is, alis, tibiis anterioribus, tarsis anoque, ferrugineis. — India.

228. V. Sesquicincta. Web. Obs. Ent. 102, .

Nigra, flavo maculata, petiola apice flavo, abdomine fasciis tribus flavis, prima interrupta. — *Eumenes arcuatus ?*

229. V. Dædalea. Web. Obs. Ent. 103, 8.

Paulo major *V. parieto* (1). Thorax niger, margine liturisque duabus, basi cœuntibus, flavis. Scutellum flavum. Abdomen nigrum, cingulis quinque flavis. Pedes nigri. Alæ albæ, venis margineque antico fuscis. — America.

230. V. Scutellata. Web. Obs. Ent. 104, 11.

Ferruginea, thoracis margine cingulisque duobus baseos, lineis duabus scutelli, cinguloque abdominis, flavis.

231. V. Sessilis. Oliv. Enc. Meth. VI, 683, 69.

Convient bien au *Rhynchium cyanopterum*, mais Olivier la fait venir d'Amérique. — Serait-ce un *Stizus?*

Genre SERICOGASTER.

Westwood. Proceed. Zool. Soc., 1835, p. 71. (Fam. *Vespidœ?*)
Ce genre est trop imparfaitement décrit pour pouvoir être reconnu. Selon M. Westwood l'aile offre seulement deux cellules cubitales.

La parenté du type qu'il avait sous les yeux, avec les Vespides, me paraît plus que douteuse.

(1) i. e. *Odynero parietum.*

TABLE ALPHABÉTIQUE
DES GENRES, DES ESPÈCES,
ET DE LEURS SYNONYMES.

SUPPLÉMENT A L'ERRATA DE LA MONOGRAPHIE (1).

Page IX, ligne 8 à partir du bas, *au lieu de :* du moins, *lisez :* au moins. — Dernière ligne, *au lieu de :* à couvrir, *lisez :* de couvrir.

Page XXII, au bout de la ligne 4 à partir d'en bas, *au lieu de :* 12, *lisez :* 2.

Page 21, n° 25, *au lieu de :* Fauna Chiliana, *lisez :* Fauna Chilena.

Page 25, n° 1, même correction qu'à la page 21.

Page 25, n° 2,   id.   id.

Page 29, *au lieu de :* Schæff., *lisez :* Herr.-Schæff.

Page 146, *au lieu de :* IIᵉ Division. *lisez :* IIIᵉ Division.

Page 148, *au lieu de :* IIIᵉ Division, *lisez :* IVᵉ Division.

Page 158. n° 42, *au lieu de :* O. Rossii, *lisez :* Mactæ.

Page 177, n° 69, *au lieu de :* Mâle. Long. 18 mill., *lisez :* Long. 14 mill.

Page 180, ligne 7 à partir d'en bas, *au lieu de :* écusson, *lisez :* postécusson.

Page 185, n° 81, *au lieu de :* O. Enyo, *lisez :* O. Enyo Lep.! — à Odynerus elegans, *ajoutez :* !

Page 194, au bas de la page, *Var.*, *au lieu de :* écusson, *lisez :* postécusson.

Page 202, n° 104, *au lieu de :* troisième segment, *lisez :* deuxième segment.

Page 224, ligne 8, *au lieu de :* 16-18, *lisez :* p. 2, 176, tab. 16, fig. *b*, ♂.

Page 247, n° 12, *au lieu de :* pinipalpa, *lisez :* pilipalpa.

Page 249, ligne 3 : « C'est la seule espèce, etc. » Cette phrase a été transposée à l'imprimerie, et doit aller à la page précédente avant : « *P. Savignyi ;* » elle se rapporte au P. Quinquefasciatus, page 248.

Page 252, ligne 14, *au lieu de :* métathorax, *lisez :* mésothorax.

Page 265, *au lieu de :* D. Espèces décrites pab Schranck, *lisez :* décrites par Scopoli.

Page 276, 1ʳᵉ colonne, ligne 11, à partir du bas, *rayez :* interruptus. .... 236.

---

(1) On est prié de faire les corrections indiquées.

ERRATA DU SUPPLÉMENT.

Page 118, *au lieu de* : Division Zethusculus, *lisez* : IVᵉ Division. Zethus-culus.

Page 118, en bas, *pour* : 4. Zethus rufinodus, *lisez* : 4. Zethus rufinodis.

Page 121, ligne 8, *au lieu de* : Zethus Aurulens, *lisez* : Z. Aurulentus.

Page 186, Symmorphus. *Au lieu de ce mot, lisez dans toute la suite de l'ouvrage* : *Protodynerus*.

Page 206, en bas, *au lieu de* : Division **SUBANCISTROCERUS**, *lisez* : Division **EPANCISTROCERUS**.

Page 211, nº 100, Syn. Christ. *V. yuncea*, lisez : *V. iuncea*.

Page 215, titre au milieu de la page, *lisez* : B. *ESPÈCES AUSTRALIENNES.* — 106. O. Fluvialis, n. sp.

Page 218, nº 11, O. Pilosus, n. sp. *Ajoutez* : (Pl. XI, fig. 8.).

Page 224, avant-dernière ligne du texte, *pour* : O. Extranæus, *lisez* : extra-neus.

Page 253, nº 129, et dans toute la suite, *au lieu de* : O. Peruensis, *lisez* : O. Peruviensis.

Page 279. Au lieu de : (E. Groupe de l'Odynerus bispinosus.) lisez : Groupe de l'Odynerus bispinosus.

Page 319, ligne 1. Au lieu de : Zetterstett, lisez : Zetterstedt.

Page 319, n. 205, dans la synonymie, au lieu de : Ins. Laepp., lisez : Ins. Lapp.

ERRATA DES PLANCHES DU SUPPLÉMENT.

Pl. VI, fig. 5, *lisez* : Z. Aurulentus.

Pl. IX, fig. 7, *au lieu de* : R. Flavomaculatum, *lisez* : R. Flavopuncta-tum.

Pl. XII, fig. 9, *au lieu de* : O. Amadinus, *lisez* : O. Amadanensis.

Pl. XV, fig. 8, *au lieu de* : O. Variolosus, *lisez* : O. consobrinus.

Pl. XVI. fig. 5, *au lieu de* : A. Puvillus, *lisez* : A. Pusillus.

ERRATA DE L'EXPLICATION DES PLANCHES DU SUPPLÉMENT.

Pl. VI, fig. 5, *lisez* : Z. aurulentus.

Pl. XV, fig. 3, *au lieu de* : Od. femoralis, lisez : Od. femoratus.

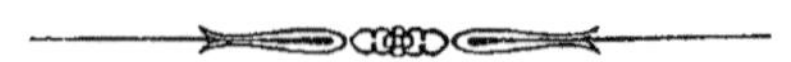

Paris. — Typographie FÉLIX MALTESTE et Comp., 22, rue des Deux-Portes-Saint-Sauveur, 22

Caractères de la tribu des Masariens et des genres de cette tribu.

1-6. Antennes des différents genres, pour montrer comment les derniers
articles se soudent par une série de transformations graduelles.

    1. *Paragia australis* ♂. — 2. *Ceramius oraniensis* ♂.
    3. *Trimeria americana* ♀. — 4. *Jugurtia oraniensis* ♂.
    5. *Celonites apiformis* ♂. — 6. *Masaris vespiformis.* ♂.

La figure 1 représente en même temps l'antenne d'un Euménien où
les articles sont tous distincts ; sur la figure 6 on voit que les cinq derniers articles se sont soudés en une seule masse.

7, 8. Lèvre du *Masaris vespiformis* ♀ vue de profil et renversée.

    7. Lèvre à son état normal. — *m* Menton à cheval sur la
    lame *L*. — *p* Palpes labiaux. — *u* Bout de la languette.—
    L Lame membraneuse.— *n* Ligament élastique sur lequel
    se fixe la languette. — *a* Point fixe de ce ligament. —
    t Coulisse dans laquelle glisse la languette.

    8. Lèvre dans laquelle la coulisse *t* a été détruite par l'ablation
    de la membrane qui la ferme en s'étendant entre les deux
    pièces *k*. — *r* Ligament élastique. — *b* La languette fixée
    au ligament. — *o* Lambeau de la membrane musculaire
    qui forme la lame *L* en enveloppant l'arc formé par le
    ligament.

    9. Lèvre du *Masaris vespiformis* vue en dessous (c'est-à-dire
    par le bord *k*, *a*, *n* de la figure 7.) Les lettres sont les
    mêmes que pour la fig. 7.— *x* La lame *L* vue de champ,
    elle partage le bout du menton. — *l* Lame membraneuse
    qui complète en dessous la coulisse de la languette.

    10. La même dans l'extension. L'extrémité *e* de la lèvre a été
    amenée en avant jusqu'en *r*, et la languette est sortie
    d'autant, en glissant dans la coulisse *l*.

    11. Aile des Masariens. (*Paragia australis.*)

    12. Thorax des Masariens (*Paragia australis*) vu en dessus.
    — *P* Prothorax. — *M* Mésothorax. — *i* Appendice de
    l'écaille. — *o* Ecaille. — *E c* Ecusson. — *E* Sa partie sail-
    lante. — *e* Ses parties latérales en général indistinctes. —
    Le postécusson n'est pas visible, il est recouvert par l'é-
    cusson, n'apparaît que sous la forme d'une lame en *b*,
    et va former l'écaille de l'aile postérieure en *s*. — *a* Aile.
    — *a'* Aile postérieure. — *N* Métathorax. — *r* Valves ar-
    ticulaires entre lesquelles vient s'insérer l'abdomen.

—

M.

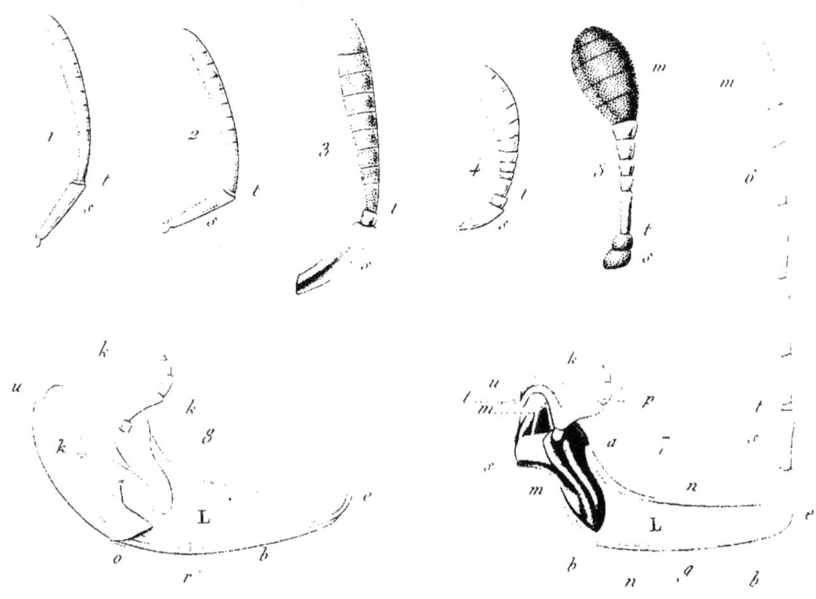

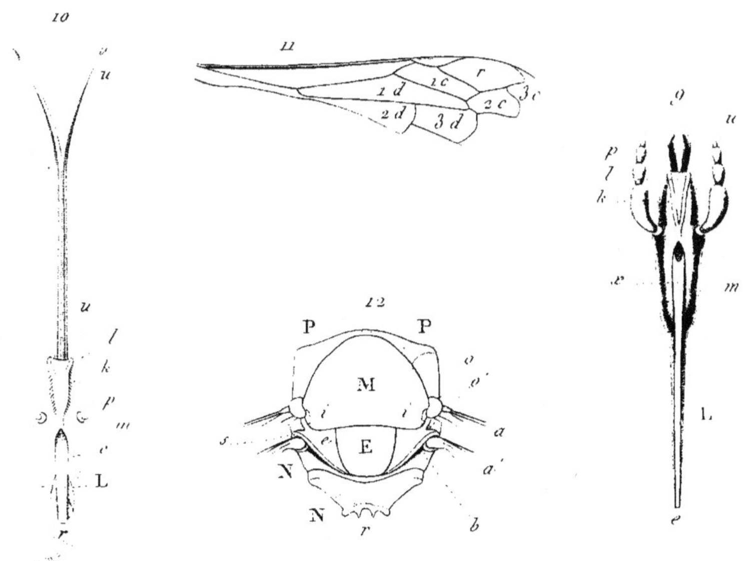

Sauve et Nicoulaud del.

Rebuffet sc.

DÉTAILS ZOOLOGIQUES

Paris, Gemy-Gros, Impr. St Jacques, 33.

Genre Paragia.

Fig. A à D. Caractères du genre Paragia (1).
   A. Lèvre de la *Paragia australis.*
   B. Mâchoire de la même. A part la grosseur du premier article du palpe, elle ressemble exactement à une mâchoire d'Euménien.
   C. Mandibule de la même.
   D. Antenne ♂ de la même. De 12 articles et sans crochet terminal.
   1. *Paragia Smithii,* Sauss. ♀ grossie.
   2. *Paragia australis,* Sauss. ♂ grossi.
      2 *b.* Crochets des tarses de la même.
   3. *Paragia bicolor,* Sauss. ♂ grossi.

Genre Ceramius (2).

Division CERAMIUS PROPREMENT DITS.

Antennes du mâle comme en D. peu distinctement articulées vers le bout. Le premier segment de l'abdomen petit. Mandibules des mâles aiguës. (Fig. 4 *a.*)
   4. *Ceramius Fonscolombii,* Klug, ♀ ♂, grossis.
      4 *a.* Tête du mâle.
   5. Crochet tarsien du *Ceramius oraniensis.*

(1) Voyez encore pl. I, fig. 1, 11 et 12.
(2) Voyez encore pl. III.

M.

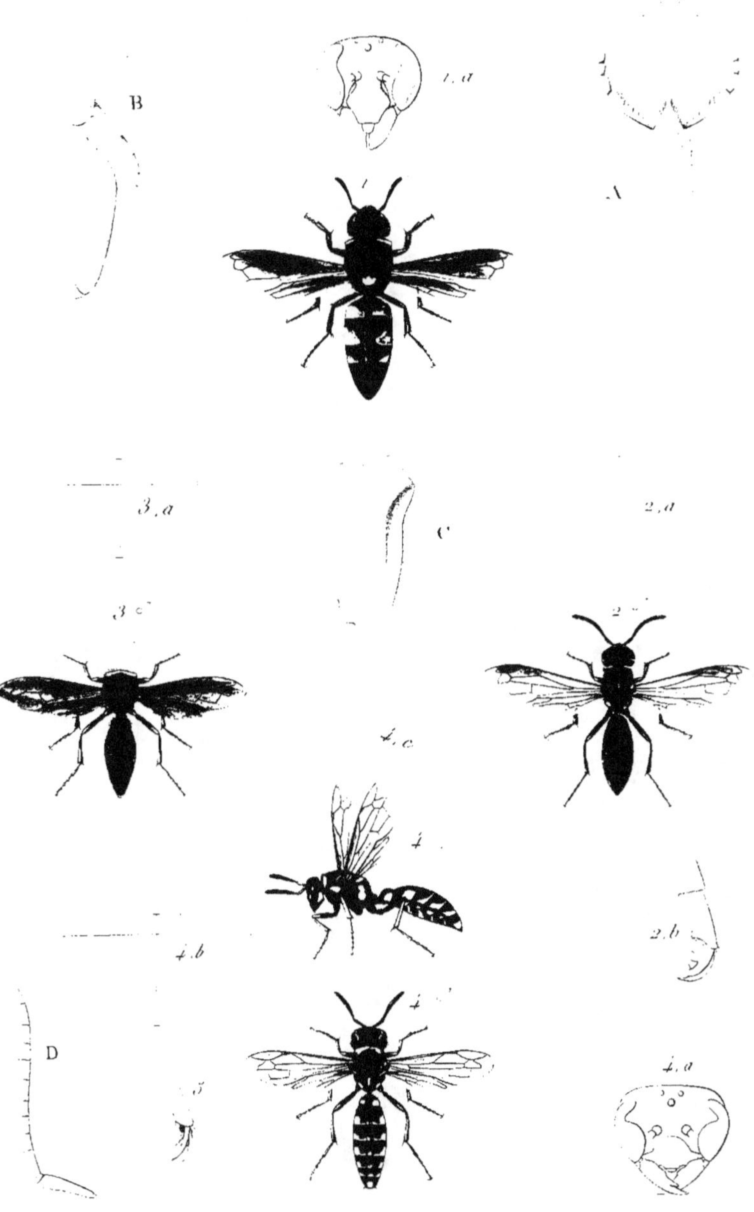

Nicoulaud et Sousse del.   Rebuffet Sc.

1. P. SMITHII   2. P. AUSTRALIS   3. P. BICOLOR
4. C. FOSCOLOMBII.

PLANCHE III.

Genre Ceramius.

Fig. 1. Lèvre du *Ceramius oraniensis* à l'état de repos: (fig. 6 c et 7,
on voit une lèvre semblable ayant sa languette et ses paraglosses étendus).
Fig. 1 *a*. Mâchoire du même.
2. *Ceramius macrocephalus*, Sauss. ♀ grossi.
2 *a*. Tête du même. — 2 *c*. Crochet tarsien.

Division CERAMIUS PROPREMENT DITS.

3. *Ceramius capensis*, Sauss. ♀ grossi.
3 *a*. Tête du même.

Division PARACERAMIUS.

Antennes du mâle distinctement articulées, longues (fig. 5, 6 *b*). Premier segment de l'abdomen large, etc.
4. *Ceramius nigripennis*, Sauss. ♀ grossi.
4 *a*. Tête du même.
4 *b*. Crochet tarsien.
5. Antenne ♂ grossie du *Ceramius spinicornis*.
5 *a*. Crochet tarsien du même.
6. *Ceramius lusitanicus*, Klug. (1) ♂ grossi.
6 *a*. Tête du même.
6 *b*. Antenne du même ♂ .
6 *c*. Lèvre du même.
6 *e*. Crochet tarsien.
7. Lèvre du *Ceramius cerceriformis*, Sauss.

Les figures 6 *c* et 7 ont été gravées pour montrer qu'il n'existe aucune
différence dans les parties buccales des Ceramius appartenant aux trois
divisions du genre, et que par conséquent ces divisions ne sauraient
avoir une valeur générique.

(1) Cité en plusieurs endroits sous le nom de *C. tuberculifer*.

M.

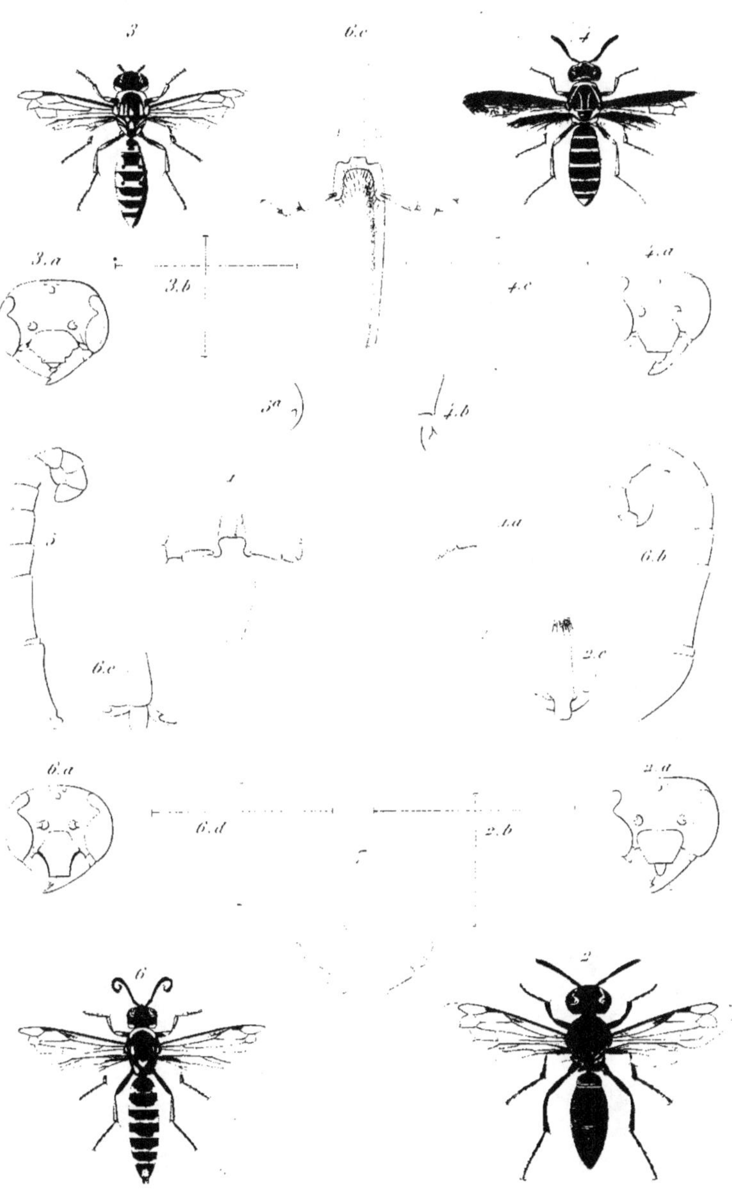

2. C. MACROCEPHALUS. 3. C. CAPENSIS. 4. C. NIGRIPENNIS. 6. C. TUBERCULIFER.

PLANCHE IV.

Genre CERAMIUS.

Division CERAMIOIDES

1. *Ceramius cerceriformis*, Sauss. ♂ grossi. (Voyez pl. III, fig 7.)
    1 *a*. Antenne du même. Le 12ᵉ article est en forme de crochet.
    1 *b*. Tête du même.
    1 *c*. Profil de l'abdomen pour montrer ses tubercules ventraux.
    1 *d*. Crochet des tarses.

Genre TRIMERIA.

2. *Trimeria americana*, Sauss. ♀ gros
    2 *a*. La même vue de profil, d'après l'individu de la collection de
    M. de Romand. (Voyez encore pl. V.)
    2 *b*. Lèvre de la même (1). La languette est très petite, mais on
    voit encore la membrane qui la retient au menton. Elle ne
    paraît pas être extensible.

Genre MASARIS (2).

3. *Masaris vespiformis* (3) ♀ Fabr., d'après le type de M. de Romand.
    3 *a*. Mâchoire du même.
    3 *b*. Mandibule.
    3 *c*. Antenne du même.
    3 *d*. Tête.
    3 *e*. Labre.

(1) Le graveur a donné aux palpes un quatrième article : c'est par erreur.
(2) Voyez encore pl. V.
(3) Les fig. 3 *a*, 3 *c*, 3 *d* sont gravées d'après celles qu'en a données Savigny.

M.

1. C. CERCERIFORMIS.　　2. T. AMERICANA.
3. M. VESPIFORMIS.

Genre CELONITES.

1 *a* à 1 *e*. *Caractères du genre* CELONITES. (Voyez Pl. 1, fig. 7, 9, 10.)

> 1 *a*. Lèvre du *Celonites abbreviatus* vue en dessous , la languette étant dans l'extension. — *m* Menton échancré par la lame membraneuse *n*. — *p* Palpe. — *f* Gaine extérieure de la lan-guette. — *t* Gaine intérieure. — *l* Languette dans sa plus grande extension, la lame *n* étant entièrement réduite.
> 1 *b*. La même vue en dessous, à l'état de repos. La languette *l* est rentrée dans sa gaine et la lame *n* a repris sa forme naturelle. (Voyez pour le profil Pl. I, fig. 7, la lèvre du *Masaris vespiformis*.)
> 1 *a*'. Morceau de la languette *m* au microscope et montrant ses fibres (musculaires ?) pennées.
> 1 *c*. Mâchoire du *Celonites abbreviatus*.
> 1 *d*. Antenne de la femelle.
> 1 *e*. Antenne du mâle. On remarque une apparence de 13e article, mais très indistincte (1). — *o*, *o*' Organes cupuliformes dont l'usage est inconnu.
> 1 *f*. Tarse du *C. abbreviatus*. — 1 *f*' Crochet tarsien.
> 2 *b*. Mandibule du *C. Fischerii*.— Pour la forme du métathorax et de l'abdomen, voyez les figures qui représentent les insectes.

1. *Celonites abbreviatus*, Fabr. ♂ grossi.
2. *Celonites Fischerii*, Fabr. ♀ grossi.

Genre JUGURTIA. (Voyez encore Pl. I, fig. 4.)

3. *J. numidica*, Sauss. ♂ grossi.
4. Mandibule de la *J. oraniensis* ♀.
   4 *a*. Crochet tarsien de la même.

Genre MASARIS. (Voyez encore Pl. IV, fig. 3.)

4. *Masaris vespiformis*. Fabr. ♂ grossi. D'après le type de Fabricius.

(1) Sur la figure elle est trop bien marquée.

M.

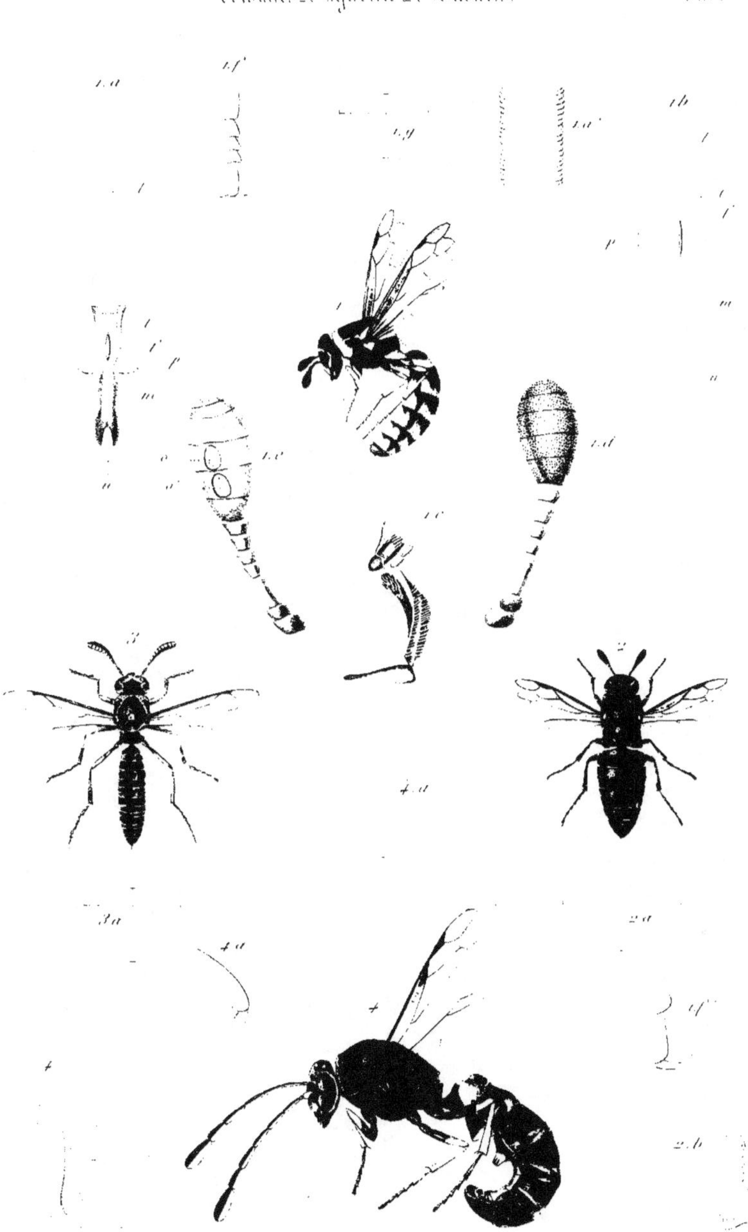

Isnne et Laconnaud del.   Bécaquet sc.

1. C. APIFORMIS. 2. C. AFER. 3. J. NUMIDICA. 4. M. VESPIFORMIS.

imp. Bourgeat

PLANCHE VI.

Genre ZETHUS.

1. *Zethus parvulus*, Sauss. ♀, grossi.
2. *Zethus Westwoodii*, Sauss. ♀, grossi.
3. *Zethus rufinodus*, Latr. ♀, grossi.
4. *Zethus lobulatus*, Sauss. ♀, grossi.
   4 *a*, abdomen du même pour montrer la forme du bord du deuxième segment qui est double; sa lame supérieure est terminée par un bord droit, et l'inférieure par un bord sinué, biéchancré; le troisième segment offre un sillon en forme de V.
5. *Zethus aurulens*, Sauss. ♂, grossi.
6. *Zethus Hilarianus*, Sauss. ♀, grossi.

Genre DISCOELIUS.

7. *Discoelius elongatus*, Sauss. ♀, grossi.
   7 *a*. Tête du même.
8. *Discoelius ephippium*, Sauss. ♀.

E. S.

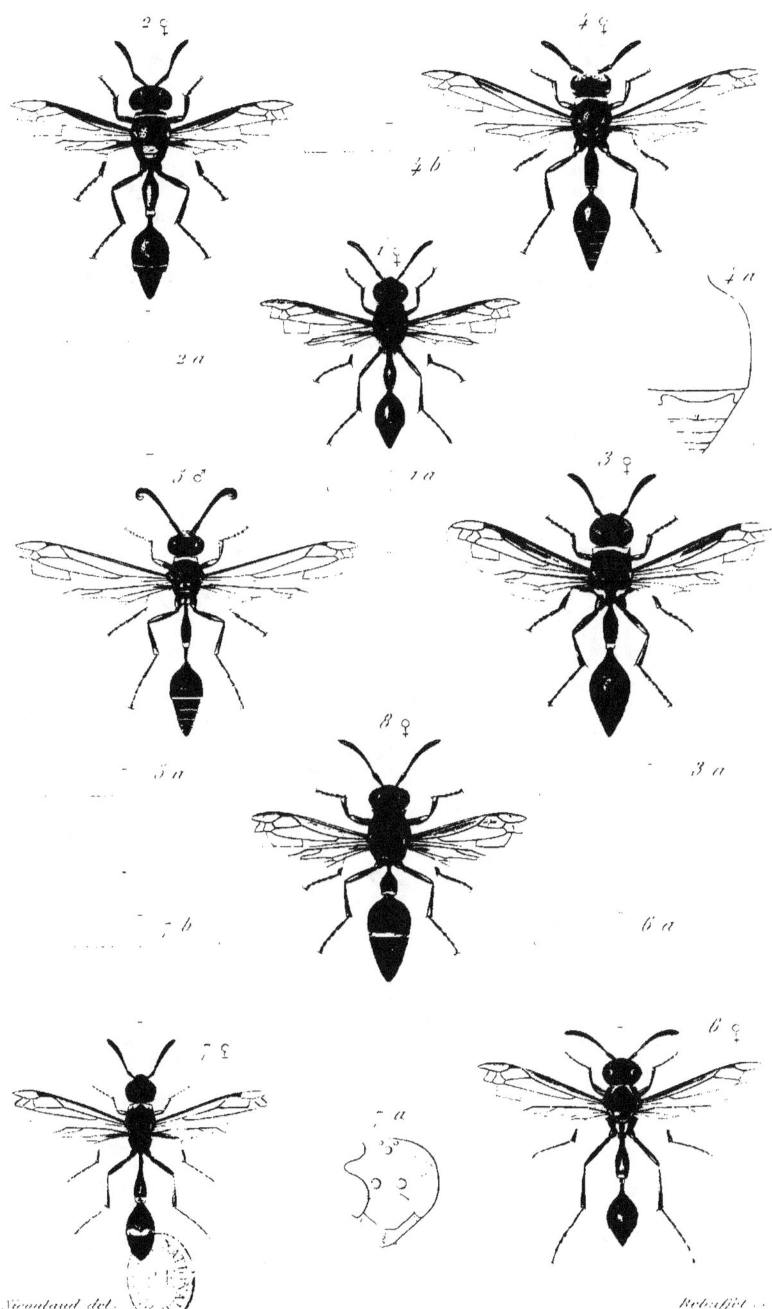

Paris, Imp. Cosny-Cres, r. S.t Jacques, 33.

PLANCHE VII.

Genre EUMENES.

DIVISION PAREUMENES.

2 *a* à 2 *c.* parties de l'*E. quadrispinosus*, pour montrer les caractères propres à cette division.

2 *a.* Lèvre du même, vue de profil.

2 *b.* Mâchoire du même. Le premier article du palpe est renflé; les trois derniers sont très petits. Le galéa offre des pièces cornées, et il s'en détache un appendice qui est probablement l'analogue des paraglosses de la lèvre.

2 *c.* Métathorax pour faire voir sa largeur, la forme de son sillon et ses dentelures postérieures.

2 *d.* Les deux mandibules vues de face, formant un bec très obtus.

2 *e.* Mandibule vue de profil.

1. *Eumenes brevirostratus*, Sauss. ♀.

2. *Eumenes quadrispinosus*, Sauss. ♀.

2 *f.* Le même vu de profil.

3. *Eumenes indianus*, Sauss. ♀, grossi.

DIVISION ALPHA.

4. *Eumenes flavicornis*, Sauss. ♂ (1) Les antennes n'ont que 12 articles et sont simples! l'abdomen a sept anneaux. Cet insecte est donc un mâle formant une nouvelle division ou un individu hermaphrodite à tête de ♀ et à abdomen de ♂.

5. *Eumenes compressus*, Sauss. grossi. — 5 *a.* Profil du même.

6. *Eumenes uruguyensis*, Sauss. ♀, grossi.

(1) Sur la planche le signe ♀ est fautif.

E. S.

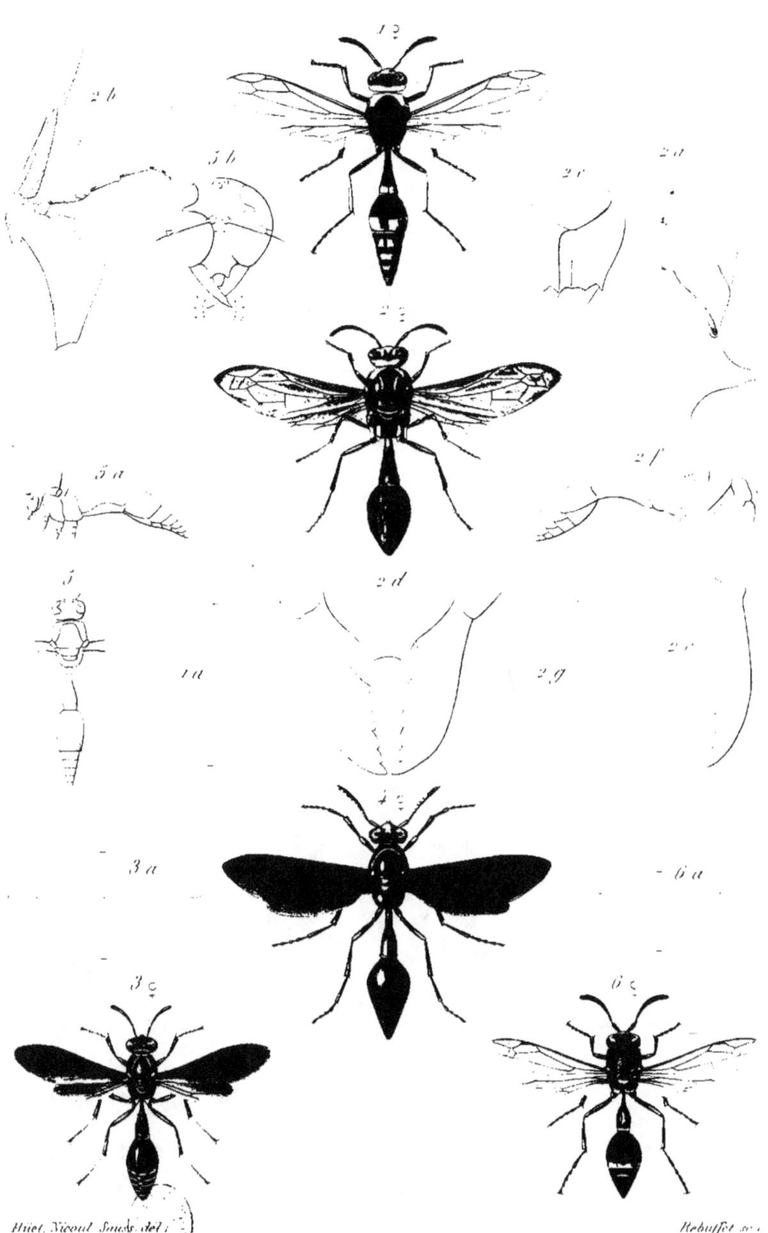

1. E. BREVIROSTRATUS.   2. E. QUADRISPINOSUS.   3. E. INDIANUS.

4. E. FLAVICORNIS.   5. E. COMPRESSUS.   6. E. URUGUYENSIS.

Paris Imp. Gény-Gros, r. St Jacques 33.

PLANCHE VIII.

Genre EUMENES.

DIVISION PHI.

1. *Eumenes curvatus*, Sauss. ♀.

DIVISION ZETA.

2. *Eumenes acuminatus*, Sauss. ♂. Grossi.
3. *Eumenes ornatus*, Sauss. ♀.

DIVISION OMICRON.

4. *Eumenes exiguus*, Sauss. ♀. Grossi.
   4 *a*. Tête du même.
5. *Eumenes parvulus*, Sauss. ♀. Grossi.
   5 *a*. Profil du même. (Le bord du deuxième segment est tron-
      qué verticalement, en sorte que le dessous du segment
      est aussi long que son dessus.)
6. *Eumenes globicollis*, Spin. ♀. Grossi.
   6 *a*. Profil du même, pour montrer la grosseur du thorax et la
      basse insertion du pétiole.

Genre SYNAGRIS.

7. Mâchoire de la *Synagris abdominalis*, Sauss., pour montrer les
   cinq articles du palpe, qui caractérisent cette division.
8. *Synagris Huberti*, Sauss. ♂.
   8 *a*. Tête de la même pour montrer la forme singulière du chaperon.
9. *Synagris Spinolæ*, Sauss. ♂.
   9 *a*. Tête de la même.

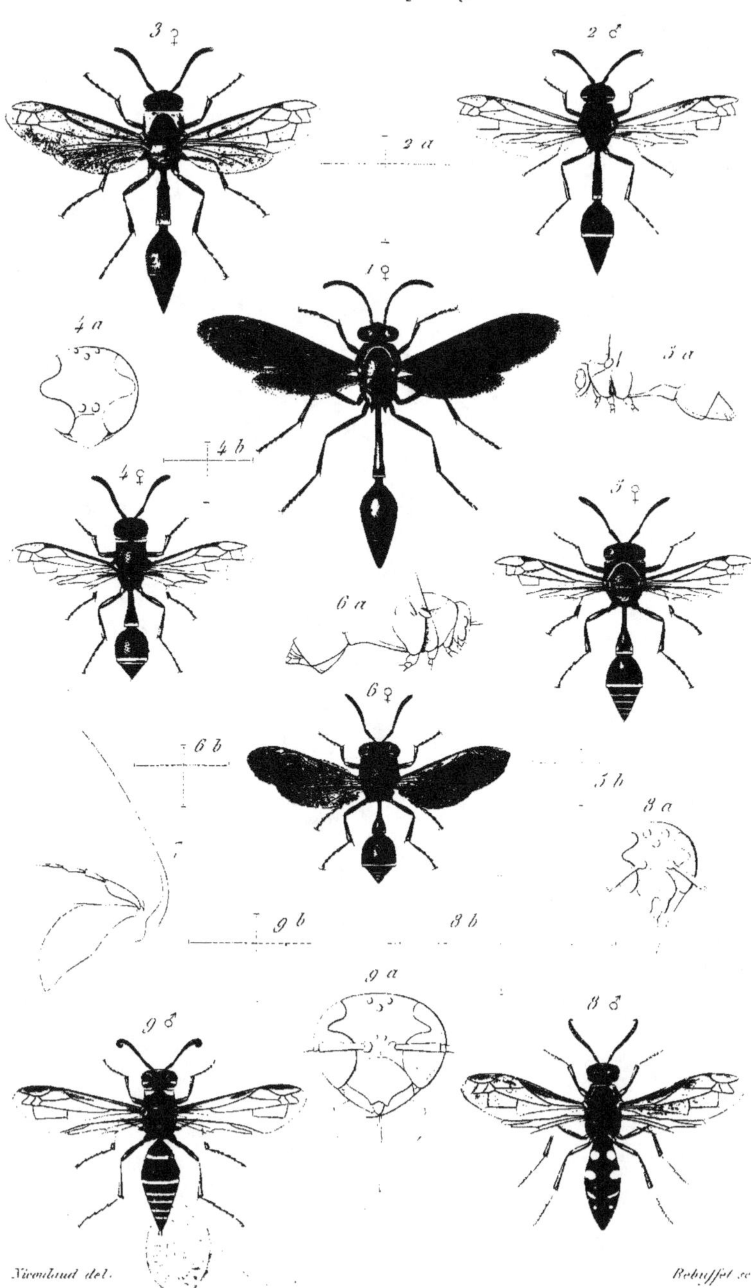

Nicoulaud del.
Rebuffet sc.
1. E. CURVATUS.　2. E. ACUMINATUS.　3. E. ORNATUS.　4. E. EXIGUUS.
5. E. PARVULUS.　6. G. GLOBICOLLIS.　8. S. HUBERTI.　9. S. SPINOLAE.

PLANCHE IX.

Genre MONTEZUMIA.

DIVISION ALPHA.

1. *Montezumia petiolata*, Sauss. ♀ grossie.
    1 *a*. Tête de la même.
    1 *b*. Abdomen vu de profil.
2. *Montezumia chalybea*, Sauss. ♀ grossie.
    2 *a*. Tête de la même.
    2 *b*. Abdomen vu en dessus.
    2 *c*. Abdomen vu de profil.

DIVISION BETA.

3. *Montezumia macrocephala*, Sauss. ♂.
    3 *a*. Tête de la même.

DIVISION PARAZUMIA.

4. *Montezumia indica*, Sauss. ♀.
    4 *a*. Tête de la même.

Genre MONOBIA.

5. *Monobia egregia*, Sauss. ♀ un peu grossie.

Genre RHYNCHIUM.

DIVISION RHYNCHIUM PROPRIE DICTUM.

6. *Rhynchium decoratum*, Sauss. ♀.
7. *Rhynchium flavopunctatum* (1), Smith. ♀.
8. *Rhynchium bengalense*, Sauss. ♀.

Genre ODYNERUS.

9. *Odynerus quadrisectus*, Say. Variété curieuse.

(1) A tort *flavomaculatum* sur la planche.

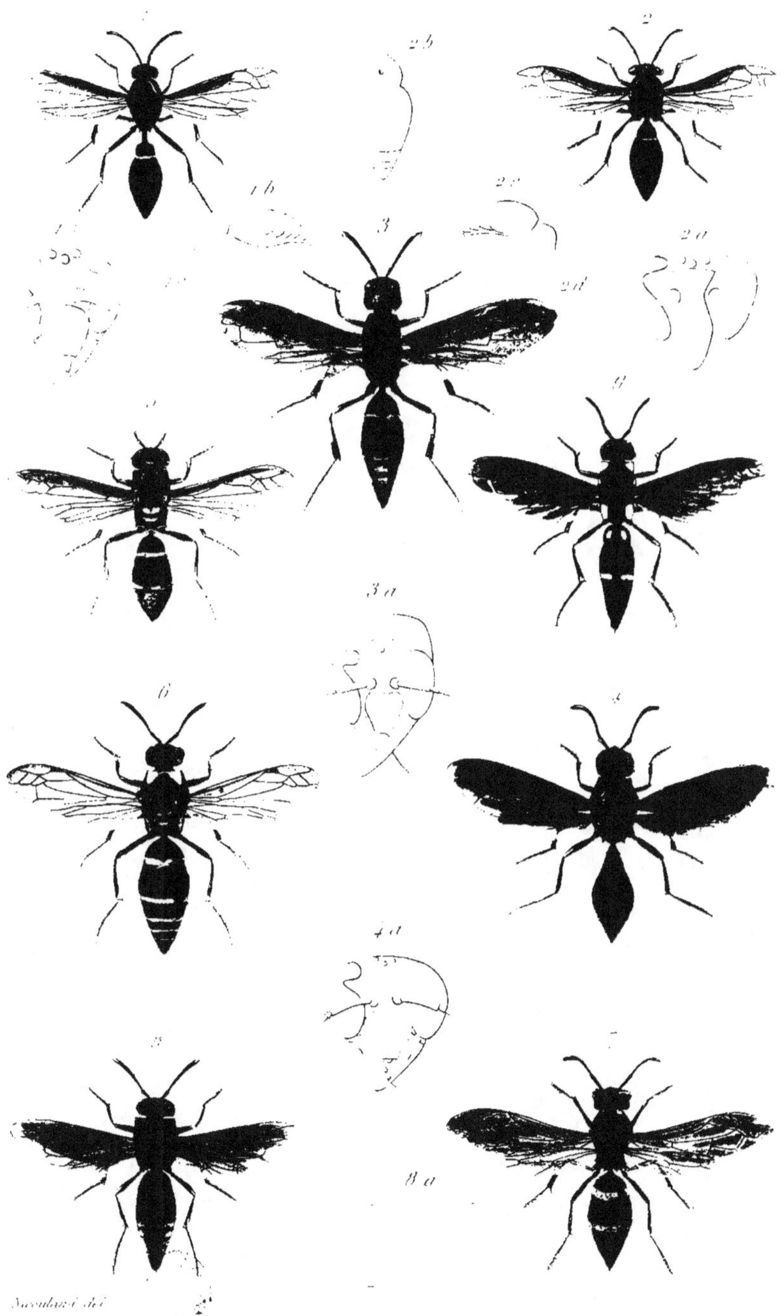

...ternnix Monobia Rhygchium - Odynerus. Pl. IX.
Saundari del.
1. E. PETIOLATA 2. M. CHALYBEA 5. E. MACROCEPHALA
5. MONOB. EGREGIA 6. R. DECORATUM 7. R. PLUVIACELLUS
8. R. BENGALENSE 9. O. QUADRISECTUS Var

E. S. **PLANCHE X.**

Genre ODYNERUS.

SOUS-GENRE **PROTODYNERUS** (1).

1. *Odynerus murarius*, Linn. ♀ grossie.
2. *Odynerus crassicornis*, Panz. ♀ grossie.
3. *Odynerus suecicus* , Sauss. ♀ grossie.
4. *Odynerus allobrogus*, Sauss. ♀ grossie.
5. *Odynerus bifasciatus*, Fabr. ♀ grossie.

SOUS-GENRE **ANCISTROCERUS**.

DIVISION SUBANCISTROCERUS.

6. *Odynerus Sichelii*, Sauss. ♀ grossie.
7. *Odynerus rhodensis*, Sauss. ♀ grossie.
   7 *a.* Premier segment de l'abdomen vu de profil, pour montrer
   ses deux sutures.

DIVISION ANCISTROCERUS PROPRIE DICTUS.

8. *Odynerus Sylveirœ*, Sauss. ♀ grossie.
9. *Odynerus trimarginatus*, Zett. ♀ grossie.
10. *Odynerus pictus*, Curt. ♀ grossie.

(1) *Symmorphus*, Wesmaël.

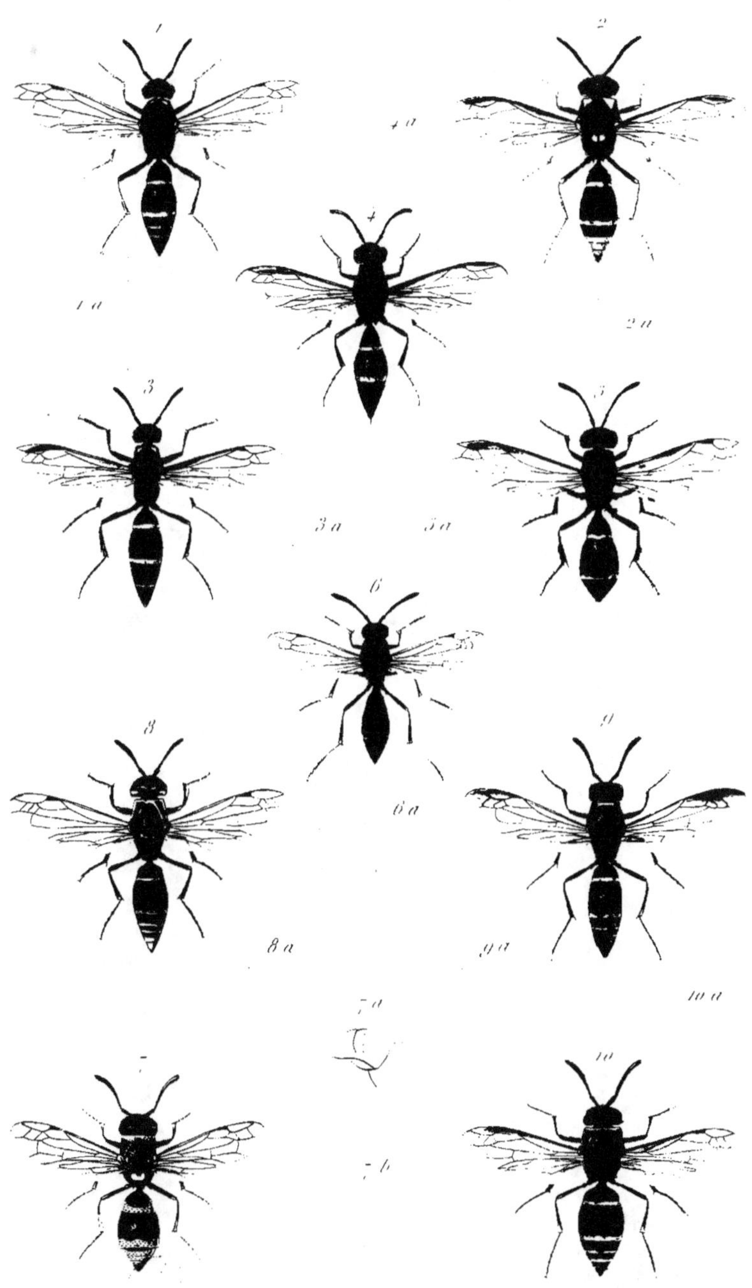

1. O. MURARIUS. 2. O. CRASSICORNIS. 3. O. SUECICUS. 4. O. ALLOBROGUS.
5. O. BIFASCIATUS. 6. O. SICHELII. 7. O. RHODENSIS. 8. O. SYLVEIRAE
9. O. TRIMARGINATUS. 10. O. PICTUS.

Paris Imp. Cemp-Gros r. St Jacques 33.

Genre ODYNERUS.

Sous-genre ANCISTROCERUS.

DIVISION ANCISTROCERUS PROPRIE DICTUS.

1. *Odynerus scabriusculus*, Spin. ♂ grossi.
2. *Odynerus injucundus*, Sauss. ♂ grossi.
8. *Odynerus pilosus*, Sauss. ♂ grossi.

DIVISION HYPANCISTROCERUS.

3. *Odynerus advena*, Sauss. ♀ grossie.
    3 *a*. Tête du même.
    3 *b*. Profil du même, pour montrer la forme de l'abdomen.
4. Le même de profil (1).
4. *Odynerus parietum*, Fabr. ♀ grossie.

Sous-genre ODYNERUS PROPRIE DICTUS.

DIVISION PARODYNERUS.

5. *Odynerus regulus*, Sauss. ♂ grossi.
    5 *a*. Tête du même.
6. *Odynerus miniatus*, Sauss. ♀ grossie.
7. *Odynerus Mactæ*, Lepel. ♂ grossi.
8. Voyez plus haut.

DIVISION EPSILON.

9. *Odynerus præcox*, Sauss. ♀ grossie.

(1) Ne pas confondre avec le suivant ; il y a erreur de chiffre.

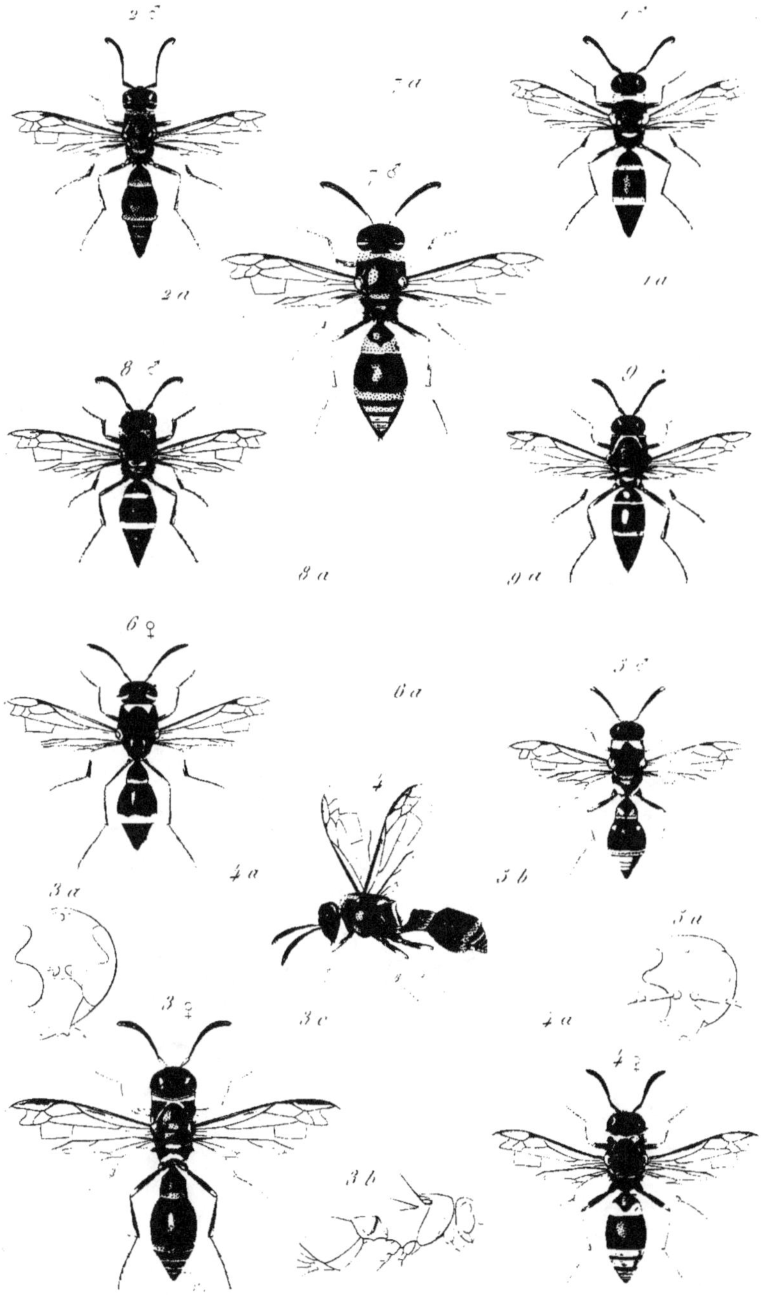

Nicoulaud del.   Rebuffet sc.

1. O. SCABRIUSCULUS.   2. O. INJUCUNDUS.   3-4. O. ADVENA

4. O. PARIETUM Var   5. O. REGULUS   6. O. MINIATUS   7. O. MACTAE

8. O. PILOSUS   9. O. PRAECOX

Paris Imp. Geny-Gros. r. St Jacques. 33.

E. S.

PLANCHE XII.

Genre ODYNERUS.

Fig 1-3. Formes diverses du métathorax dans les Odynères (1).

1, 2, 3. Métathorax de diverses espèces vu en dessus.

1 *a*, 3 *a*. Métathorax vus de profil.

e écusson. — *p* postécusson. — *p'* sa tranche postérieure. — *m* concavité du métathorax. — *o* angle supérieur du métathorax. — *u* angle du métathorax, — *s* angle inférieur. — *ou* bord supérieur du métathorax. — *us* bord inférieur. — *uz* bord latéral. — *r* face supérieure des flancs. — *i* face inférieure. — *h* hanches. — *t* articulation de l'abdomen. — *A* abdomen. — *a* aile antérieure. — *a'* aile postérieure. — *e* écaille.

Sous-Genre ODYNERUS PROPRIE DICTUS.

DIVISION EPSILON.

4. *Odynerus peruviensis*, Sauss. ♀ grossie.
5. *O. crenatus*, Lepel. ♀ grossie.
6. *O. Bohemani*, Sauss. ♂ grossi.
7. *O. fastidiosissimus*, Sauss. ♀ grossie.
8. *O. Blanchardianus*, Sauss. ♀ grossie.
9. *O. amadanensis*, Sauss. ♀ grossie.
10. *O. bipustulatus*, Sauss. ♀ grossie.

(1) Voyez page 184, où ces figures sont expliquées en détail :
Sur la forme du thorax dans les Odynères.

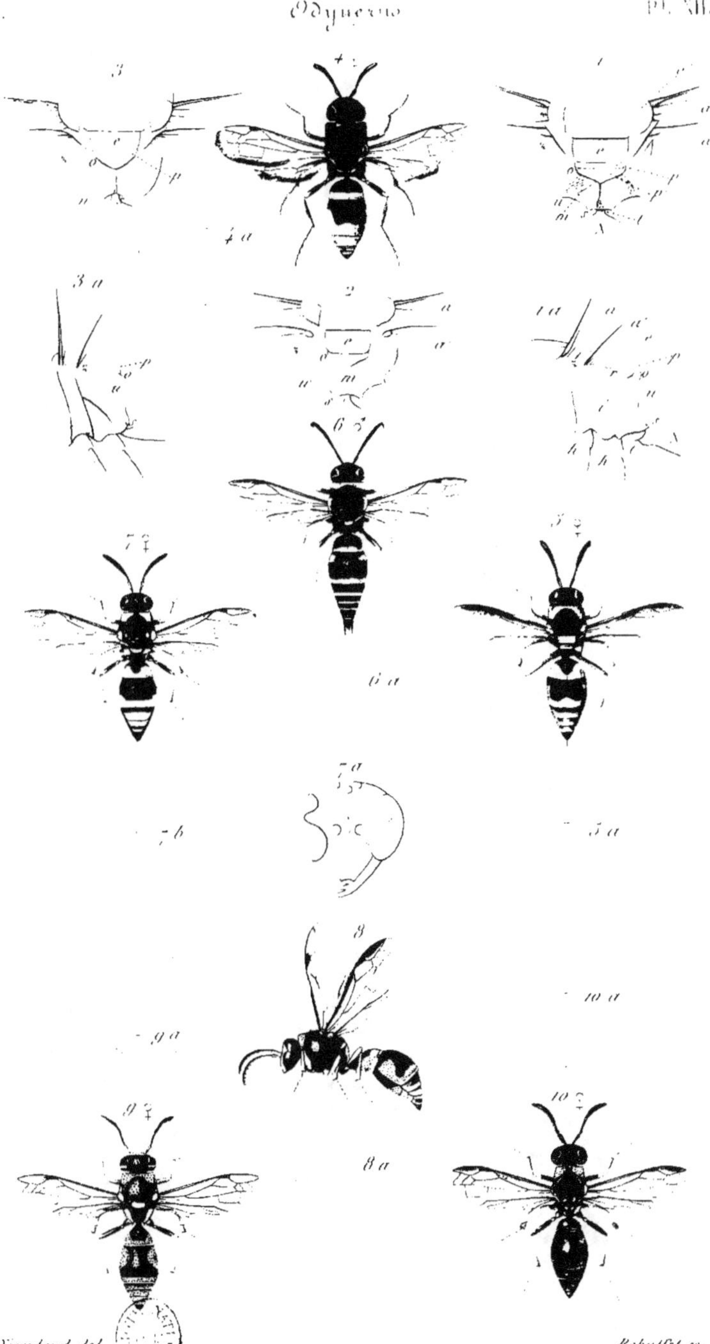

Nicoulaud del.   Rebuffet sc.

4. *O. PERUENSIS.*   5. *O. CRENATUS.*   6. *O. BOHEMANI.*   7. *O. FASTIDIOSISSIMUS.*

8. *O. BLANCHARDIANUS.*   9. *O. AMADINUS.*   10. *O. BIPUSTULATUS.*

Paris Imp Becquet-Gros, r. St Jacques, 38.

PLANCHE XIII.

Genre ODYNERUS.

Sous-Genre ODYNERUS PROPRIE DICTUS.

DIVISION ANTODYNERUS.

1. *Odynerus tarsatus*, Sauss. ♂ grossi.
   1 *a*. Patte postérieure du mâle, pour montrer le renflement extra-ordinaire du premier article du tarse.
4. *O. Nugdunensis*, Sauss. ♂ grossi.
6. *O. helvetius*, Sauss. ♀ grossie.
   6 *a*. Tête du même.
7. *Odynerus mutans*, Sauss. ♀ grossie.
8. *O. œthiopicus*, Sauss. ♂ grossi.

DIVISION EPSILON.

2. *Odynerus Chevrieranus*, Sauss. ♀ grossie.
3. *O. alpestris*, Sauss. ♀ grossie.
5. *O. parisiensis*, Sauss. ♀ grossie.

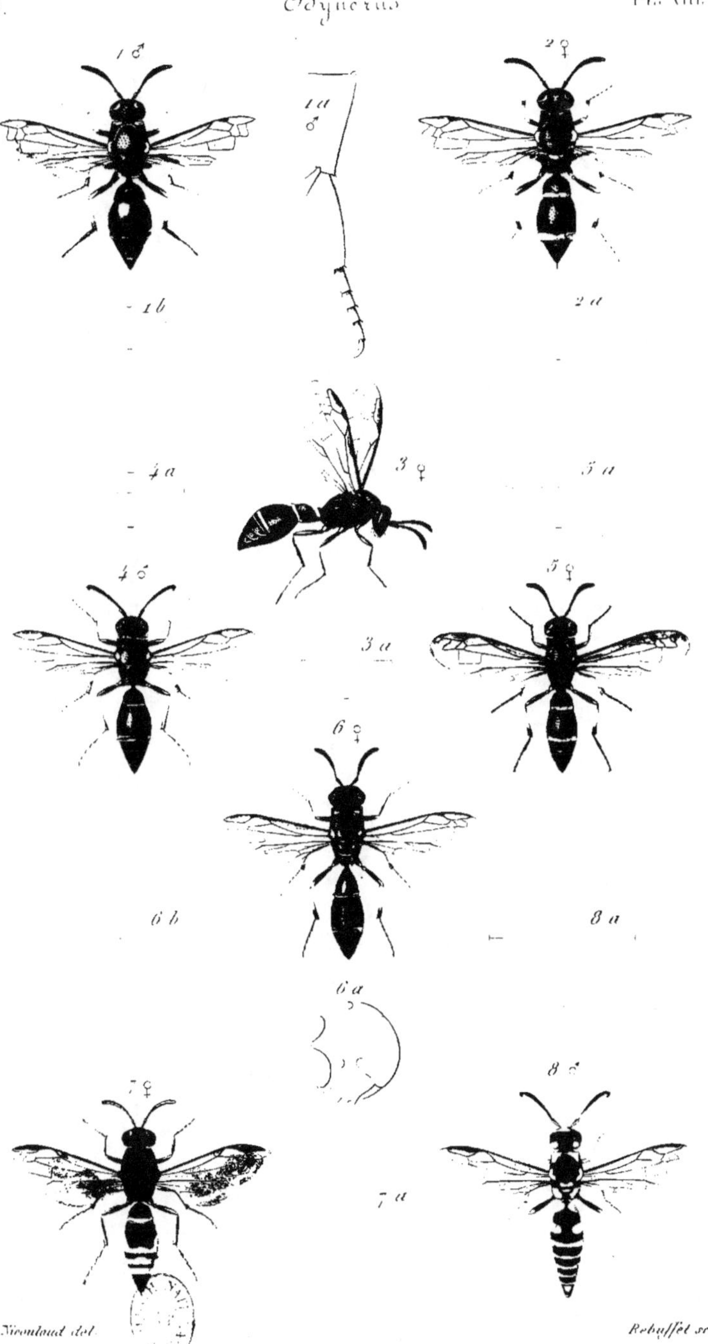

Paris. Imp. Gény-Gros, r. St Jacques, 33.

PLANCHE XIV.

Genre ODYNERUS.

Sous-Genre ODYNERUS PROPRIE DICTUS.

1. *Odynerus persecutor*, Sauss. ♂ grossi.
2. *O. diffinis*, Sauss. ♀ grossie.
3. *O. carinulatus*, Sauss. ♀ grossie.
   3 *a*. Tête du même.
4. *Odynerus canaliculatus*, Sauss. ♀ grossie.
   4 *a*. Tête du même.
5. *Odynerus subalaris*, Sauss. ♀ grossie.
6. Tête de l'*Odynerus alariformis*, Sauss. ♀, pour montrer les bandes
   orangées qui entourent les yeux.
6. *Odynerus Balyi*, Sauss. ♀ grossie.
7. *O. angulatus*, Sauss. ♂ grossi.
8. *O. triangulum*, Sauss. ♂ grossi.

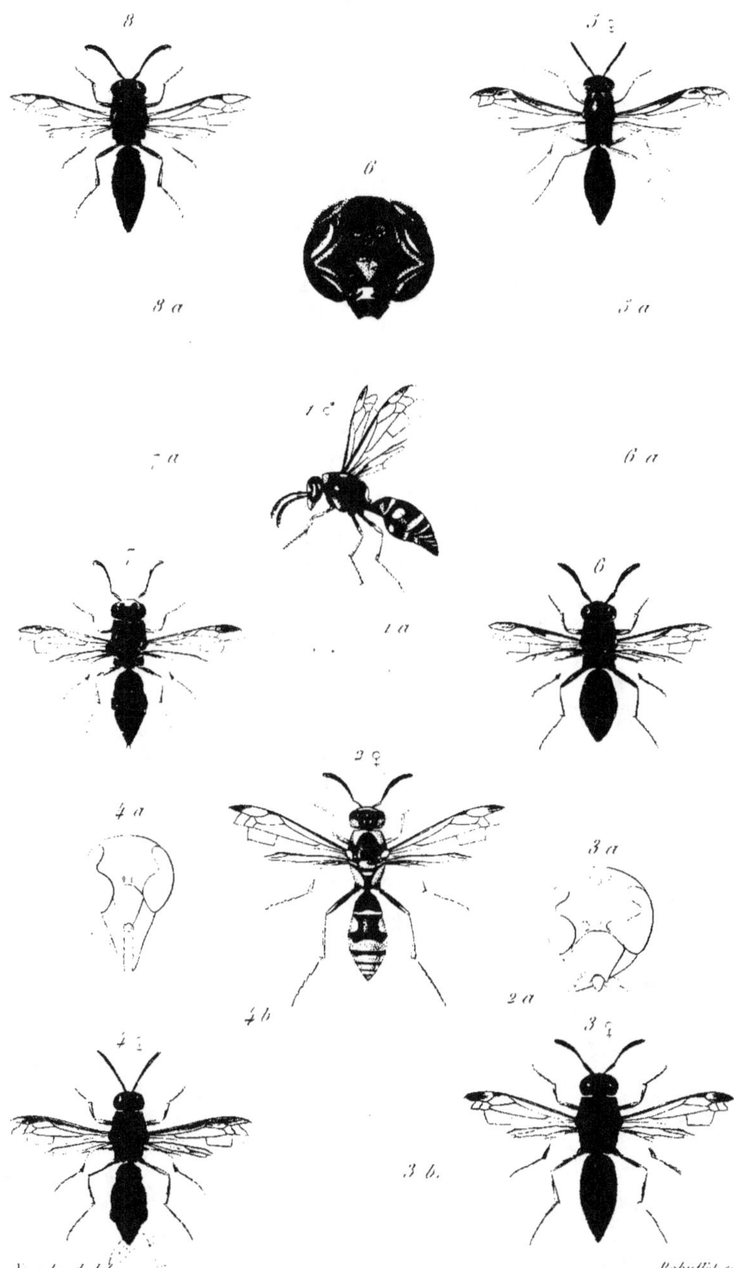

Paris. Imp. Geny Gros. r. St Jacques, 33.

Genre ODYNERUS.

Sous-Genre EPIPONA.

DIVISION PSEUDEPIPONA.

1-3. Dentelures des cuisses moyennes de certains Odynères mâles,
pour montrer les caractères spécifiques qui résident dans ces formes.

  1. Tête de l'*Odynerus melanocephalus* var. ♀.

    1 *a*. Patte de la deuxième paire du mâle.

  2. Patte de la deuxième paire de l'*Odynerus spinipes* ♂.

  3. Tête de l'*Odynerus femoralis*, Sauss. ♀.

    3 *a*. Patte de la deuxième paire du mâle.

  4. *Odynerus cruralis*, Sauss. ♂ grossi.

  5. *O. albopictus*, Sauss. ♂ grossi.

  6. *O. pœcilus*, Sauss. ♀ grossie.

  7. *O. discoidalis*, Sauss. ♂ grossi.

    7 *a*. Tête du mâle.

    7 *b*. Tête de la femelle.

  8. Tête de l'*Odynerus consobrinus*, Duf. ♀.

  9. Tête de l'*O. reniformis*, Lepel. ♀.

10. Tête de l'*O. scandinavus*, Sauss. ♂.

Genre PTEROCHILUS.

DIVISION PTEROCHILUS PROPREMENT DIT.

11. *Pterochilus capensis*, Sauss. ♀ grossie.

    11 *a*. Tête du même.

12. *Pterochilus insignis*, Sauss. ♀ grossie.

    12 *a*. Tête du même.

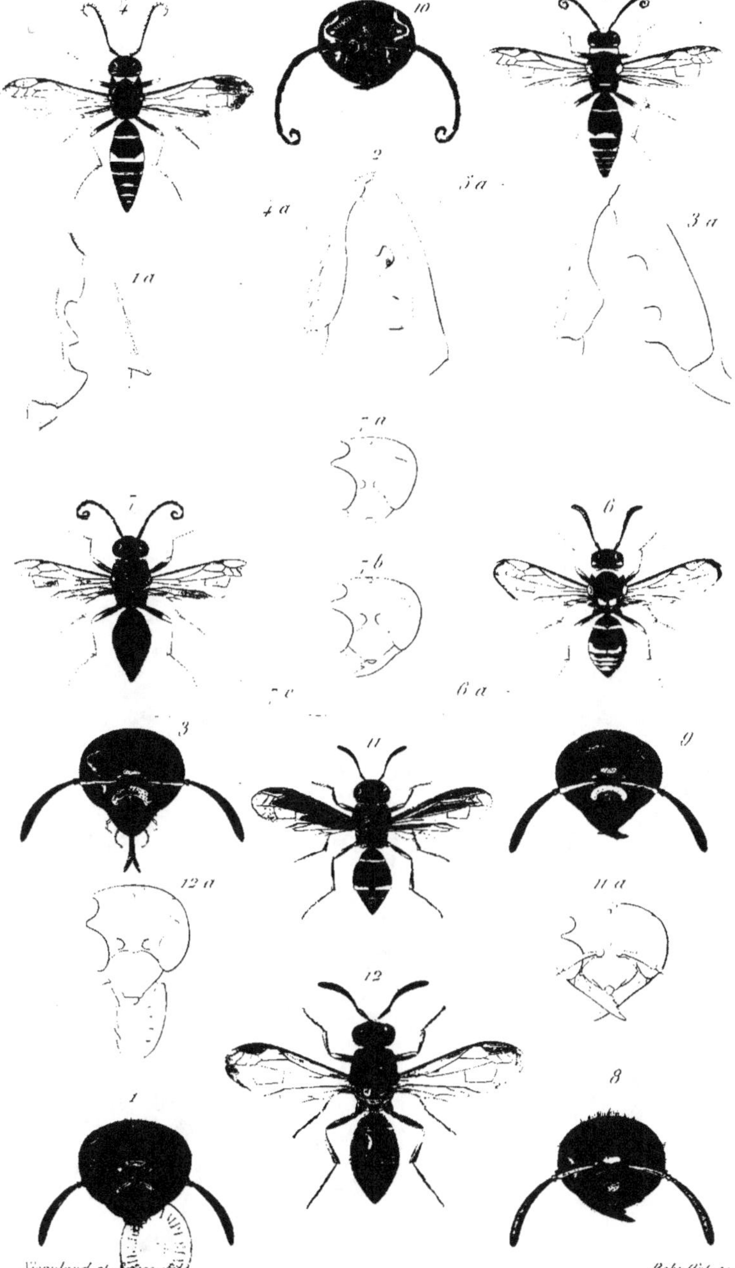

Nicoulaud et Süess del.   Rebuffet sc.

1. O. MELANOCEPHALUS.   2. O. SPINIPES.   3. O. FEMORATUS.   4. O. CRURALIS.

5. O. ALBOPICTUS.   6. O. POECILUS.   7. O. DISCOÏDALIS.   8. O. VARIOLOSUS.

9. O. RENIFORMIS.   10. O. SCANDINAVUS.   11. PT. CAPENSIS.   12. PT. INSIGNIS.

Paris Imp. Geny-Gros, r. St Jacques, 33

Genre ALASTOR.

SOUS-GENRE **ALASTOROIDES**.

DIVISION HYPALASTOROIDES.

1. *Alastor brasiliensis*, Sauss. ♂ grossi.

SOUS-GENRE **ALASTOR** PROPREMENT DIT.

DIVISION PARALASTOR.

2. *A. maculiventris*, Sauss. ♀ grossie.
3. *A. insularis*, Sauss. ♀ grossie.
4. *A. Smithii*, Sauss. ♀ grossie.
  4 *a*. Tête du même, grossie.
5. *Alastor pusillus*, Sauss. ♀ grossie.
6. *A. vulpinus*, Sauss. ♀ grossie.
7. *A. vulneratus*, Sauss. ♀ grossie.

Genre RHYNCHIUM.

8. *Rhynchium niloticum*, Sauss. ♀.

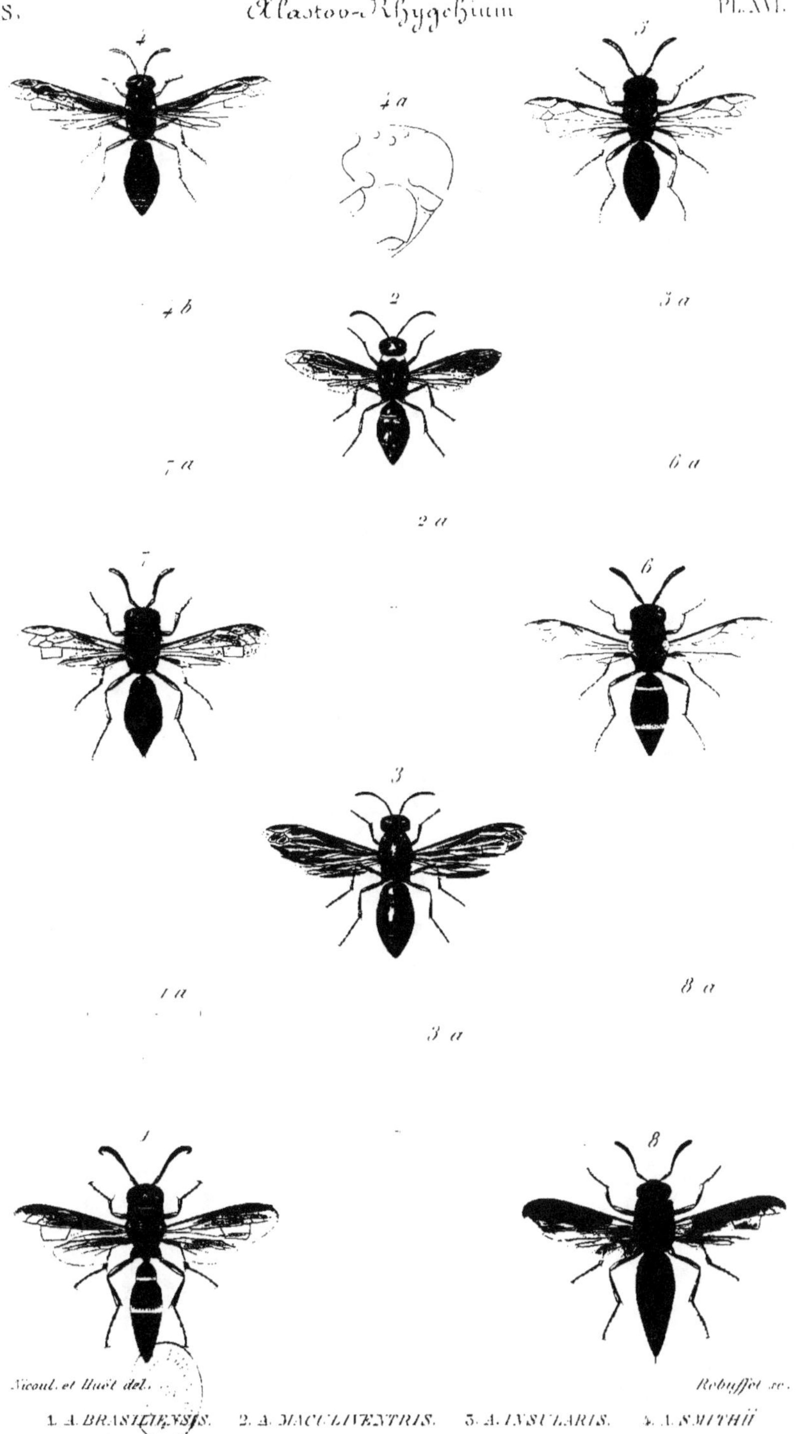

Nicoul. et Huet del.   Robuffet sc.

www.ingramcontent.com/pod-product-compliance
Lightning Source LLC
LaVergne TN
LVHW011223170726
843501LV00002B/350